3分钟搞定

Done in Three Minutes

PPT高效办公秘技200招

赵静　刘娜　张照渊　编著

中国青年出版社

图书在版编目（CIP）数据

PPT 高效办公秘技 200 招 / 赵静，刘娜，张照渊编著 .
一北京：中国青年出版社，2014.7
（3 分钟搞定）
ISBN 978-7-5153-2525-5
I. ① P… II. ①赵 … ②刘 … ③张 … III. ①图形软件 IV. ① TP391.41
中国版本图书馆 CIP 数据核字（2014）第 147107 号

3分钟搞定: PPT高效办公秘技200招

赵静 刘娜 张照渊 **编著**

出版发行：中国青年出版社
地　　址：北京市东四十二条 21 号
邮政编码：100708
电　　话：（010）59521188 / 59521189
传　　真：（010）59521111
企　　划：北京中青雄狮数码传媒科技有限公司

策划编辑：张海玲
责任编辑：张海玲
助理编辑：乔峤　董子晔
书籍设计：六面体书籍设计　彭　涛　孙素锦

印　　刷：中煤涿州制图印刷厂北京分厂
开　　本：880 × 1230　1/32
印　　张：8.5
版　　次：2014 年 9 月北京第 1 版
印　　次：2015 年 5 月第 2 次印刷
书　　号：ISBN 978-7-5153-2525-5
定　　价：39.90 元（附赠超值光盘，含海量模板）

本书如有印装质量等问题，请与本社联系　电话：（010）59521188 / 59521189
读者来信: reader@cypmedia.com　如有其他问题请访问我们的网站: http://www.cypmedia.com

---

“北大方正公司电子有限公司”授权本书使用如下方正字体。　封面用字包括：方正兰亭黑系列

首先，感谢您选择并阅读本系列图书！本系列丛书遵循“实用、够用”的写作原则，以“图解 + 技巧”的写作方式对读者所需的知识进行了全面讲述。每本书不仅详解了数百个知识点，列举了大量实际应用案例，还附赠了语音视频教学和海量模板文件及书中案例所涉及的所有源文件，让您即使从零起步，也能逐步精通，让学习变得更加轻松和得心应手。

丛书内容

现代商务办公，离不开电脑办公软件的应用，它为我们的工作带来了极大的便利，也让我们的工作效率得到了极大的提高。不过，在面对大量文件编辑处理和数据统计分析的工作时，难免会遇到诸多疑问和棘手的问题不知该如何入手，这一系列的图书正是本着解决这一问题的目的编写而成的。本系列丛书涉及电脑办公应用的方方面面，共推出以下四册。

《3 分钟搞定——Word/Excel/PPT 高效办公 200 招》

《3 分钟搞定——PPT 高效办公 200 招》

《3 分钟搞定——Excel 高效办公秘技 200 招》

《3 分钟搞定——Excel 公式与函数高效办公秘技 200 招》

丛书特色

（1）全彩、图解、便携、信息量大，让读者阅读起来更加轻松自在，领悟起来更加清晰明了。所选案例极具实战性和代表性，更加符合电脑办公读者的切实需求。

（2）数百个案例以省时、高效为目的，引导读者用最有效的学习方法学到最有用的应用技术，可使读者快速上手。

（3）附赠超值光盘，含语音视频教学，让读者体验足不出户家中上课的感觉；赠送海量办公模板和书中所有实例的源文件，方便读者随时调用。

读者对象

（1）电脑办公初学者。书中每个案例都是从零起步，初学者只需按照书中的步骤和图注说明进行操作，便可轻松达到学习效果。

（2）相关从业人员。数百个实用案例和经验技巧均来自一线办公从业人员的精挑细选和提炼，对于需要用到办公软件的从业人员来说是非常好的案例速查手册。

（3）社会培训班学员。本书从读者的切实需要出发，对日常办公中经常使用的大量案例进行了分析和讲解，特别适合社会培训班作为教材使用。

本书创作团队

本书由赵静、刘娜、张照渊编著，其中，兰州职业技术学院赵静老师编写了第六章、第七章（约 15 万字）；淄博职业学院刘娜老师编写了第三、四、五章（约 19 万字）；甘肃省财政学校张照渊老师编写了第一、二章（约 10 万字）。

本书内容概述

本书共 7 章，逐一向读者介绍了 PowerPoint 的绝大部分知识，其中包括 PowerPoint 的常见操作及自定义设置、幻灯片页面的设置、文本的创建与编辑、图片的插入与处理、图形的绘制与美化、SmartArt 图形的应用、表格及图表的应用、声音与视频的应用、动画效果的设计、切换效果的设计、演示文稿的管理与放映等。

各章节内容安排如下：

章节	章 节 名	知 识 点	技巧数
01	PowerPoint轻松入门	操作界面自定义、演示文稿的基本操作、演示文稿的安全与打印等	20
02	幻灯片创建与设计妙招	幻灯片的基本操作、主题的应用、幻灯片版式的应用、幻灯片页面的设置等	25
03	文本与图片的应用妙招	占位符的使用、文本框的使用、文本的输入、文本的选择与编辑、图片的插入、图片的美化、项目符号与编号的应用、艺术字的创建、艺术字的美化等	42
04	图形与表格的应用妙招	图形的绘制、编辑、填充、美化，图形三维效果的设置，SmartArt图形的应用，表格的创建与编辑，图表的使用与编辑，三维立体图表的绘制等	42
05	多媒体元素的应用妙招	音频文件的插入与编辑、视频文件的导入与编辑、Flash动画的导入与播放等	22
06	动画效果的设计妙招	进入动画的设计、强调动画的设计、路径动画的设计、动作声音的添加、切换效果的设计、切换形式的自定义等	24
07	演示文稿的管理与放映	幻灯片的播放、幻灯片的发布、超链接的设置、播放动作的设计、幻灯片的放映等	25

作 者

2014 年 5 月

Chapter 01 PowerPoint 轻松入门

Chapter 02 幻灯片创建与设计妙招

Chapter 03 文本与图片的应用妙招

Chapter 04 图形与表格的应用妙招

Chapter 05 多媒体元素的应用妙招

Chapter 06 动画效果的设计妙招

Chapter 07 演示文稿的管理与放映

Appendix 附录：PPT 快捷键及演讲时的重要事项

本书阅读方法

为了便于读者阅读，更好地掌握本书内容，更快地提高PPT使用技巧，现将本书阅读方法介绍如下。

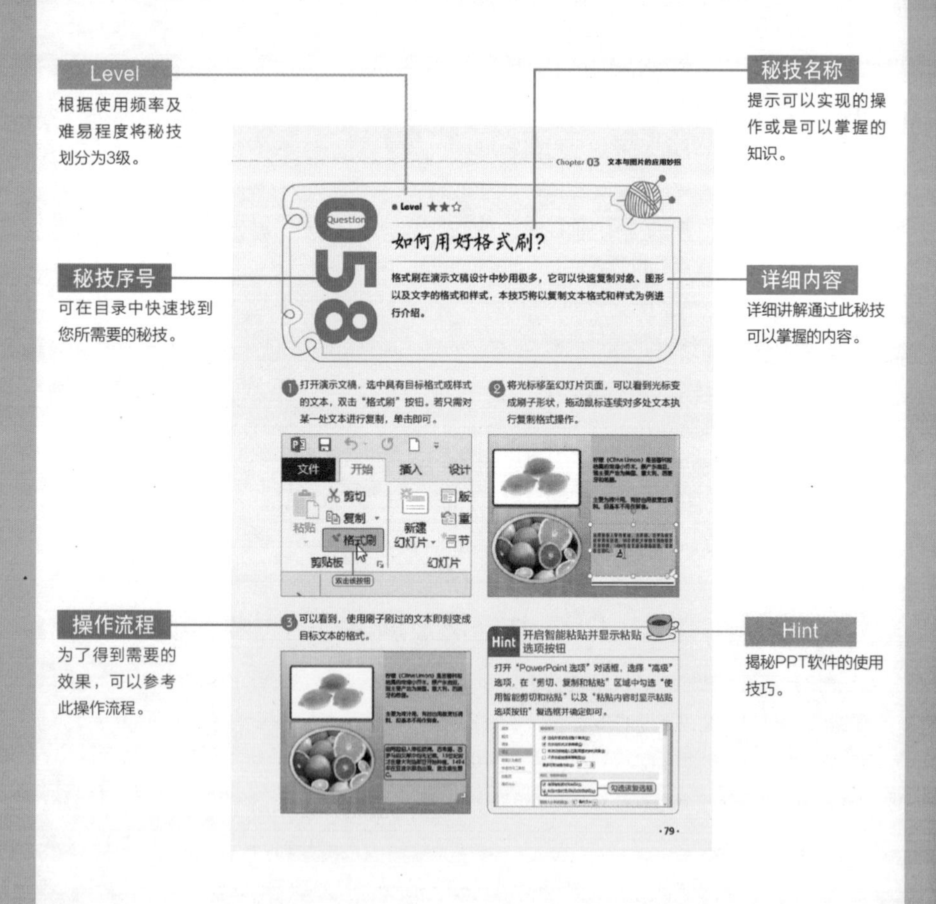

PowerPoint轻松入门

PowerPoint简称PPT，其中文名称为演示文稿，俗称幻灯片。它是目前使用最为广泛演示文稿设计工具。如果你想出色地做一场演示报告，必须同时具备企划能力、表现力和演讲力。其中的表现力即为演示文稿的设计。从即刻开始，我们将踏上PowerPoint的学习之旅……

● Level ★★☆

Question 006

如何通过快捷键开启PowerPoint 2013？

启动PowerPoint 2013程序的方法有很多种，在这里我们将介绍一种很特别的方法——通过快捷键打开。在想要打开该程序时，直接按下该快捷键即可。

1 选中PowerPoint 2013快捷方式图标，右击，从快捷菜单中选择“属性”命令。

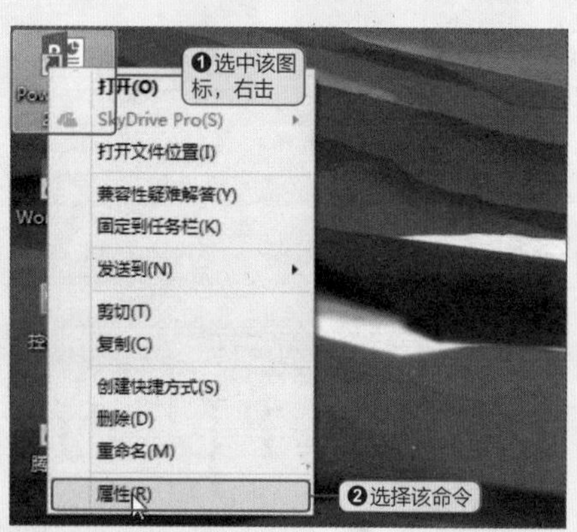

2 打开“PowerPoint 2013属性”对话框，默认显示“快捷方式”选项卡。

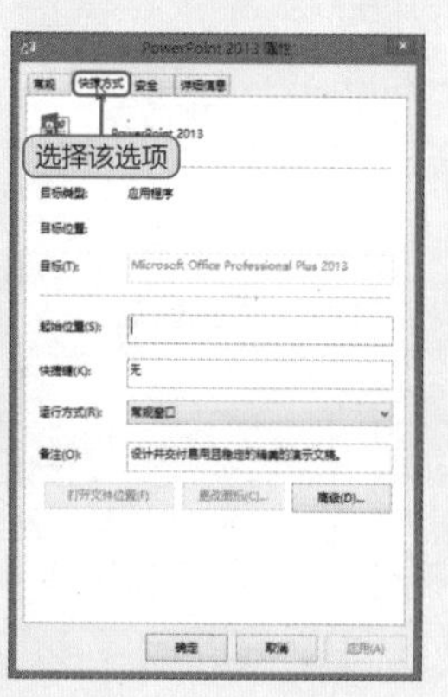

3 将插入点定位至“快捷键”选项后的文本框中，在键盘上直接按F9键。

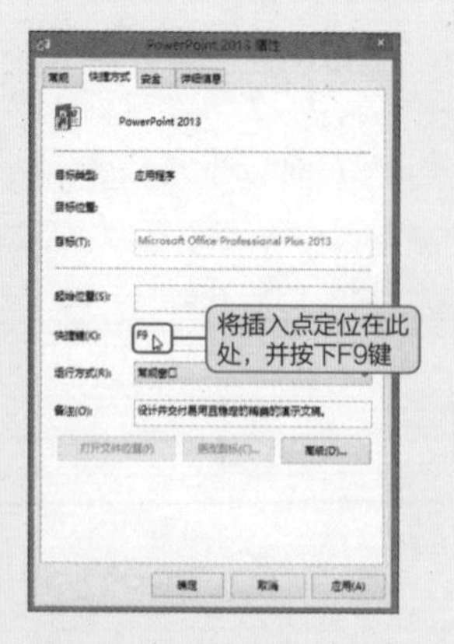

4 单击“运行方式”下拉按钮，从列表中选择“最大化”选项，单击“确定”按钮。

● Level ★☆☆

如何更改状态栏中显示的项目？

状态栏位于演示文稿视图窗口的最下方，在状态栏中会显示视图指示器、主题、显示比例、缩放滑块等项目，用户可根据需要隐藏或显示状态栏中的命令，下面对其进行介绍。

初始效果

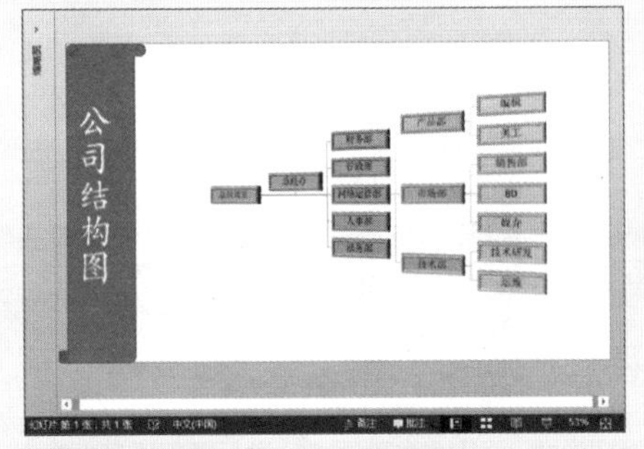

缩放滑块未显示在状态栏

最终效果

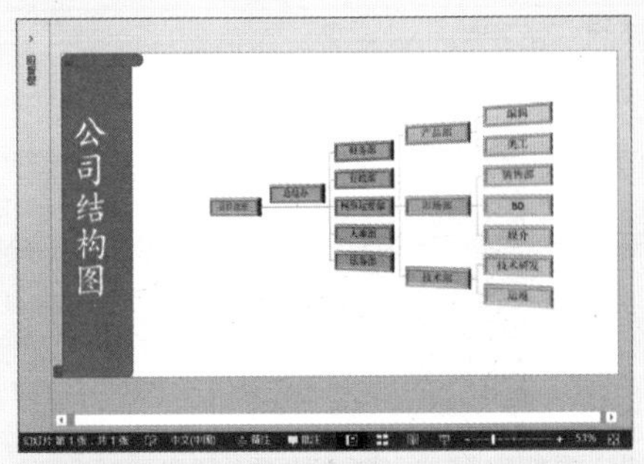

缩放滑块显示在状态栏中

1 在状态栏上右击，弹出一个快捷菜单，选中“缩放滑块”命令即可将缩放滑块添加至状态栏中。

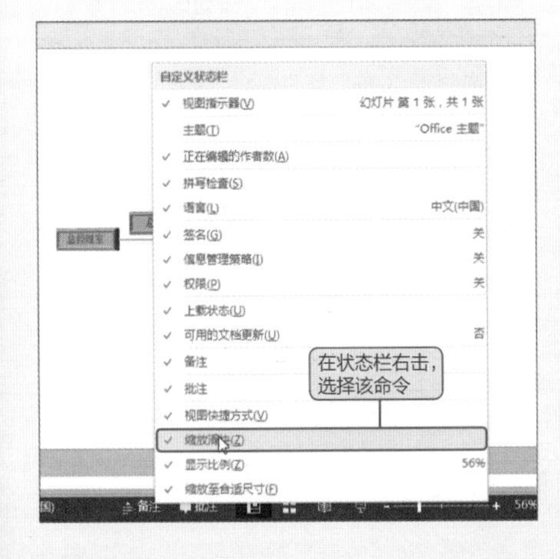

2 使用状态栏命令隐藏备注窗格。单击状态栏上的“备注”按钮，可以将备注窗格隐藏，若想要显示备注窗格，只需再次单击“备注”按钮即可。

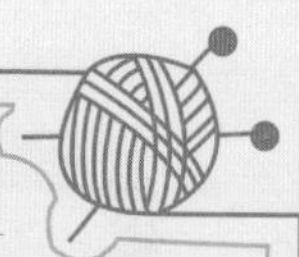

Question 003

● Level ★★☆

如何改变PPT操作界面的主题颜色？

默认情况下，Office程序的主题颜色为深灰色，若用户对默认的窗口配色方案不满意，可更改为其他颜色，同样，若想还原为默认的配色方案，也很容易实现，下面对其进行介绍。

初始效果

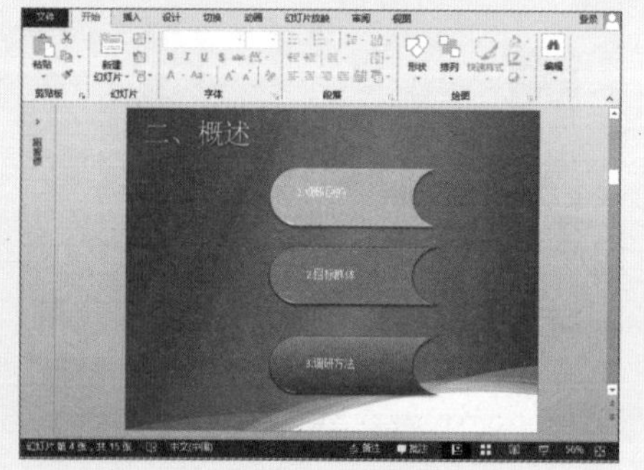

Office主题：深灰色

最终效果

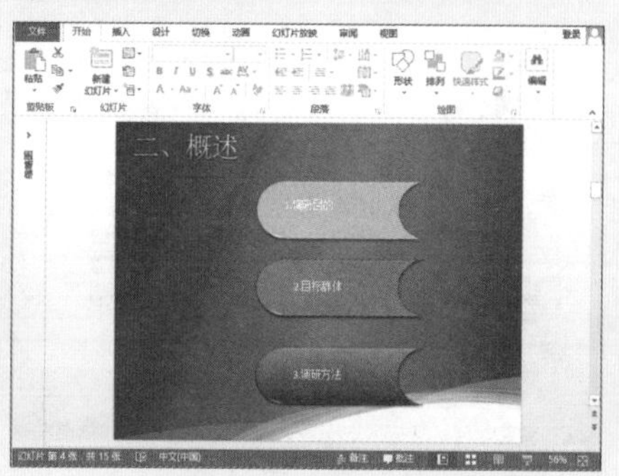

Office主题：白色

1. 打开“文件”菜单，选择“选项”命令，打开“PowerPoint选项”对话框。

2. 选择“常规”选项，单击“Office主题”右侧下拉按钮，从列表中选择“白色”选项，然后单击“确定”按钮即可。

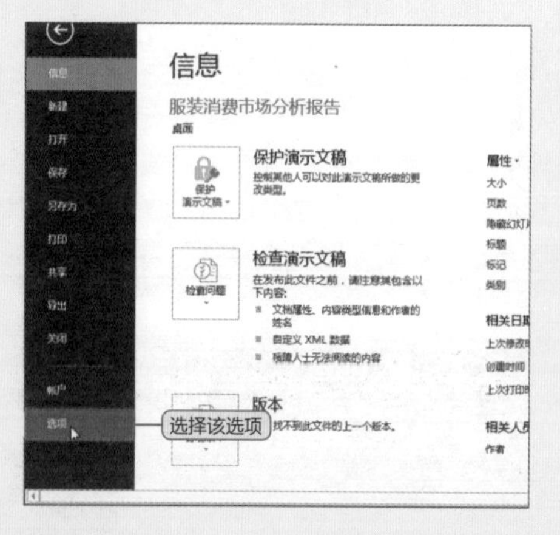

PowerPoint 选项

常规
校对
保存
版式
语言
高级
自定义功能区
快速访问工具栏
加载项
信任中心

使用 PowerPoint 时采用的常规选项。

用户界面选项

对 Microsoft Office 进行个性化设置

用户名(U): oh

Office 主题(T): 深灰色

白色
浅灰色
深灰色

选择该选项

启动选项

● Level ★☆☆

如何改变文稿的默认保存格式？

在PowerPoint中保存文件时，自动显示的保存格式为用户默认的保存格式。当默认保存格式并非常用格式时，可更改文件的默认保存格式，提高效率。

初始效果

设置默认保存格式前

最终效果

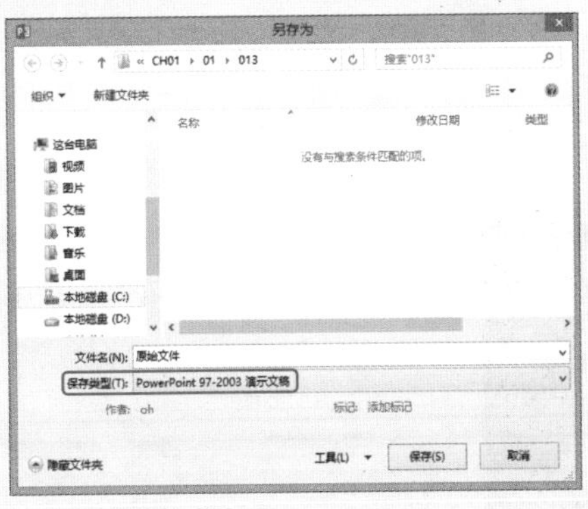

设置默认保存格式后

❶ 打开演示文稿，打开“文件”菜单，选择“选项”命令，打开“PowerPoint 选项”对话框。

❷ 选择“保存”选项，在“保存演示文稿”区域中单击“将文件保存为此格式”右侧下拉按钮，从列表中选择“PowerPoint 97-2003 演示文稿”选项。设置完成后，重新启动程序即可应用该设置。

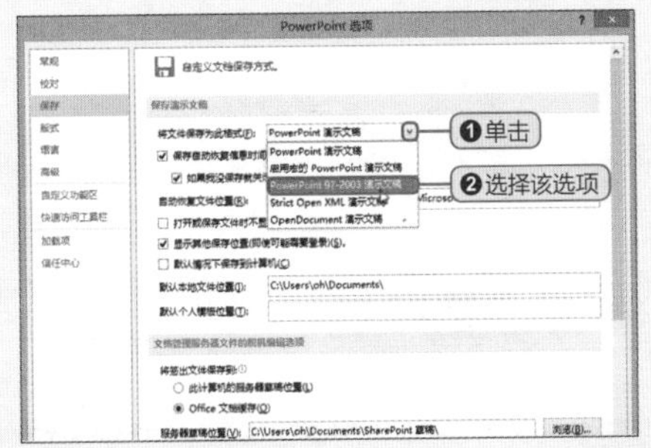

Question 005

● Level ★☆☆

如何更改文档的撤销次数？

在对幻灯片进行操作时，可通过撤销操作还原之前的设计效果。但PPT中存在撤销次数的限制，若默认的撤销次数不能满足用户需求，可对其进行更改。

1 打开演示文稿，默认情况下，用户可以撤销前20次的动作。执行“文件>选项”命令，打开“PowerPoint选项”对话框。

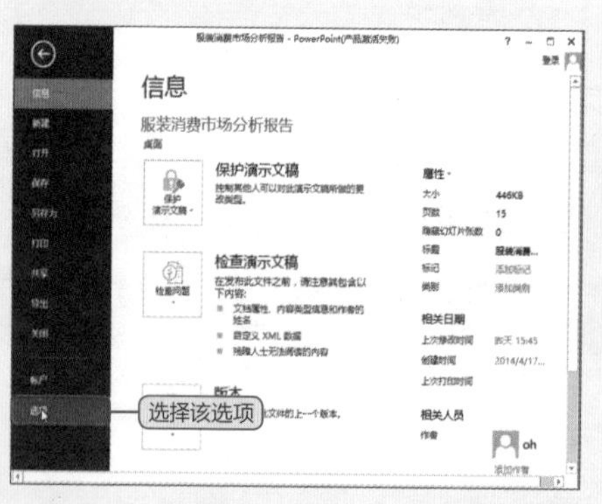

2 选择“高级”选项，在“编辑选项”选区中，通过“最多可取消操作数”选项右侧的数值框设置撤销次数。

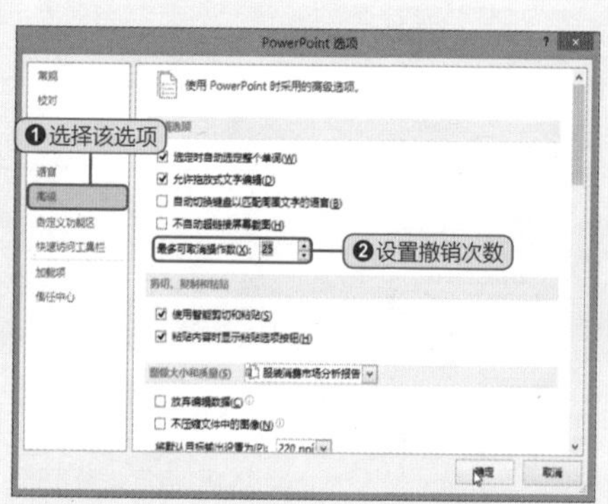

3 设置完成后，单击“确定”按钮，返回操作界面，然后单击“撤销”按钮右侧的下拉按钮，可以看到总共的操作步数。

4 选择撤销前2次操作，可返回至最初操作界面。

● Level ★★☆

如何指定打开演示文稿的视图模式？

默认情况下，打开演示文稿时的视图模式为上一次保存在文件中的视图模式，若用户希望演示文稿每次都以指定的视图模式打开演示文稿，该如何设置呢？下面将对其进行介绍。

初始效果

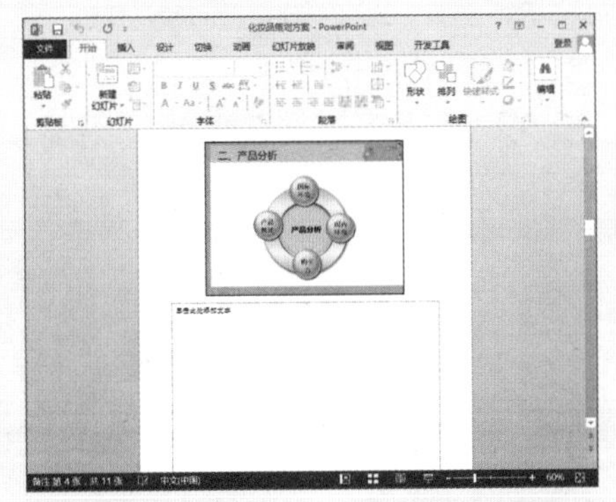

以保存的备注页模式打开

最终效果

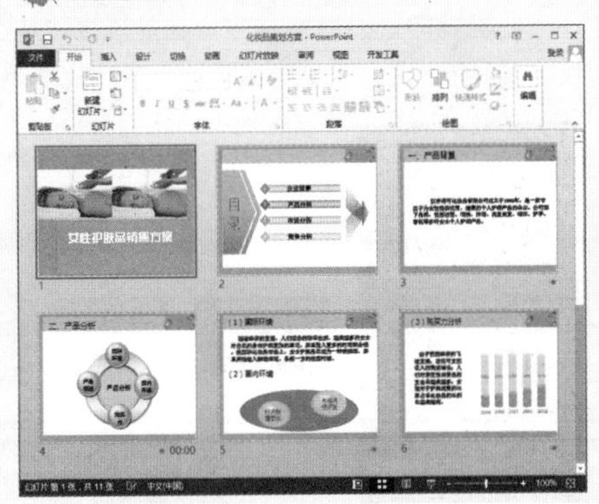

以幻灯片浏览视图模式打开

1 打开“文件”菜单，选择“选项”命令，打开“PowerPoint选项”对话框。

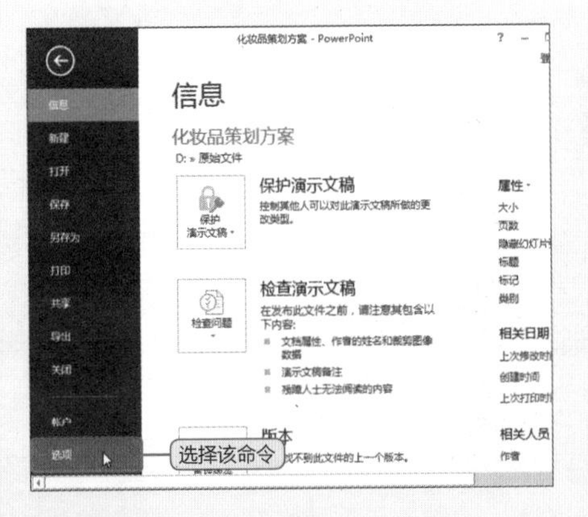

2 选择“高级”选项，单击“显示”选项下“用此视图打开全部文档”下拉按钮，选择“幻灯片浏览”选项并确认即可。

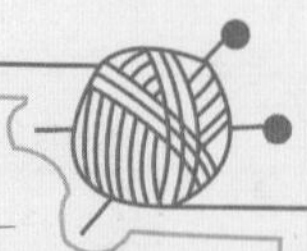

● Level ★★★

如何使用模板创建演示文稿?

模板是具有一定文字内容、提示内容或设计版式等的文件，对于不太了解演示文稿结构的用户来说，根据模板创建演示文稿，可大大节约用户的时间。

1 启动PowerPoint 2013应用程序，首先会看到内置的模板列表，在此选择“平面”模板。

2 在弹出的窗口右侧，将会出现几种不同的颜色方案，选择一种合适的颜色方案，单击“创建”按钮。

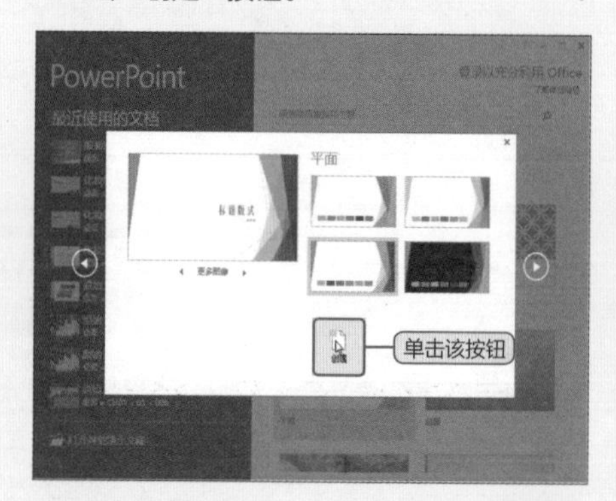

3 随后便可创建一个包含主题的演示文稿，从中根据需要输入合适的文本信息，并插入图片、图形等。

Hint 根据联机模板创建演示文稿

在“搜索联机模板和主题”搜索框中输入关键字/词，单击“搜索”按钮进行搜索，然后在搜索列表中选择合适的模板进行创建即可。

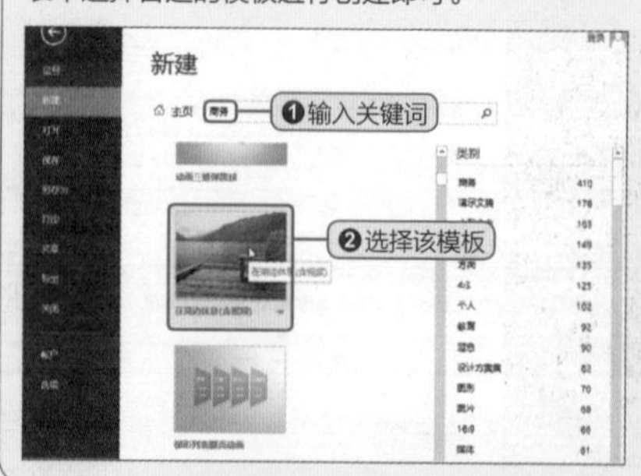

Hint 在文档的属性中追加作者名称

在完成演示文稿的创建后，如果想在演示文稿的属性中添加作者名字，以标识该演示文稿的创建者，该如何进行操作呢？其实很简单，只需要打开文档的属性对话框即可进行相应的设置。

4 打开演示文稿所在的文件夹，选择该演示文稿，右击，从弹出的快捷菜单中选择“属性”命令。

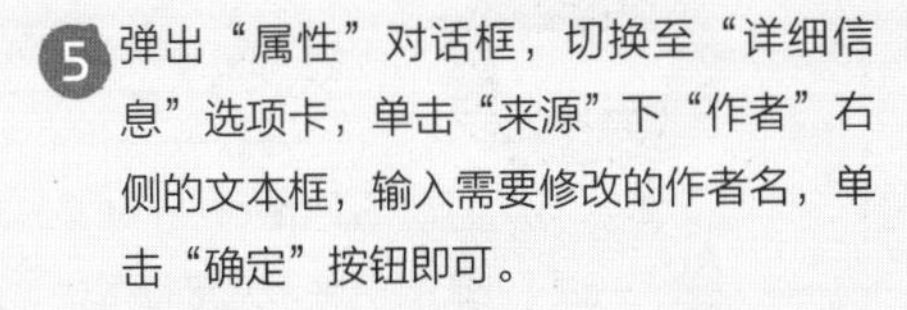

5 弹出“属性”对话框，切换至“详细信息”选项卡，单击“来源”下“作者”右侧的文本框，输入需要修改的作者名，单击“确定”按钮即可。

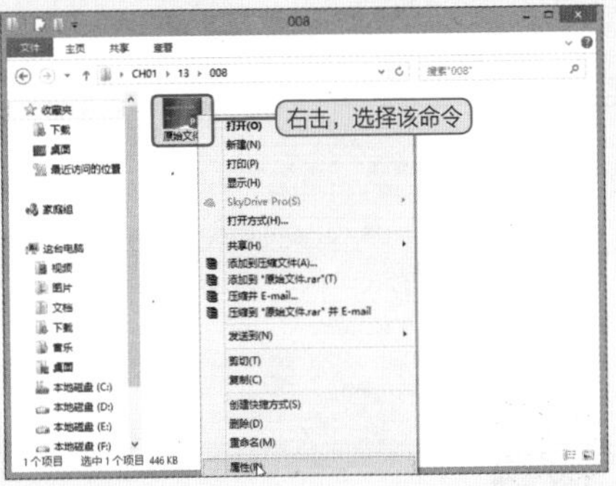

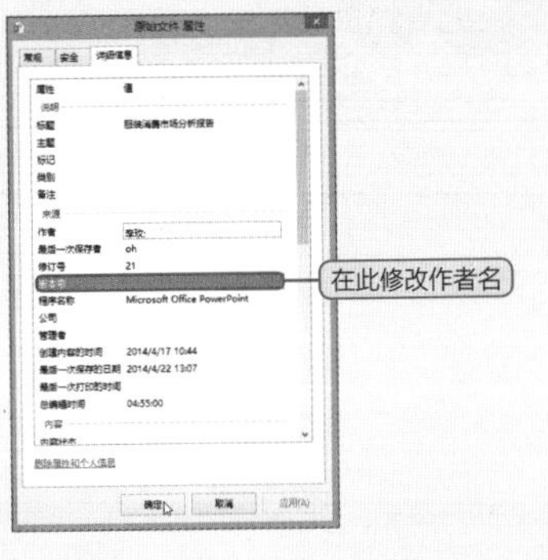

Hint 其他方法打开“属性”对话框

方法1： 单击文件夹快速访问工具栏上的“属性”按钮即可打开“属性”对话框。

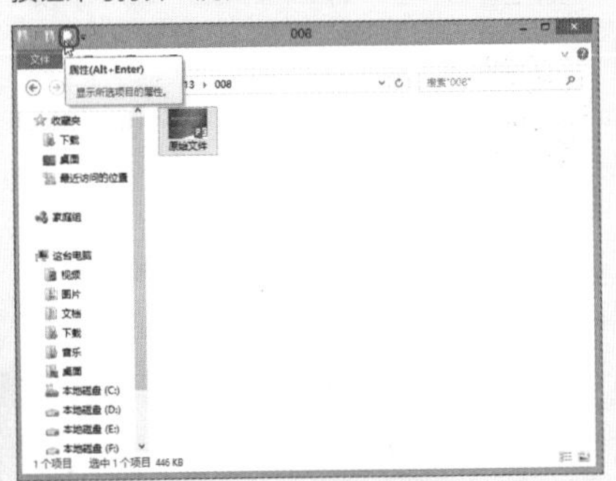

方法2： 切换至文件夹“主页”选项卡，单击“属性”按钮即可。

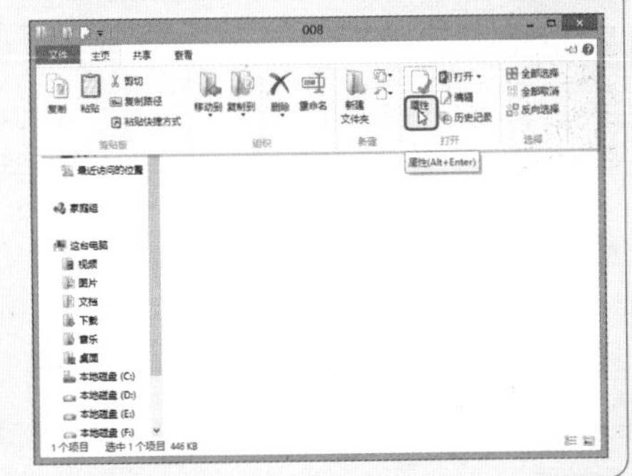

Hint 合理的组织结构的重要性

演讲现场用到的PPT，主要功能是对演讲起到辅助性作用。通常会多用图片和图表，少用文字，让观众可以赏心悦目地看，聚精会神地听，从而使演讲效果达到最佳。

用于直接阅读的PPT，就需要尽可能使用简洁、清晰的描述性文字，引领读者进入角色，进而很好地体会PPT所阐述的内容。在演示文稿中每一页幻灯片都需要具备清晰的讲解思路，以保证受众独自阅读PPT时也能清楚地理解其内容。

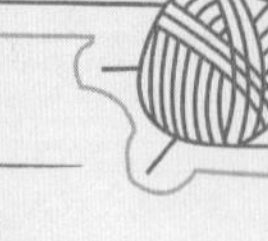

● Level ★★☆

如何将幻灯片以图片的形式进行保存？

在PowerPoint 2013中，用户可以根据不同的需要将演示文稿以其他形式进行保存，包括BMP、JPG、TIFF、PNG、GIF等格式的图形文件。

1 打开演示文稿，打开“文件”菜单，选择“导出”命令。

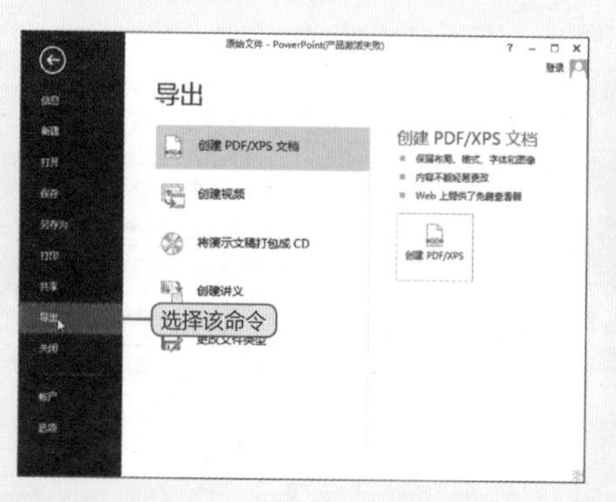

2 选择右侧“文件类型”下的“更改文件类型”选项，从弹出的列表中选择“PNG可移植网络图形格式”选项，单击“另存为”按钮。

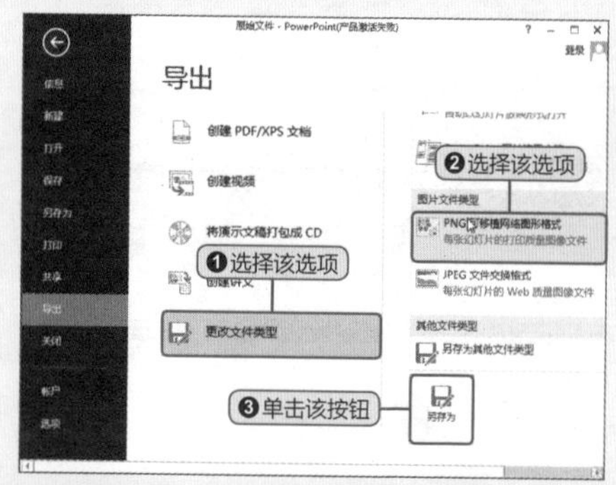

3 弹出“另存为”对话框，设置保存路径和文件名，单击“保存”按钮。

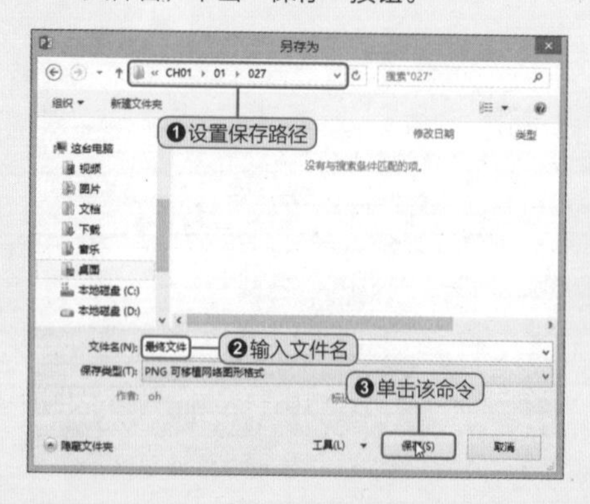

4 弹出提示对话框，单击“仅当前幻灯片”按钮即可。

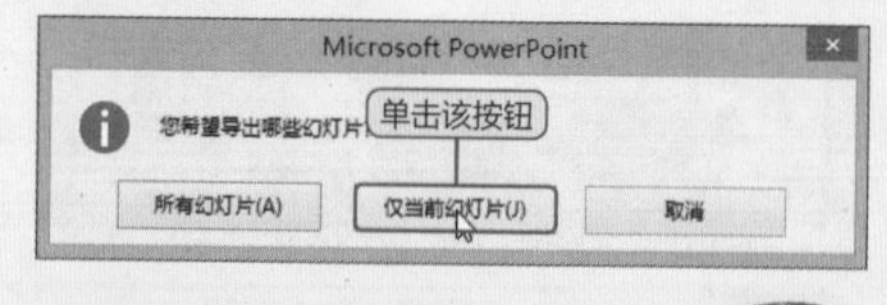

Hint 其他方式将幻灯片保存为图形文件

执行“文件>另存为”命令，在“另存为”对话框中，设置保存路径和文件名，设置保存类型为“PNG 可移植网络图形格式”。

● Level ★★★

如何将演示文稿转化为视频文件？

为了防止他人随意修改您的演示文稿，可以将其以视频的形式保存，在电脑、电视、平板电脑等媒体上进行播放，从而更加方便地展示给他人观看，下面对其进行介绍。

1 打开“文件”菜单，选择“导出”命令。

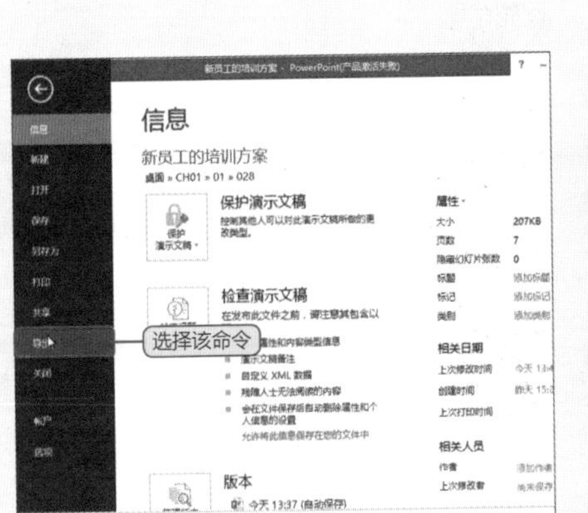

2 选择“创建视频”选项，在“放映每张幻灯片的秒数”右侧的数值框中输入时间，单击“创建视频”按钮。

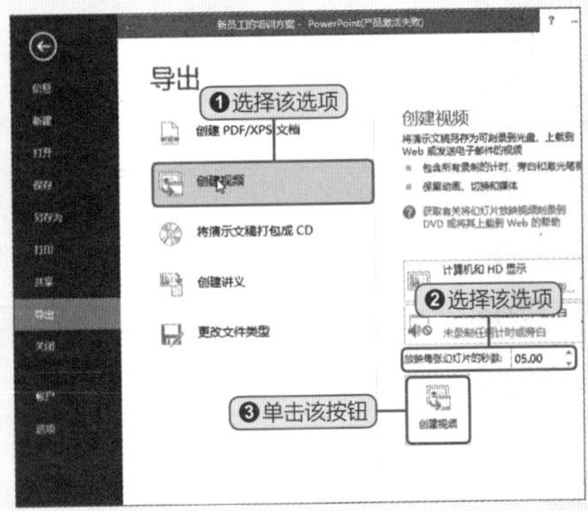

3 打开“另存为”对话框，设置保存路径并输入文件名，然后单击“保存”按钮。

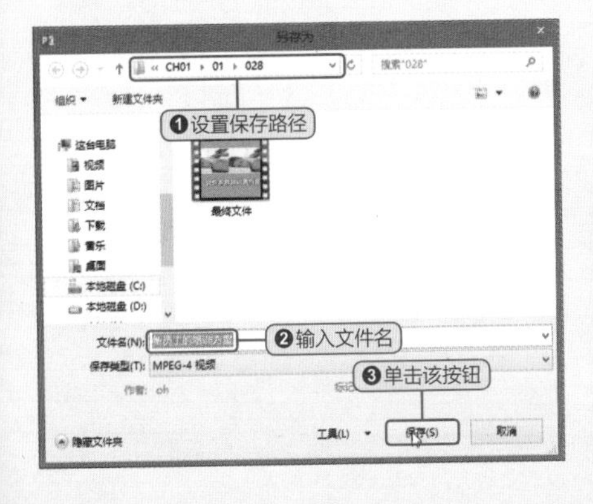

4 找到保存的视频文件并双击，即可查看视频文件的内容。

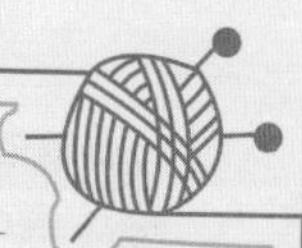

Question 010

● Level ★★★

如何将演示文稿保存在WEB上？

如果用户想随时随地都可以打开演示文稿进行编辑，可以将当前演示文稿保存在SkyDrive上。这样就可以在网络连接的情况下，通过账号登录到SkyDrive上对演示文稿轻松进行编辑。

1 在“文件”菜单中选择“另存为”命令。

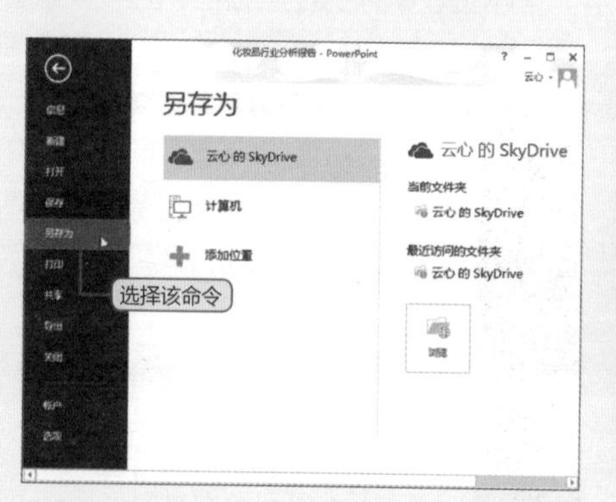

2 选择“云心的 SkyDrive”选项，单击“浏览”按钮。

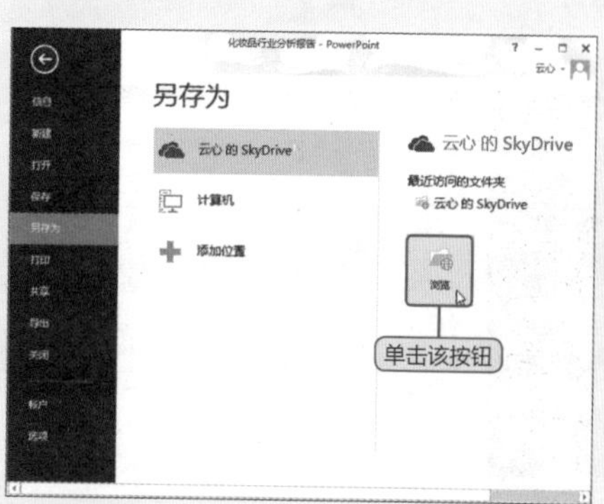

3 打开“另存为”对话框，选择SkyDrive上的合适位置并输入文件名进行保存。

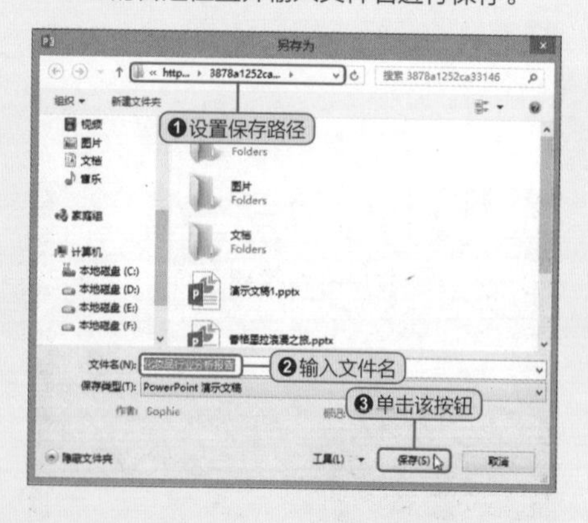

Hint 未登录SkyDrive怎么办

若用户未登录到 SkyDrive，则执行“文件 > 另存为 >SkyDrive”命令后，在其右侧会出现一个“登录”按钮，单击该按钮，打开“登录”对话框，输入 Windows Live ID 和密码，即可登录到 SkyDrive 上。

Hint 何为Windows Live ID?

Windows Live ID 是一个由微软开发与提供的“统一登入”服务，允许使用者使用一个帐号登入许多网站。

● Level ★☆☆

如何隐藏最近使用的演示文稿记录？

若用户不想让他人看到自己曾经打开过哪些演示文稿，可以将最近使用过的演示文稿记录删除，下面对其进行介绍。

初始效果

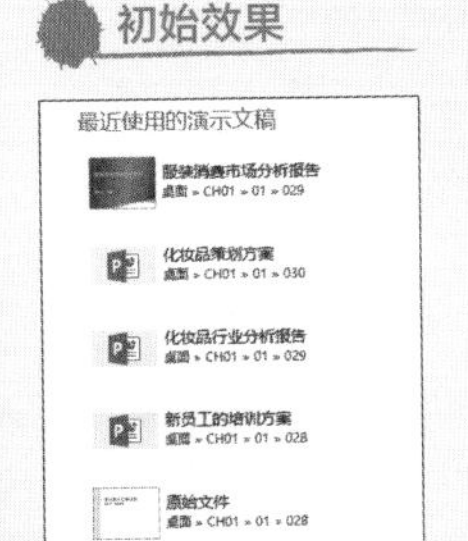

演示文稿记录存在

最终效果

演示文稿记录消失

1 执行“文件>打开”命令，在右侧列表中选择“最近使用的演示文稿”选项。

2 在“最近使用的演示文稿”列表中任一选项上右击，从弹出的菜单中选择“清除已取消固定的演示文稿”命令。

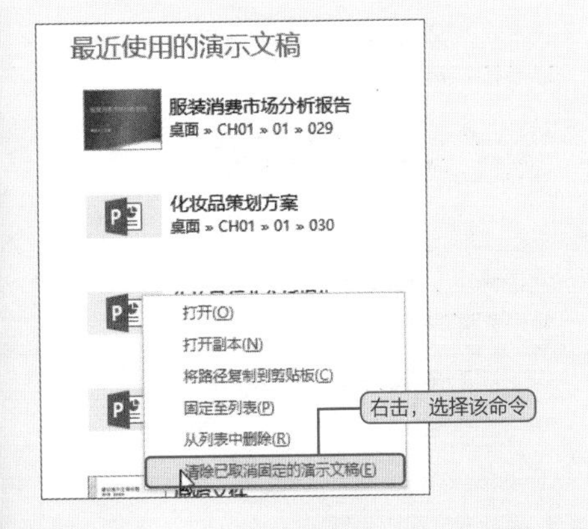

3 弹出提示对话框，单击“是”按钮，可将最近使用的演示文稿记录清除。

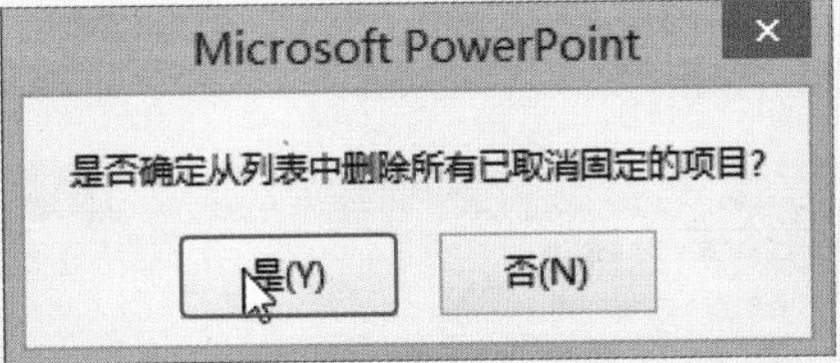

Hint 另类删除演示文稿记录法

只需执行“文件 > 选项”命令，在打开的“PowerPoint 选项”对话框中选择“高级”选项，在“显示”组中，设置“显示此数量的最近的演示文稿”为 0，同样可清除演示文稿的使用记录。

Question 012

● Level ★★☆

如何为演示文稿设置密码保护？

为了避免他人对自己设计的演示文稿进行篡改，我们可以为文稿设置保护密码，那如何设置密码保护呢？下面将对设置密码和修改密码的操作进行详细介绍。

1 打开演示文稿，执行“文件>另存为>计算机>当前文件夹”命令。

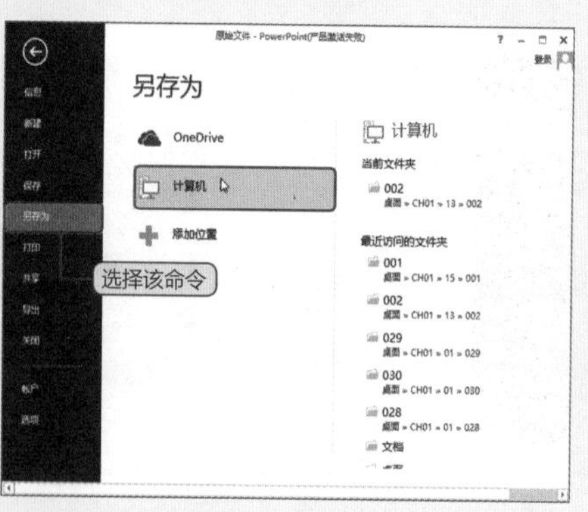

2 单击“另存为”对话框中的“工具”按钮，从弹出的列表中选择“常规选项”选项。

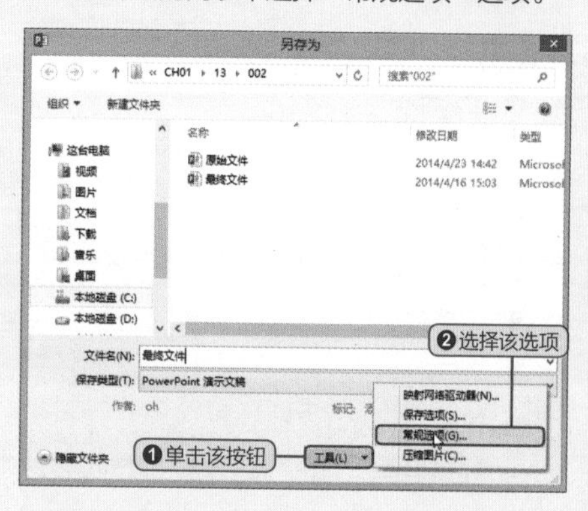

3 打开“常规选项”对话框，根据需要在“打开权限密码”和“修改权限密码”文本框中输入“123”和“123”，单击“确定”按钮。

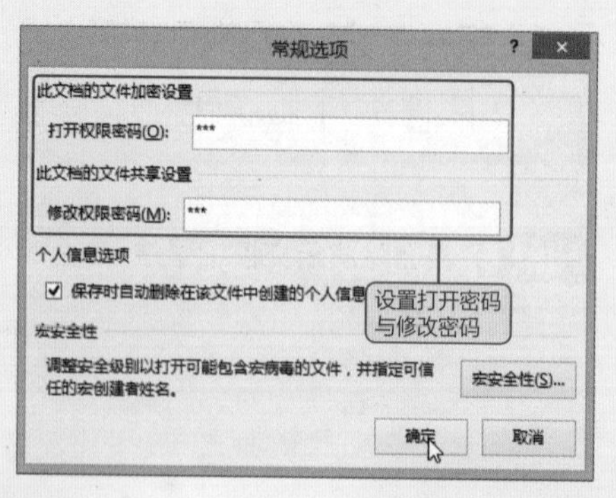

4 弹出“确认密码”对话框，再次输入打开和修改权限密码进行确认后，返回至“另存为”对话框，单击“保存”按钮即可。

确认密码

重新输入打开权限密码(P):

***

请注意：如果丢失或忘记密码，文档将无法恢复。建议您在安全的地方保留一份密码及其对应文档名称的清单(请记住：密码是区分大小写的)。

确定　取消

确认密码

重新输入修改权限密码(P):

***

警告：设置修改权限密码不是安全功能。使用此功能，能防止对此文档进行误编辑，但不能为其加密，因而恶意用户能够编辑文件并删除密码。

确定　取消

Hint 修改或撤销密码

若用户觉得当前密码太过简单，需要更改密码，又或者希望取消密码保护，可以根据需要实时进行调整。

5 打开演示文稿，执行“文件>另存为>计算机>当前文件夹”命令。

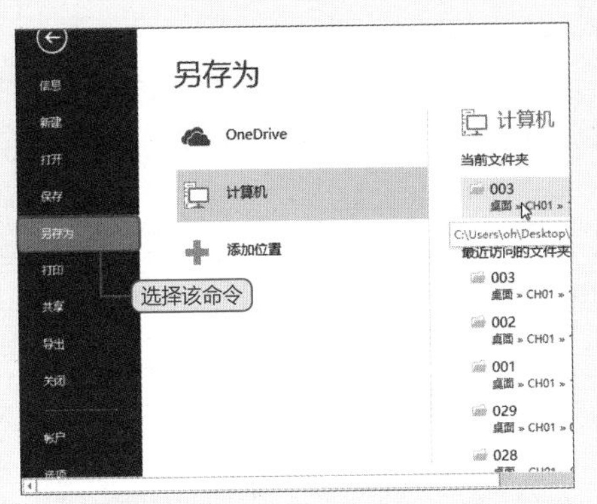

6 在打开对话框中单击“工具”按钮，从弹出的列表中选择“常规选项”选项。

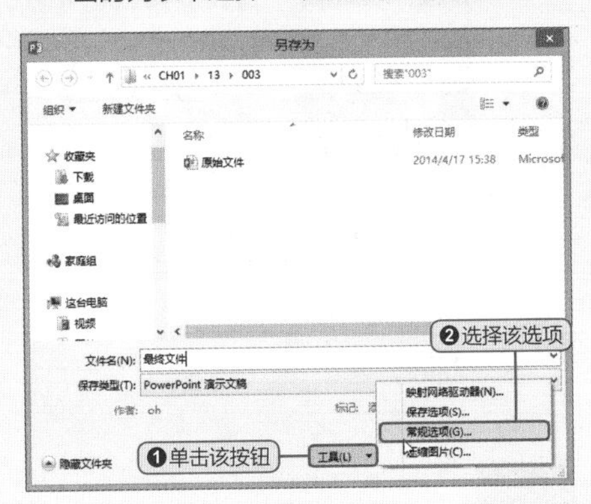

7 修改密码。打开“常规选项”对话框，修改“打开权限密码”和“修改权限密码”右侧文本框中的内容，单击“确定”按钮，并再次确认密码。

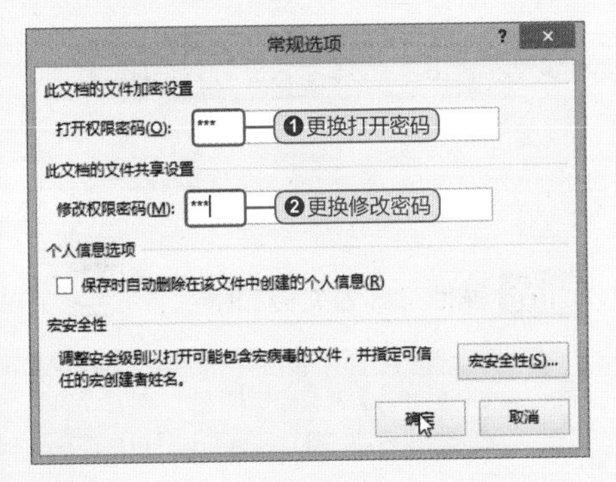

Hint 删除密码

打开“常规选项”对话框，清除“打开权限密码”和“修改权限密码”右侧文本框中内容，单击“确定”按钮即可。

Hint 演示文稿标题的重要性

对于演示文稿来说，一个吸人眼球的标题是非常重要的。要想起到画龙点睛的作用，标题文字应言简意赅，具备统领全文的作用。

言简意赅很好理解，试想一下，在这个快节奏高压力的社会中，有谁愿意一字一句地看每一份策划方案、每一期报表呢，所以要想吸引人，就要依靠标题的魅力。统领全文也就是说标题应做到与正文内容相呼应，并能起到概括正文的作用。

Question 013

Level ★★☆

如何防止他人编辑自己的演示文稿？

除了上述讲到的方法外，还有没有其他方法可以防止其他用户对演示文稿编辑呢？当然有，用户可以将演示文稿标记为最终状态。

1 执行“文件 > 信息”命令，单击右侧的“保护演示文稿”按钮，从下拉列表中选择“标记为最终状态”选项。

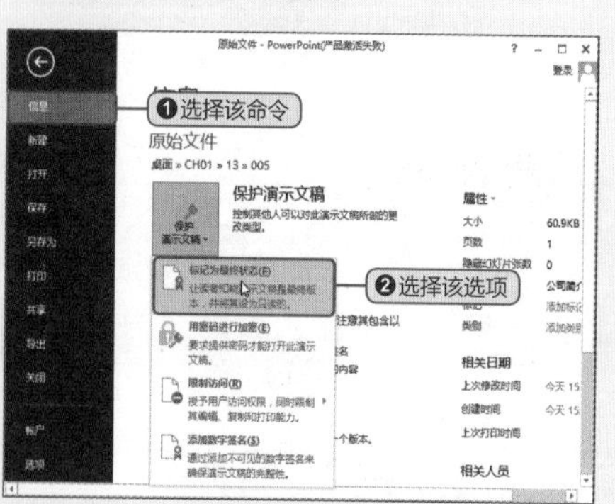

2 弹出提示对话框，提醒用户是否进行标记，单击“确定”按钮。标记完成后弹出提示对话框，单击“确定”按钮即可。

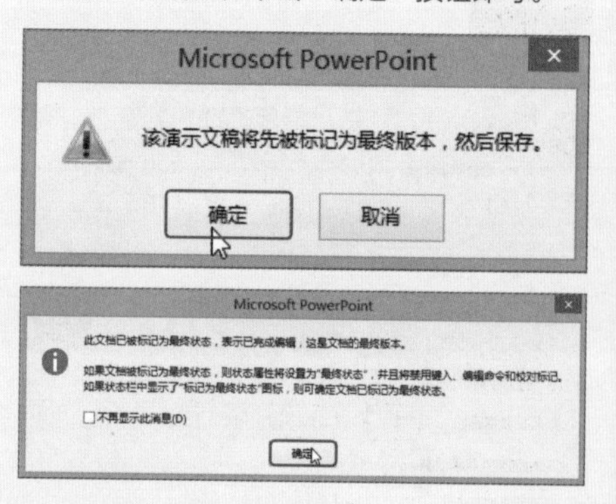

3 返回演示文稿，可以看到，功能区下方显示“标记为最终状态”提示语，表示演示文稿已标记为最终状态。

Hint 其他方式为文档加密

执行“文件>信息>保护演示文稿>用密码进行加密”命令，打开“加密文档”对话框，单击“确定”按钮，在打开的“确认密码”对话框中确认密码即可。

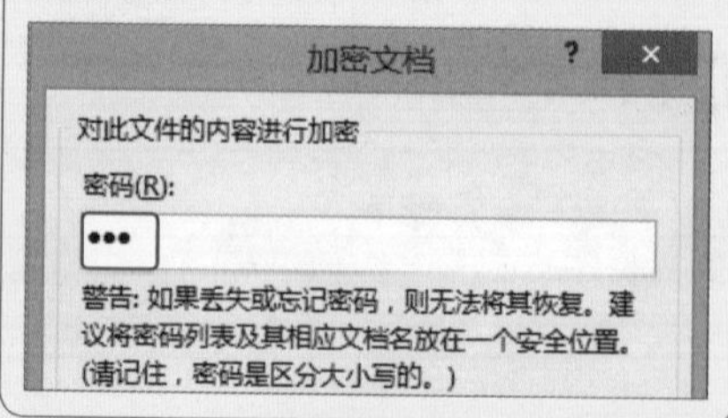

● Level ★★☆

如何根据自己的需要打印幻灯片？

在PowerPoint中，演示文稿可以根据需要进行打印，在打印时，若有些演示文稿内容是不必要的，为了节约纸张，可以设置打印范围，仅将用户需要的幻灯片打印出来。

1 打开需要打印的演示文稿，打开“文件”菜单，选择“打印”命令。

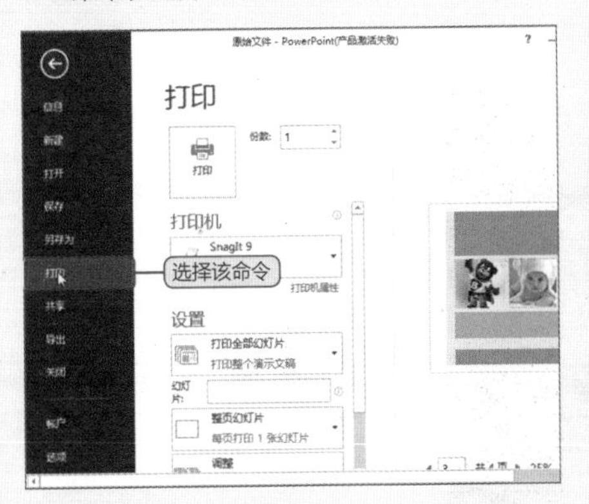

2 单击右侧“设置”选项下的“打印全部幻灯片”按钮，从列表中进行选择即可。

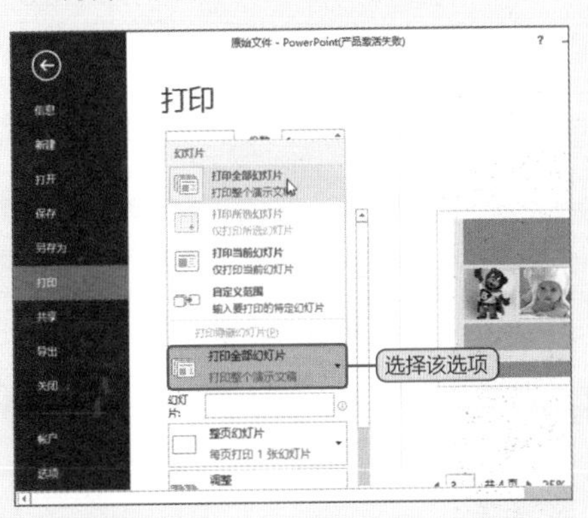

3 若选择“自定义范围”选项，可在下面“幻灯片”右侧的文本框中按照提示输入幻灯片范围。

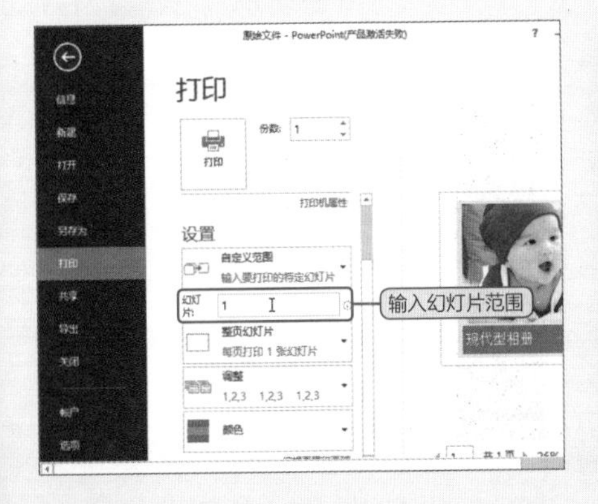

4 设置打印范围后，单击“打印”按钮进行打印即可。

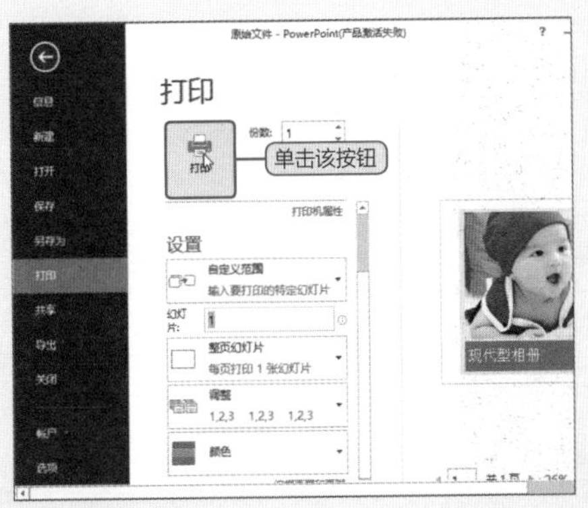

Question 015

● Level ★★☆

如何打印隐藏的幻灯片？

在制作演示文稿的过程中，经常为了演讲需要，将演示文稿中的某些幻灯片隐藏起来，那么在打印的时候，若需要将这些隐藏的幻灯片打印出来，该如何进行操作呢？

1 打开需要打印的演示文稿，打开“文件”菜单，选择“打印”命令。

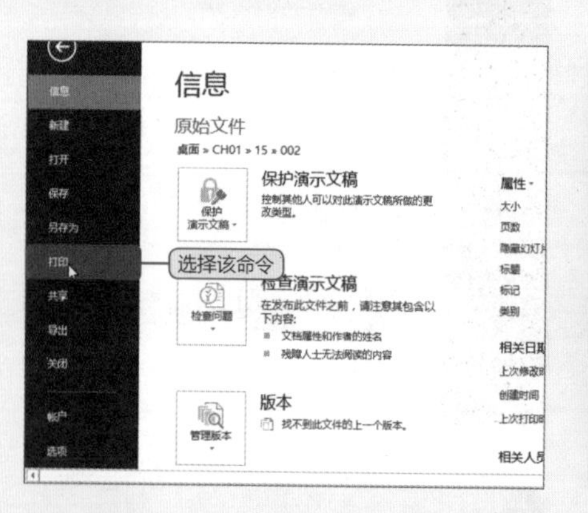

2 单击右侧“设置”选项下的“打印全部幻灯片”按钮，从列表中选中“打印隐藏幻灯片”选项。

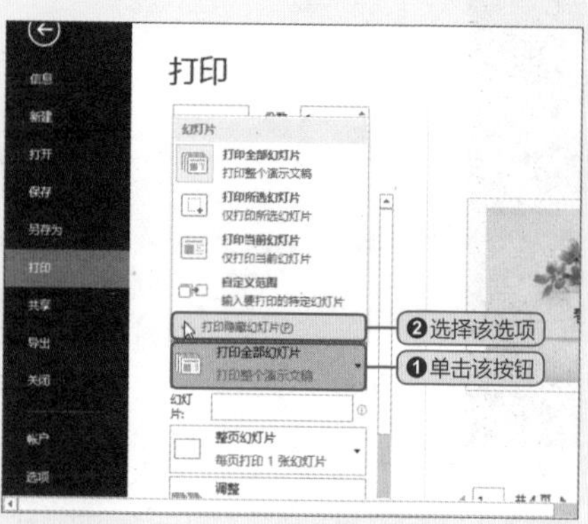

3 设置完成后，单击“打印”按钮即可打印该演示文稿。

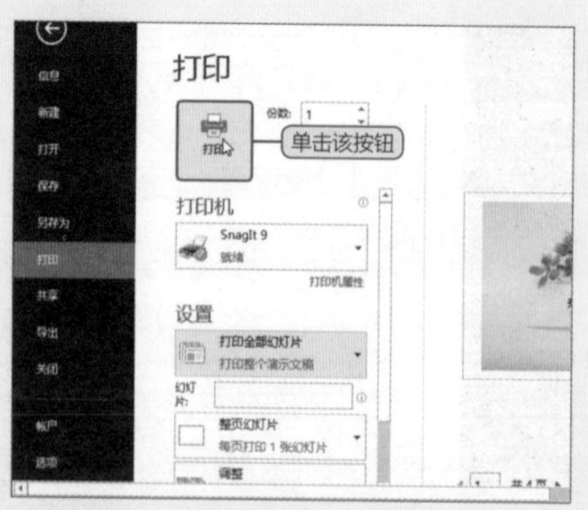

Hint 如何设置打印份数

在“打印”选项下，通过“份数”右侧的数值框设置打印份数。

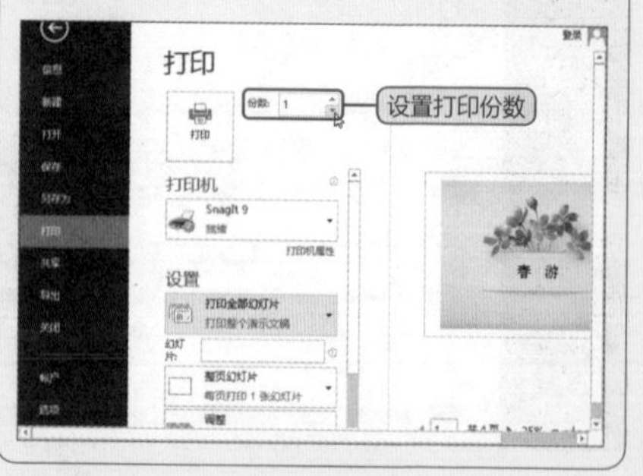

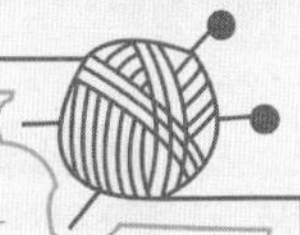

● Level ★★☆

如何实现彩色打印?

幻灯片在设计时均以彩色模式显示，但是，一般的打印机并不支持彩色打印，或者是不需要彩色印刷，因此幻灯片多为灰度显示模式，那么如何才能实现彩色印刷呢?

初始效果

默认灰度模式预览效果

最终效果

颜色模式预览效果

1 打开需要打印的演示文稿，打开“文件”菜单，选择“打印”命令。

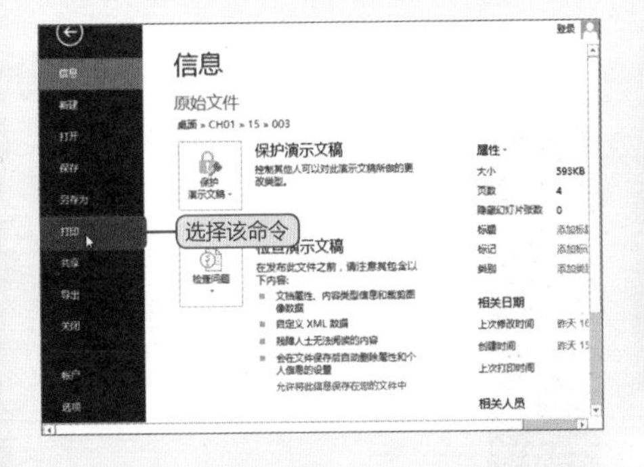

2 单击右侧“设置”选项下的“颜色”按钮，从展开的列表中按需进行选择，然后进行打印即可。

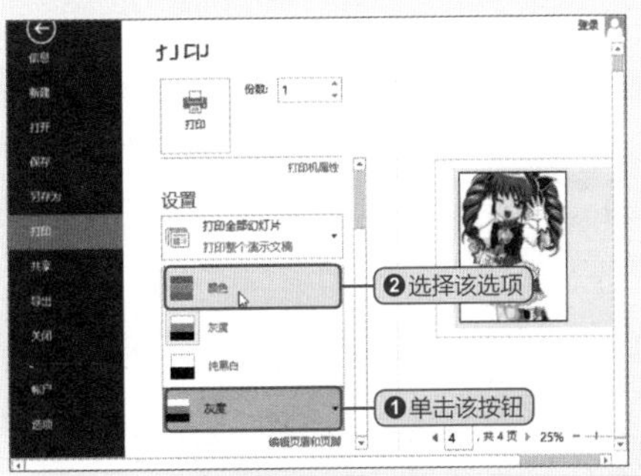

Question 017

● Level ★★☆

如何为打印文稿添加编号？

在打印演示文稿时，若有多张幻灯片需要打印，为了避免打印后不小心将页码顺序混淆，可以在打印前为其添加编号。

1 打开需要打印的演示文稿，打开“文件”菜单，选择“打印”命令。

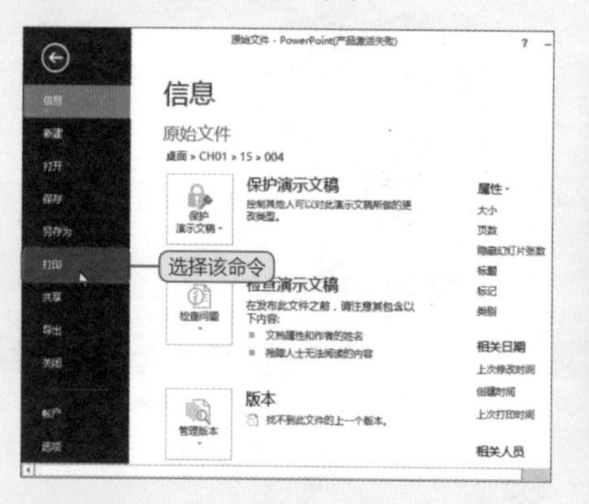

2 单击右侧“设置”选项下的“编辑页眉和页脚”链接。

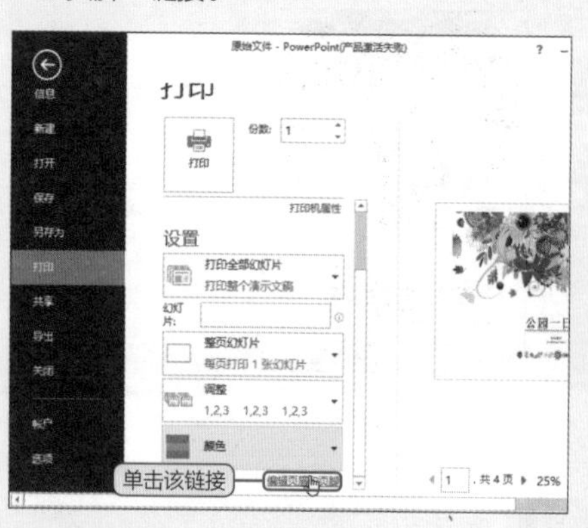

3 打开“页眉和页脚”对话框，勾选“幻灯片编号”和“标题幻灯片中不显示”复选框，单击“全部应用”按钮。

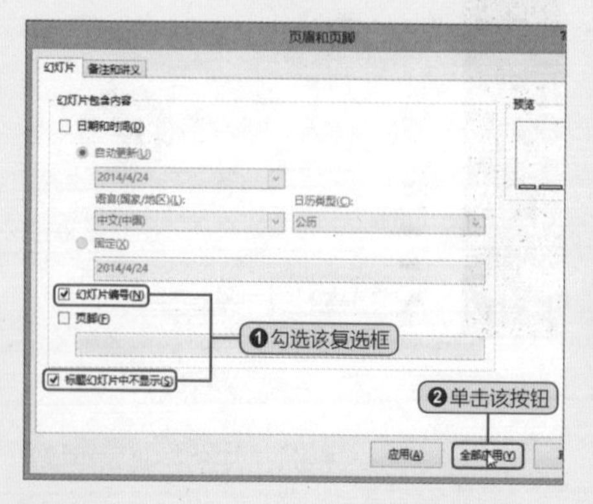

4 添加编号完成后，单击“打印”按钮即可打印该演示文稿。

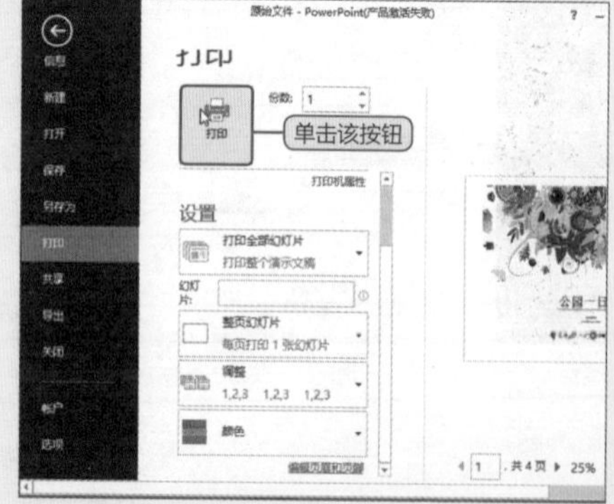

● Level ★★☆

如何使用讲义模式打印多张幻灯片？

讲义是指一页演示文稿中有1张、2张、3张、4张、6张或9张幻灯片，这样观众既可以在演讲现场看到相应的文稿，还可以以后作为参考。下面对该打印方式进行介绍。

1 打开需要打印的演示文稿，打开“文件”菜单，选择“打印”命令。

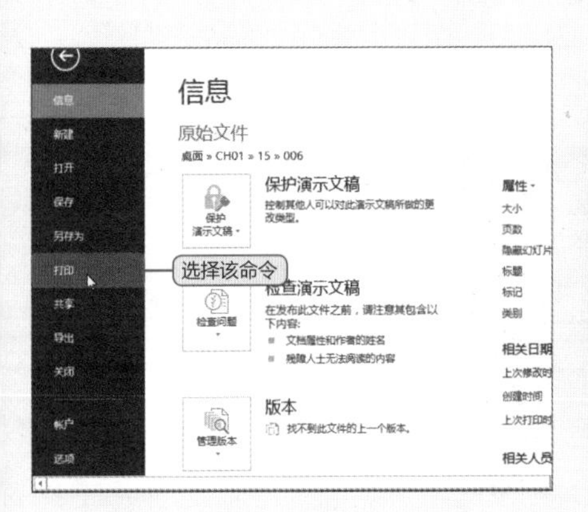

2 单击右侧“设置”选项下的“整页幻灯片”按钮，从列表中的“讲义”选项下选择“2张幻灯片”选项。

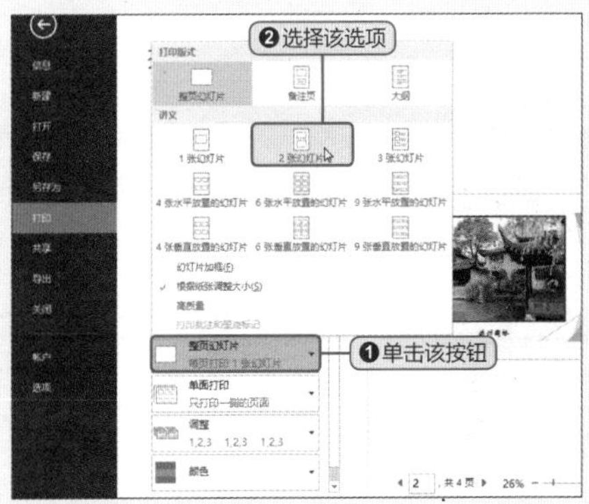

3 设置完成后，单击“打印”按钮，打印该演示文稿。

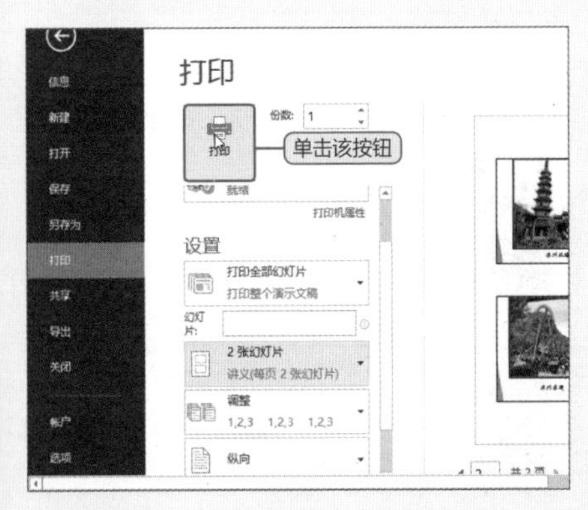

Hint 在打印前确认幻灯片内容

打印设置完成后，通过右侧区域下方的翻页按钮可以（例如◂）预览该演示文稿中的内容。

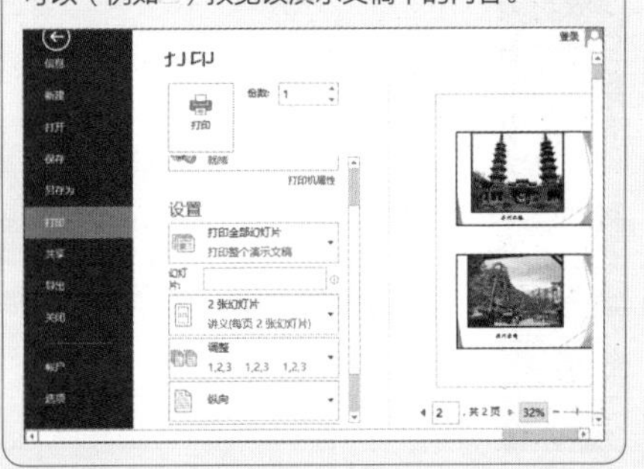

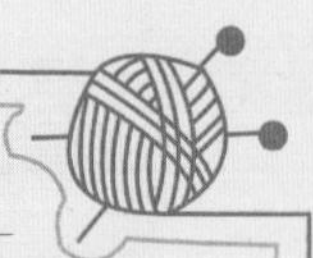

Question 019

● Level ★★☆

如何为打印的幻灯片添加外框？

在打印幻灯片时，若能为其添加一个漂亮的边框，可以更好地在纸张上查看幻灯片的效果，本技巧将对其进行介绍。

1 打开需要打印的演示文稿，打开“文件”菜单，选择“打印”命令。

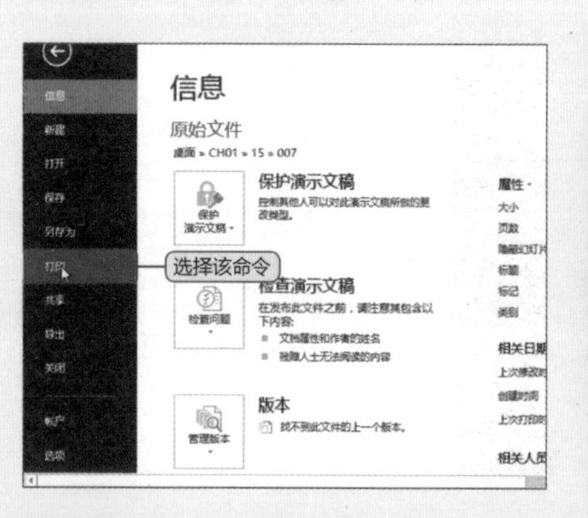

2 单击右侧“设置”选项下的“整页幻灯片”按钮，从列表中选择“幻灯片加框”选项。

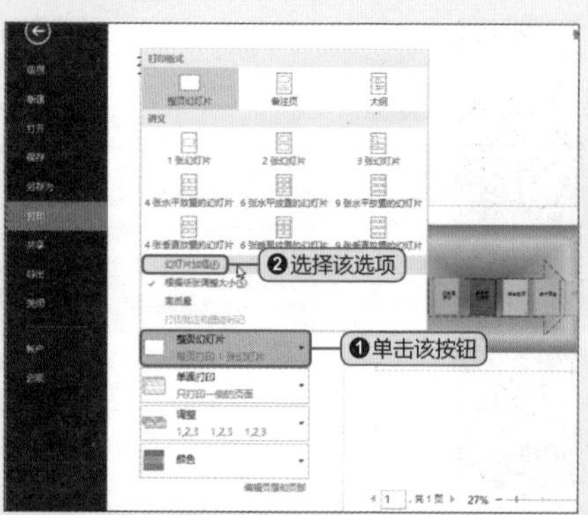

3 设置完成后，单击“打印”按钮，即可打印演示文稿。

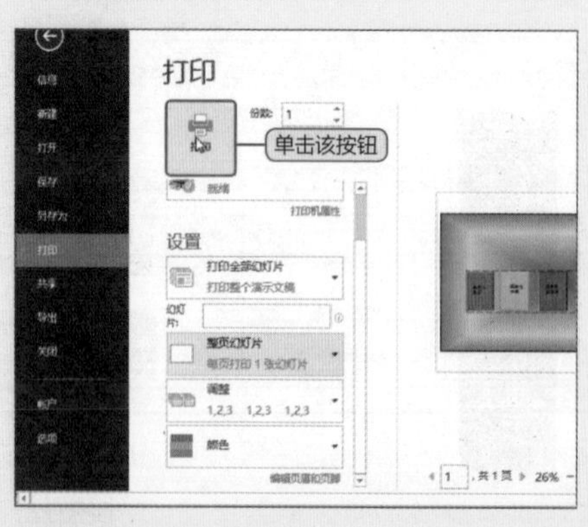

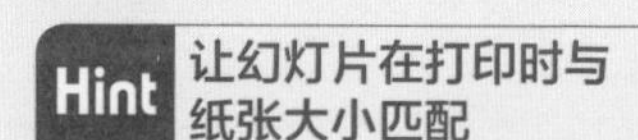

Hint 让幻灯片在打印时与纸张大小匹配

单击“设置”选项下的“整页幻灯片”按钮，从列表中选择“根据纸张调整大小”选项。

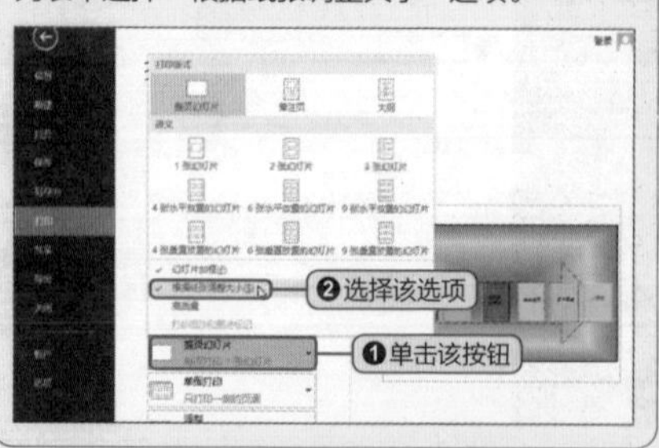

● Level ★★☆

如何使打印的幻灯片清晰可读？

通常，我们会将PPT演示文稿设计得亮丽大方，比如设置渐变色、添加三维效果等，但使用黑白打印机将其打印出来后，可读性比较差。那么如何使用黑白打印机打印出清晰可读的幻灯片呢？

1 打开需要打印的演示文稿，随后执行“文件>打印”命令。

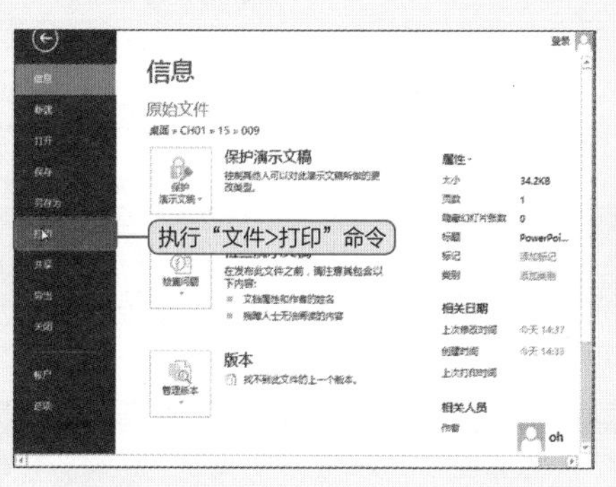

2 单击右侧“设置”选项下的“颜色”按钮，从列表中选择“纯黑白”选项。

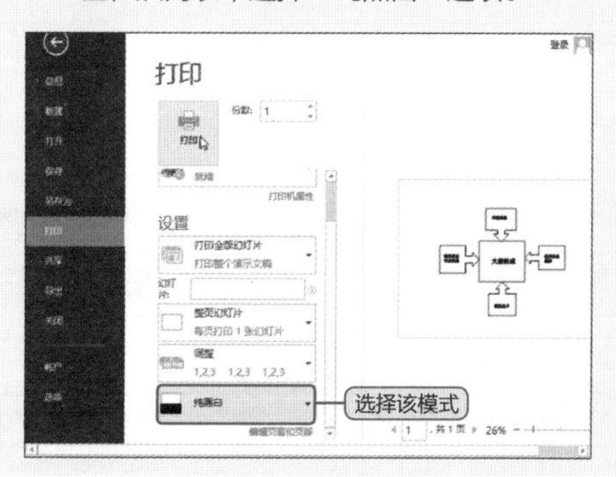

3 设置完成后，单击“打印”按钮，即可打印演示文稿。

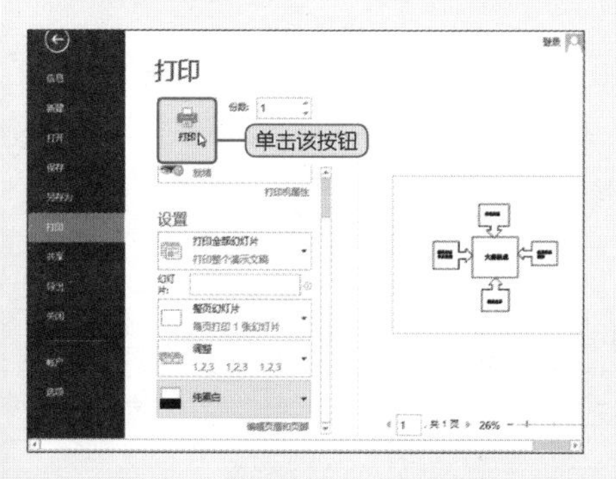

Hint 关于不同打印模式的介绍

- **“纯黑白”模式**是将大部分灰色阴影更改为黑色或白色，可用于打印草稿或清晰可读的演示文稿备注或讲义。
- **“灰度”模式**是使用黑白打印机打印彩色幻灯片的最佳模式，此时将以不同灰度显示不同彩色格式。
- **“颜色”模式**主要用于打印彩色演示文稿，或打印到文件并将颜色信息存储在相应文件中。

幻灯片创建与设计妙招

启动PowerPoint程序后，系统将自动创建一个空白演示文稿，但是该演示文稿只包含一张幻灯片，并不能满足工作的需求。因此，在正式学习演示文稿的设计之前，应先来学习一些幻灯片的基本操作，比如创建、打开、查看、保存等。

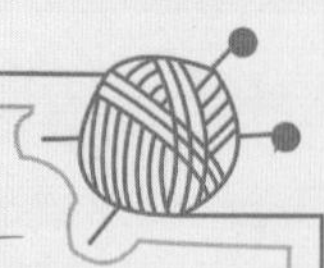

Question 120

● Level ★★☆

如何为文稿应用主题?

PowerPoint 2013提供了大量的主题样式，这些主题样式中设置了不同的颜色、字体和对象样式。用户可根据需要进行选择，快速更改幻灯片样式。

初始效果

应用“柏林”主题效果

最终效果

应用“平面”主题效果

1 打开演示文稿，单击“设计”选项卡中“主题”选项组的“其他”按钮，从展开的列表中选择“平面”主题。

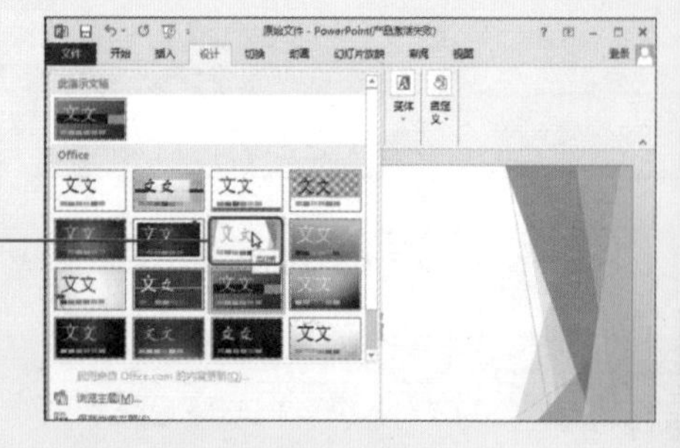

2 单击“变体”组中的“其他”按钮，从展开的列表中选择一种合适的变体即可。

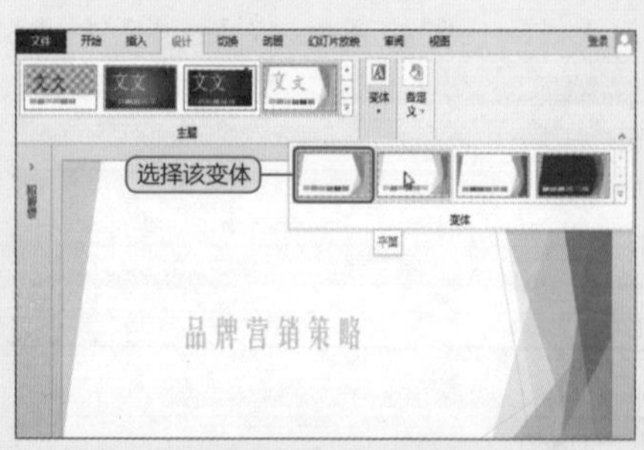

● Level ★★☆

如何还原被更改的模板幻灯片？

若更改了默认的“空白”设计模板，却又希望重新将原始默认设计应用于演示文稿中，只需重新应用空白模板即可，本技巧将讲述如何还原被更改的模板幻灯片。

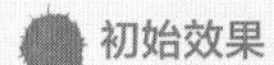

初始效果

最终效果

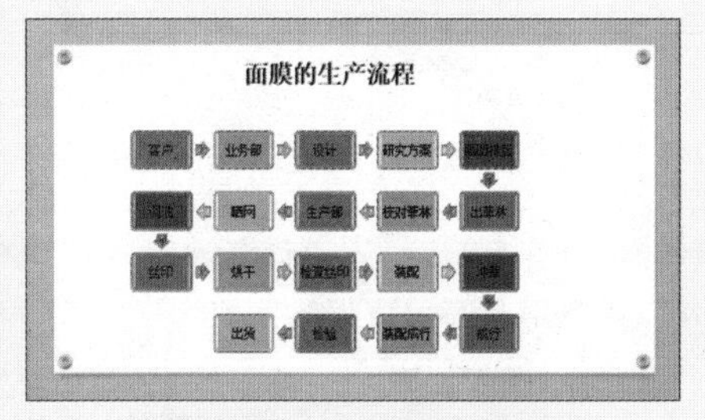

更改了默认模板效果

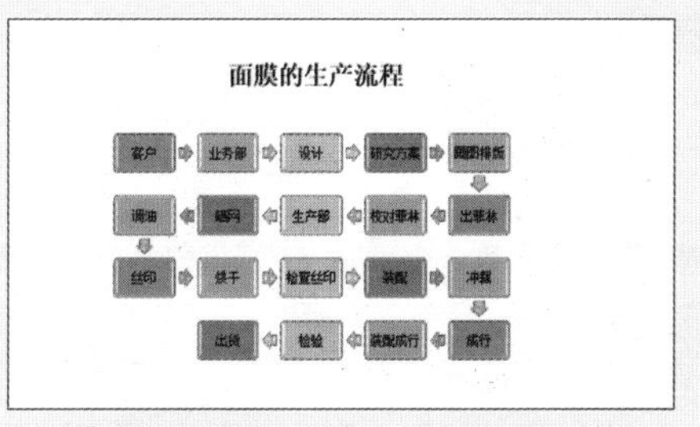

“空白”设计模板效果

1 打开演示文稿，单击“设计”选项卡中“主题”选项组中的“其他”按钮。

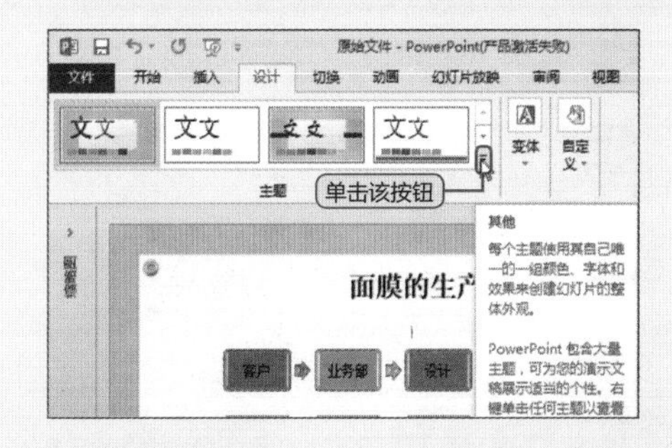

2 在展开的列表中，选择“空白”模板即可。

Level ★★☆

如何对主题的字体和颜色进行更改？

应用了文档主题后，若觉得当前颜色太单调，或者字体不够美观，可以对字体和颜色进行修改，下面对其进行详细介绍。

初始效果

默认主题颜色和字体效果

最终效果

修改主题颜色和字体效果

1 执行“设计>变体>其他>颜色”命令，从下拉列表中选择“蓝色”。

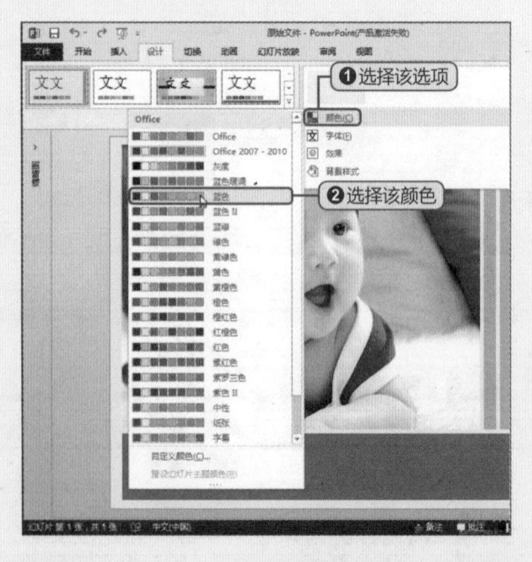

2 执行“设计>变体>其他>字体”命令，从列表中选择“华文隶书（华文楷体）”。

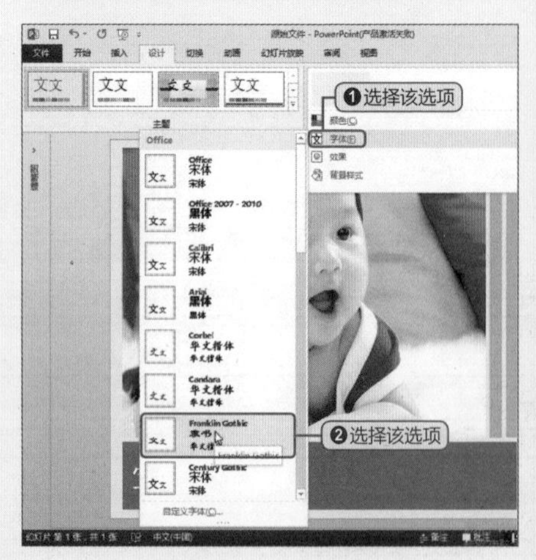

● Level ★★☆

如何使用幻灯片母版？

使用母版功能可以统一设置幻灯片中的文字、图片、背景以及页眉和页脚等，对母版进行设置后，无需一页一页对幻灯片重复设计，就可以自动套用。模板就是由母版设计而成的，下面将对母版进行说明。

1 进入幻灯片母版。打开演示文稿，单击“视图”选项卡中的“幻灯片母版”按钮。

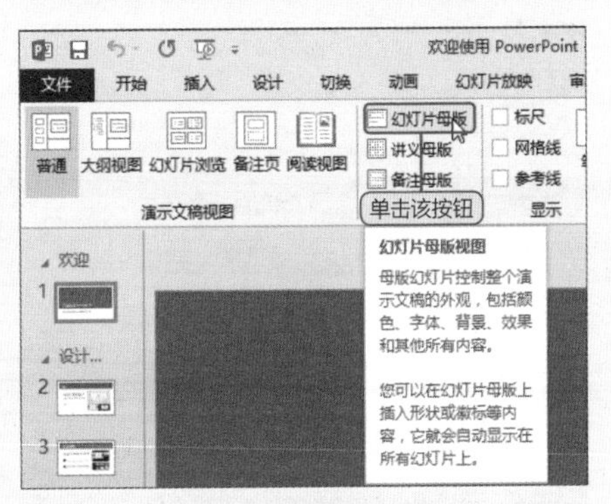

2 进入幻灯片母版视图，在该视图模式下，可以对幻灯片模板进行修改。

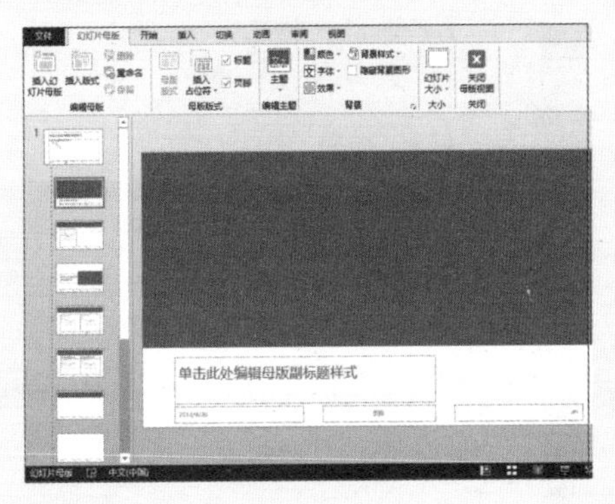

3 Office主题幻灯片母版。进入幻灯片母版后，默认所属的母版为当前演示文稿的母版，它决定了演示文稿中除标题幻灯片外的所有幻灯片的格式。

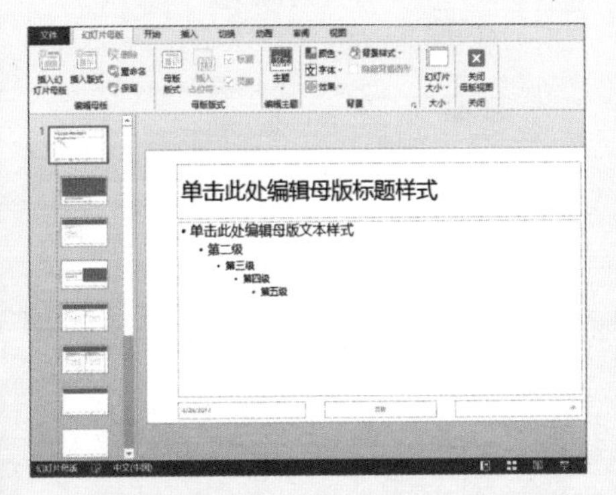

4 标题幻灯片版式。紧挨着幻灯片母版的一个版式为标题幻灯片版式，它决定了演示文稿标题幻灯片的格式，包括背景样式、字体格式以及版面排列方式等。

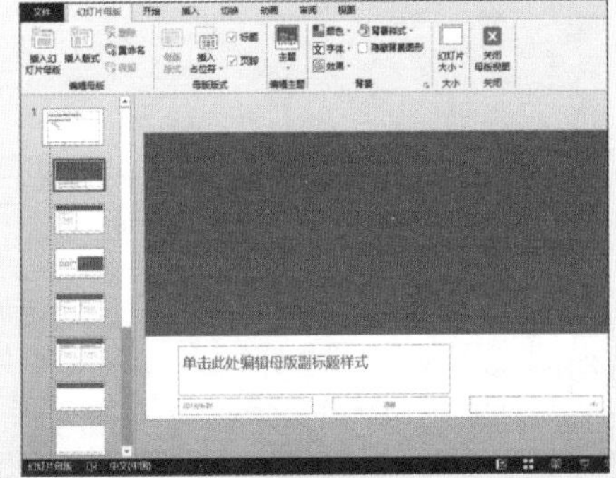

Level ★★☆

如何自定义幻灯片版式?

幻灯片母版中已经预置了各种版式，若用户对系统提供的母版版式不满意，可以新建一个母版版式，以更加符合设计需求，其中包括对占位符、页眉页脚、主题以及文本对象的设置。

1 打开演示文稿，进入幻灯片母版视图，单击“插入版式”按钮。

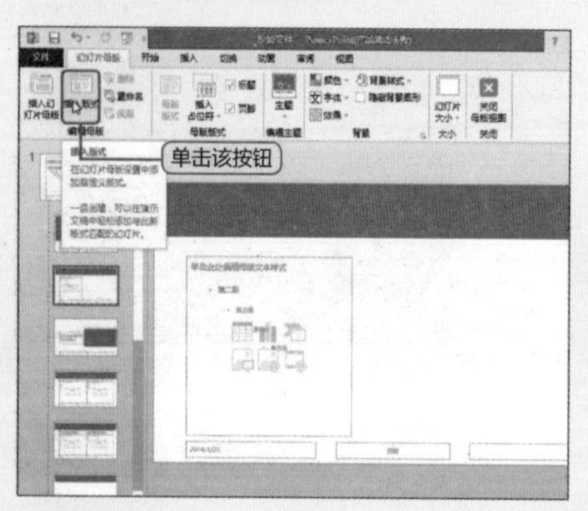

2 插入一个自定义版式，单击“插入占位符”按钮，从中选择“图片”选项。

3 绘制图片占位符并复制，然后将其整齐排列，还可根据需要添加其他占位符，然后单击“关闭母版视图”按钮。

4 退出母版视图模式，单击“开始”选项卡中的“新建幻灯片”下拉按钮，可以看到版式列表中包含自定义版式。

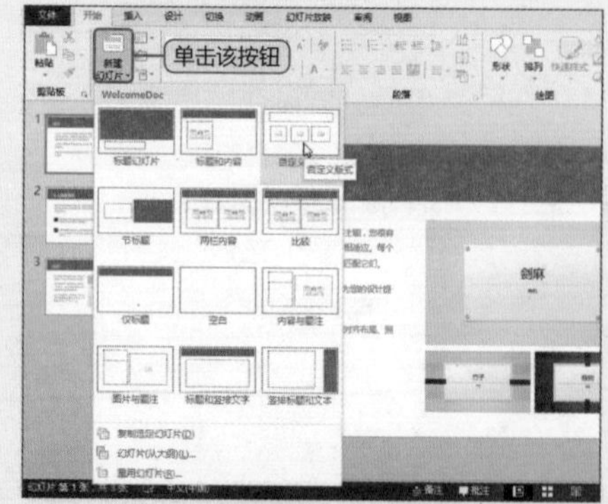

● Level ★★☆

如何重命名幻灯片版式？

为幻灯片版式起一个个性化的名称，可以帮助用户快速了解母版内容，方便查询和调用，本技巧将介绍如何重命名幻灯片版式。

初始效果

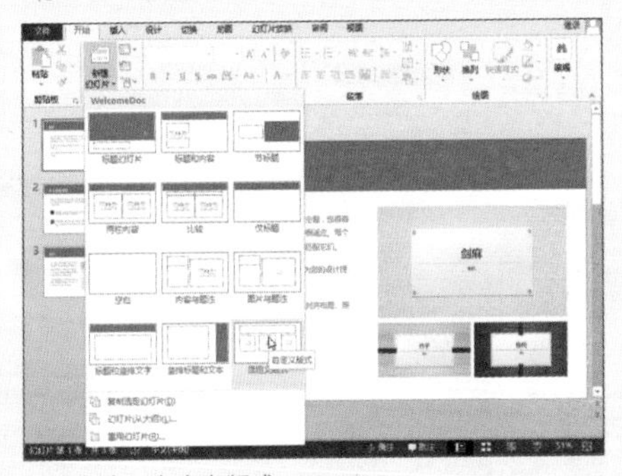

版式名称：自定义版式

最终效果

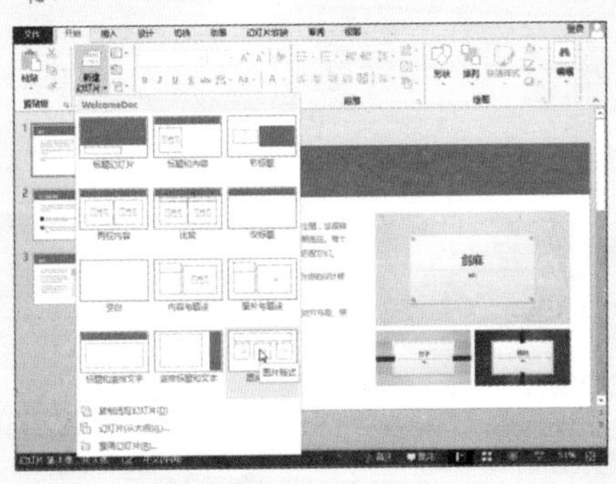

版式名称：图片版式

1 打开演示文稿，单击“视图”选项卡中的“幻灯片母版”按钮，进入母版视图，单击“重命名”按钮。

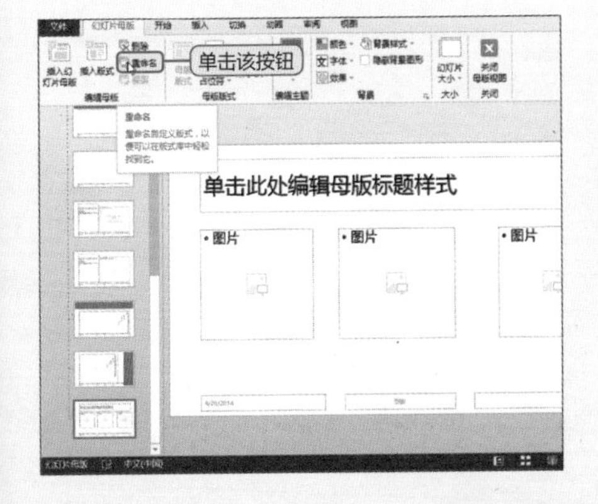

2 弹出“重命名版式”对话框，在“版式名称”下的文本框中，输入名称“图片版式”后单击“重命名”按钮，再单击“关闭母版视图”按钮，退出母版视图即可。

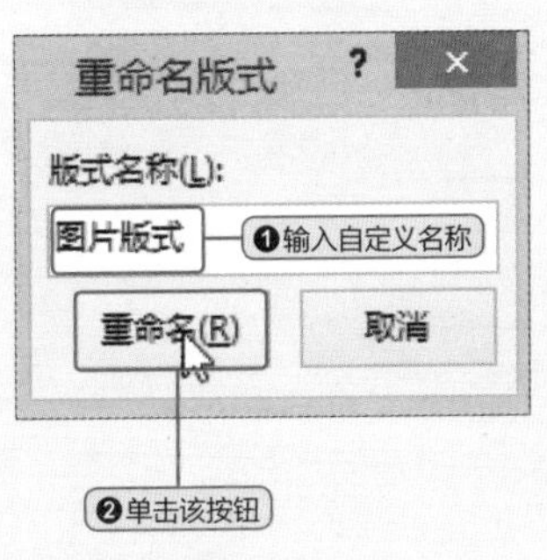

Question 020

● Level ★★☆

如何为所有的幻灯片添加LOGO？

为幻灯片添加一个漂亮别致的LOGO，可以简洁、大方、明了地传达一些信息，下面介绍如何实现该操作。

1 打开演示文稿，单击“视图”选项卡中的“幻灯片母版”按钮。

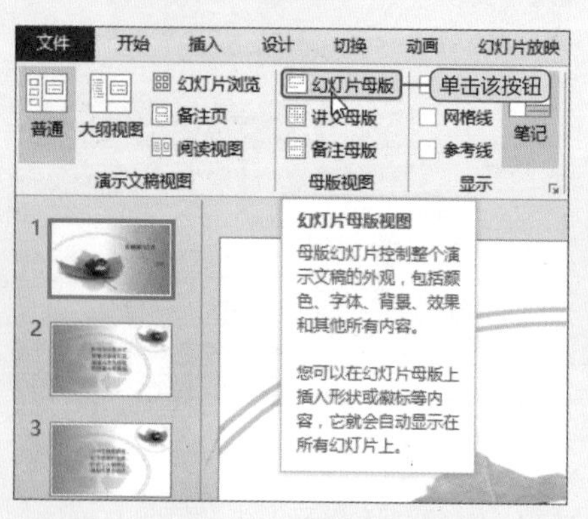

2 单击“插入”选项卡中的“图片”按钮。

3 打开“插入图片”对话框，选择图片，单击“插入”按钮。

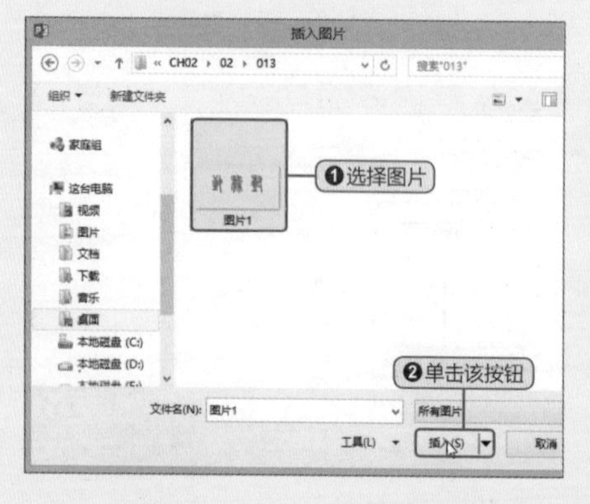

4 调整图片大小，将其移至合适的位置，然后单击“关闭母版视图”按钮，返回幻灯片页面，即可完成操作。

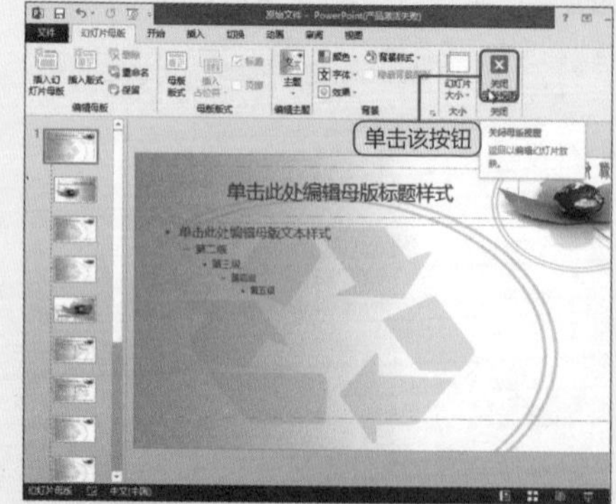

● Level ★★☆

如何更改变换幻灯片版式？

PowerPoint 2013提供了多种不同的幻灯片版式，用户若对当前版式不满意，可通过“版式”按钮，快速切换幻灯片页面内容的排列方式。

初始效果

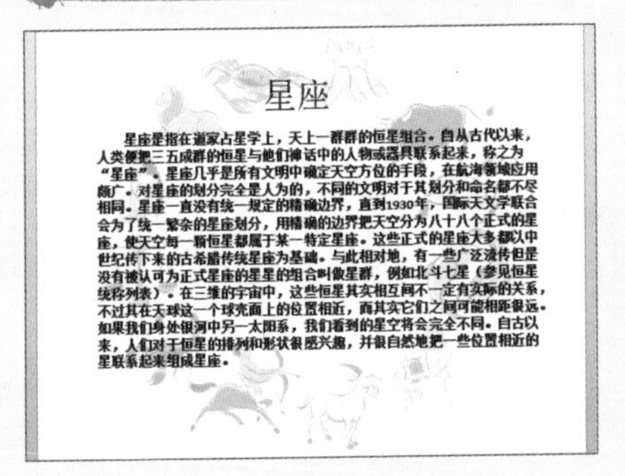

横排版式

最终效果

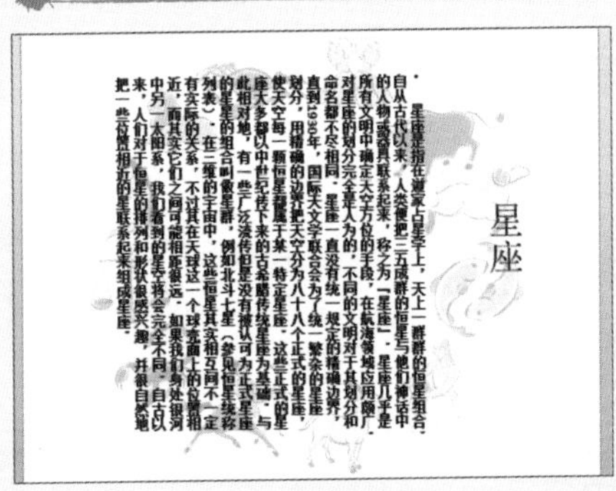

竖排版式

❶ 打开演示文稿，单击“开始”选项卡中的“版式”按钮。

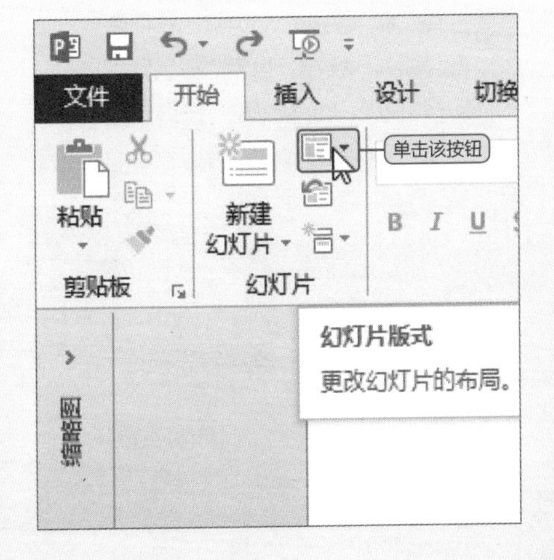

❷ 从展开的下拉列表库中选择“垂直排列与标题文本”版式。

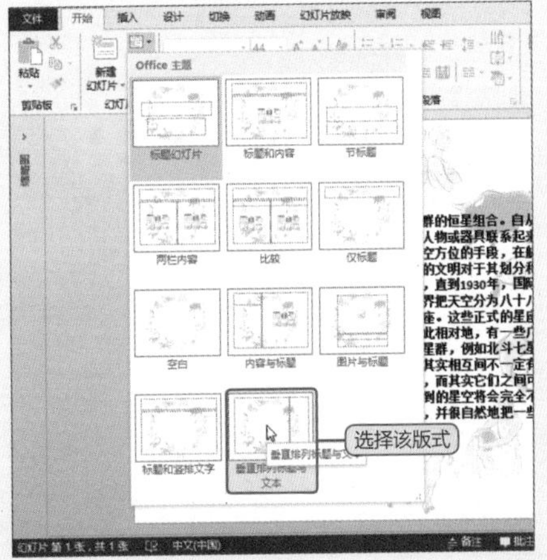

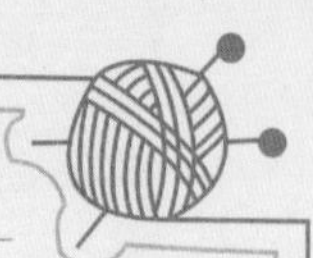

Question 020

● Level ★★☆

如何调整幻灯片背景？

想制作一个精美的演示文稿，幻灯片背景的设置也是至关重要的，炫目漂亮的背景可以牢牢吸引观众的眼球，为演讲锦上添花，并给人赏心悦目的感觉。

最终效果

添加图片背景

1 打开演示文稿，单击“设计”选项卡中的“设置背景格式”按钮。

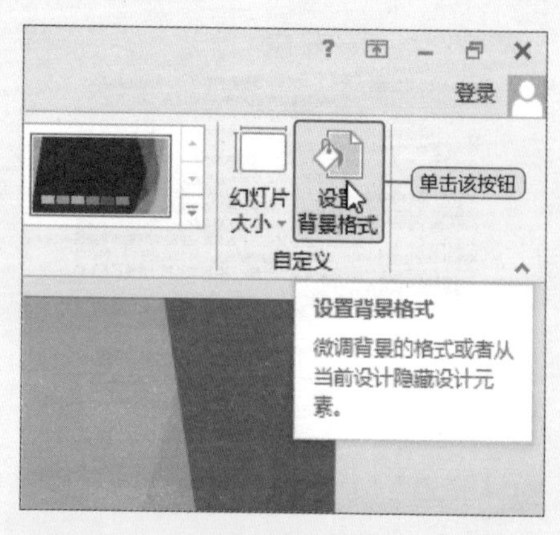

2 打开“设置背景格式”窗格，选中“图片或纹理填充”单选按钮，勾选“隐藏背景图形”复选框，然后单击“文件”按钮。

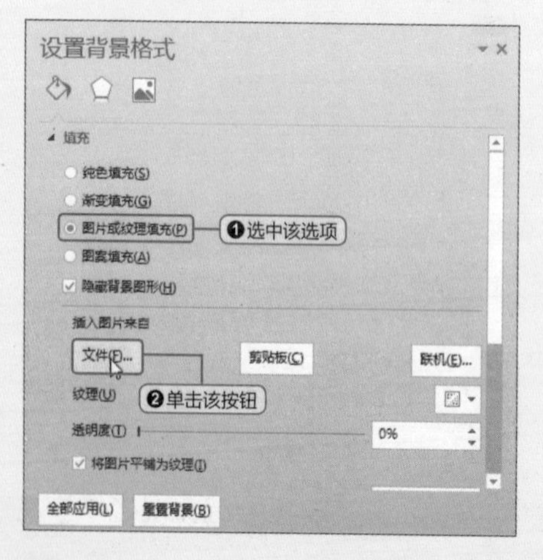

3 打开“插入图片”对话框，选择图片，单击“插入”按钮，返回“设置背景格式”窗格，单击“全部应用”按钮。

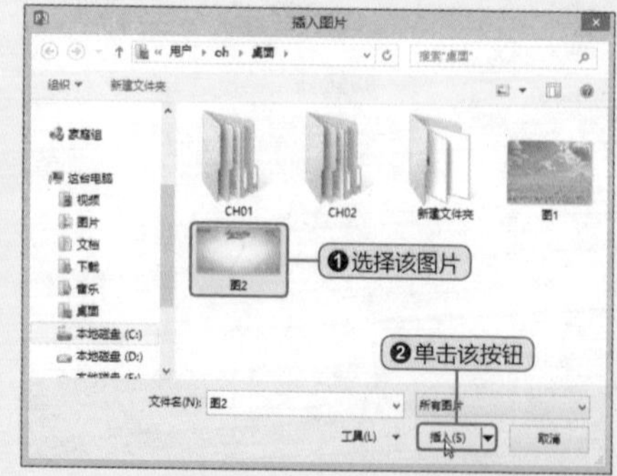

● Level ★★☆

如何设置幻灯片的背景样式？

用户在设计幻灯片时，为了使幻灯片更加美观，可以通过内置样式进行修改，也可以通过“设置背景格式”窗格设置其他样式。

最终效果1

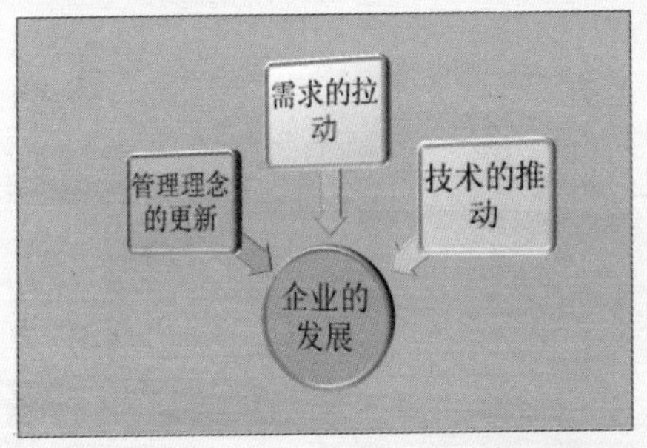

纯色填充效果

最终效果2

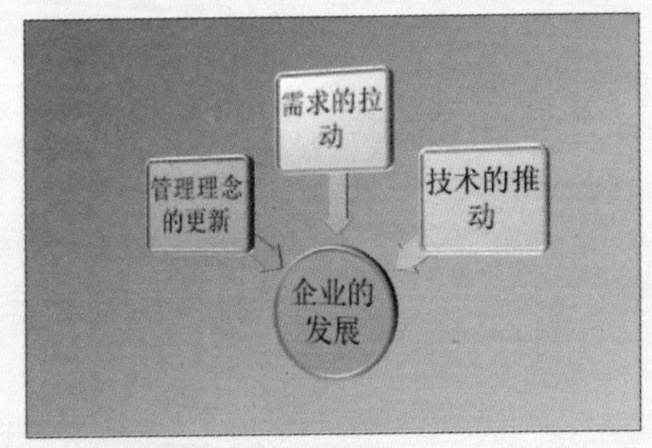

渐变填充效果

1. 打开演示文稿，切换至“设计”选项卡，单击“设置背景格式”按钮，打开“设置背景格式”窗格。

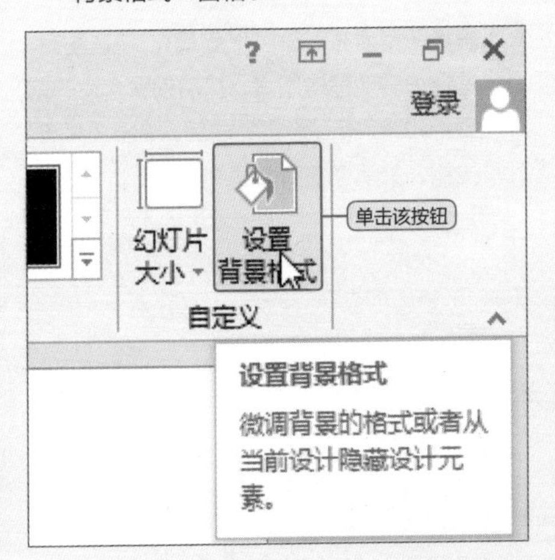

2. 纯色填充。选中“纯色填充”单选按钮，单击“颜色”按钮，从其列表中选择“橙色，着色2，淡色25%”。

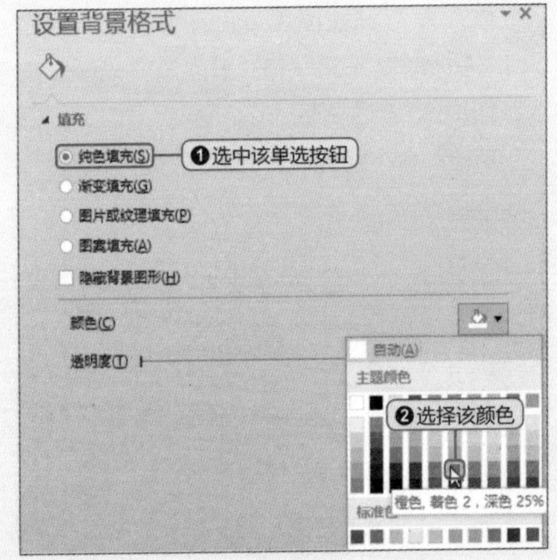

3 选中“渐变填充”单选按钮，单击“预设颜色”按钮，从列表中选择合适的渐变效果。

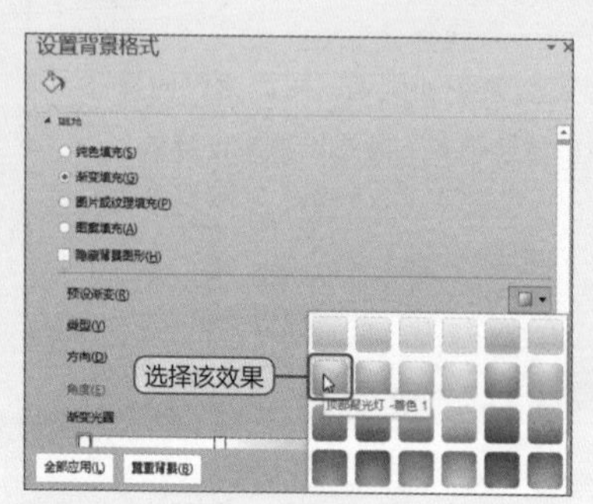

4 单击“类型”按钮，从列表中选择合适的渐变类型，这里选择“线性”。

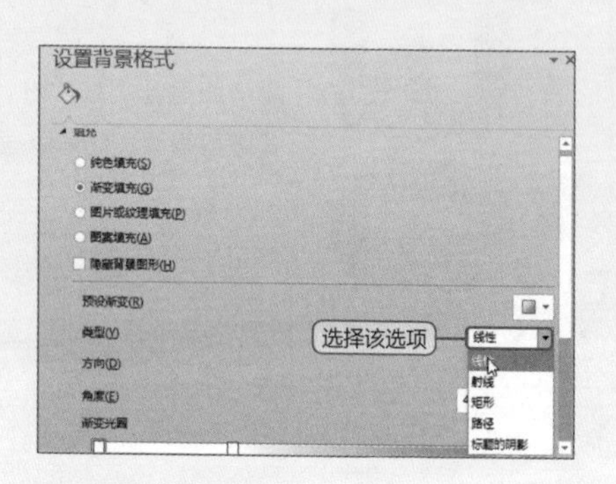

5 单击“方向”按钮，从列表中选择“线性对角-左上到右下”。

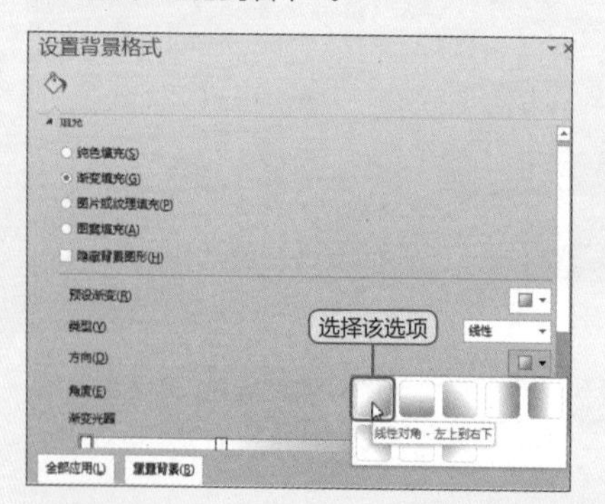

6 选中“渐变光圈”下的停止点 1，单击“颜色”按钮，选择合适的颜色。

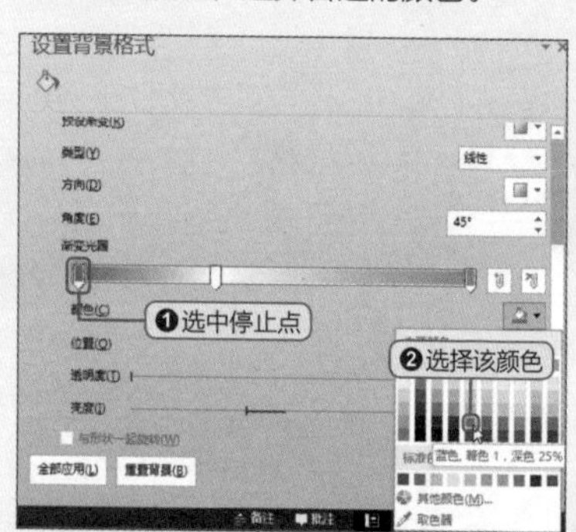

7 依次设置其他停止点，还可通过右侧的“添加渐变光圈”和“删除渐变光圈”按钮增添、删除光圈。还可通过“位置”、“透明度”和“亮度”对光圈进行适当调整。

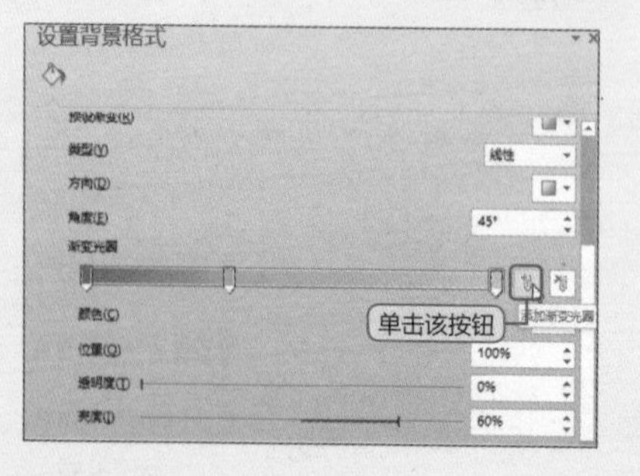

8 设置图案填充。选中“图案填充”单选按钮，选择一种合适的图案，然后设置合适的前景色和背景色，设置完成后，单击“关闭”按钮，关闭窗格即可。

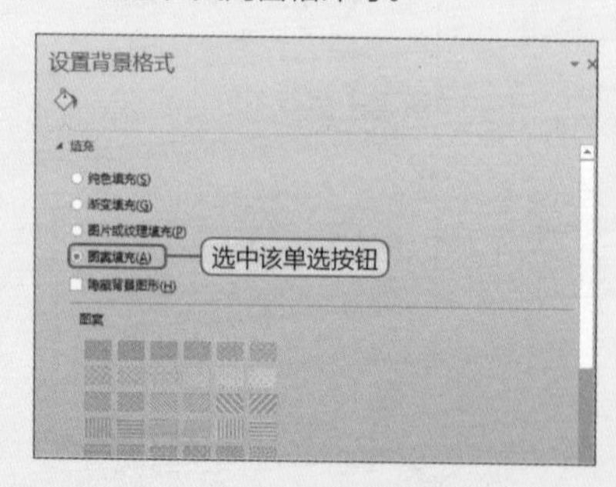

● Level ★★☆

如何使用PPT多窗口操作功能?

若用户需要同时对多个幻灯片进行编辑，来回切换会非常麻烦，这时就可以利用PPT提供的多窗口操作功能实现。下面介绍多窗口操作的几种方法。

1 新建窗口。打开演示文稿，单击“视图”选项卡中的“新建窗口”按钮。

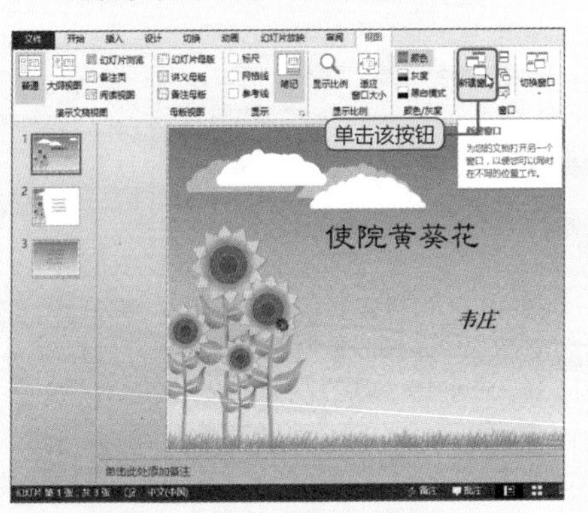

2 打开一个包含当前文档视图的新窗口。

3 切换窗口。单击“视图”选项卡中的“切换窗口”按钮，从下拉列表中选择“1红色3D箭头工作汇报ppt模板”。

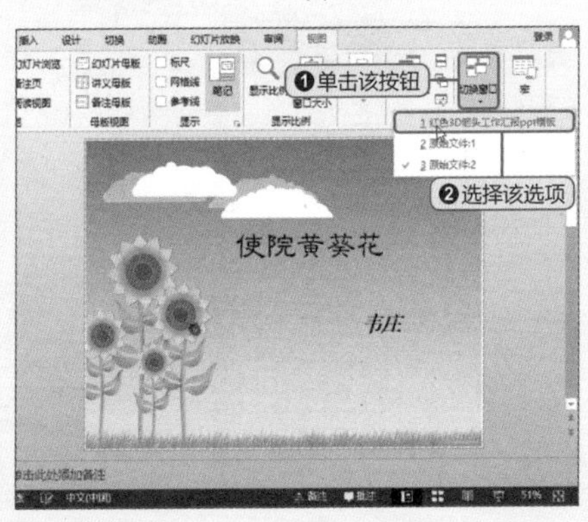

4 随后即可切换至选择的文件窗口。

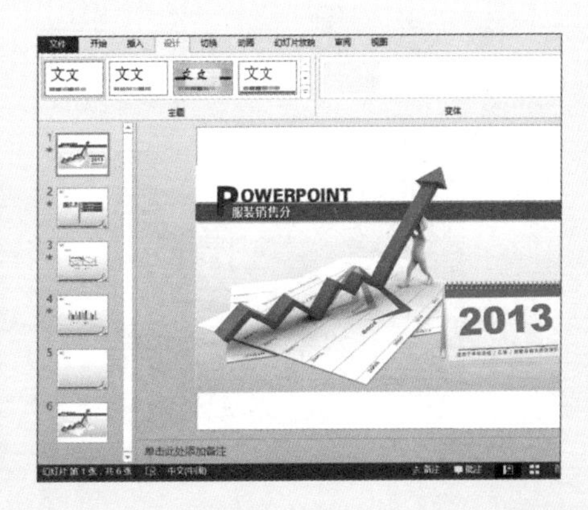

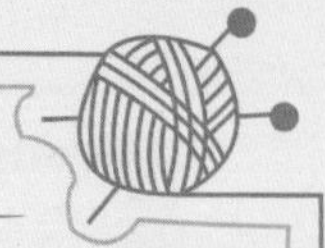

Question 032

Level ★★★

如何设置幻灯片的显示比例?

在制作演示文稿过程中，对图片、形状等进行编辑时，为了更加精确地进行设计，可以更改幻灯片的显示比例以满足工作需求，下面介绍如何快速调整显示比例。

最终效果

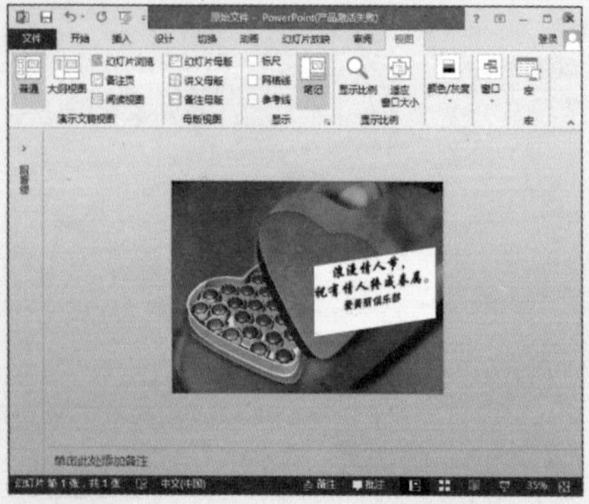

显示比例为：33%

Hint 其他方法快速调整

单击“适应窗口大小”按钮，可一键将显示比例调整至与窗口最佳匹配。

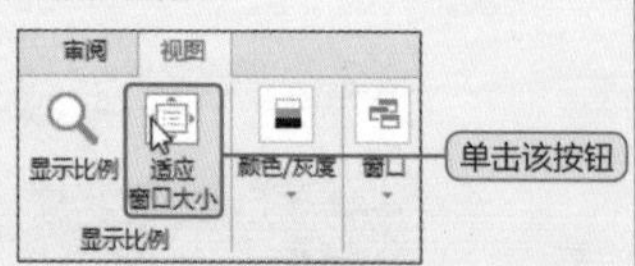

用户可以通过拖动状态栏上的缩放比例滑块进行调整，也可以在按住Ctrl键的同时上、下滚动鼠标，放大或缩小幻灯片。

1 通过对话框进行调整。单击“视图”选项卡中的“显示比例”按钮，弹出对话框。

2 可以直接选中给定的比例单选按钮，或通过百分比数值框进行调整，设置完成后单击“确定”按钮即可。

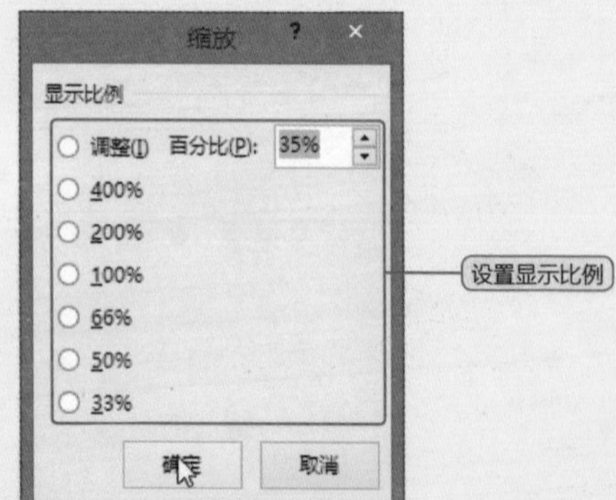

● Level ★★☆

如何调整幻灯片页面的大小？

PowerPoint 2013默认幻灯片页面大小为宽屏（16:9），这将为电视、PC显示器、智能机和投影机提供原生宽屏支持。若当前幻灯片页面大小不符合用户使用习惯，可在“页面设置”对话框中进行相应的设置。

初始效果

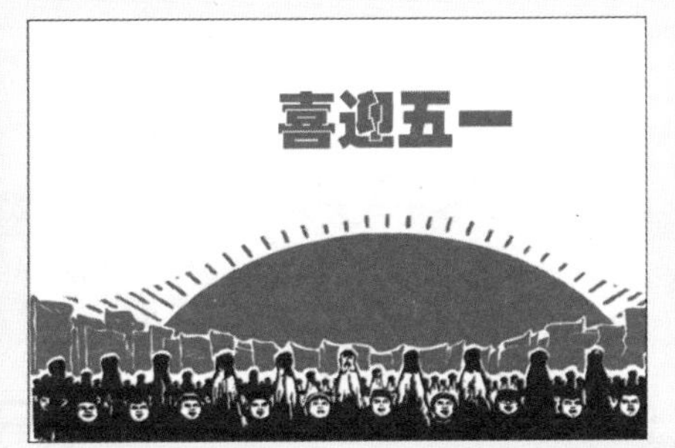

幻灯片大小为：宽屏（16:9）

最终效果

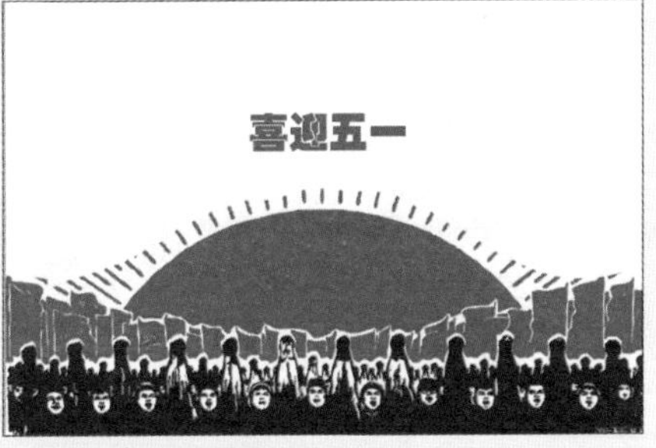

幻灯片大小为：29毫米幻灯片

1 打开演示文稿，切换至“设计”选项卡，单击“幻灯片大小”按钮，从列表中选择“自定义幻灯片大小”选项，打开“幻灯片大小”对话框。

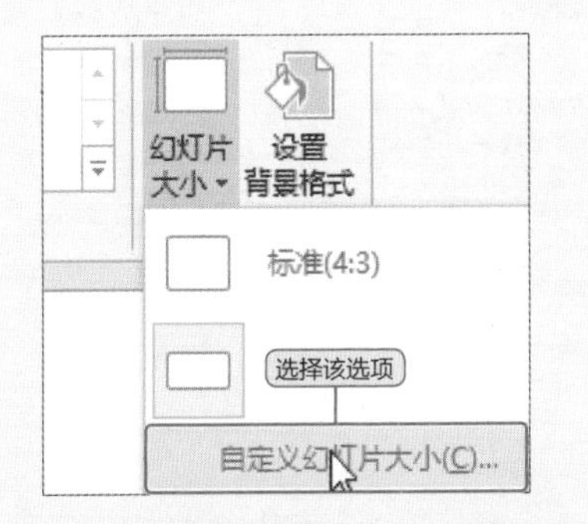

2 可通过“幻灯片大小”选项选择合适的大小，也可通过文本框设置宽度和高度，确认后弹出提示对话框，按需选择即可。

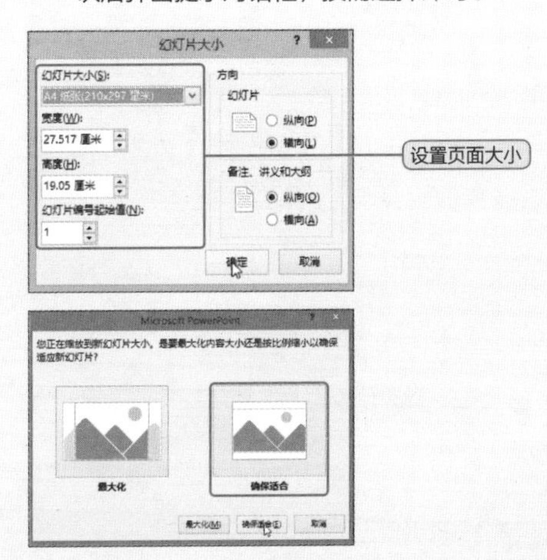

● Level ★★☆

如何更改幻灯片的起始编号？

当演示文稿中有多张幻灯片时，默认编号从1开始计数。若用户需要从某个固定的数字开始计数，可以更改其起始编号，本技巧将介绍更改幻灯片起始编号的操作。

初始效果

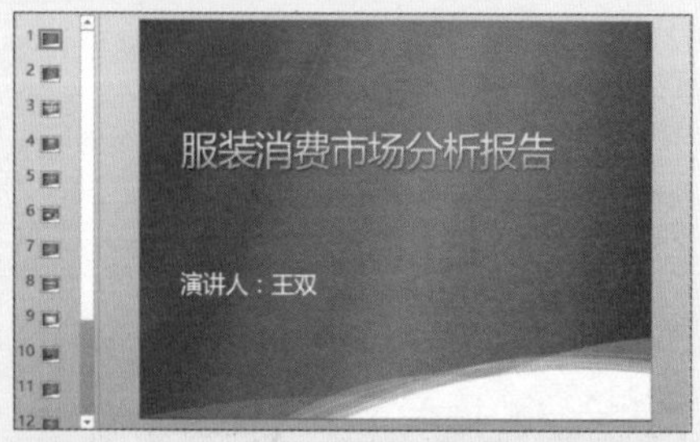

默认幻灯片起始编号为1

最终效果

更改后幻灯片起始编号为3

1. 打开演示文稿，单击“设计”选项卡中的“幻灯片大小”按钮，从列表中选择“自定义幻灯片大小”选项，打开“幻灯片大小”对话框。

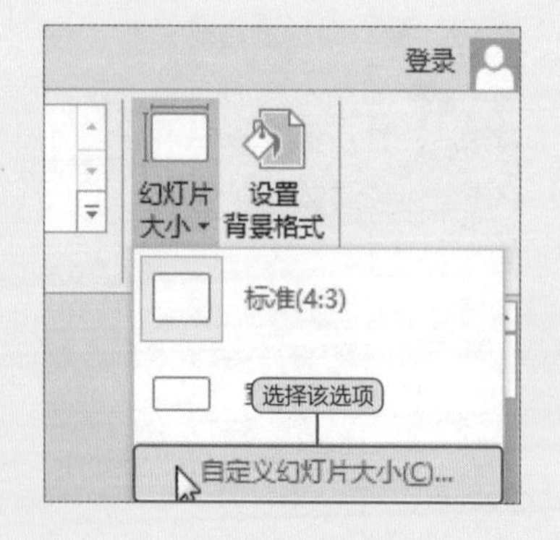

2. 在“幻灯片编号起始值”下的数值框中直接输入起始编号3，也可以通过数值框右侧的调节按钮进行调节，设置完成后，单击“确定”按钮即可。

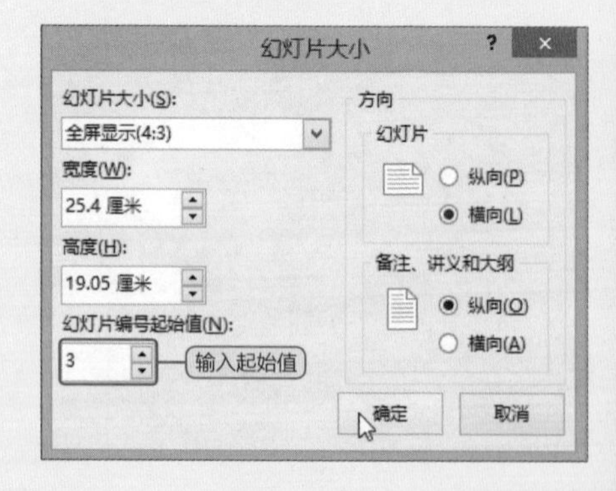

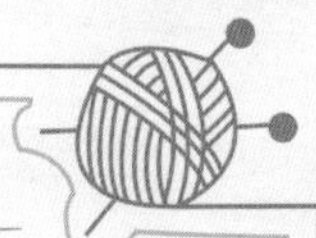

Level ★★☆

如何以灰度模式预览幻灯片？

如果幻灯片背景为黑色，在灰度打印机上幻灯片将被打印为黑色或黑灰色，顶部的文本可能不太清晰。因此，用户需要在打印前以灰度模式预览幻灯片，查看效果。

初始效果

幻灯片彩色模式

最终效果

灰度预览幻灯片效果

1 打开演示文稿，单击“视图”选项卡中的“颜色 / 灰度”按钮，选择“灰度”选项。

2 单击“返回颜色视图”按钮，将返回幻灯片彩色模式。

Question 036

● Level ★★☆

如何创建新幻灯片？

在制作演示文稿过程中，当创建的幻灯片不能满足工作需求时，需要插入新的幻灯片，下面介绍几种常用新建幻灯片的方法。

1 功能区命令法。单击“开始”选项卡中的“新建幻灯片”按钮，从展开的列表中选择一种合适的版式。

2 右键菜单命令法。选择一张幻灯片，右击，从弹出的快捷菜单中选择“新建幻灯片”命令。

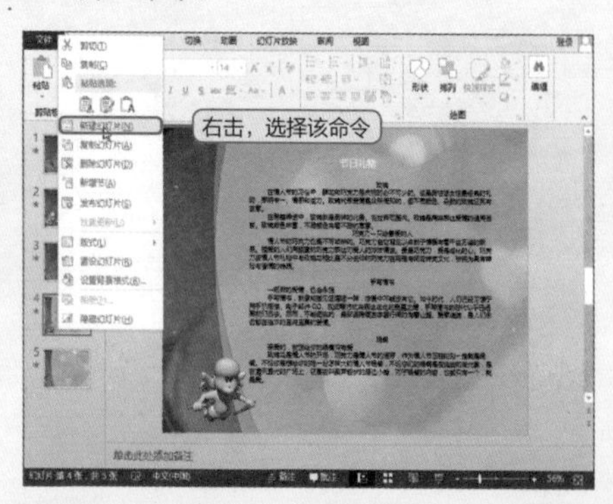

3 快捷键法。选择幻灯片后，直接按下Enter键，即可在所选幻灯片下方插入一张新的幻灯片。

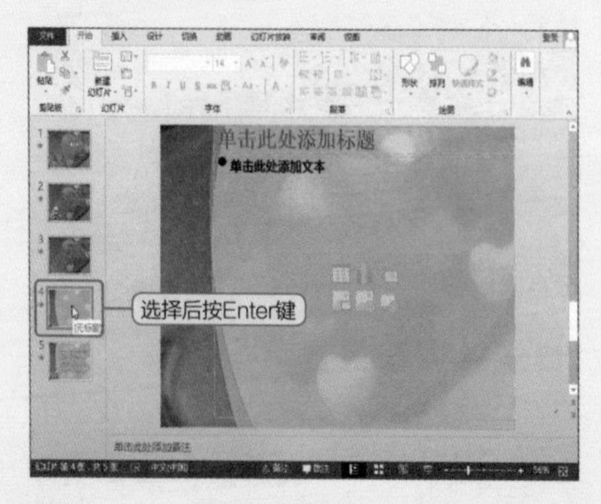

Hint 删除幻灯片也不难

若想要删除多余的幻灯片，只需选择该幻灯片，然后再按下Delete键即可将其删除。

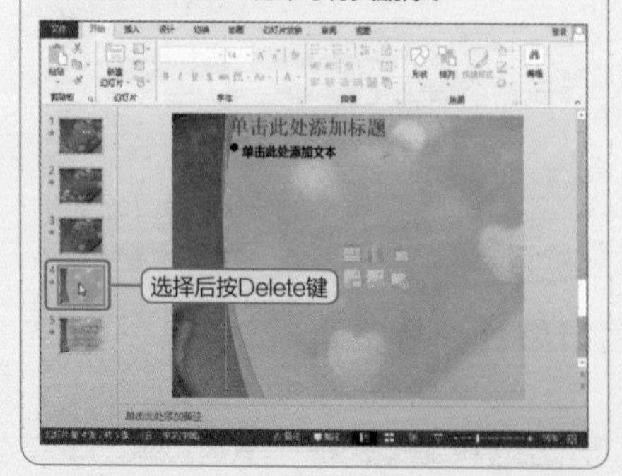

● Level ★★☆

如何选择幻灯片？

对幻灯片进行的所有操作，都需要先将幻灯片选中，此操作在设计演示文稿的过程中使用相当频繁，掌握选择幻灯片的操作技巧对于用户来说有重大意义。

1 选择单个幻灯片。在缩略图窗格中，单击需要选择的幻灯片缩略图即可将其选中，这里选择第2张幻灯片。

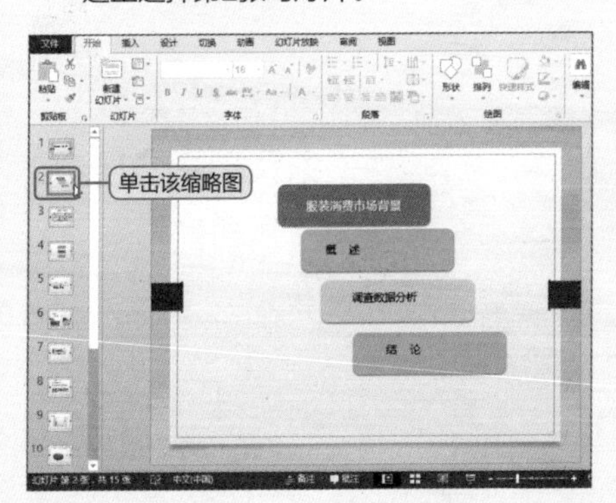

2 选择连续的多个幻灯片。单击第2张幻灯片后，按住Shift键的同时单击第4张幻灯片，可将第2～4张幻灯片选中。

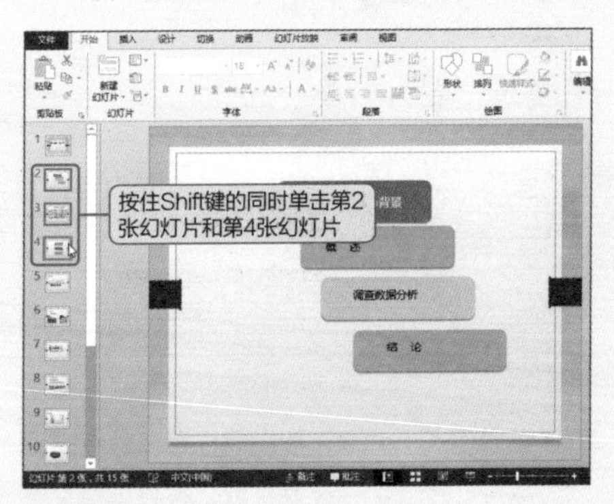

3 选择不连续的多个幻灯片。按住Ctrl键的同时，用鼠标依次单击需要的幻灯片将其选中。

4 选择所有幻灯片。选择任意一张幻灯片后，按下组合键Ctrl+A可将所有幻灯片选中。

Level ★★☆

Question 038

如何调整幻灯片的前后顺序?

若制作演示文稿过程中幻灯片顺序被打乱，会影响演示文稿的准确性，需要重新排列顺序，那么该如何进行调整呢？本技巧将对其进行详细介绍。

初始效果

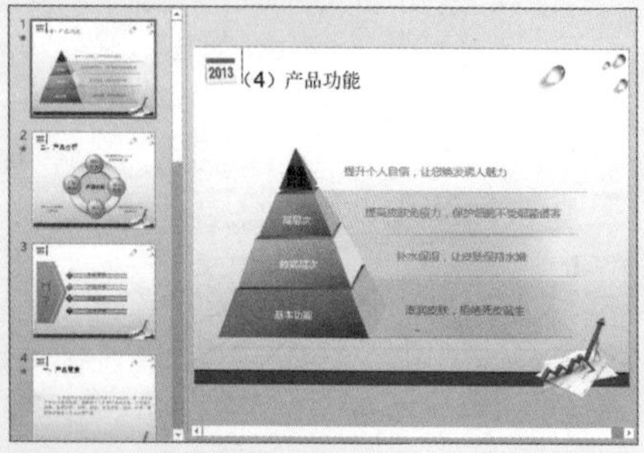

幻灯片顺序被打乱

最终效果

幻灯片重新排序效果

1 普通模式下调整。选中需放置在首位的幻灯片，按住鼠标左键不放，将其拖动至首位后释放鼠标左键，然后依次调整其他幻灯片。

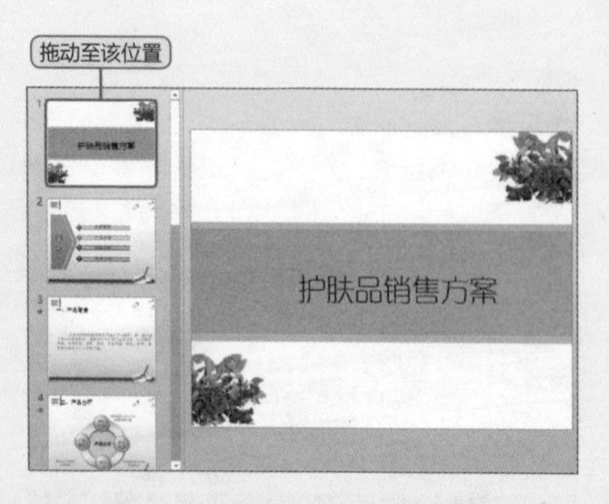

2 幻灯片浏览模式下调整。选中需放置在第2位的幻灯片，按住鼠标左键不放，将其拖动至第2位，然后依次调整其他幻灯片。

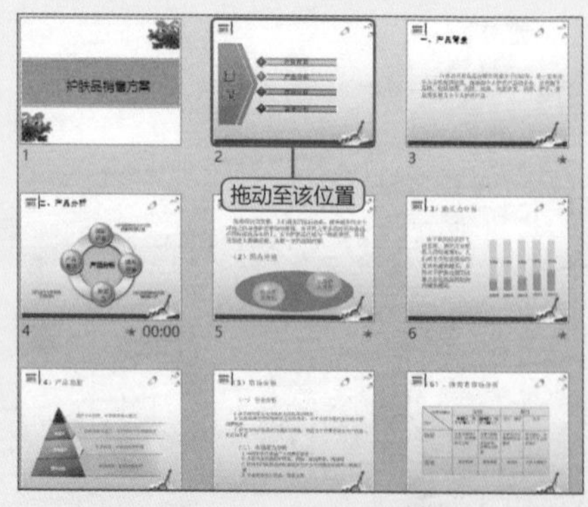

● Level ★★☆

如何复制幻灯片？

在制作演示文稿过程中，若用户需要使用大量相同设计方案的幻灯片，逐一设计会花费很多时间，这时可以利用复制操作快速实现，本技巧将介绍快速复制幻灯片的操作。

1 功能区命令法。选中需要复制的幻灯片2，单击“开始”选项卡中的“复制”按钮或按下组合键Ctrl+C。

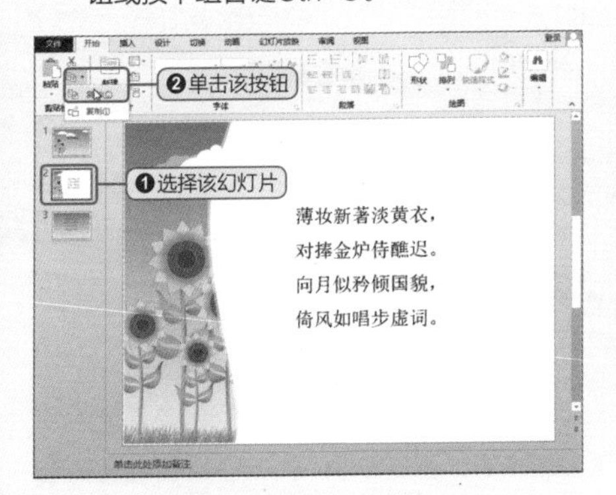

2 然后选中幻灯片3，单击“粘贴”按钮，或按下组合键Ctrl+V，即可在所选幻灯片3下复制出一张新幻灯片。

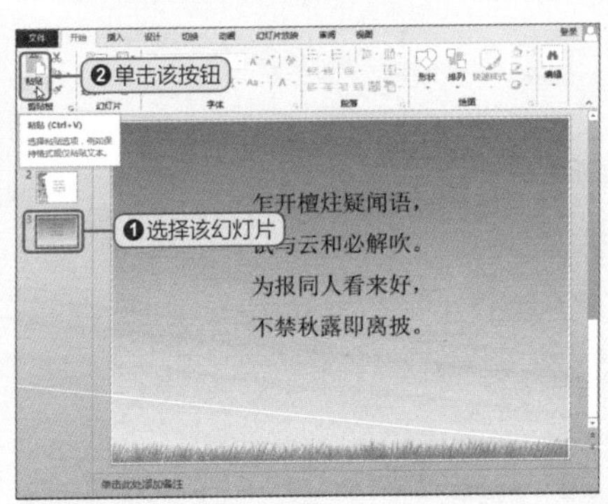

3 右键菜单法复制幻灯片。可以在选择幻灯片后，右击，从弹出的快捷菜单中选择“复制幻灯片”命令。

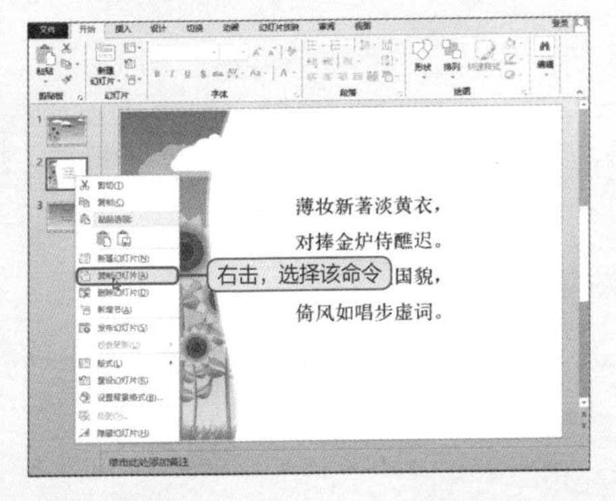

4 鼠标+键盘法复制幻灯片。选中幻灯片，按住Ctrl键的同时将其拖动至合适位置，释放鼠标左键后松开Ctrl键。

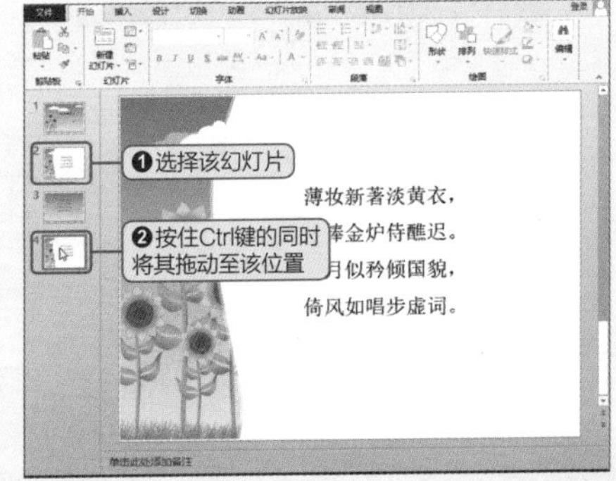

● Level ★★★

如何隐藏幻灯片？

有时根据需要不能播放所有幻灯片，用户可将其中几张幻灯片隐藏起来，而无需将这些幻灯片删除。被隐藏的幻灯片在放映时不播放，在幻灯片浏览视图中隐藏幻灯片的编号上有“\”标记。

1 右键菜单法。选择需要隐藏的幻灯片，右击，从弹出的快捷菜单中选择“隐藏幻灯片”命令。

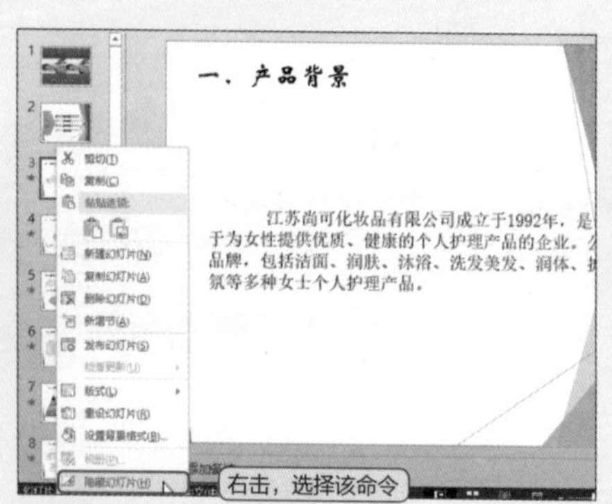

2 随后便可将所选幻灯片隐藏。当隐藏幻灯片后，其缩略图中左上角的序号处会出现隐藏符号。

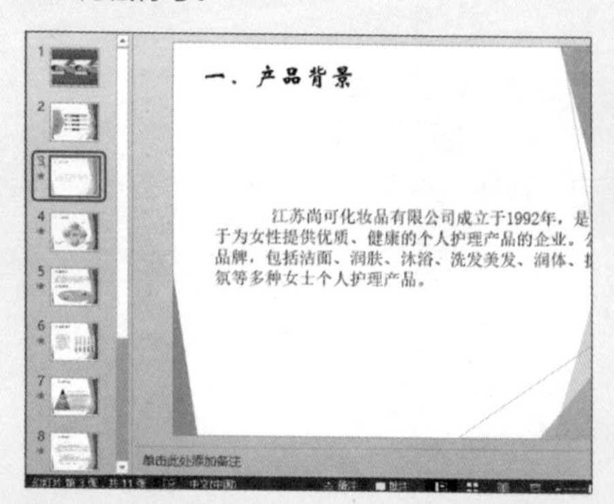

3 功能区命令法。选择幻灯片，单击“幻灯片放映”选项卡中的“隐藏幻灯片”按钮，可将所选幻灯片隐藏。

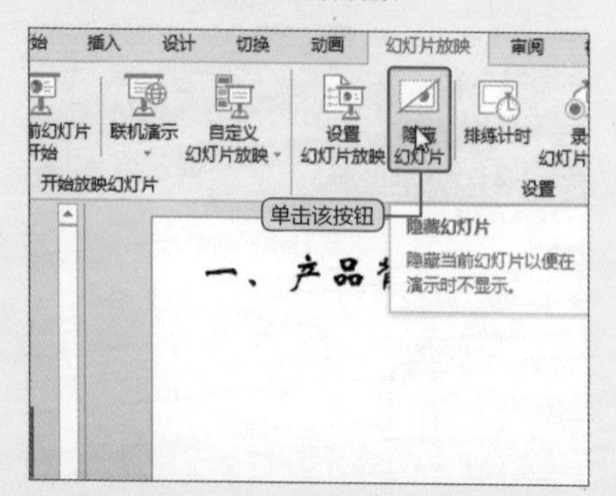

Hint 如何取消幻灯片的隐藏

幻灯片被隐藏后，若需要将其显示出来，可以按照以下方法进行操作。

选中隐藏的幻灯片，单击鼠标右键，在打开的快捷菜单中，再次选择“隐藏幻灯片”命令，或单击“幻灯片放映”选项卡中的“隐藏幻灯片”按钮，都可以取消对幻灯片的隐藏。

● Level ★★☆

如何为幻灯片添加日期和时间?

为了标识幻灯片的制作时间或当前放映时间，可以为幻灯片添加日期和时间，下面对其操作进行详细介绍。

初始效果

未添加日期

最终效果

添加日期效果

1 打开演示文稿，切换至“插入”选项卡，单击“日期和时间”按钮或“页眉和页脚”按钮。

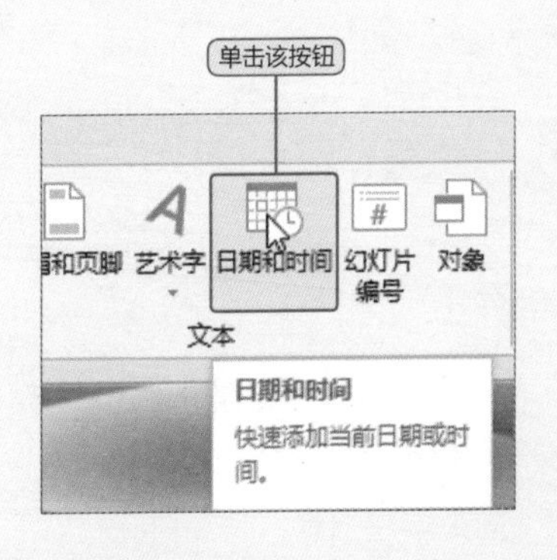

2 打开“页眉和页脚”对话框，勾选“日期和时间”复选框，选择“固定”单选项，在下面的文本框中输入时间，然后单击“全部应用”按钮即可。

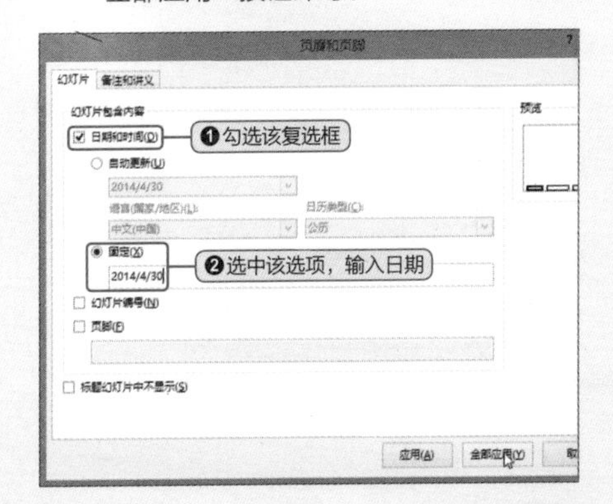

● Level ★★★

如何自动更新页眉页脚中的日期和时间？

在制作完成演示文稿后，若用户希望每次播放时，幻灯片显示的日期和时间都与当前时间保持一致，该怎样才能实现呢？下面对其进行详细介绍。

1 打开演示文稿，单击“插入”选项卡中的“页眉和页脚”按钮。

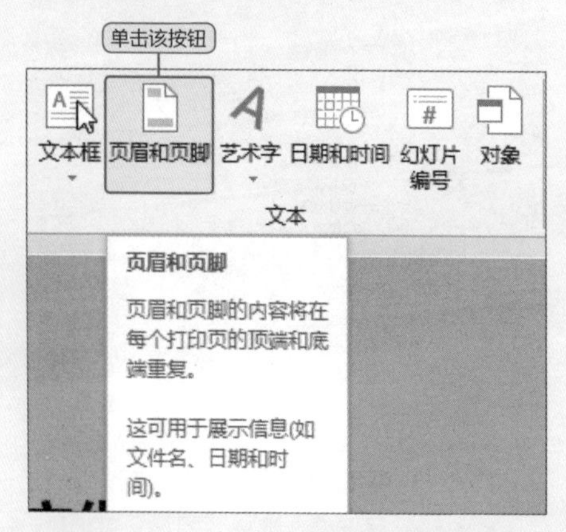

2 打开“页眉和页脚”对话框，勾选“日期与时间”复选框，然后选中“自动更新”单选按钮，单击其下拉按钮。

3 从下拉列表中选择所需的日期和时间格式，然后单击“全部应用”按钮。

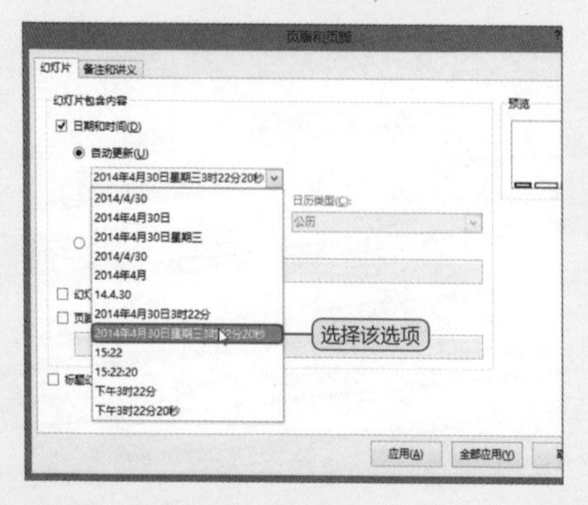

4 所有幻灯片的页眉和页脚都将显示当前日期和时间。

● Level ★★★

如何准确定位对象？

在对幻灯片中的文本框、图片、图形等对象进行操作时，如何能快速准确地定位该对象呢？特别是当这些对象叠放在一起时该如何定位呢？

1 选择无层叠的对象。打开演示文稿，单击欲选择的对象，若需选中多个，只需按住Ctrl键，依次单击对应的对象即可。

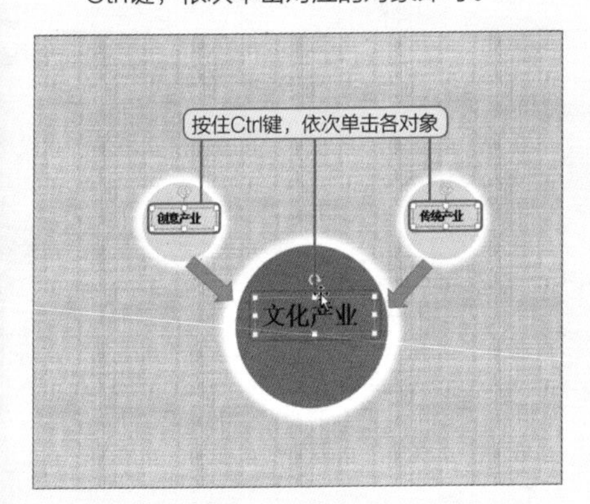

2 选择有重叠的对象。单击“开始”选项卡中的“选择”按钮，从下拉列表中选择“选择窗格”选项。

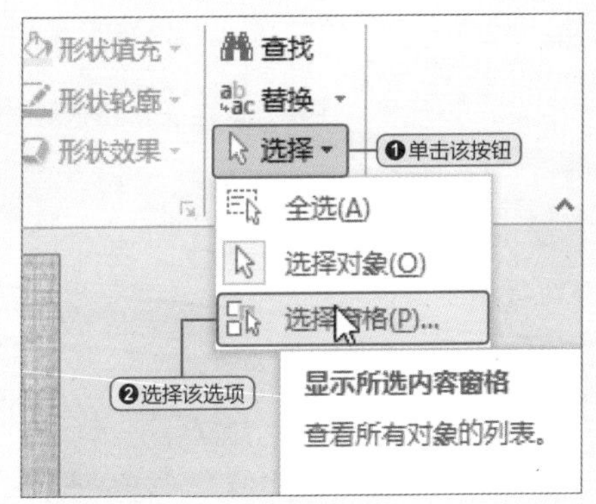

3 幻灯片右侧将出现“选择”窗格，在该列表中进行选取即可。

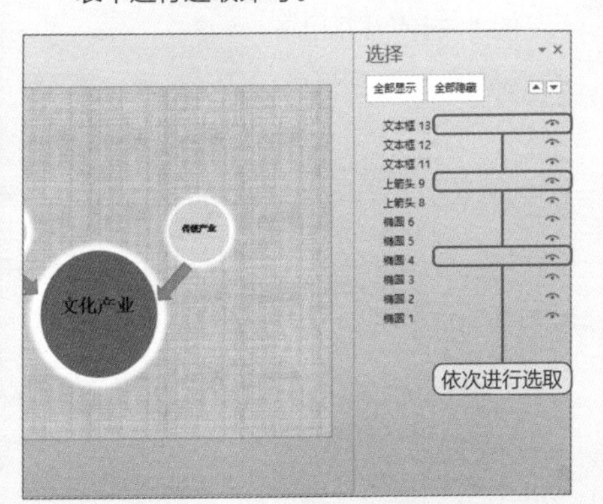

Hint 选择区域内的所有对象

若需要选择区域内的所有对象，可以按住鼠标左键不放拖动鼠标进行框选，则区域内的所有对象都将被选中。

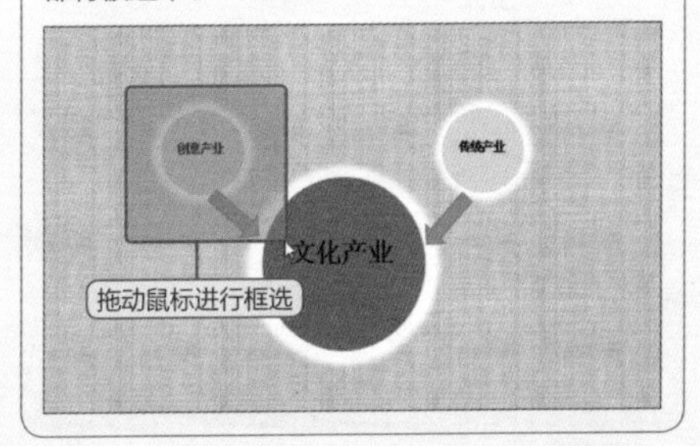

● Level ★★★

如何使用批注功能?

对于幻灯片中比较重要需要详细讲解的内容，可以为其添加批注。批注是一种备注，它可以使注释对象的内容或含义更易于理解。批注可附加到幻灯片上的某个字母、词语、图片或形状上，也可以附加到整个幻灯片上。

1 添加批注。打开演示文稿，选择需添加批注的文本或对象，切换至“审阅”选项卡，单击“批注”按钮，选择“插入批注”。

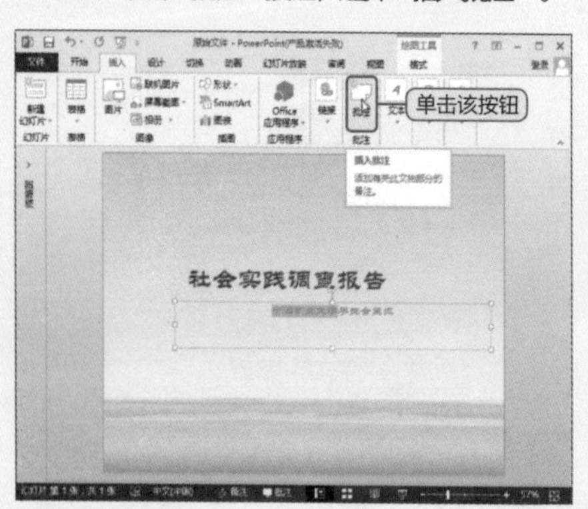

2 一条新批注随即创建，且自动打开“批注”窗格，插入点会移到批注中，输入注释内容即可。

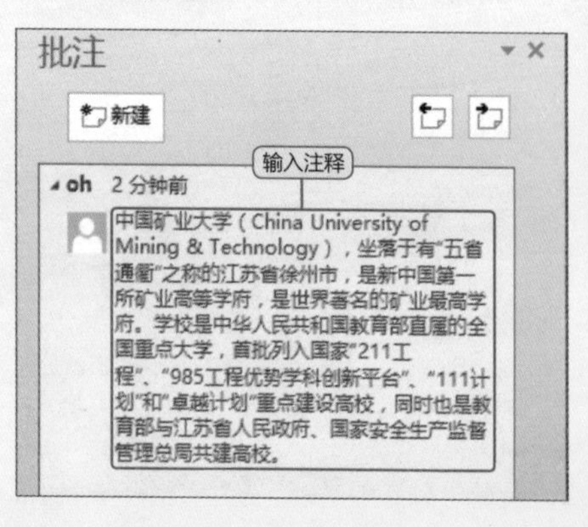

3 显示和隐藏批注标记。添加批注的边角上出现一个标记，单击“显示批注”按钮，在列表中取消勾选“显示标记”复选框。

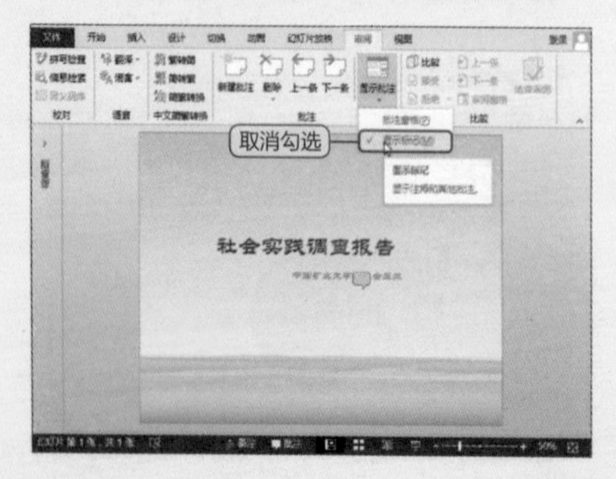

4 可以看到，批注标记已被隐藏，再次执行“显示批注 > 显示标记”命令，可将隐藏的批注重新显示出来。

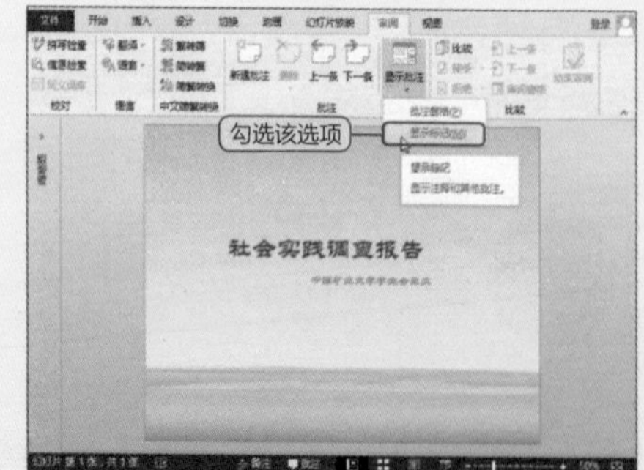

● Level ★★★

如何编辑批注？

添加批注完成后，用户需要在批注中输入合适的内容；有多个批注存在时，用户可以在批注之间移动；当不需要这些批注时，还可以将其删除。

1 编辑批注。单击批注标记，即可打开“批注”窗格，将插入点定位至需要修改的批注框中。

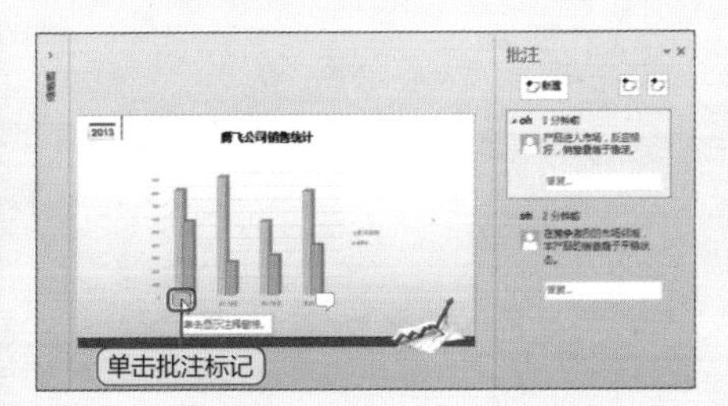

2 根据需要对批注中的文字进行修改，修改完成后，在批注框外任意地方单击即可完成对批注的编辑。

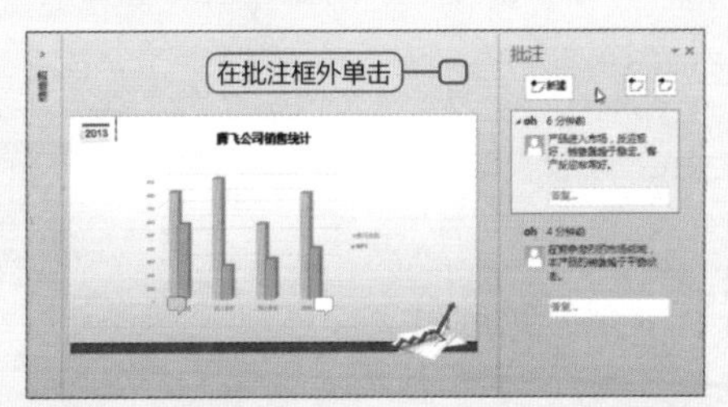

3 在批注间移动。若要在批注间移动，可以单击“批注”窗格中的“上一条”或“下一条”按钮。也可以单击“审阅”选项卡中的“上一条”或“下一条”按钮。

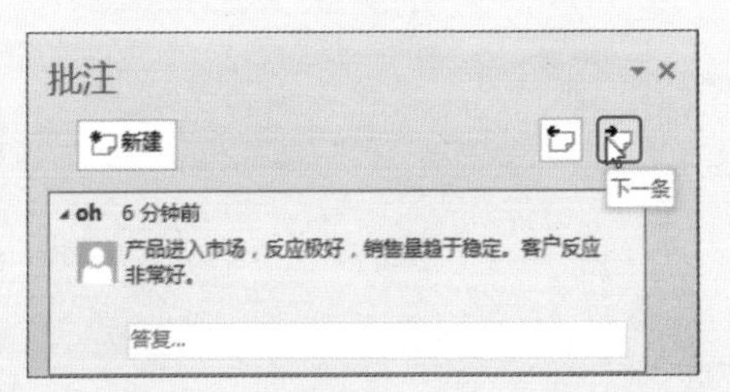

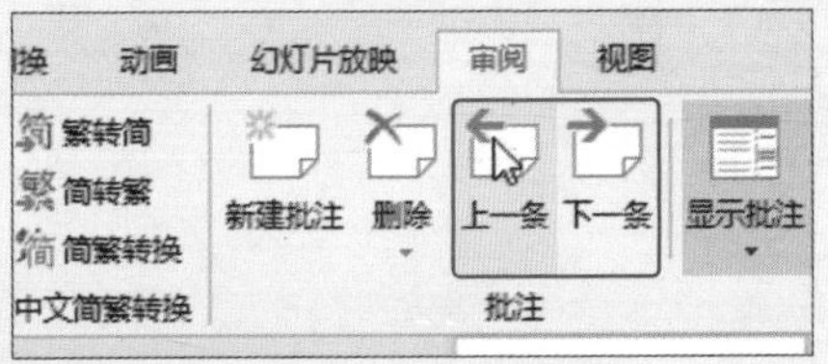

Hint 删除批注

可以直接单击“批注”框中的“删除”按钮，也可以选择所要删除的批注并右击，从弹出的快捷菜单中选择“删除批注”命令。

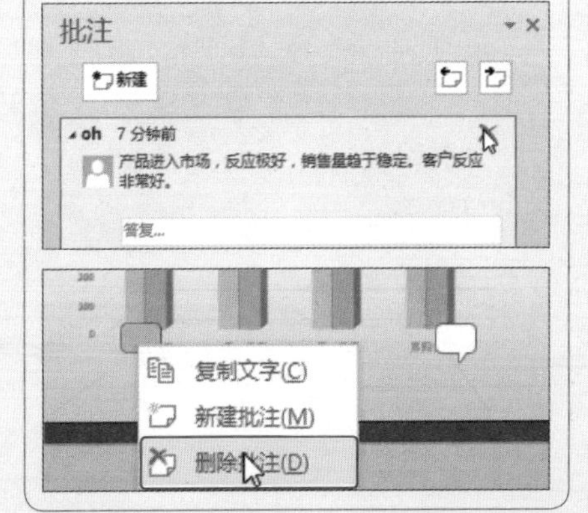

文本与图片的应用妙招

在PPT演示文稿中，文字和图片是不可缺少的重要元素，文字是用于阅读的，它以传统的方式展现在读者面前。根据文字的内容，读者便可以很容易了解当前PPT所要传播的思想重心。而图片的出现更加形象直观地将所要表达的信息传达给了受众群体。本章将对文字和图片的应用技巧进行详细介绍。

Level ★★☆

如何使用占位符输入文本内容？

创建模板幻灯片后，在文档编辑区会出现虚线方框，这些方框就是占位符。占位符确定了幻灯片的版式，其中，虚线框显示为“在此处添加标题”、“在此处添加内容”的占位符，叫作文本占位符。

1 打开演示文稿可以看到“单击此处添加标题”以及“单击此处添加副标题”字样。

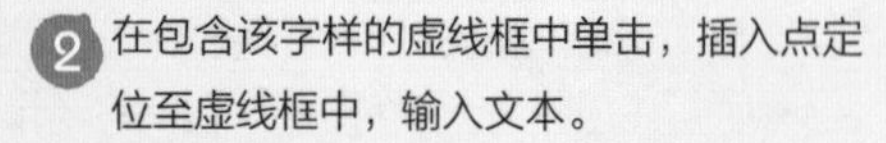

2 在包含该字样的虚线框中单击，插入点定位至虚线框中，输入文本。

3 在占位符中输入大量文本时，文本会自动换行。

4 文字过多时，会自动调整字号大小，若希望开始新段落，需按Enter键换行。

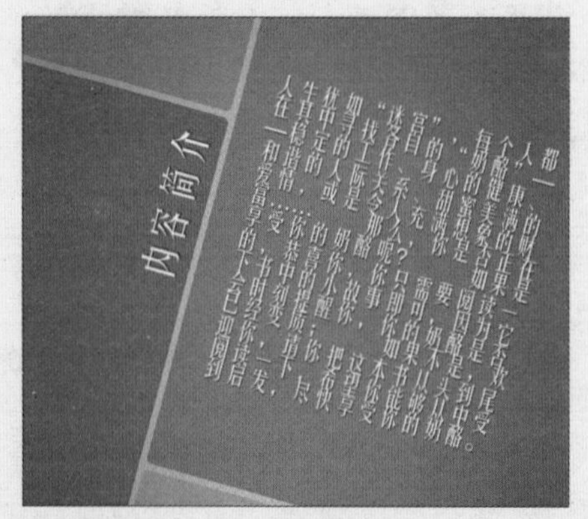

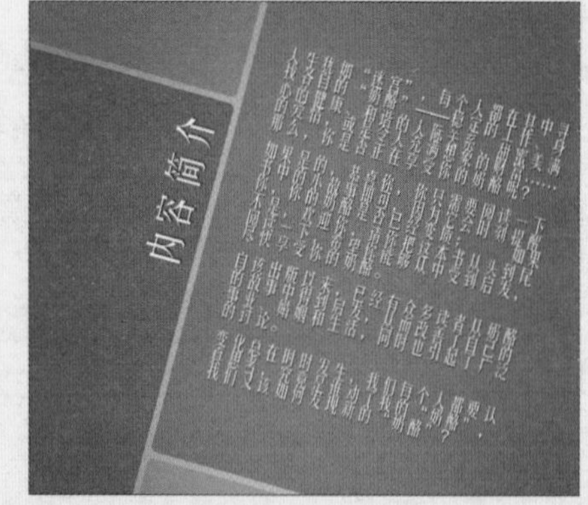

● Level ★★☆

如何准确地选择占位符?

在对占位符进行操作时，无论是需要移动占位符、复制占位符还是删除占位符，都需要先将其选择，那么，该如何选择占位符呢？本技巧将对其进行介绍。

1 选择单个占位符。单击占位符的边框即可选择单个占位符。

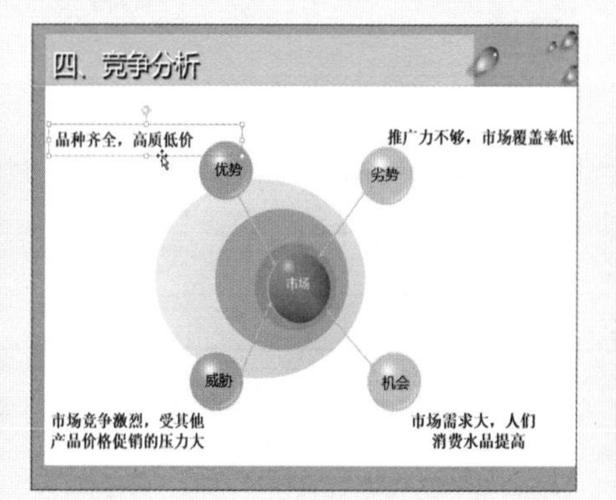

2 按住Shift键或Ctrl键的同时，依次单击需要选择的占位符。

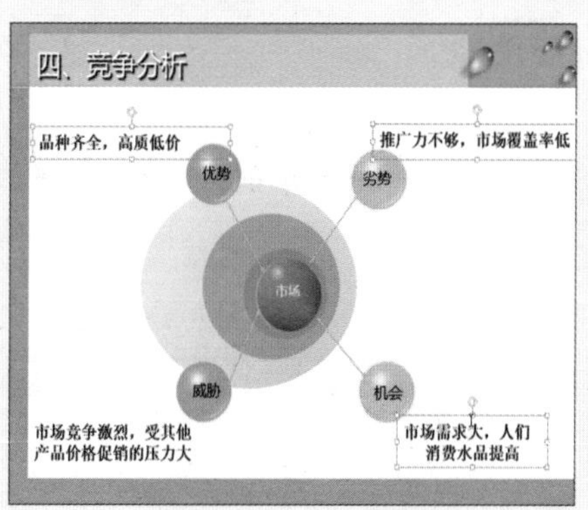

3 选择多个占位符。按住鼠标左键不放，拖动鼠标框选需要选择的占位符。

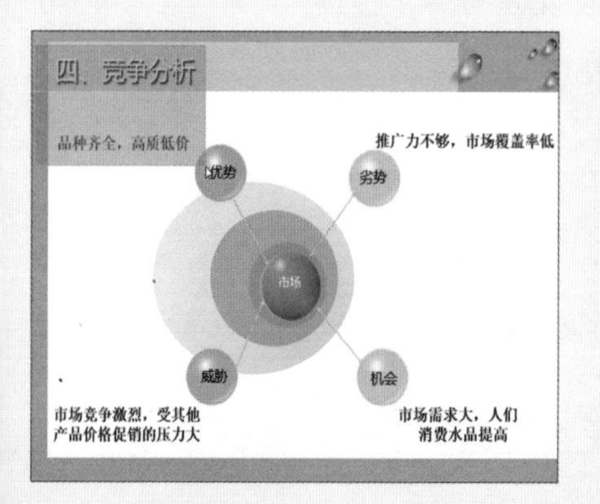

4 选择所有占位符。按下组合键Ctrl+A即可选择该幻灯片页面内的所有占位符，同时也会将其他图形或图像对象选择。

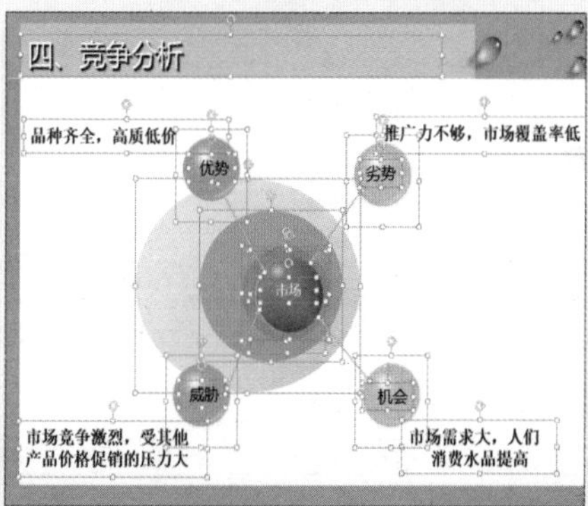

Level ★★☆

如何使输入的文字可以自动换行?

当在文本框中输入文本较多时，往往会溢出文本框，用户可通过Enter键进行手动换行，但是当文本过多时，频繁地手动换行会影响工作效率，文本自动换行功能可以帮助用户解决此类烦恼。

初始效果

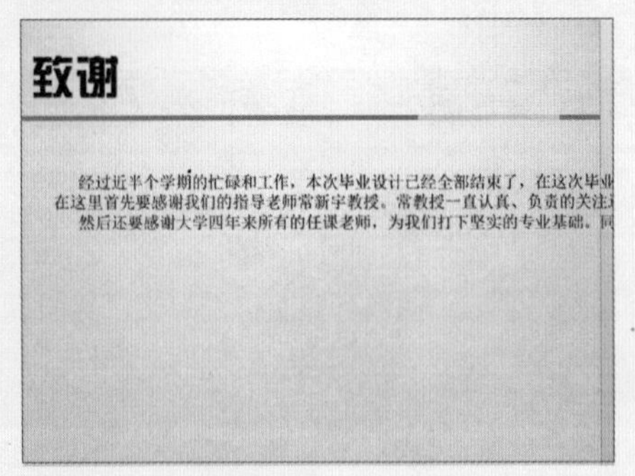

未设置文本自动换行效果

最终效果

致谢

经过近半个学期的忙碌和工作，本次毕业设计已经全部结束了，在这次毕业设计的过程中，得到了很多人的帮助，如果没有老师的督促指导，以及同学们的支持，想要完成这个设计是难以想象的。
在这里首先要感谢我们的指导老师常新宇教授。常教授一直认真、负责的关注这份设计的每一个进程，在此期间提出了许多宝贵的意见，使我的设计在遇到困难的时候能够顺利的进行下去。
然后还要感谢大学四年来所有的任课老师，为我们打下坚实的专业基础。同时还要感谢全体08级网络班同学们对我的支持与帮助。正是因为有了你们的支持和鼓励，此次毕业设计才会顺利完成。

设置自动换行效果

1. 选中文本框，单击“开始”选项卡中的“对齐文本”按钮，从列表中选择“其他选项”选项。

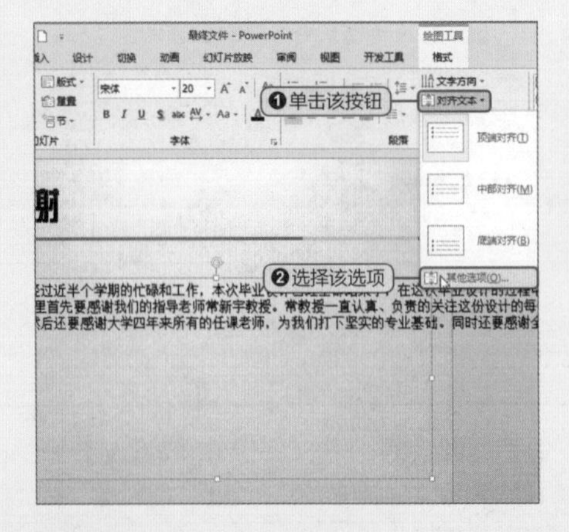

2. 打开“设置形状格式”窗格，勾选“形状中的文字自动换行”复选框，然后单击“关闭”按钮即可。

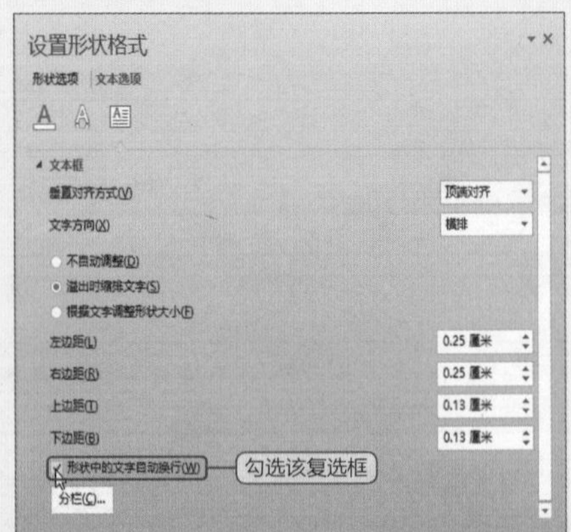

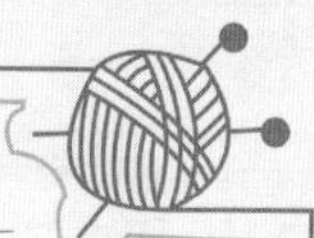

Question 049

Level ★★☆

如何输入倾斜的文字？

在制作广告类、策划类、宣传类等充满个性的演示文稿时，很多标题文本并不会按照常规水平输入，而是需要斜向输入，该如何操作呢？下面将对其进行介绍。

初始效果

文本水平输入效果

最终效果

文本斜向输入效果

1. 选择文本框并右击，从弹出的快捷菜单中选择“大小和位置”命令。

2. 打开“设置形状格式”窗格，在“大小”选项下的“旋转”数值框中输入旋转角度，然后关闭窗格即可。

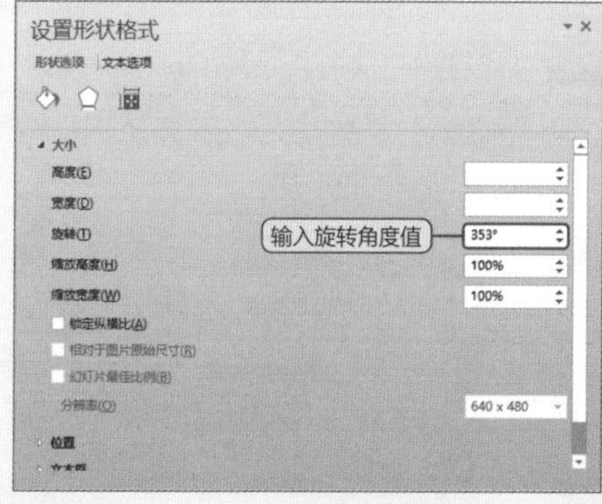

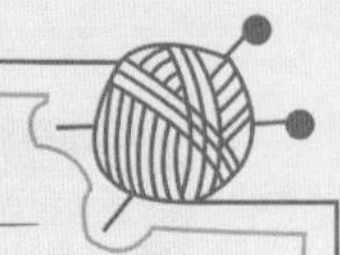

Question 050

● Level ★★☆

如何输入O_2样式的文字符号？

在幻灯片页面中需要输入类似O_2、H_2O等类化学符号时，该如何进行操作呢？可以先按照原样输入符号，然后根据需要设置下标即可。

初始效果

原样输入符号效果

最终效果

设置文字下标效果

1. 选中需设置下标的字符，单击“开始”选项卡中的“字体”选项组的对话框启动器按钮。

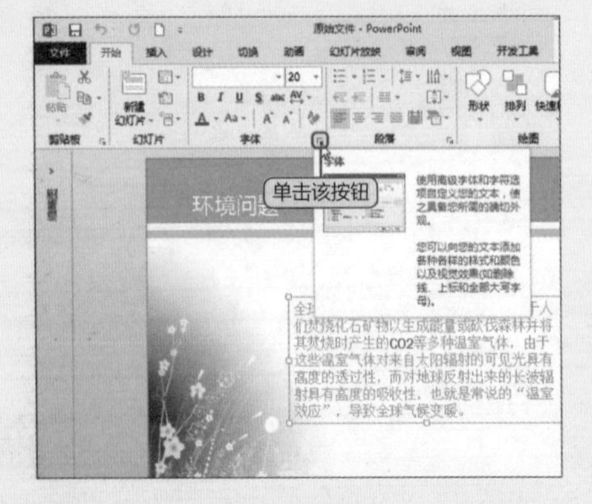

2. 打开“字体”对话框，勾选“效果”区域中的“下标”复选框，单击“确定”按钮即可。

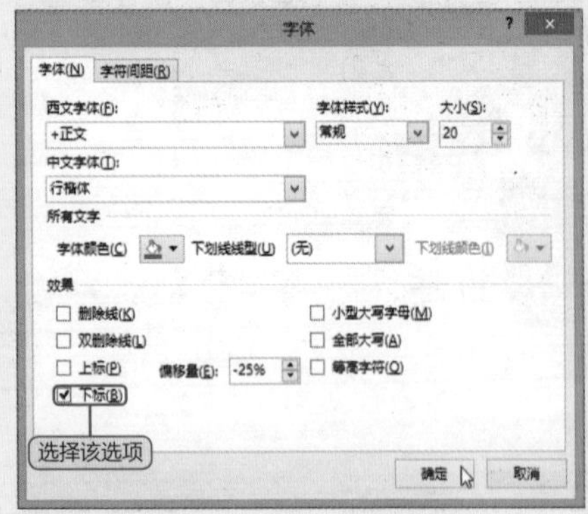

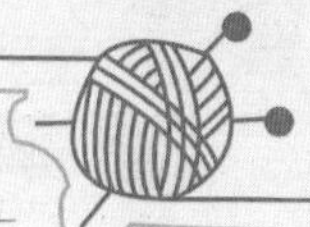

● Level ★★★

如何输入特殊符号？

在日常工作中，用户常常需要在幻灯片中插入一些特殊符号，熟悉它们的输入方法可以节约大量时间。本技巧将介绍插入特殊符号的方法。

初始效果

无穷大（）的数学运算

在叙述一个区间时，只有上限，则是(-,x)(x∈R)；只有下限，则是(x,+)(x∈R)；既没有上限有没有下限，则是(-,+)。

在高等数学中，规定：①x为实数，当x>0时，x÷0=+。②当x<0时，x÷0=-。③当x=0时，x÷0无意义。④+与实数加、减、乘、除、乘方、开方运算，结果永远是+。⑤ -与实数加、减、乘、除、乘方、开方运算，结果永远是-。

插入特殊符号前效果

最终效果

无穷大（∞）的数学运算

在叙述一个区间时，只有上限，则是(-∞,x)(x∈R)；只有下限，则是(x,+∞)(x∈R)；既没有上限有没有下限，则是(- ∞,+∞)。

在高等数学中，规定：①x为实数，当x>0时，x÷0=+∞ 。②当x<0时，x÷0=-∞。③当x=0时，x÷0无意义。④+∞与实数加、减、乘、除、乘方、开方运算，结果永远是+。⑤ -∞与实数加、减、乘、除、乘方、开方运算，结果永远是-。

插入特殊符号效果

1. 将插入点定位至需插入文本处，单击“插入”选项卡中的“符号”按钮。

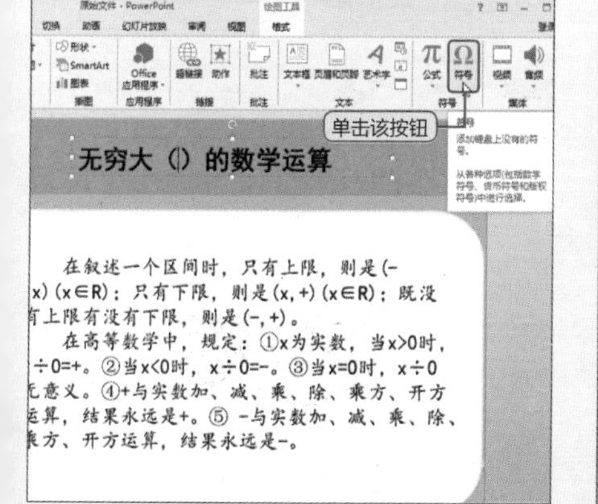

2. 打开“符号”对话框，选择合适的字符，单击“插入”按钮，并关闭对话框即可。

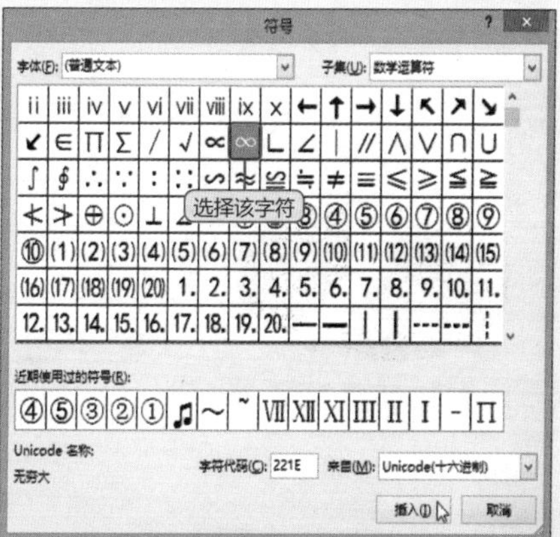

Question 052

● Level ★★★

如何使用文本框输入文本内容？

文本框包括横排文本框和竖排文本框，在横排文本框中输入的文本以横排显示，在竖排文本框中输入的文字以竖排显示。用户可根据需要绘制任意大小和方向的文本框。

1 添加文本框。打开演示文稿，单击“插入”选项卡中的“文本框”按钮，从下拉列表中选择“横排文本框”选项。

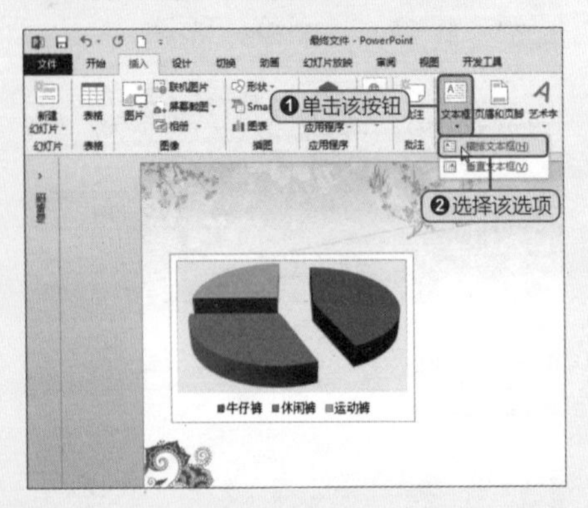

2 在幻灯片页面的适当位置，单击并按住鼠标左键不放，拖动鼠标，画出一个横排的文本框。

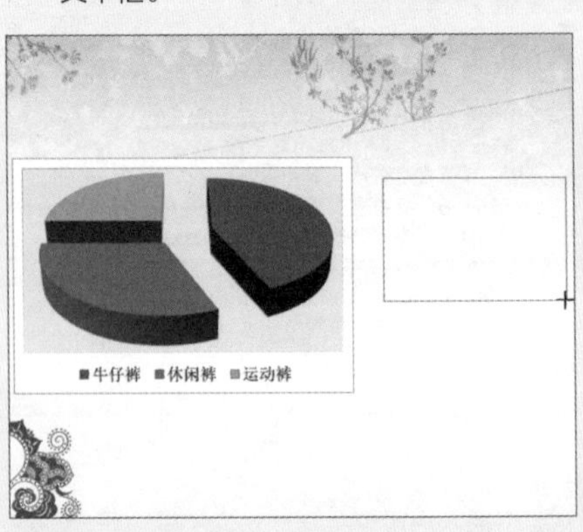

3 插入点自动定位至文本框内，随后输入合适的文本内容即可。

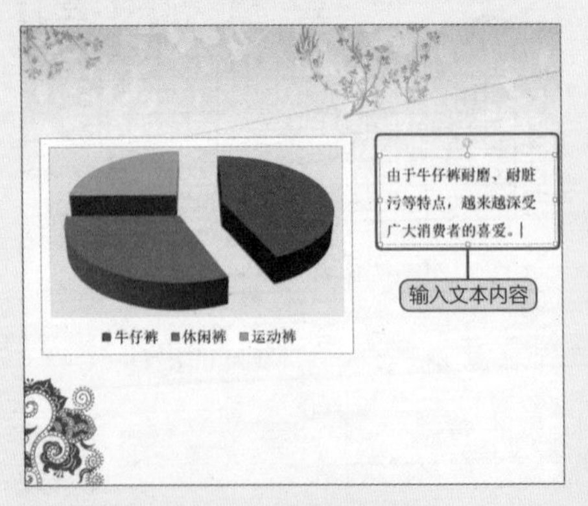

4 应用快速样式。执行“绘图工具-格式>形状样式>其他”命令。

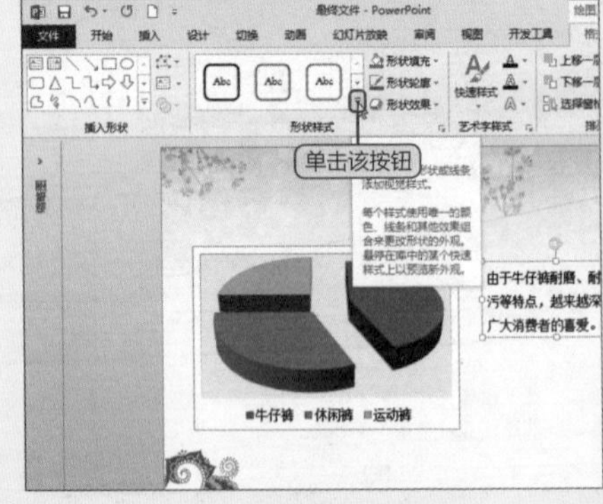

5 弹出样式列表，当光标移动至相应样式时，文本框实时显示应用该样式的效果，进行相应的选择即可。

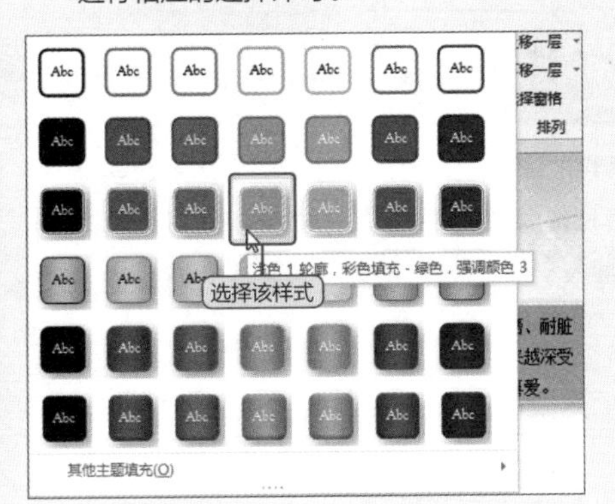

6 若对当前文本框样式不满意，可单击“编辑形状”按钮，从下拉列表中选择“更改形状”选项，然后选择合适的形状。

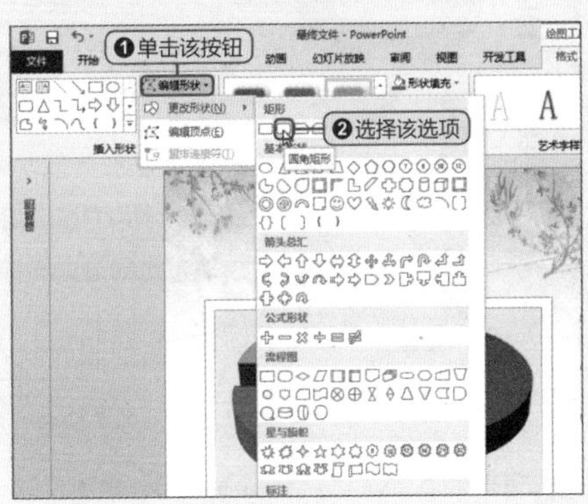

7 设置填充色。单击“形状填充”按钮，可设置文本填充，包括纯色、图片、渐变等。

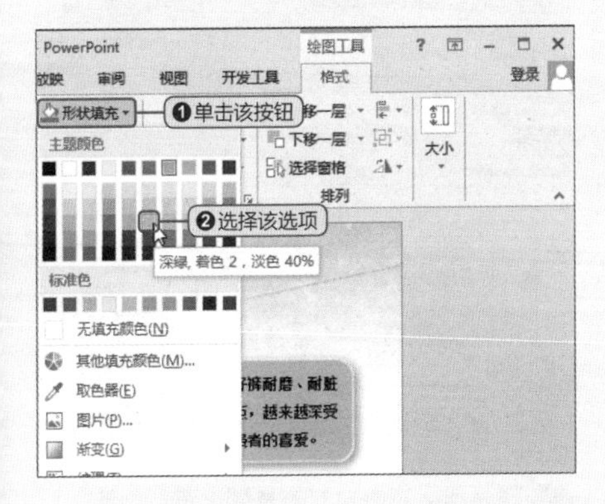

8 设置填充轮廓。单击“形状轮廓”按钮，可设置边框颜色、线条等。

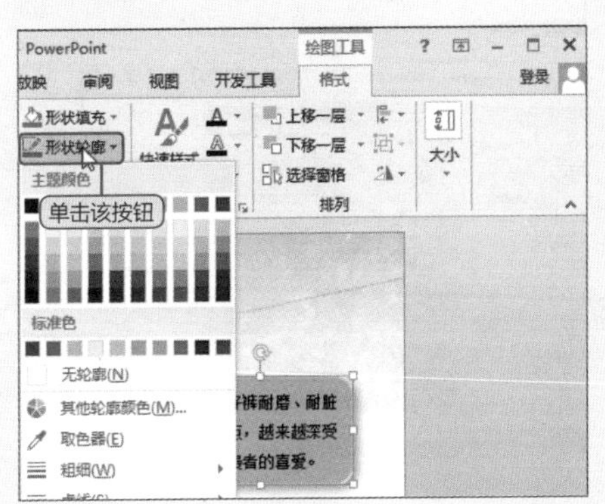

9 设置效果。单击“形状效果”按钮，可为文本框添加阴影、旋转等效果。

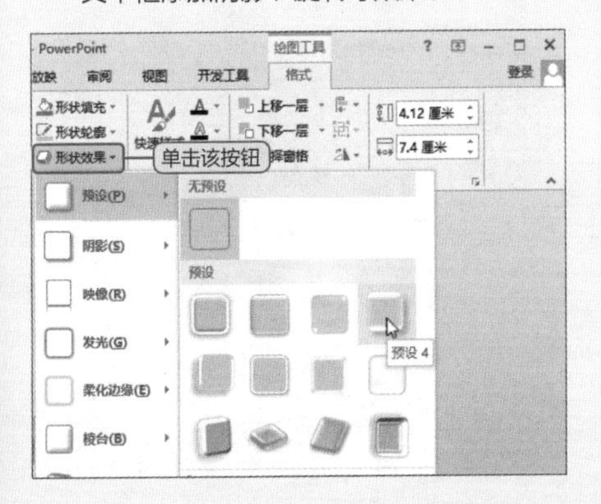

Hint 复制对象小窍门

复制文本框时，你还在用组合键Ctrl+C和Ctrl+V么？那你就Out了，只需选中该文本框，直接按组合键Ctrl+ D即可快速完成复制和粘贴命令。该命令对图像和其他形状同样适用。

Question 053

Level ★★★

如何在幻灯片中添加公式？

在教学或者其他学术性的演讲中，可能会经常需要用到数学公式，PowerPoint 2013提供了强大的插入公式功能，几乎所有的数学公式都可以完成插入。

1 直接插入公式。打开演示文稿，单击“插入”选项卡中的“公式”下拉按钮，从下拉列表中选择合适的公式。

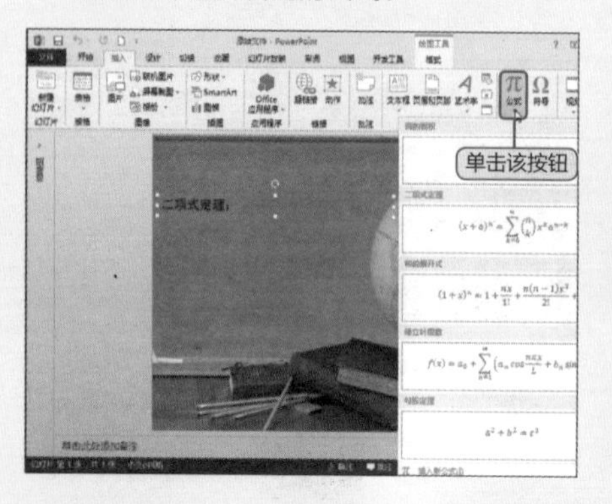

2 当所要插入的公式不在上述列表中时，用户可选择列表底部的“插入新公式”选项。在此选择“二项式定理”选项。

3 组合插入公式。以新公式插入时，会出现“公式工具－设计”选项卡，单击“根式”按钮，从下拉列表中选择合适的公式。

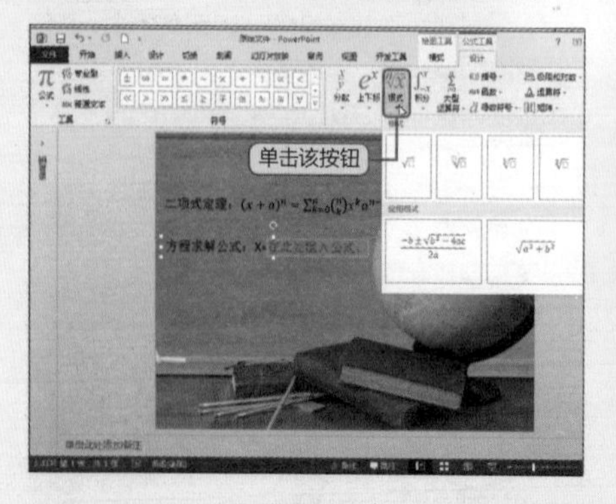

4 随后即可在该公式的基础上进行修改，这样便能按需输入各种复杂的公式。

● Level ★★★

如何在幻灯片中编辑公式？

除了可以通过内置的公式插入新公式外，还可以通过插入对象的方法插入新公式，该方法可以让用户自由定义公式，下面将对其进行介绍。

1 打开演示文稿，单击“插入”选项卡中的“对象”按钮。

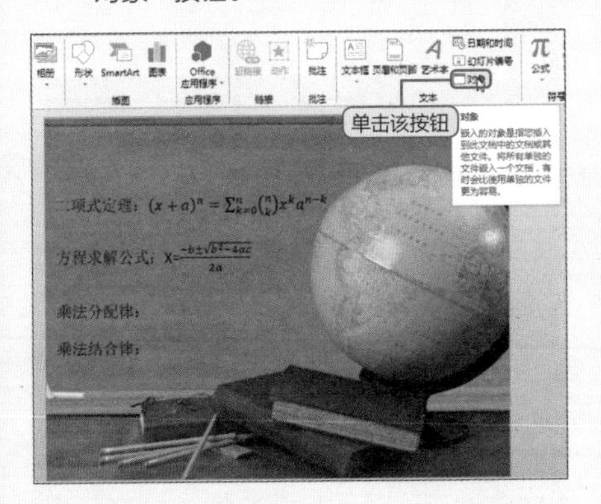

2 打开“插入对象”对话框，在“对象类型”列表框中选择“Microsoft 公式3.0”选项，单击“确定”按钮。

3 打开“公式编辑器”窗口，可以开始输入公式，输入完成后，选择公式，打开“格式”菜单，从中选择“间距”命令。

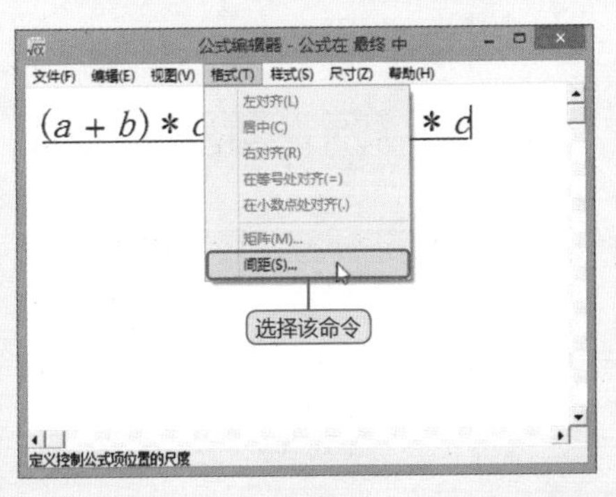

4 打开“间距”对话框，设置各间距，单击“确定”按钮，用户还可以对公式的样式、尺寸等进行修改。设置完成后，关闭“公式编辑器”窗口，返回幻灯片页面，适当调整插入对象的位置即可。

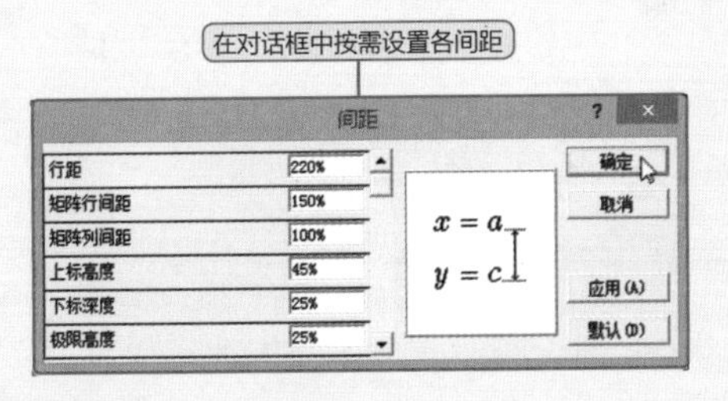

● Level ★★☆

如何替换指定的文本内容?

如果需要对幻灯片页面中特定的文本进行修改，可通过“查找和替换”功能快速实现，下面将对其进行介绍。

初始效果

买者和卖者数量

产品需求结构划分

• 中国广袤的地理区域和多层次的人口构成使得国内外高、中、低不同档次的产品的需求均表现旺盛，其中中档产品表现出较佳的市场前景。同时，化妆品的消费群体地区分化较为明显:名牌和高档产品为大城市的主流，服务于白领阶层或部分高档收入的消费者;中低档产品行销中小城市或收入偏低阶层，大部分为农村消费者接受，量大面广。

消费心理划分

• 面对多样化的化妆品，中国的消费者渐趋理性，监测数据显示:65%的顾客是通过自己详细了解来接受新产品，30%是通过美容师推荐,27%的是通过朋友介绍，28%的人是通过广告产生购买动机。从中可以看出，现在的顾客越来越相信自己，购买化妆品带来的心理感觉已经大于化妆品本身，消费正越来越变为精神上的享受。

最终效果

买者和卖者数量

产品需求结构划分

• 中国广袤的地理区域和多层次的人口构成使得国内外高、中、低不同档次的产品的需求均表现旺盛，其中中档产品表现出较佳的市场前景。同时，护肤品的消费群体地区分化较为明显:名牌和高档产品为大城市的主流，服务于白领阶层或部分高档收入的消费者;中低档产品行销中小城市或收入偏低阶层，大部分为农村消费者接受，量大面广。

消费心理划分

• 面对多样化的护肤品，中国的消费者渐趋理性，监测数据显示:65%的顾客是通过自己详细了解来接受新产品，30%是通过美容师推荐,27%的是通过朋友介绍，28%的人是通过广告产生购买动机。从中可以看出，现在的顾客越来越相信自己，购买护肤品带来的心理感觉已经大于护肤品本身，消费正越来越变为精神上的享受。

将“化妆品”全部替换为“护肤品”

1. 打开演示文稿，按下组合键 Ctrl + H，打开“替换”对话框，在“查找内容”和“替换为”文本框中分别输入相应内容，单击“全部替换”按钮。

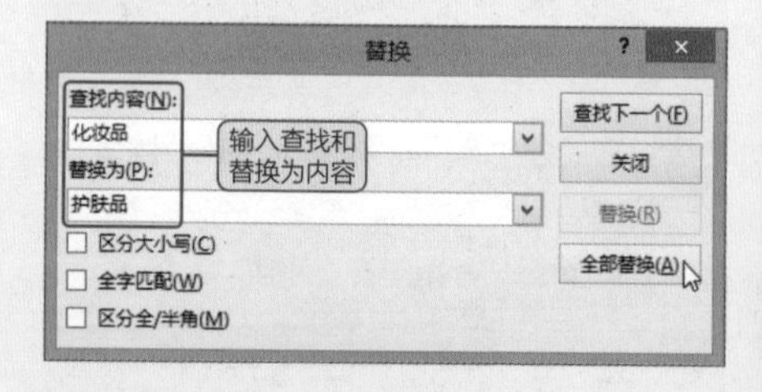

2. 弹出一个提示对话框，单击“确定”按钮，即可将幻灯片页面中的指定内容全部替换。

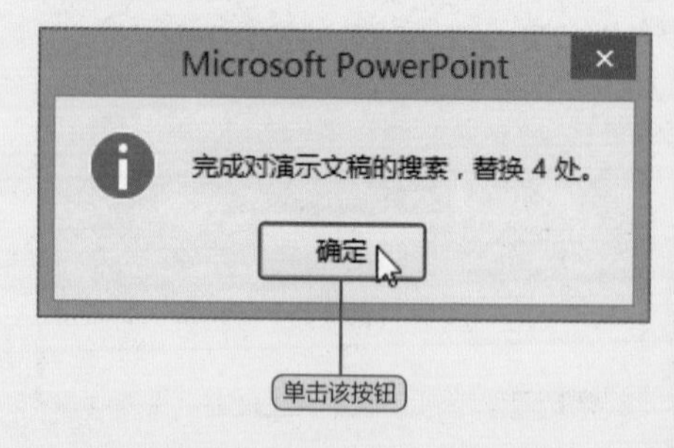

● Level ★★☆

如何批量修改文本内容的字体?

在设计好一个演示文稿后，若发现字体不符合要求或是与演讲环境不符，使用上一技巧介绍的方法逐一进行修改，会花费大量时间，那么如何进行批量修改呢?

初始效果

字体为：宋体（正文）

最终效果

字体为：创意简楷体

1 打开演示文稿，单击“开始”选项卡中“替换”右侧的下拉按钮，从下拉列表中选择“替换字体”选项。

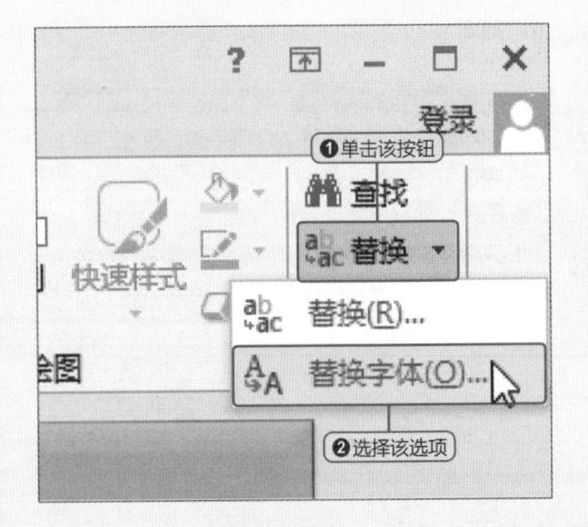

2 打开“替换字体”对话框，设置“替换”为“宋体”，“替换为”为“创意简楷体”，单击“替换”按钮即可。

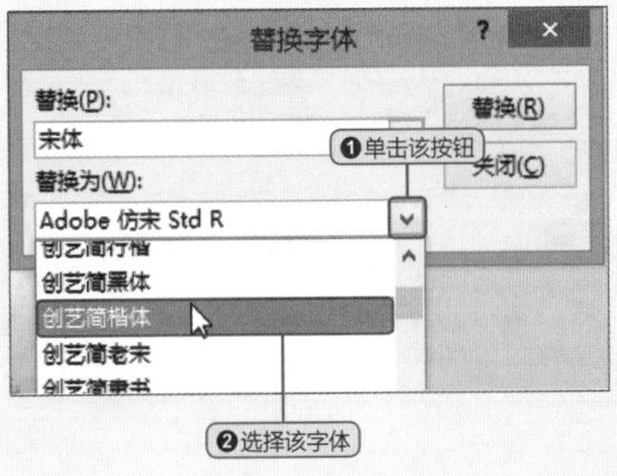

● Level ★★☆

如何快速复制文本？

在对幻灯片中的文本进行操作时，复制和粘贴操作，可以将用户从繁重的键入文字工作中拯救出来，掌握几种复制粘贴技巧对于用户来说是很有必要的。

1 快捷组合键法。选中所要复制的文本，按下组合键Ctrl+C，将插入点定位至需要粘贴文本处按下组合键Ctrl+V，在活动标签下的粘贴选项中选择合适的选项即可。

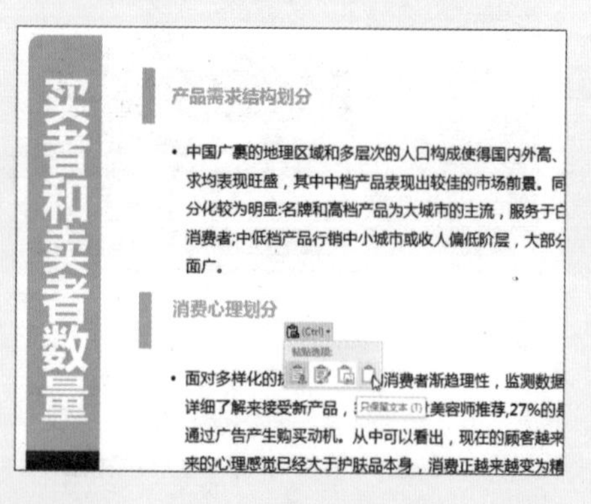

2 右键快捷菜单法。选中需复制的文本并右击，从弹出的快捷菜单中选择“复制”命令，然后在需粘贴文本处右击，从粘贴选项下选择合适的选项即可。

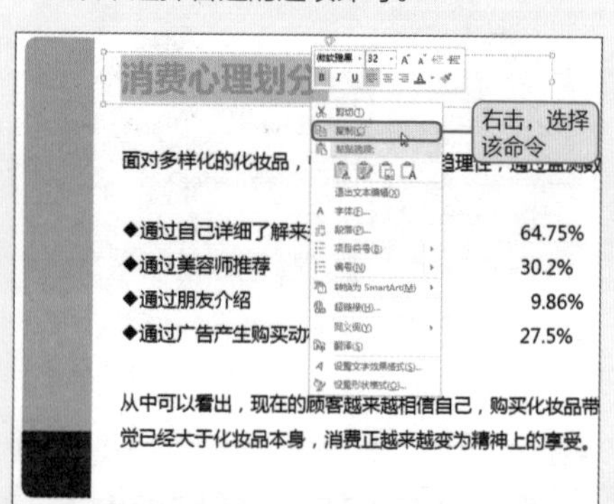

3 功能区按钮法。选择文本，单击“开始”选项卡中的“复制”按钮。将插入点定位至需粘贴文本处，单击“粘贴”下方的三角按钮，从中选择合适的粘贴选项即可。

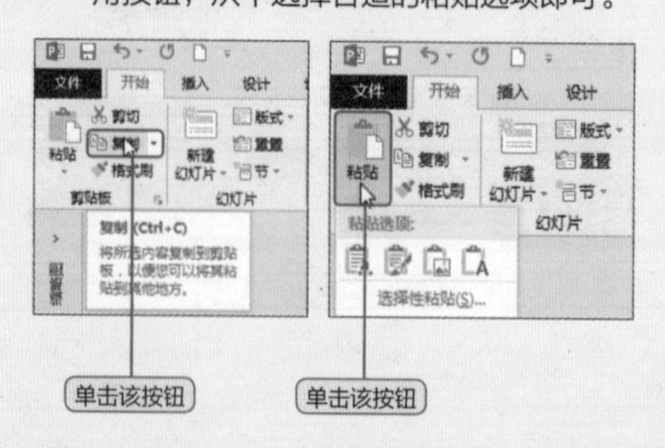

Hint 关于粘贴选项的介绍

- **保留源格式：**粘贴的对象与复制或剪切的对象的所有格式保持一致，包括字体、字号、颜色等所有格式的设置。
- **图片：**将剪切或复制的对象以图片形式粘贴。
- **只保留文本：**将剪切或复制的对象中的内容只保留文本粘贴，图片、图形、表格等非文本内容将被忽略。

● Level ★★☆

如何用好格式刷？

格式刷在演示文稿设计中妙用极多，它可以快速复制对象、图形以及文字的格式和样式，本技巧将以复制文本格式和样式为例进行介绍。

1 打开演示文稿，选中具有目标格式或样式的文本，双击“格式刷”按钮。若只需对某一处文本进行复制，单击即可。

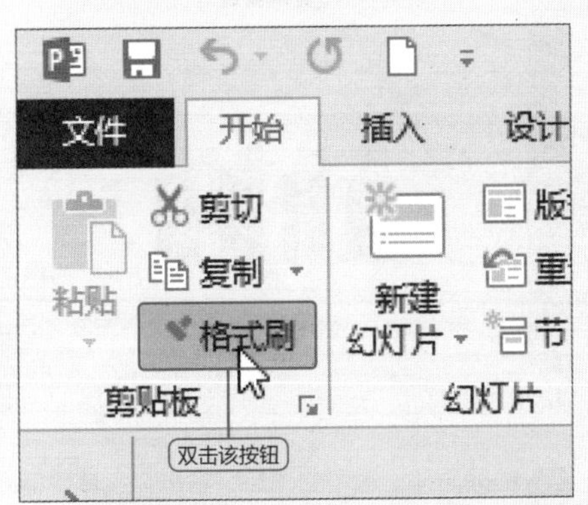

2 将光标移至幻灯片页面，可以看到光标变成刷子形状，拖动鼠标连续对多处文本执行复制格式操作。

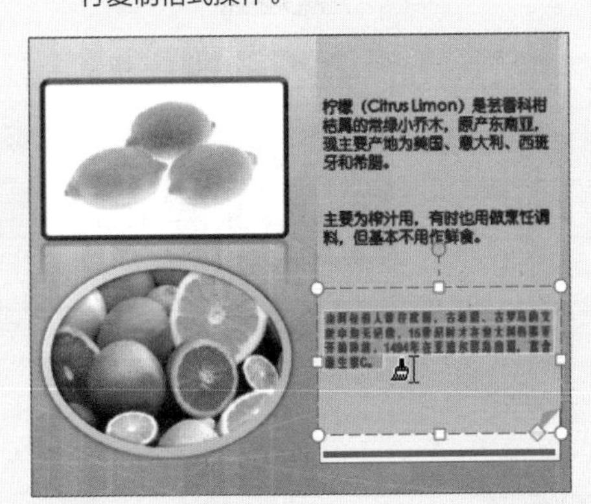

3 可以看到，使用刷子刷过的文本即刻变成目标文本的格式。

Hint 开启智能粘贴并显示粘贴选项按钮

打开“PowerPoint 选项”对话框，选择“高级”选项，在“剪切、复制和粘贴”区域中勾选“使用智能剪切和粘贴”以及“粘贴内容时显示粘贴选项按钮”复选框并确定即可。

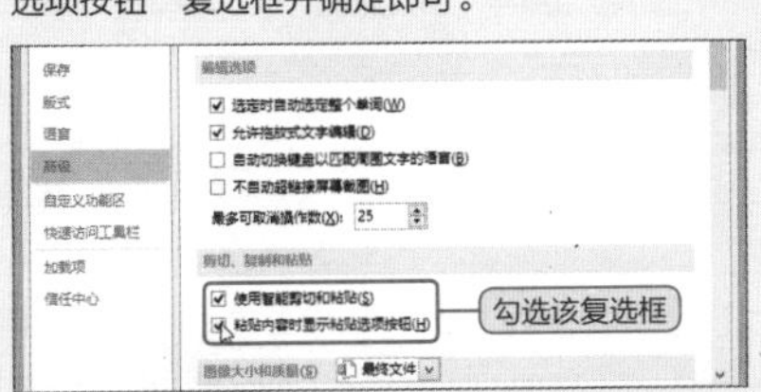

● Level ★★☆

如何调整字符间距？

在幻灯片页面中，字符间距太大或太小，都会影响演示文稿的视觉效果。下面将讲解为文本设置合适的字符间距。

初始效果

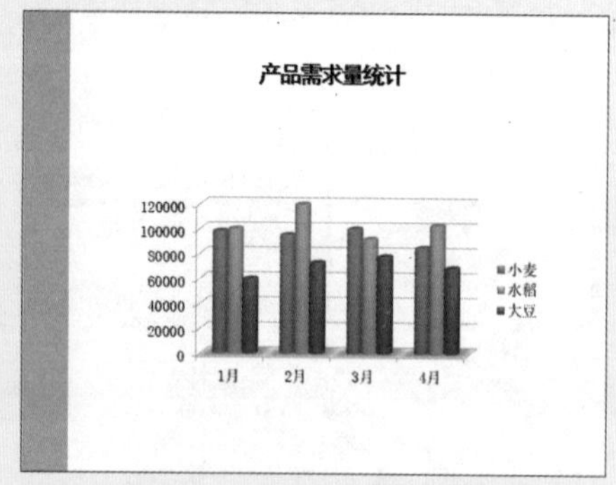

调整字符间距前

最终效果

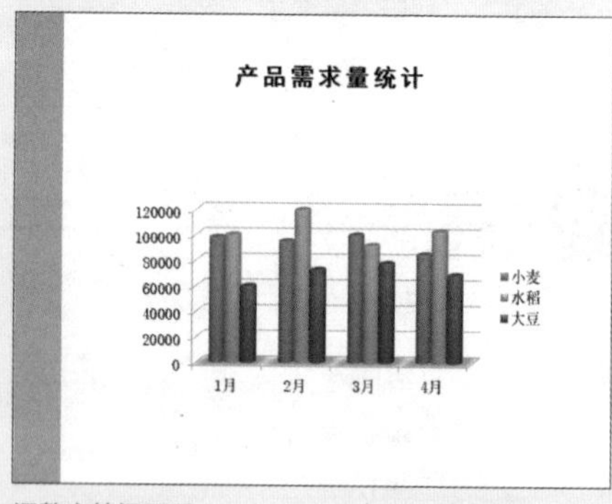

调整字符间距后

1 快速调整。打开演示文稿，选中需调整间距的文本，单击“开始”选项卡中的“字符间距”按钮，从下拉列表中选择合适的间距，这里选择“稀松”选项。

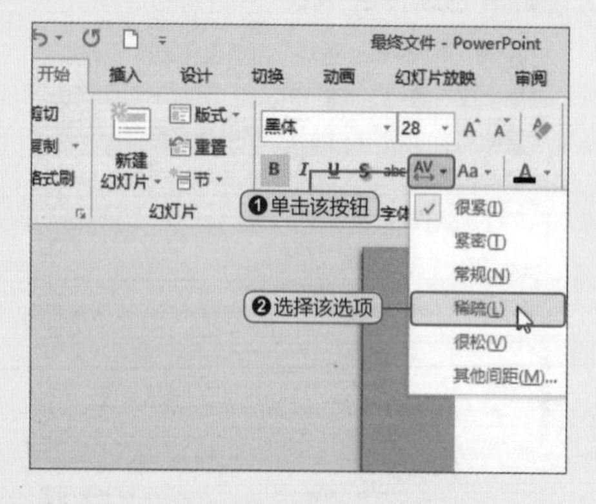

2 精确调整。选中文本后，右击，从其快捷菜单中选择“字体”命令，打开其对话框，切换至“字符间距”选项卡，直接输入度量值，并单击“确定”按钮即可。

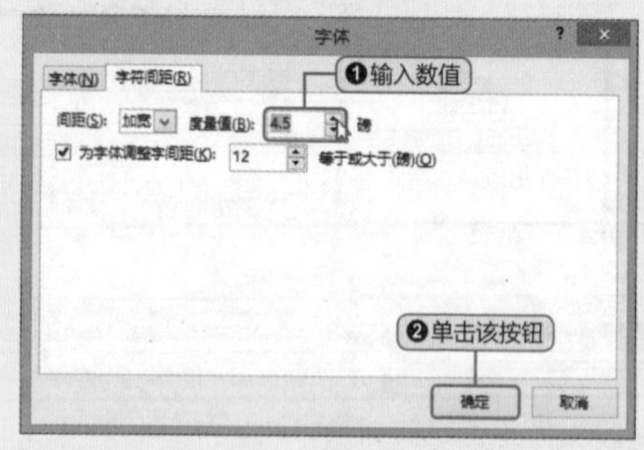

Level ★★☆

如何设置文本段落的格式？

当幻灯片页面中文字较多时，适当而又美观的段落设置可以让页面简洁、整齐，下面将对其进行详细介绍。

初始效果

设置段落格式前

最终效果

设置段落格式后

1 选中文本后，可以通过“开始”选项卡中“段落”选项组中的功能按钮进行设置，也可以单击其中的对话框启动器按钮。

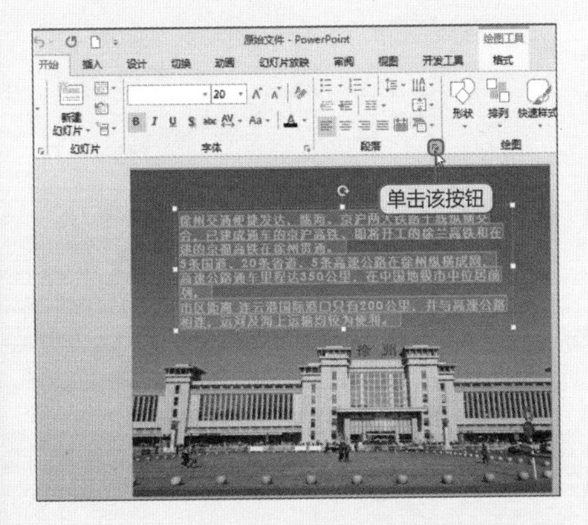

2 打开“段落”对话框，根据需要设置文本的对齐方式、缩进、间距等，设置完成后单击“确定”按钮即可。

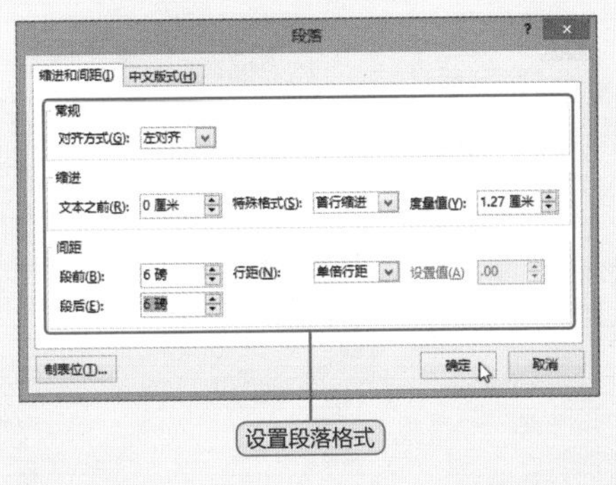

Level ★★☆

190 如何为文本添加项目符号？

在一张幻灯片中，若有多行文本内容，为了使其表达更为清晰、明确，可以为其添加项目符号或编号。本技巧将以项目符号为例进行介绍。

初始效果

未添加项目符号

最终效果

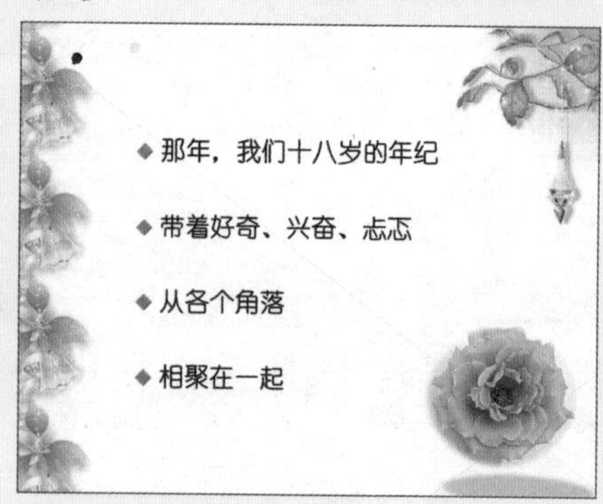

添加项目符号

1 选择段落文本所在的文本框，单击“开始”选项卡中“段落”选项组中的“项目符号”按钮。

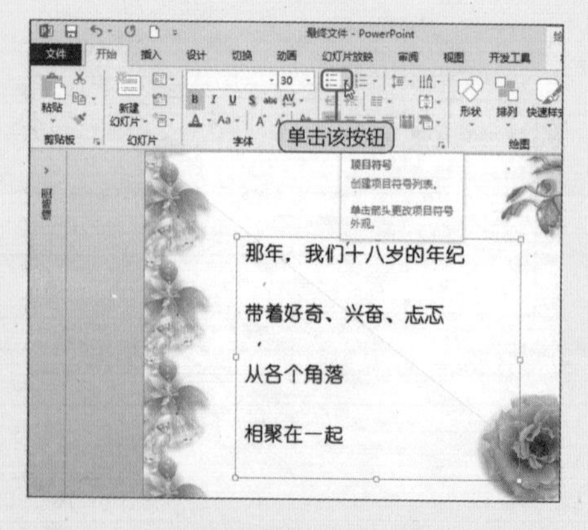

2 从展开的列表中选择“带填充效果的钻石形项目符号”样式即可。

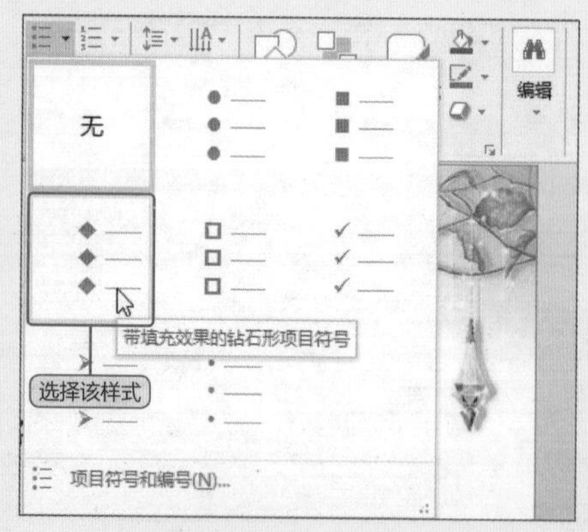

Level ★★☆

如何为文本添加编号？

编号的添加与项目符号相似，编号可以让文本内容更具有条理性，且段落结构层次分明，使读者阅读时不会混淆文本内容，本技巧将演示编号的添加。

初始效果

如何在Excel中输入等差数列

在A1、A2单元格中分别输入1、4。
选中A1、A2单元格，将光标置于区域右下角。
待光标变成黑色十字形，按住鼠标左键不放，向下拖动鼠标，即可生成步长值为3的等差序列。

未添加编号

最终效果

如何在Excel中输入等差数列

① 在A1、A2单元格中分别输入1、4。
② 选中A1、A2单元格，将光标置于区域右下角。
③ 待光标变成黑色十字形，按住鼠标左键不放，向下拖动鼠标，即可生成步长值为3的等差序列。

添加编号效果

1 选择需要插入项目编号的文本，右击，从弹出的快捷菜单中选择“编号”命令。

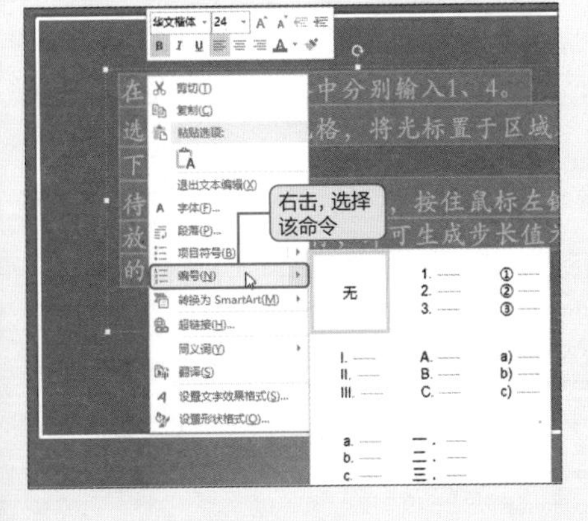

2 将显示其关联菜单，选择“带圆圈标号”样式即可。

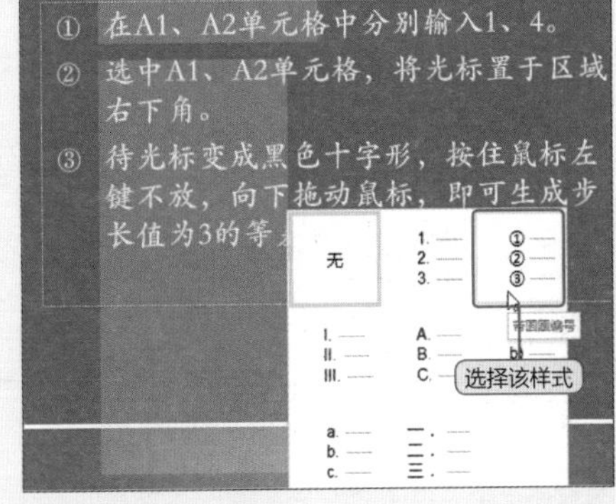

Question 093

● Level ★★★

如何改变项目符号或编号样式？

若用户觉得当前项目符号或编号的样式太单调，缺乏美感或特性，可对其进行更改，也可以自定义其样式，本技巧将对其进行详细介绍。

① 利用内置样式更改。单击“开始”选项卡中“段落”选项组中的“项目符号”按钮，从列表中选择合适的样式即可。

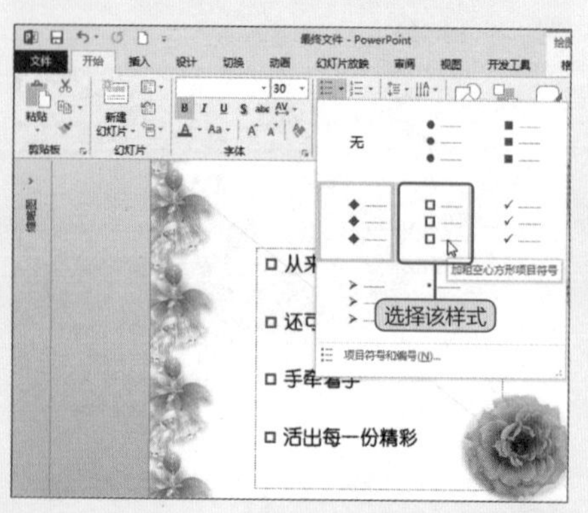

② 通过自定义样式更改。在“项目符号”关联菜单中选择“项目符号或编号”选项，在打开的对话框中单击“自定义”按钮。

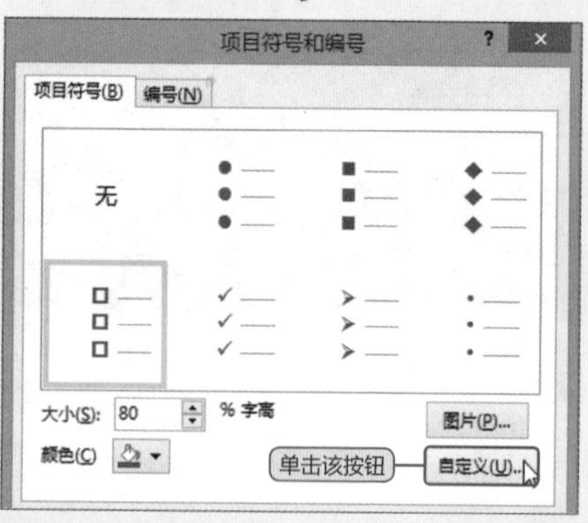

③ 弹出“符号”对话框，选择合适的符号，单击“确定”按钮。

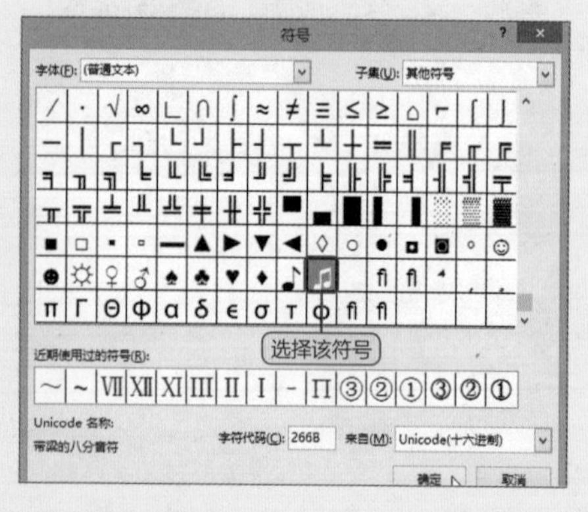

④ 返回上一级对话框，并设置大小和颜色，然后单击“确定”按钮即可。

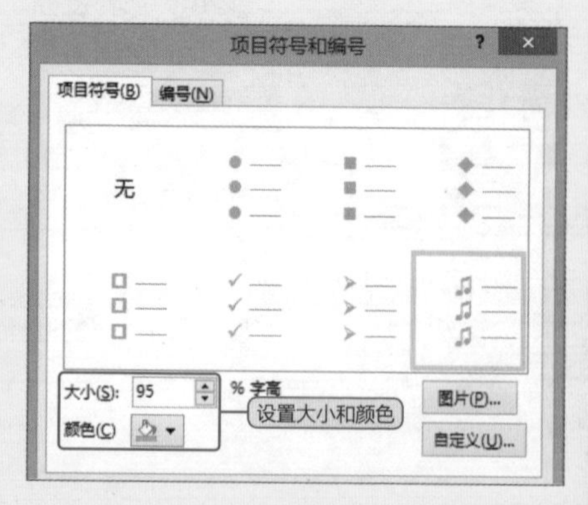

● Level ★★★

如何将图片作为项目符号？

之前介绍添加的项目符号都是一些既定的符号，若希望项目符号可以更加生动形象地说明文字内容，用户可以用与文本内容呼应的图片作为项目符号，其操作是很容易就可以实现的。

1 打开“项目符号和编号”对话框，单击“图片”按钮。

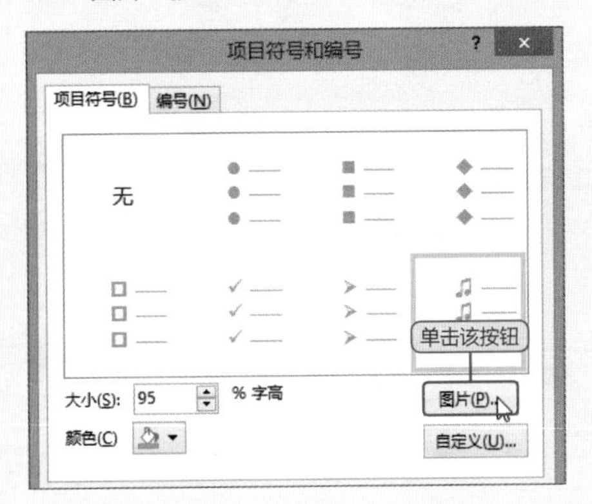

2 打开“插入图片”窗格，单击“来自文件”右侧的“浏览”按钮。

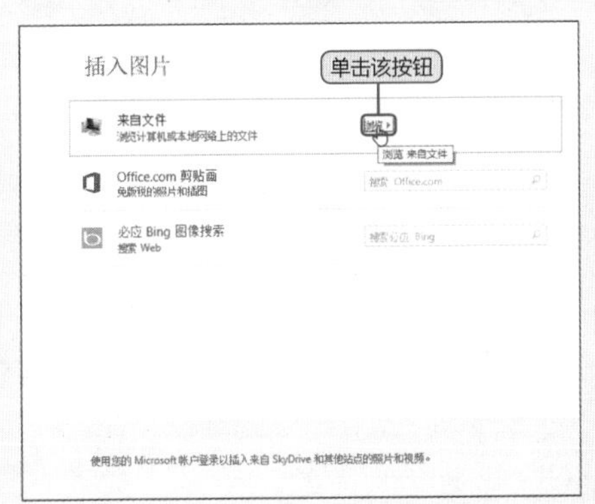

3 打开“插入图片”对话框，选中作为项目符号的图片，单击“插入”按钮。

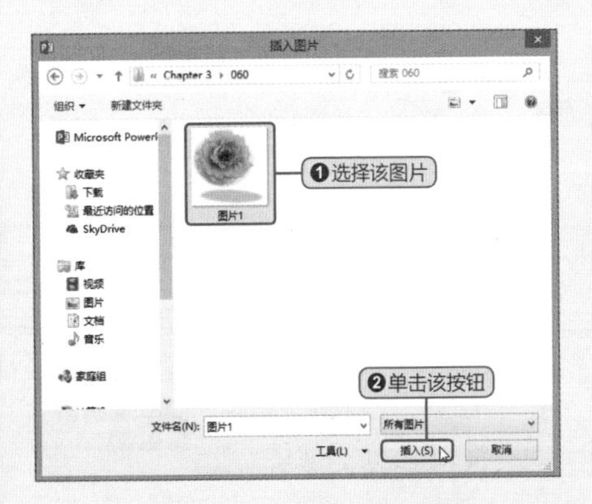

4 返回上一级对话框，选中添加的图片，单击“确定”按钮，再单击“项目符号和编号”对话框中的“确定”按钮即可。

● Level ★★★

如何为文字设置渐变填充效果?

所谓渐变填充，即指填充效果从一种颜色变化到另一种颜色，或颜色由浅到深、由深到浅发生变化。从而给人很强的节奏感和审美情趣。在PowerPoint 2013中，可以让文字具有渐变效果，以增加文字的魔力，牢牢吸引观众的眼球。

初始效果

原图

最终效果

自定义文字渐变效果

1 内置渐变填充。选中目标文本，单击“绘图工具-格式”选项卡中的“文本填充”按钮。

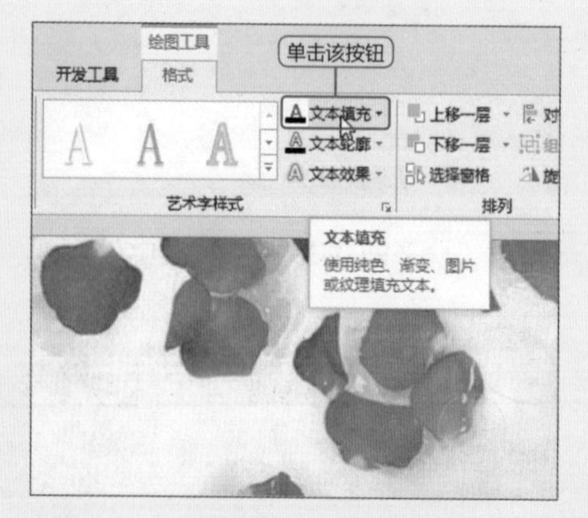

2 从下拉列表中选择“渐变”选项，在其关联列表中选择合适的渐变效果，这里选择“中心辐射型”渐变效果。

3 自定义渐变填充。选择“其它渐变”选项，打开“设置形状格式”窗格，默认选中“文本填充”选项。

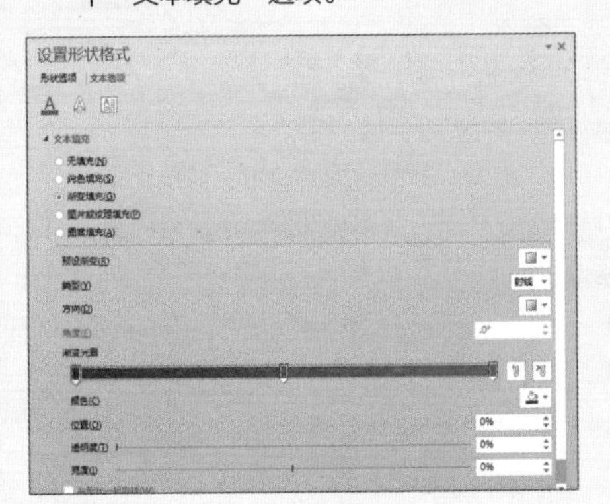

4 单击“预设渐变”按钮，从下拉列表中选择“底部聚光灯-着色6”效果。

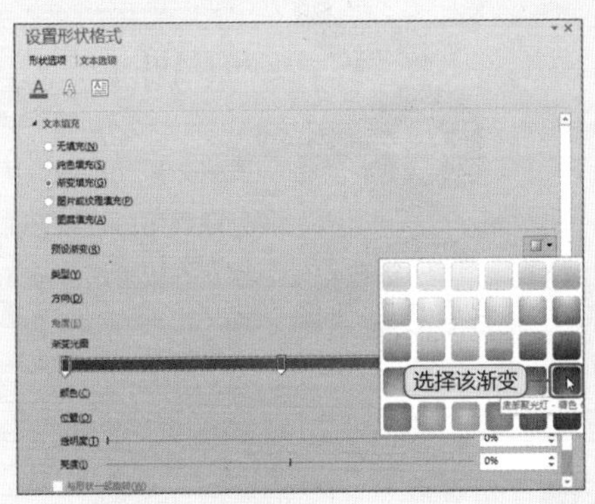

5 继续设置“类型”为射线、“方向”为从右下角。

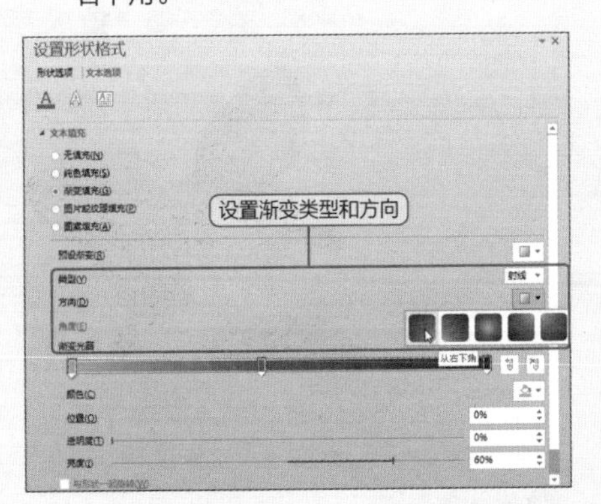

6 选中渐变光圈的停止点1，单击下方“颜色”按钮，从列表中选择合适的颜色。

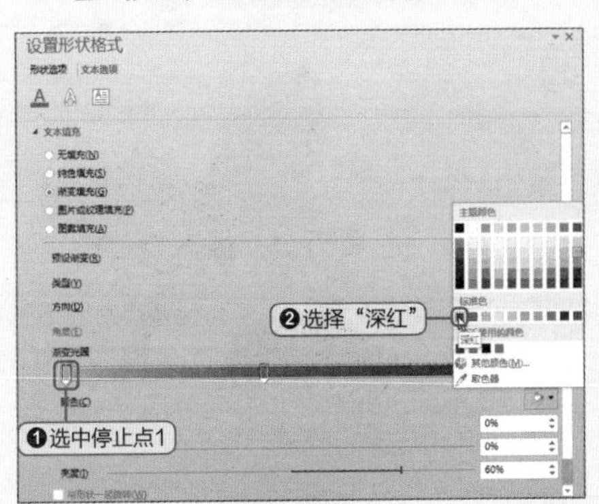

7 设置其他光圈的颜色，并适当增添光圈，调整光圈的位置。

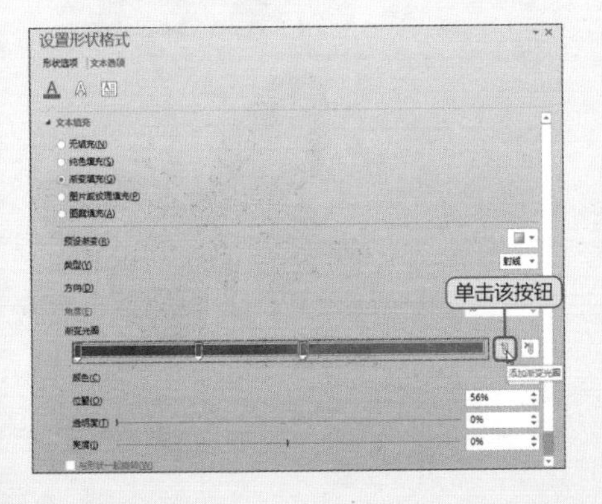

8 为各个停止点颜色设置合适的透明度和亮度，然后单击“关闭”按钮。

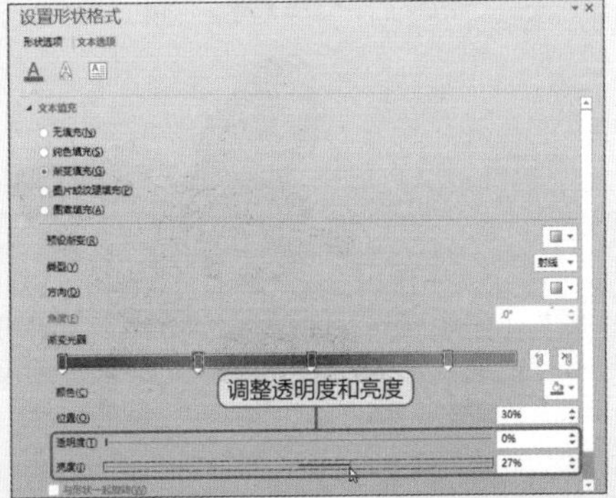

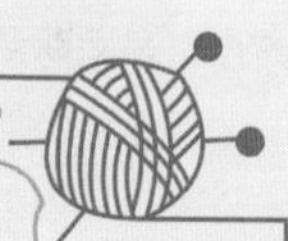

Question 066

● Level ★★★　　Chapter 03/022

如何让文字表现为发光样式?

发光效果和映像效果一样，都是一种很特别的效果，应用文字发光效果可以让演示文稿中的文本内容从呆板的形象中脱离出来，使文本效果炫目且又精彩。

初始效果

原图

发光效果1

应用内置发光效果

发光效果2

绿色发光效果

发光效果3

自定义发光效果

1 选中文本，单击“绘图工具-格式”选项卡中的“文本效果”按钮。

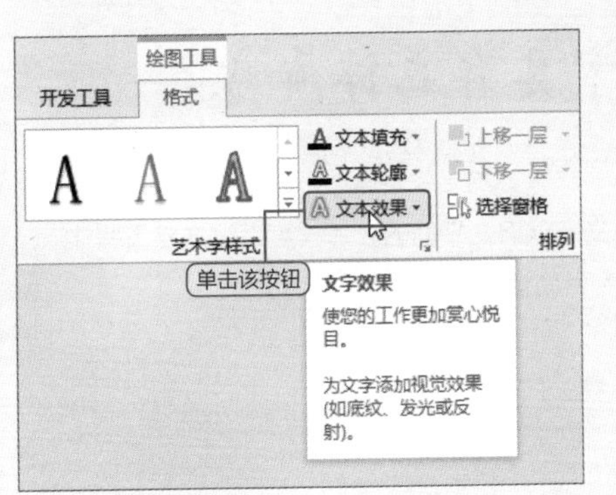

2 应用内置发光效果。从列表中选择“发光”选项，从其关联列表中选择合适的发光效果。

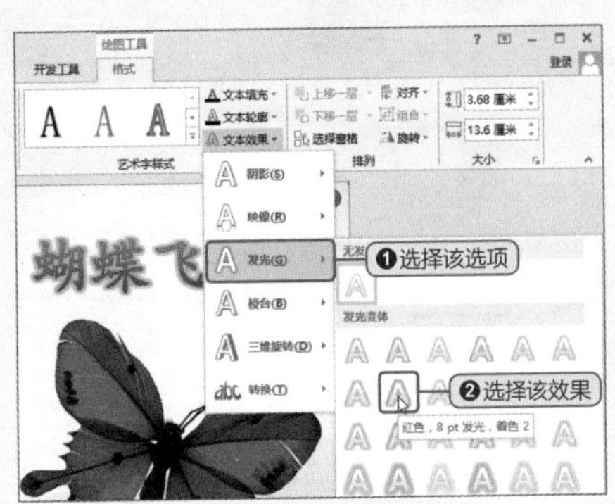

3 更改发光颜色。从“发光”列表中选择“其他亮色”选项，然后从列表中选择“绿色”。

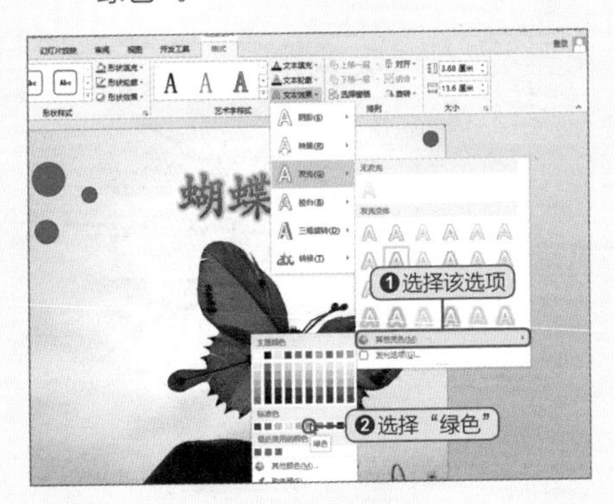

4 打开“设置形状格式”窗格，在“发光”选项区域，单击“颜色”按钮，从列表中选择“其他颜色”选项。

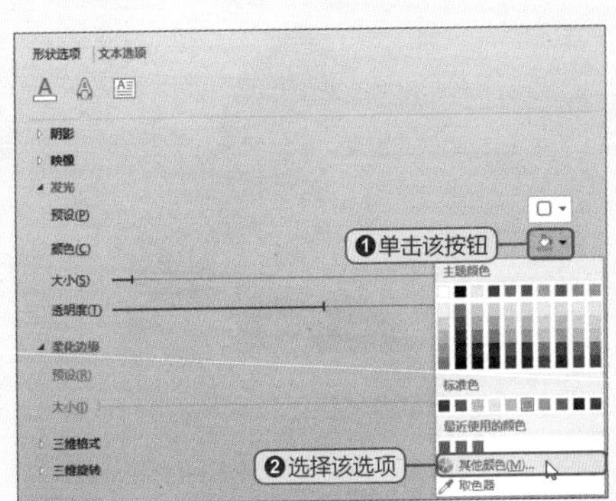

5 在对话框中切换到“自定义”选项卡，设置用户所需颜色，单击“确定”按钮。

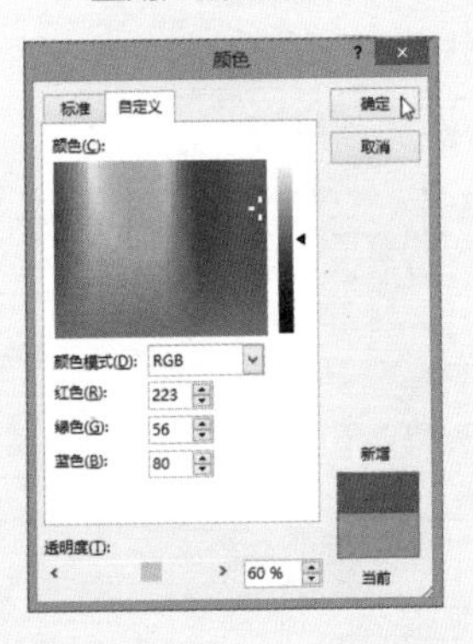

6 在“设置形状格式”窗格中设置大小和透明度，单击“关闭”按钮即可。

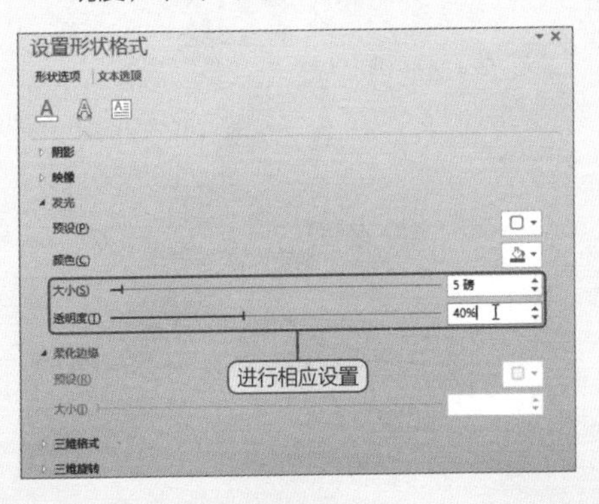

● Level ★★★

如何让文字具有立体质感?

前面介绍的文字阴影、映像、发光效果虽然可以让文字给人立体感觉，但是，实际上文字依旧是平面的，怎样可以让文字具有实实在在的立体效果呢？借助棱台效果可以很好地实现。

初始效果

原图

棱台效果1

冷色斜面棱台效果

棱台效果2

自定义棱台效果

1 选中文本，单击“绘图工具-格式”选项卡中的“文本效果”按钮。

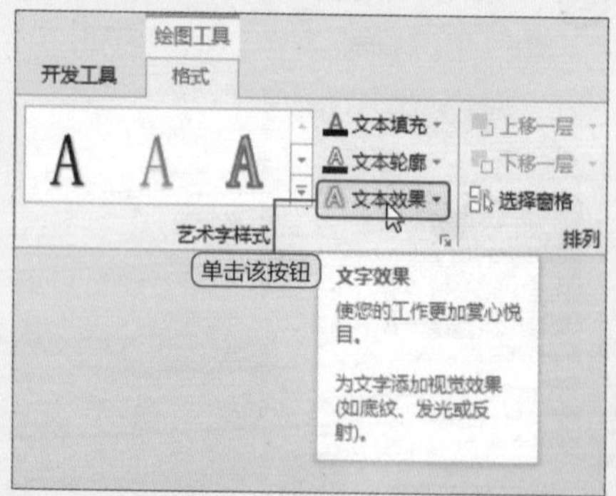

2 应用内置棱台效果。从列表中选择“棱台”选项，从关联列表中选择“冷色斜面”效果。

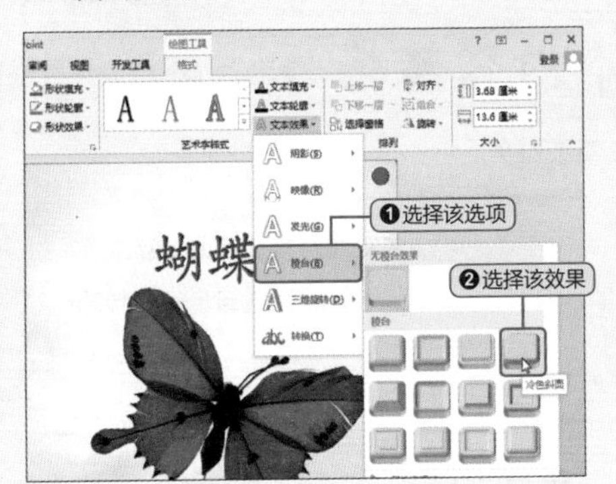

3 自定义棱台效果。选择“三维选项”，在打开的窗格中，单击“顶部棱台”按钮，从列表中选择“角度”选项。

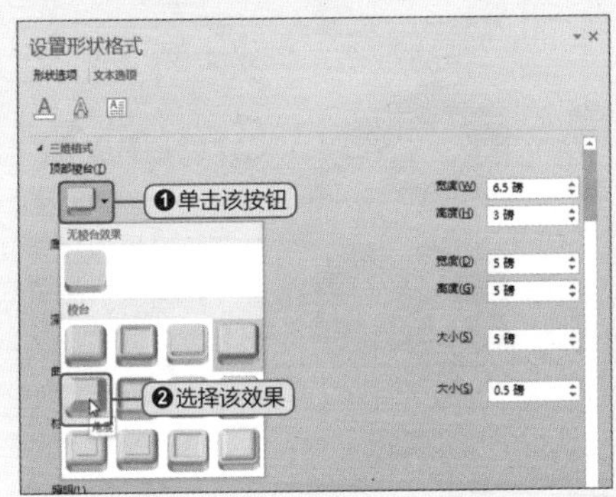

4 设置底端效果，并分别设置顶端和底端的宽度和高度，单击“深度”按钮，从列表中选择“紫色”。

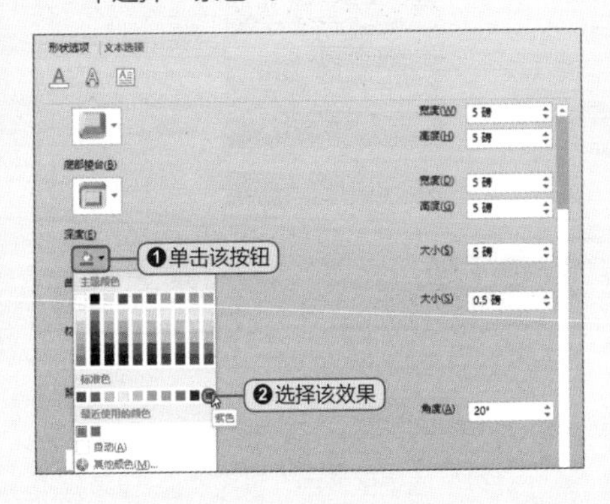

5 设置深度“大小”为5磅，单击“曲面图”按钮，选择“浅蓝”。

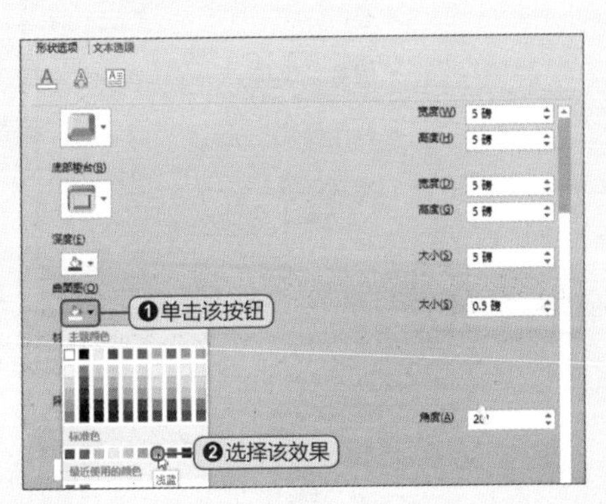

6 设置曲面图大小为0.5磅，单击“材料”按钮，从列表中选择“亚光效果”。

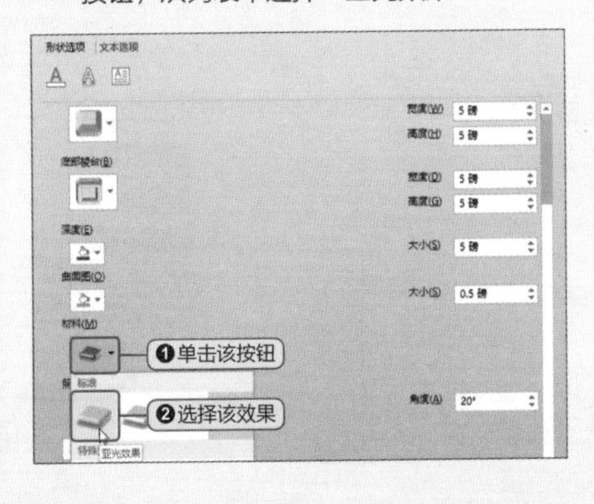

7 设置“照明”为“日出”效果，“角度”为20°，单击“关闭”按钮。

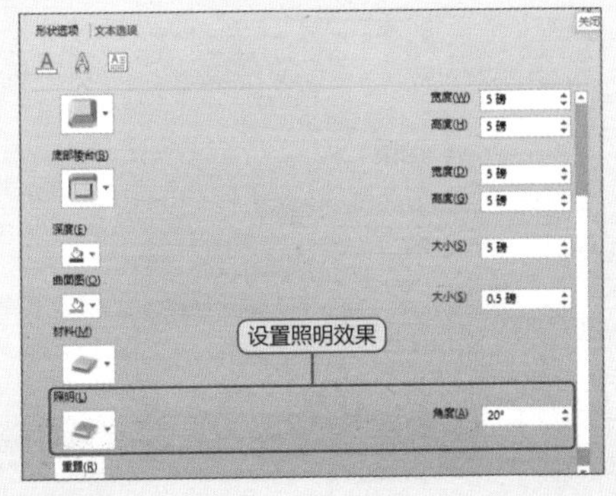

Question 068

● Level ★★☆

如何将文本内容转换为SmartArt图形？

为了可以更加直观地交流信息，可以将文本转换为SmartArt图形，转换后，还可以添加图片，让文字与图片有效结合，本技巧将对其进行详细介绍。

初始效果

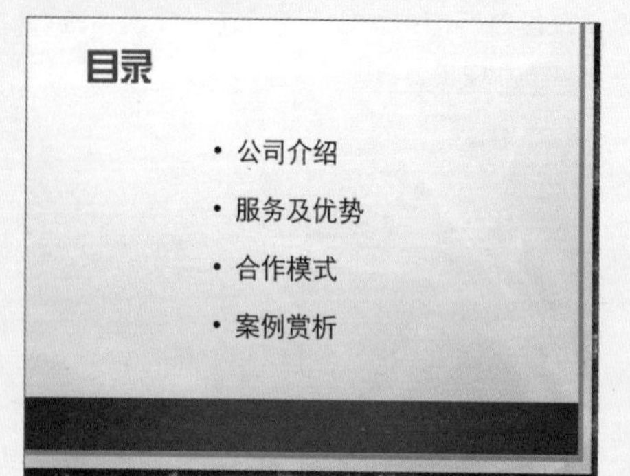

文本内容

最终效果

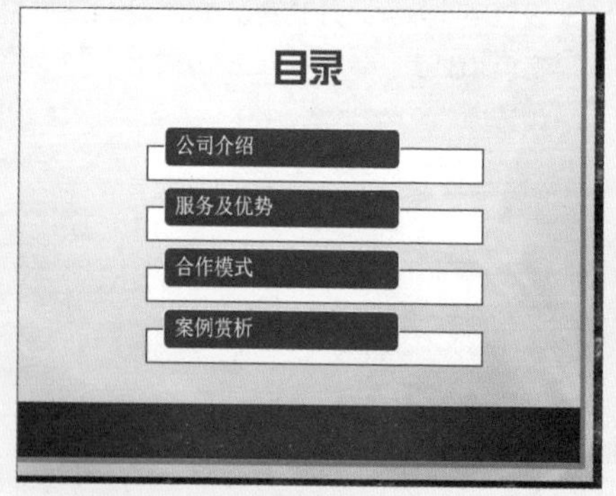

文字转换为SmartArt图形效果

1 选中文本，单击“开始”选项卡中的“转换为 SmartArt”按钮，从列表中选择“其他 SmartArt 图形”选项。

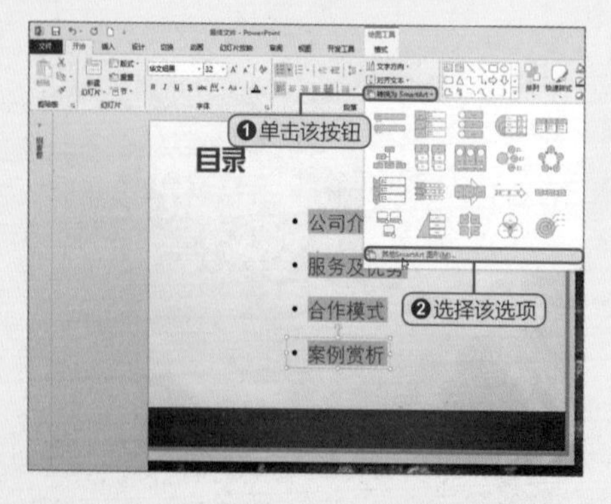

2 打开“选择 SmartArt 图形”对话框，在“列表”选项区域中，选择“垂直框列表”选项，并单击“确定”按钮。然后根据需要调整 SmartArt 图形即可。

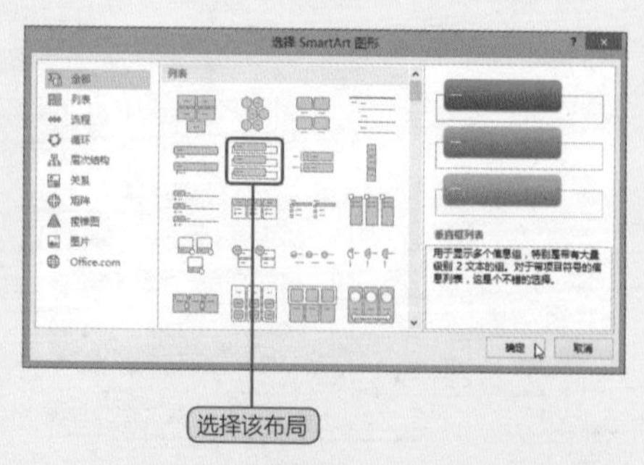

Hint 将文本转换为图片

在演示文稿中输入文本后，若想将其以图片形式应用于其他文件，则可以通过以下方法将其保存为图片格式。

3 选中需要保存为图片的文本框，右击，从弹出的快捷菜单中选择“另存为图片”命令。

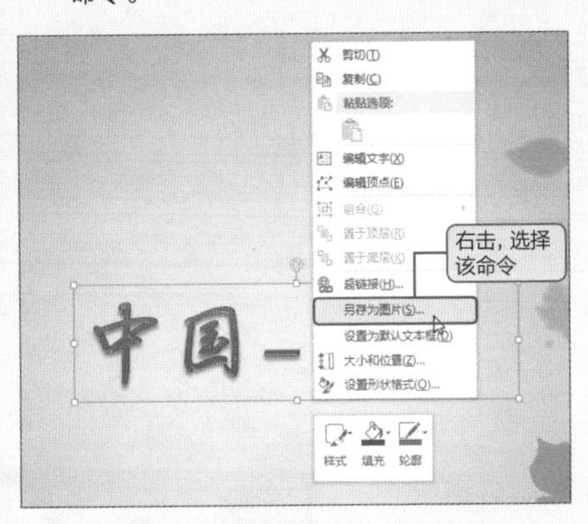

4 打开“另存为图片”对话框，设置文件名、保存类型以及保存路径后，单击“保存”按钮。

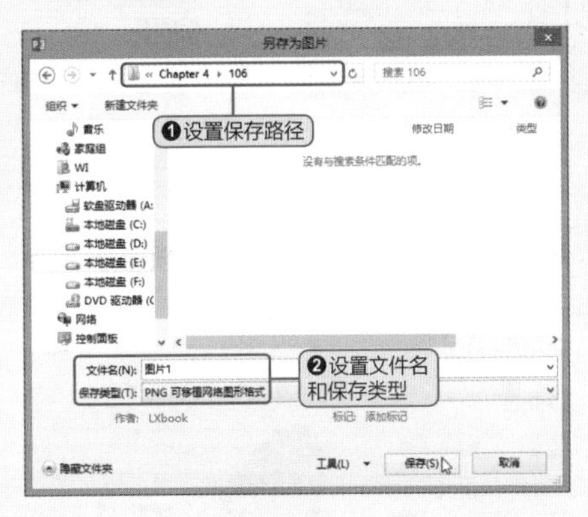

5 打开图片所在文件夹，选中该图片，右击，从弹出的快捷菜单中选择“预览”命令。

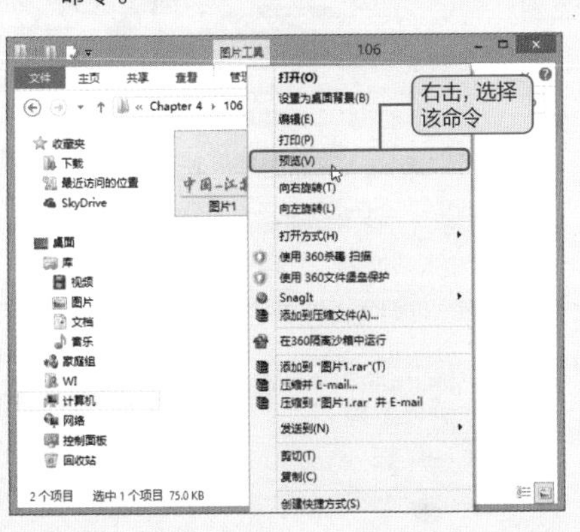

6 可以在Windows照片查看器中查看该图片，也可以选择“打开方式”命令，用其他程序打开并查看该图片。

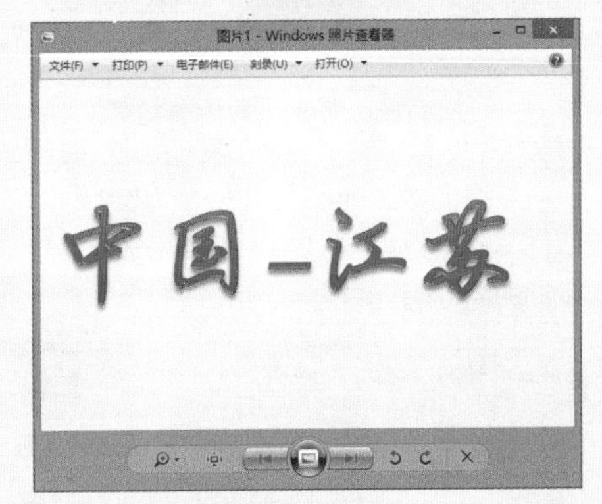

Hint 切忌插入与文稿无关的图片

与演示文稿主题或者当前陈述内容无关的图片会影响观众的观看效果，会让观众对演讲者的信任大打折扣。而选择一张与主题搭配吻合的图片则会更加突出主题，让观众过目不忘。

● Level ★★☆

如何应用映像效果?

因光线的反射作用而显现的物像称为映像。文字的映像效果是通过文字在玻璃质感上的倒影实现的立体效果，映像比阴影更加时尚、绚丽。

初始效果

普通文字效果

最终效果

设置文字映像效果

1 选中文本，单击“绘图工具－格式”选项卡中的“文本效果”按钮，从列表中选择“映像”选项，从其关联列表中选择“全映像，接触”效果。

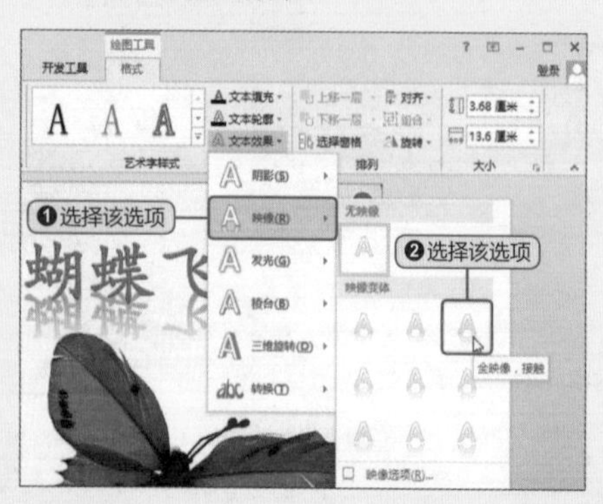

2 还可以选择“映像选项”选项。在打开窗格中显示“映像”选项区，通过“透明度”、“大小”、“模糊”、“距离”右侧的缩放滑块和数值框对映像效果进行进一步设置。

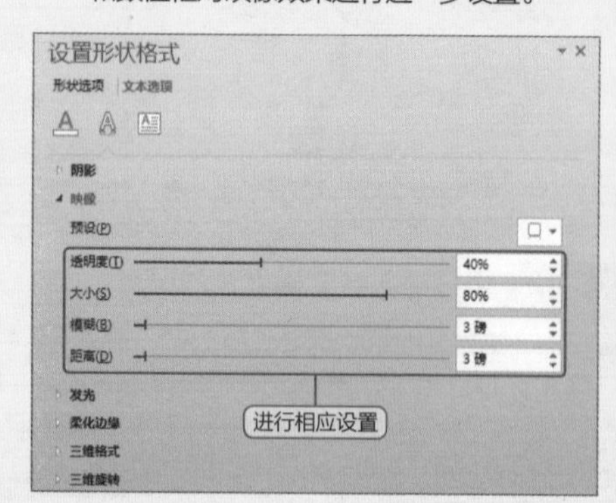

● Level ★★☆

如何将简体字转换为繁体字？

在一些特殊情况下，考虑到工作需要或观众的阅读习惯，需要将简体字转换为繁体字。

最终效果

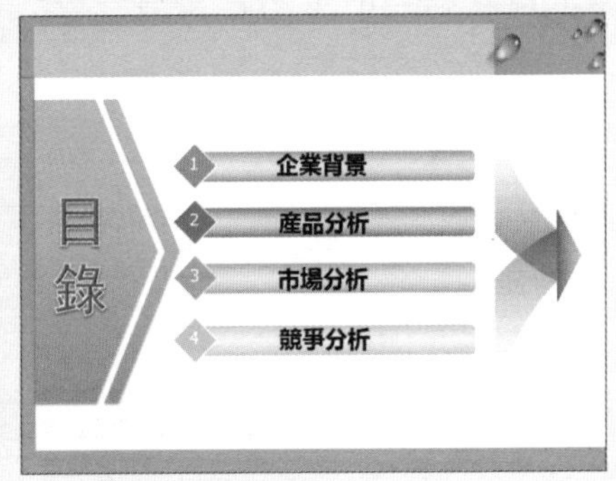

将简体中文转换为繁体中文

1. 切换至“审阅”选项卡，单击“简繁转换”按钮。

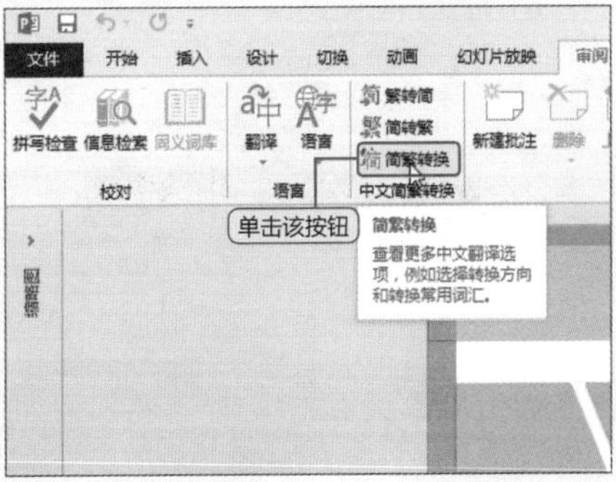

2. 打开“中文简繁转换”对话框，选中“简体中文转化为繁体中文”单选按钮，单击“自定义词典”按钮。

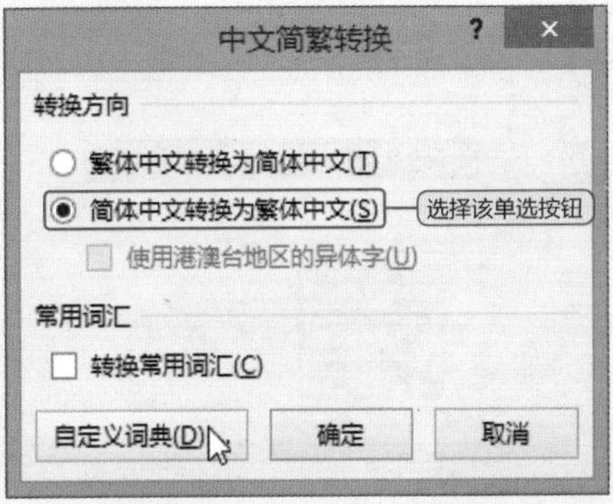

3. 打开“简体繁体自定义词典”对话框，单击“添加”按钮，将自定义的词汇添加到词典中，并弹出提示对话框。单击“关闭”按钮，返回“中文简繁转换”对话框，单击“确定”按钮，即可完成转换。

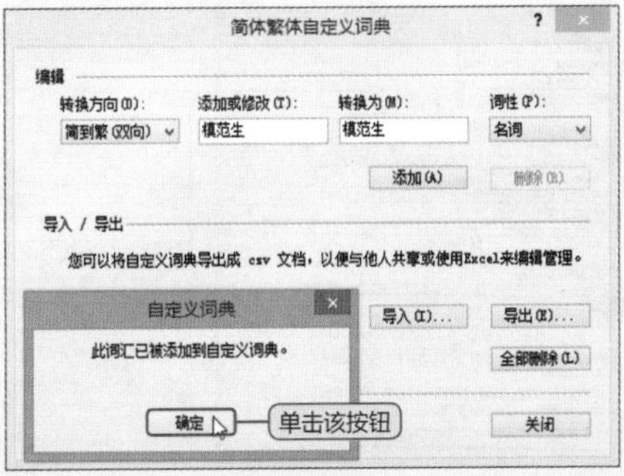

Question 07

● Level ★★☆

如何制作滚动的文本效果？

在演示文稿中，有时为了显示更多的文本内容，不得不制作滚动文本，所谓滚动文本即指带有滚动条的文本框。接下来将着重介绍实现该文本框的设计方法。

1 单击“开发工具”选项卡中的“文本框”按钮。在幻灯片编辑区单击并按住鼠标左键并拖动，绘制出文本框。

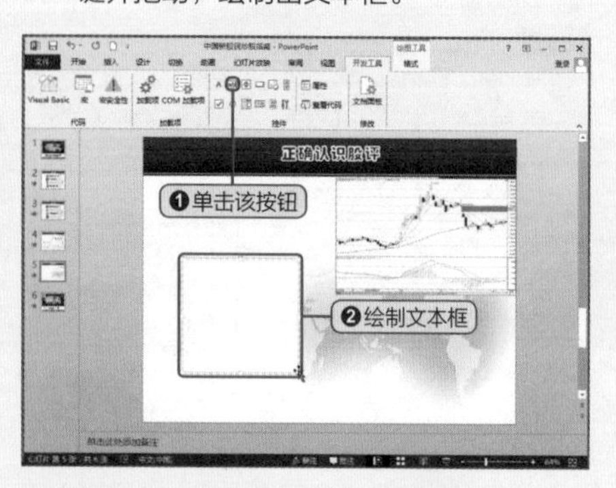

Hint 文本框控件主要属性介绍

- **BackColor属性：** 用于设置窗体背景颜色。
- **EnterKeyBehavior属性：** 用于定义在文本框中是否允许使用Enter，若为True，则按Enter键将创建一个新行；
- **MultiLine属性：** 设置控件是否可以接受多行文本。
- **ScrollBars属性：** 利用滚动条来显示多行文字内容，其中1-fmScrollBarsHorzontal为水平滚动条；2-fmScrollBarsVertical为垂直滚动条；3-fmScrollBarsBoth为水平滚动条与垂直滚动条均存在。

2 在“文本框”上右击，从弹出的快捷菜单中选择“属性表”命令，弹出相应的属性窗口，从中进行适当的设置。

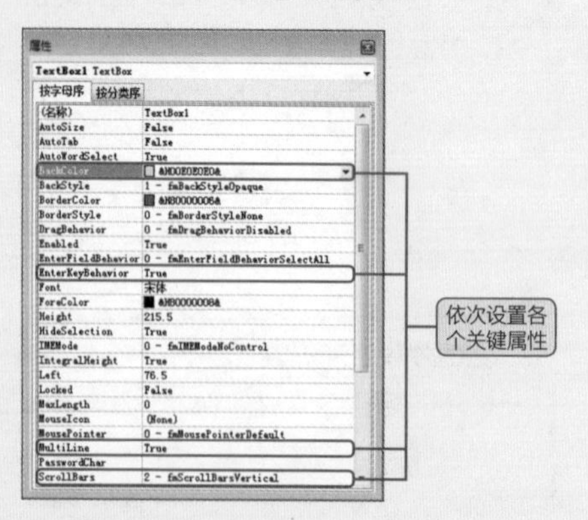

3 右击“文本框”，选择“文字框对象>编辑”命令，接着输入文字内容，最后在文字框外任意处单击鼠标，即可退出编辑状态。至此，带滚动条的文本框就产生了。

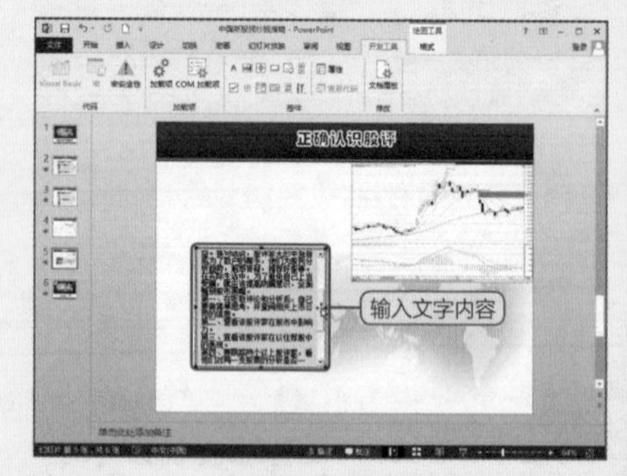

● Level ★★☆

如何将图片插入幻灯片中？

俗话说：佛靠金装，人靠衣装。那么，幻灯片需要图片来装饰，精美、大方、别致的图片可以提高读者对演讲内容的兴趣，帮助读者快速了解演讲内容。那么，该如何插入图片呢？

1 幻灯片版式包含多种组合形式的文本和对象占位符。单击图片占位符，可打开“插入图片”对话框。

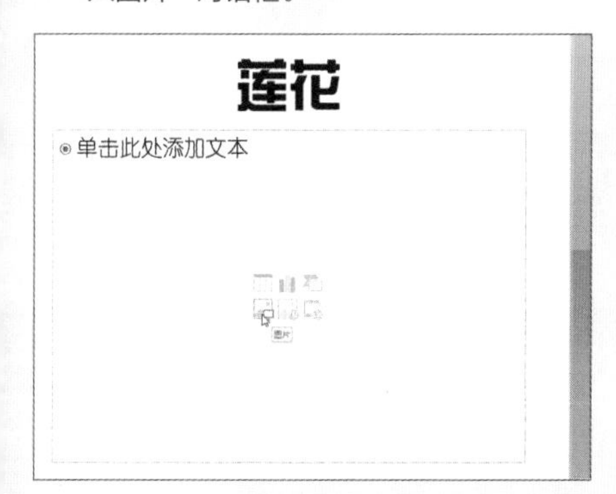

2 选择需插入图像的幻灯片，单击“插入”选项卡中的“图片”按钮。

3 打开“插入图片”对话框，在打开的对话框中，选择合适的图片，然后单击“插入”按钮。

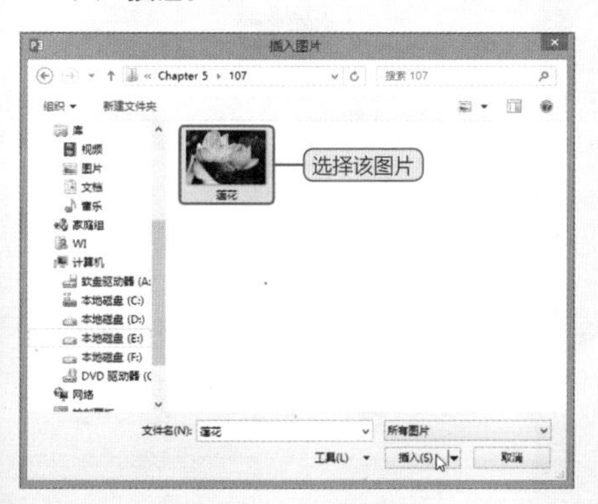

4 选中图片并进行拖动即可改变其位置，待调整完成后释放鼠标即可。

● Level ★★☆

如何为幻灯片插入剪贴画?

PowerPoint 2013中提供了大量的剪贴画，包括人物、科技、动植物等类型的扩展名为.wmf的图片，它们都位于剪辑库中，下面将介绍如何将这些剪贴画插入幻灯片页面中。

1 单击“插入”选项卡中的“联机图片”按钮，打开“插入图片”窗格。

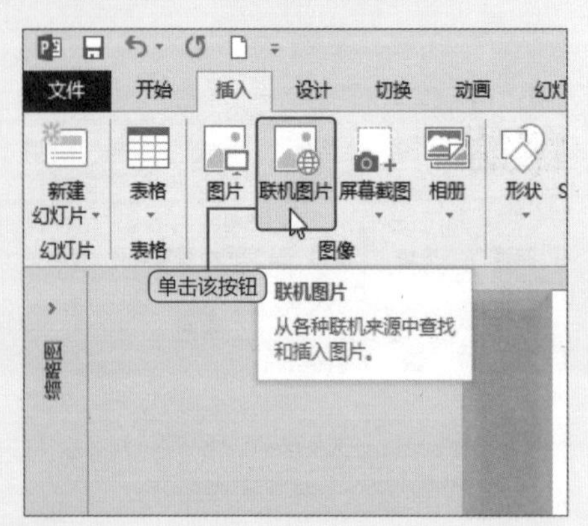

2 从中输入所要搜索文字内容的关键字，然后单击“搜索”按钮。

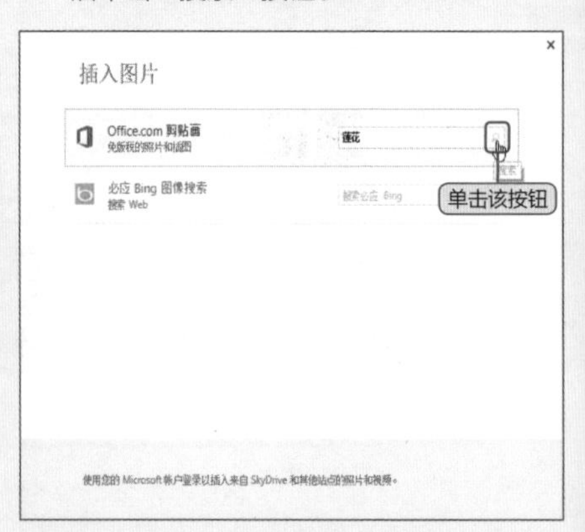

3 在搜索结果中，选择合适的图片，然后单击“插入”按钮。

4 即可将图片插入到幻灯片页面中，然后根据需要适当调整图片即可。

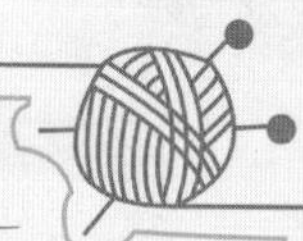

● Level ★★☆

如何应用图片样式?

PowerPoint 2013为图片提供了丰富多彩的艺术化效果，根据映像、边缘以及形状等不同，可分为28个快捷效果，用户只需轻松选择，即可快速应用图片样式。

初始效果

应用图片样式前效果

最终效果

应用图片样式效果

1. 选择幻灯片中的图片，单击“图片工具-格式”选项卡中“图片样式”选项组中的“其他”按钮。

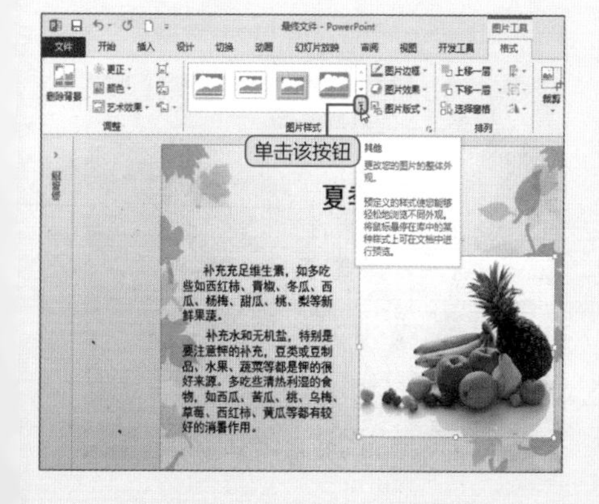

2. 展开其样式列表，当光标停留在某一样式上时，会实时显示该样式效果，这里选择“金属椭圆”样式效果。

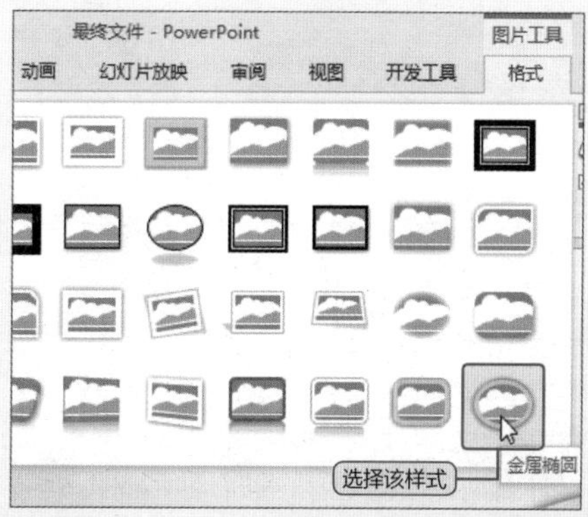

Question 075

Level ★★☆

如何调整幻灯片中图片的大小?

图片按原样插入幻灯片页面后，其大小往往不能满足用户的需求，为了使其更加美观、适应演示文稿内容，需要对其进行适当调整。

初始效果

未调整图片大小效果

最终效果

调整图片大小效果

1 鼠标调整。打开演示文稿，单击图片，将出现8个控制点，若拖动角部控制点，则可将图片等比例拉大或缩小。

2 若拖动边部拉伸按钮，可将图片横向或纵向拉大或缩小。

3 数值框调整。切换至“图片工具-格式”选项卡，通过“高度”和“宽度”数值框调整图片大小。

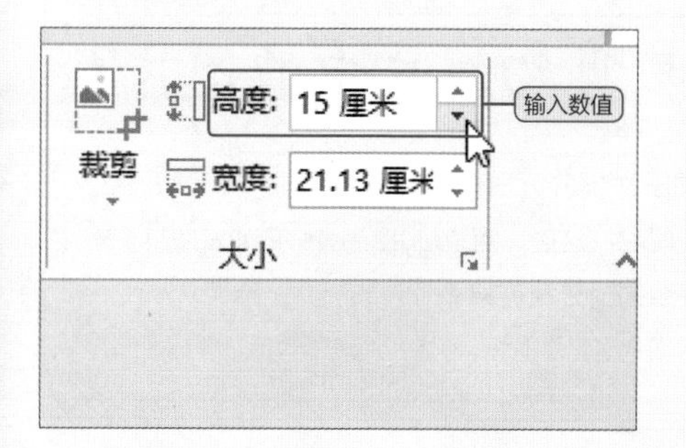

Hint 鼠标+键盘调整

若按住Ctrl键的同时，拖动拉伸按钮，则将同时向上下、左右、对角线双方向拉大或缩小图片。

若按住Shift键的同时，拖动拉伸按钮，则将单方向保持图片同比例拉大或缩小图片。

若按住Ctrl + Shift组合键的同时，拖动拉伸按钮，则将上下、左右、对角线两个方向并保持图片同比例拉大或缩小图片。

4 对话框调整。单击“图片工具-格式”选项卡中“大小”选项组的对话框启动器按钮，打开“设置图片格式”窗格。

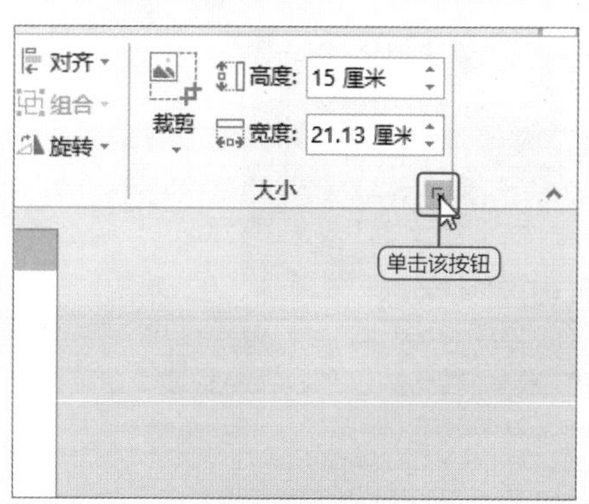

5 在“大小”选项区中，用户可以通过“高度”、“宽度”、“缩放高度”和“缩放宽度”数值框调整图片大小。

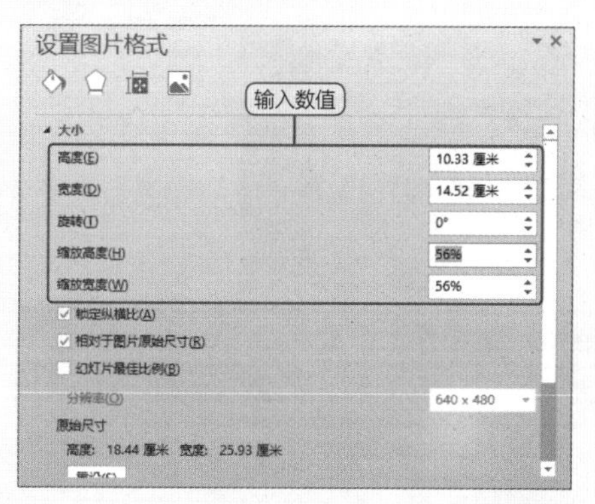

Hint 关于锁定纵横比

若在“设置图片格式”窗格中，勾选“大小”选项区中的“锁定纵横比”复选框，则在通过“高度”和“宽度”数值框调整图片大小时，输入高度数值，则宽度随之发生改变，反之亦然。若未勾选“锁定纵横比”复选框，则输入高度或宽度数值，只单方面发生改变。

Hint 如何选择图像?

如今人们越来越多地用图像代替文字进行说明，那么该如何选择图像呢？选择什么样的图像才能够吸引受众的眼球呢？

- **选择高分辨率的图像：**在选择时，要杜绝分辨率低的图像，较低分辨率的图像显示效果差，细节不够丰富，不能吸引观众。
- **选择适合PPT风格的图像：**在演示文稿中，插入的图像要根据PPT自身的风格而定，是严肃沉稳、活泼幽默、舒适自然还是独特另类？需要根据当前演示文稿需要的风格而选择。

Question 076

● Level ★★★

如何按需裁剪幻灯片中的图片？

在插入图片后，发现图片部分区域有模糊、图片过大或者空白区域等现象，该如何处理呢？这时，可以利用PowerPoint 2013提供的裁剪功能，将多余的部分裁剪掉。

初始效果

未裁剪图片效果

最终效果

裁剪为对角圆角矩形效果

1. 简单裁剪。打开演示文稿，单击“图片工具-格式”选项卡中的“裁剪”按钮。

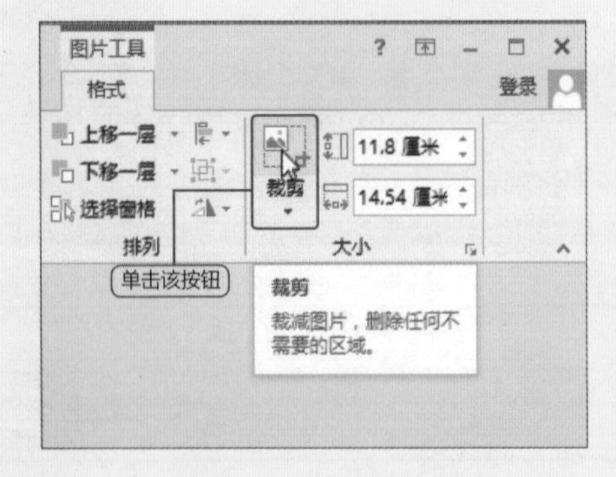

2. 图片四周将会出现裁剪控制点。

❸ 通过拖动控制点可以对图片进行自由裁剪。若用户觉得裁剪不够精确，则可以将页面放大，再进行裁剪操作。

❹ 精确裁剪。打开“设置图片格式”窗格，选择“图片 > 裁剪”选项，可以通过右侧“图片位置”以及“裁剪位置”选项下的“宽度”、“高度”等数值框进行精确调整。

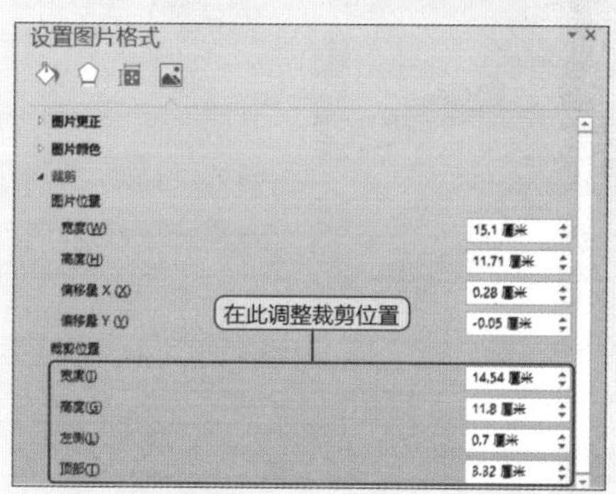

❺ 裁剪为形状。单击“图片工具-格式”选项卡中的“裁剪”下三角按钮，从下拉列表中选择“裁剪为形状”选项，然后从其关联列表中选择“对角圆角矩形”。

❻ 按纵横比进行裁剪。单击“图片工具-格式”选项卡中的“裁剪”下三角按钮，从下拉列表中选择“纵横比”选项，然后从其关联列表中选择4:3。

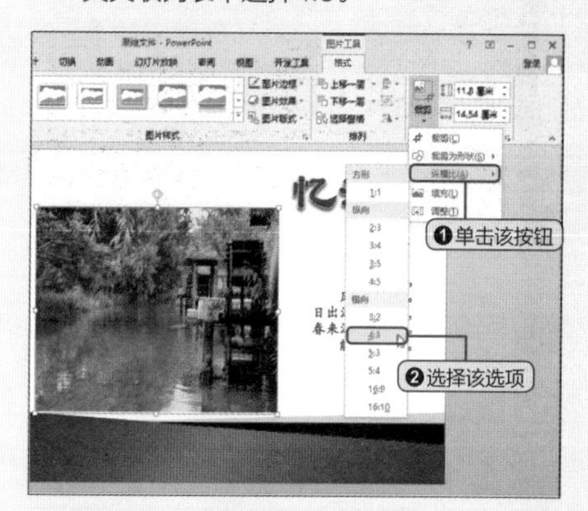

Hint “裁剪”按钮下拉列表中其他选项介绍

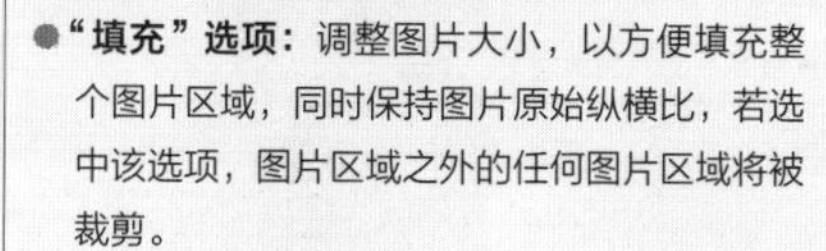

- **“填充”选项：** 调整图片大小，以方便填充整个图片区域，同时保持图片原始纵横比，若选中该选项，图片区域之外的任何图片区域将被裁剪。
- **“调整”选项：** 调整图片大小，以便整个图片在图片区域显示，同时保持图片原始纵横比。

Hint 精确裁剪图片

- 方法1：在裁剪图片的过程中，为了做到更加细致，用户可以采用“Ctrl+滚轴”的方法将画面放至最大，再进行裁剪。
- 方法2：在按住Alt键的同时拖动裁剪按钮，即可精确到“点”分辨率进行裁剪操作。

● Level ★★☆

如何为图片添加漂亮的边框?

将图片插入到幻灯片页面中后，会发现在无边框情况下，图片显示效果很差，为了凸显图片或者美化并修饰图片，用户可以为图片添加精美的边框。

初始效果

图片未添加边框效果

最终效果

图片添加边框效果

1 设置边框颜色。打开演示文稿，选中图片，单击“图片工具－格式”选项卡中的“图片边框”按钮。

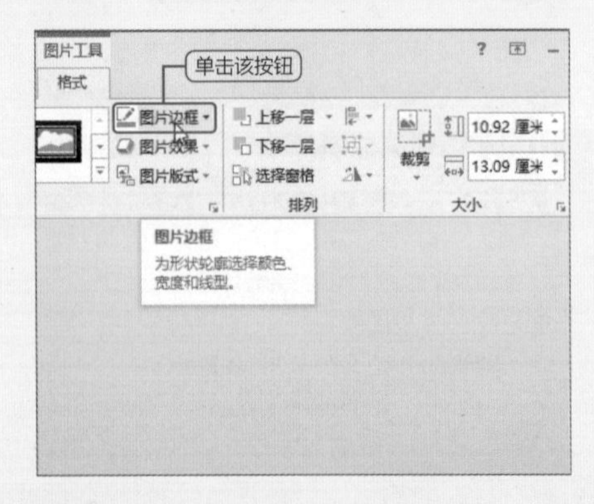

2 展开其下拉列表，选择合适的颜色，这里选择“白色 背景1”。若用户对当前列表中的颜色不满意，则可选择“其他轮廓颜色”选项。

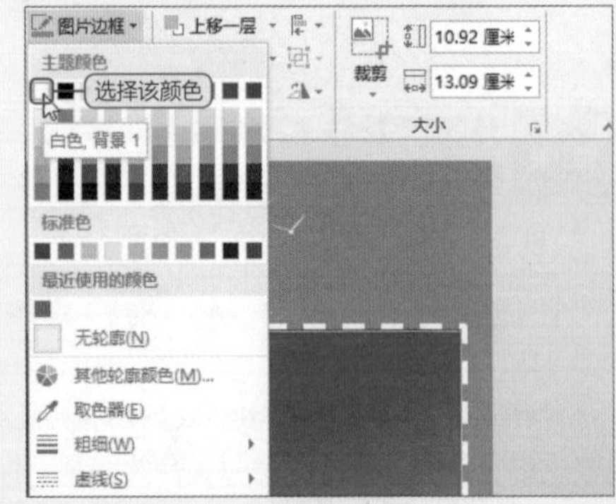

3 打开“颜色”对话框，设置边框颜色。

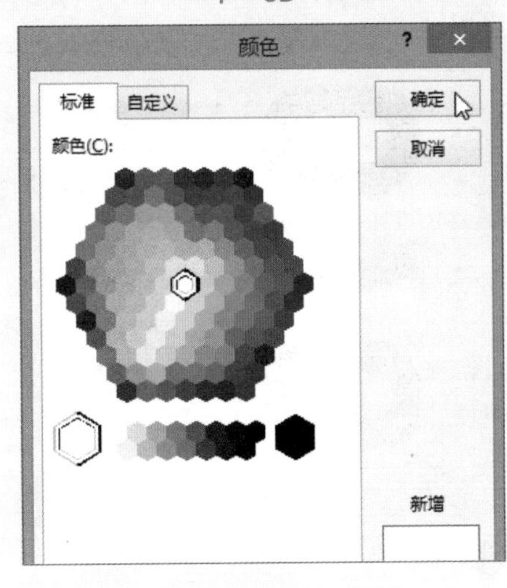

Hint 添加边框注意事项

首先，添加的边框在风格、质感等方面要与幻灯片当前的背景相容；其次，在颜色上要与背景和图片有所区别，突出显示图片效果；最后，添加的边框要与整个页面相和谐，使整个画面统一、整齐、自然。

4 设置边框线条。在“图片边框”下拉列表中选择“粗细”选项，从其关联列表中选择合适的线型，这里选择“2.25磅”。

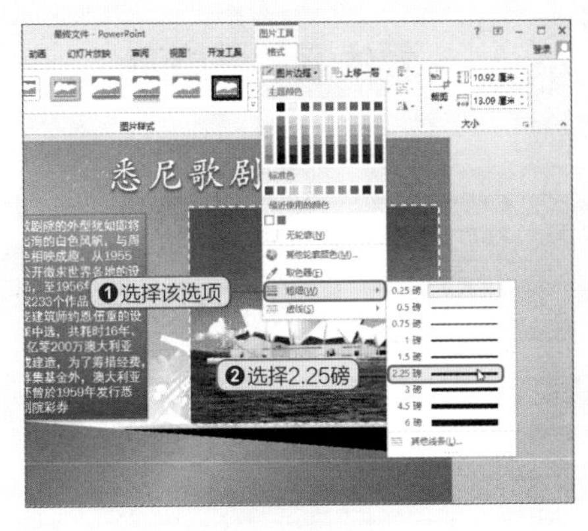

5 在“图片边框”下拉列表中选择“虚线”选项，从其关联列表中选择合适的线条，这里选择“长划线”。

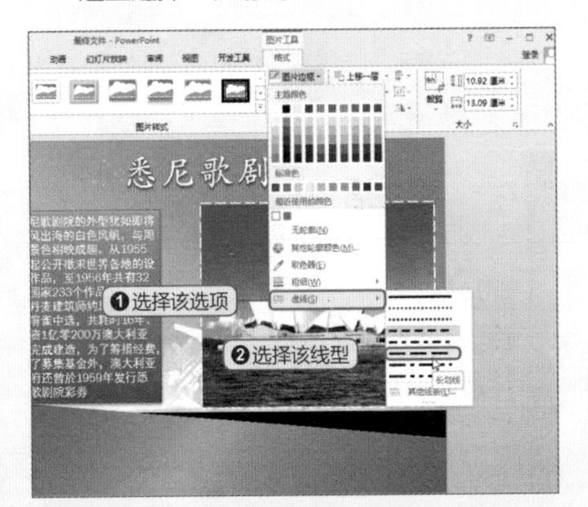

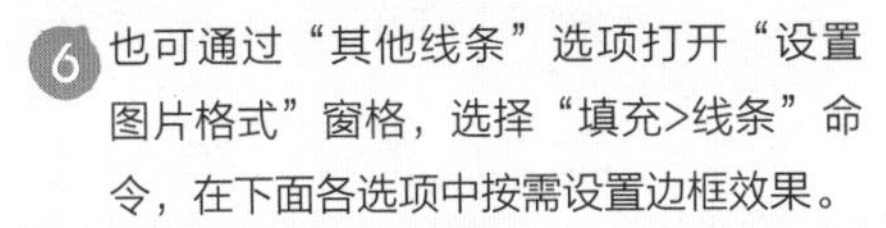

6 也可通过“其他线条”选项打开“设置图片格式”窗格，选择“填充>线条”命令，在下面各选项中按需设置边框效果。

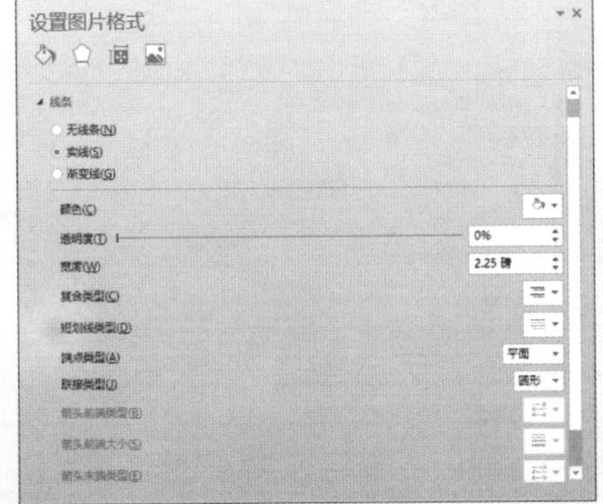

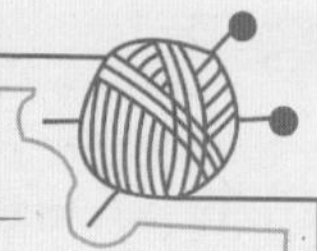

Question 078

● Level ★★★

如何让图片具有立体感？

PowerPoint 2013提供了丰富多彩的图片立体化效果，包括预设、阴影、映像等7类，用户可根据需要进行适当的选择。

初始效果

爱生活，爱旅游

放假了，你还宅在家里看电视做饭么？

这样的生活已经成为一种习惯了么？

是否考虑该换一种方式来生活呢？

走出门，去旅游吧！

未设置图片立体效果

最终效果

自定义图片立体效果

1. 应用预设效果。打开演示文稿，选中图片，在“图片工具－格式”选项卡中单击“图片效果”按钮，选择“预设”选项后选择“预设 4”。

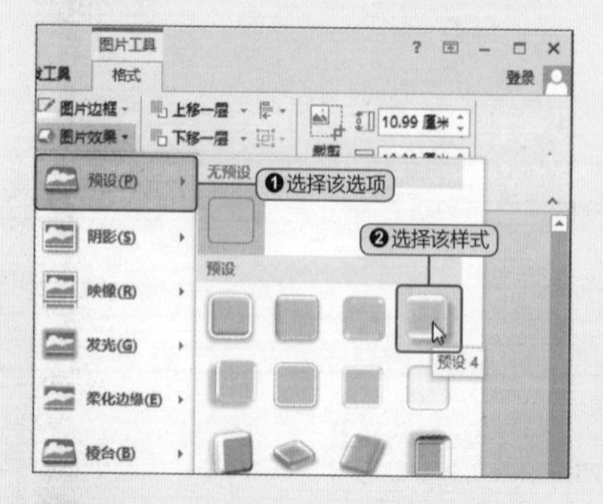

2. 应用阴影效果。在“图片工具-格式”选项卡中单击“图片效果”按钮，选择“阴影”选项后，选择“向右偏移”。

3 应用映像效果。在“图片工具-格式”选项卡中单击“图片效果”按钮，选择“映像”选项后，选择“半映像，接触”。

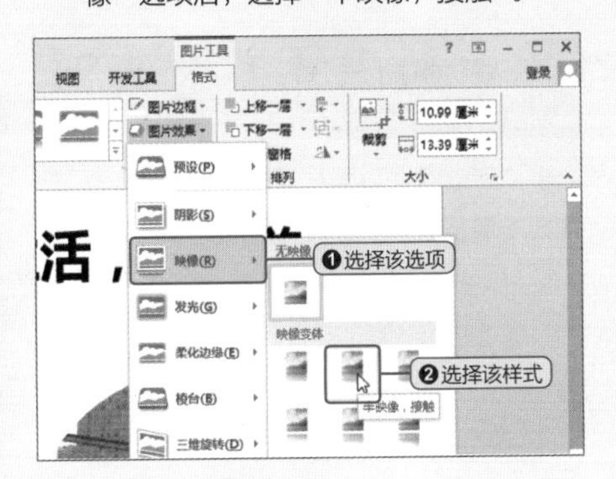

4 应用发光效果。在“图片工具－格式”选项卡中单击“图片效果”按钮，选择选择发光效果，或选择“其他亮色 > 绿色”命令。

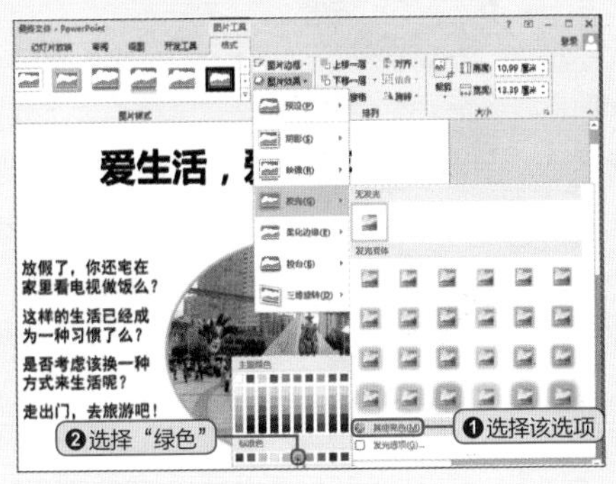

5 应用柔化边缘效果。在“图片工具-格式”选项卡中单击“图片效果”按钮，选择“柔化边缘”选项后，选择“2.5磅”。

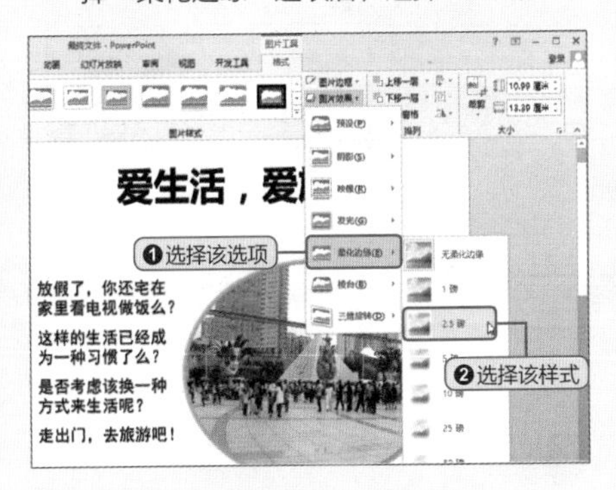

6 应用棱台效果。在“图片工具-格式”选项卡中单击“图片效果”按钮，选择“棱台”选项后，选择“松散嵌入”。

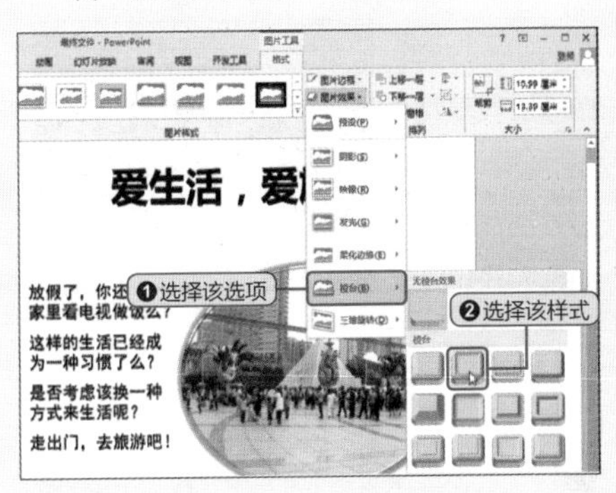

7 应用三维旋转效果。在“图片工具－格式”选项卡中单击“图片效果”按钮，选择“三维旋转”选项后，选择“下透视”。

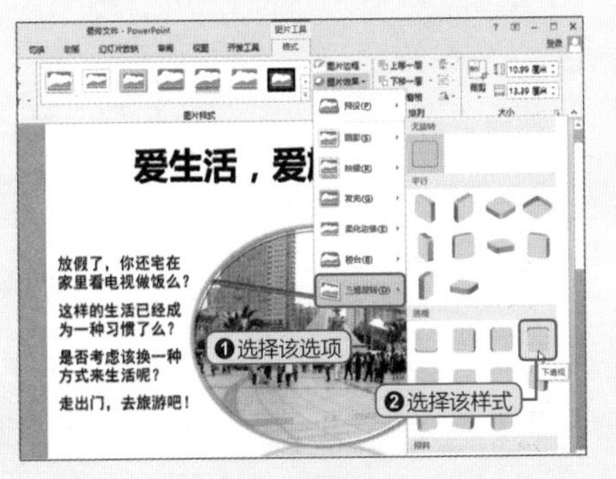

8 自定义立体效果。打开“设置图片格式”窗格，对阴影、映像、发光和柔滑边缘、三维格式、三维旋转选项进行设置。

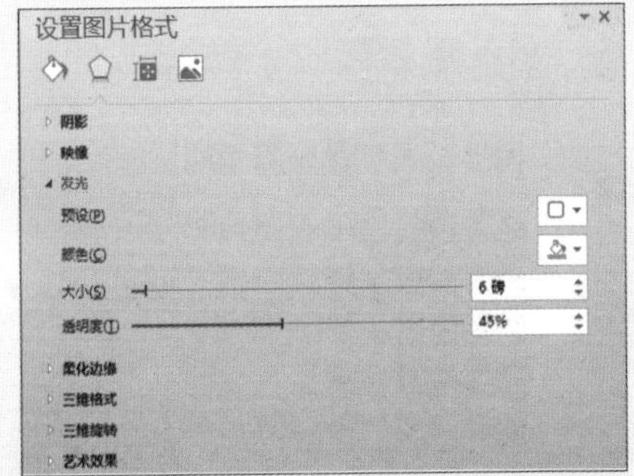

● Level ★★☆

如何使幻灯片中的图片亮起来?

在幻灯片中插入图片后，可以根据需要对图片的锐化和柔化、亮度和对比度进行调整，使整个演示文稿更加协调美观，本技巧将对其进行详细介绍。

初始效果

更正图片前

最终效果

更正图片后

❶ 打开演示文稿，选中图片，单击“图片工具-格式”选项卡上的“更正”按钮，从下拉列表中选择“锐化：0%”、“亮度：+20% 对比度：0%”。

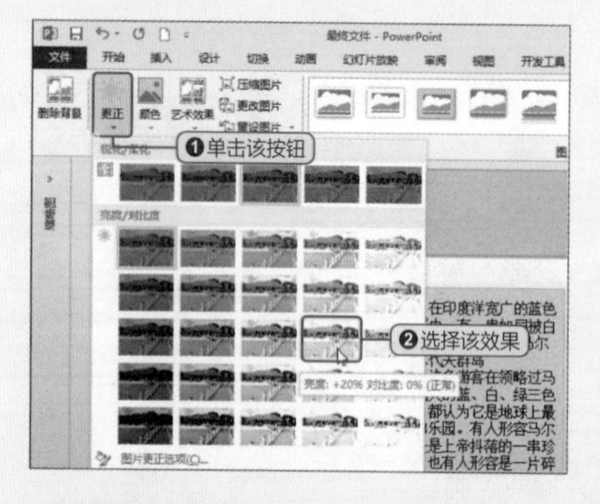

❷ 也可以选择“图片更正选项”选项，在打开的窗格中的“图片更正”选项区，对图片进行调整，调整过程中，图片会实时显示调整效果。

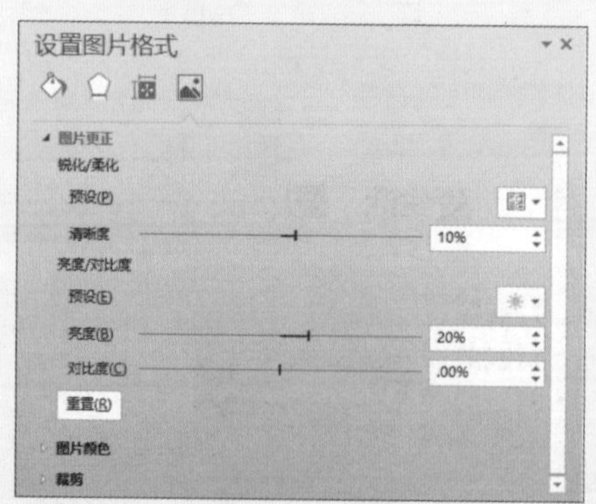

● Level ★★☆

如何为图片应用艺术化效果？

在插入图片后，用户可以利用系统提供的艺术化处理功能，处理图片，使图片具有特殊的艺术效果。

初始效果

更正图片前

最终效果

更正图片后

1 选中图片，单击“图片工具-格式”选项卡中的“艺术效果”按钮，从展开列表中选择“铅笔灰度”效果。

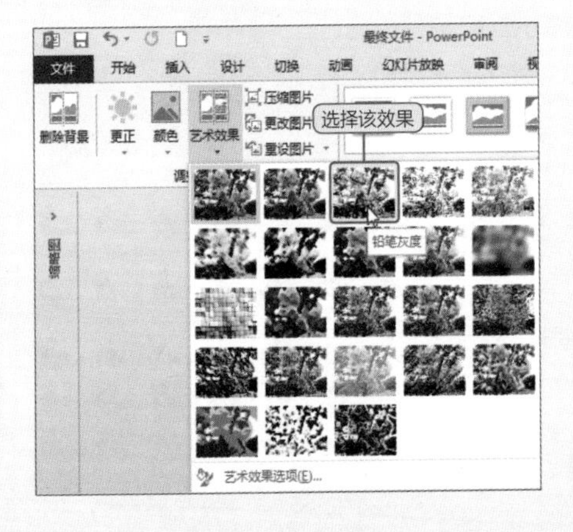

2 还可以选择“艺术效果选项”选项，在打开的窗格中的“艺术效果”选项区中设置“透明度”为10%、“铅笔大小”为40。

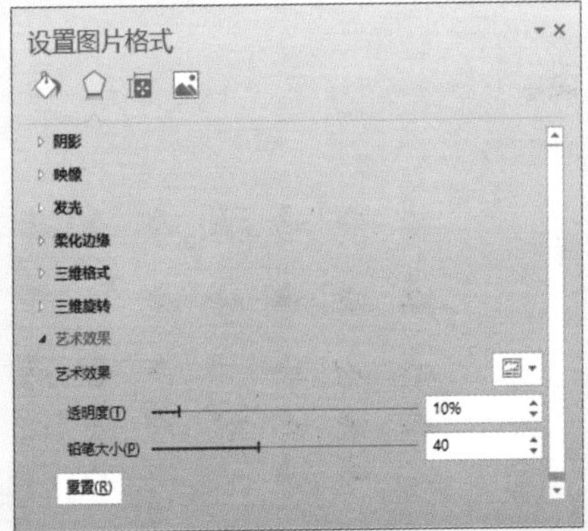

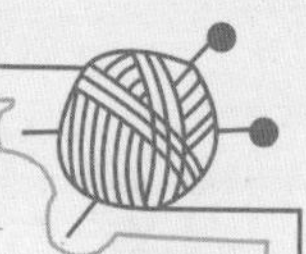

Question 180

Level ★★★

如何调整幻灯片中图片的颜色？

若插入的图片有偏色情况或用户需要对图片进行重新着色，使图像更加鲜艳夺目，可以对其进行适当调整，本技巧将对其进行详细介绍。

初始效果

未调整图片颜色效果

最终效果

调整图片颜色效果

1. 调整饱和度。打开演示文稿，选中图片，单击“图片工具-格式”选项卡中的“颜色”按钮，从展开列表中的“颜色饱和度”下选择“饱和度：200%”。

2. 调整色调。在“图片工具－格式”选项卡中单击“颜色”按钮，从展开列表中的“色调”下选择“色温：6500K”。

3 为图片重新着色。在“图片工具-格式”选项卡中单击“颜色”按钮，从列表中的“重新着色”下选择“绿色，着色1深色”。

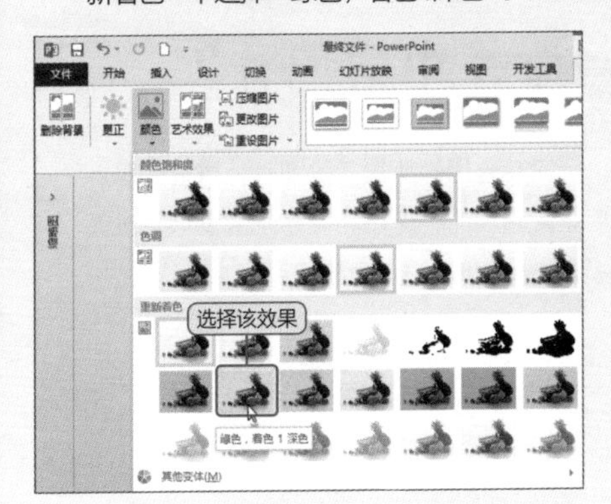

4 在“颜色”下拉列表中选择“其他变体”选项，从关联列表中选择“深绿，着色2，淡色40%”。

5 设置透明色。选择图片，在“颜色”下拉列表中选择“设置透明色”选项。

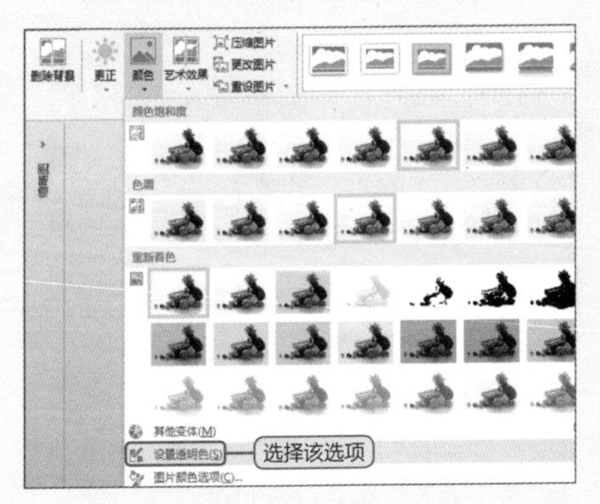

6 在需要设置为透明色的颜色上单击鼠标。

7 即可将制定的颜色设置为透明色。

8 也可以打开“设置图片格式”窗格，在“图片颜色”选项区中进行设置。

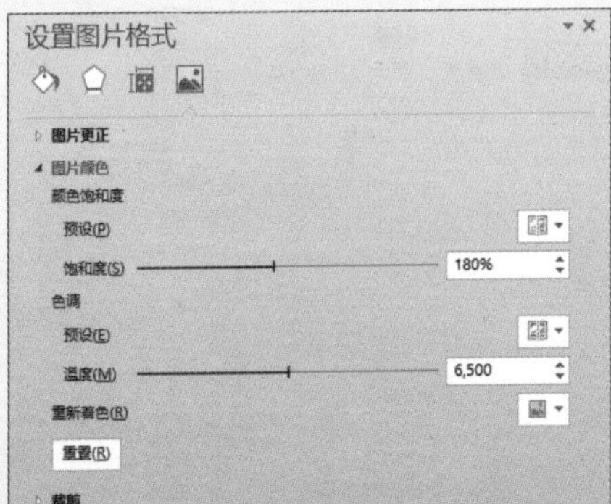

● Level ★★☆

如何更改幻灯片中的图片?

用户若需要更换图片，一般会先删除所插入的图片，再重新插入并进行设置。这样做是非常麻烦的，可以利用系统提供的更改图片功能，在保留之前设置的前提下，迅速更改图片。

初始效果

最终效果

更改图片效果

1 打开演示文稿，选择图片，单击“图片工具-格式”选项卡中的“更改图片”按钮。

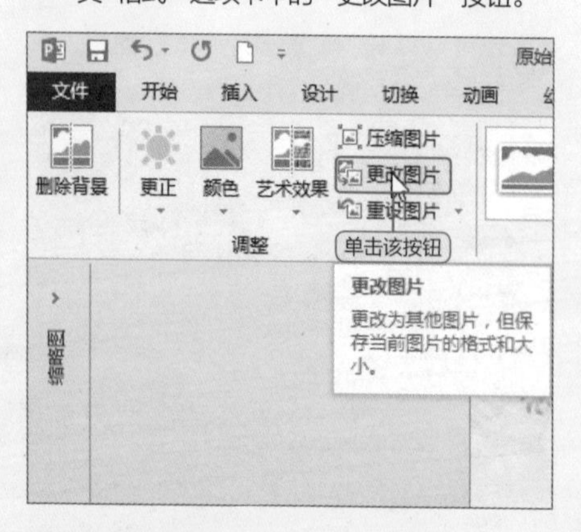

2 打开“插入图片”对话框，选择合适的图片，单击“插入”按钮即可。

● Level ★★☆

如何将多个图片设为一体?

插入多张图片后，如果需要对这些图片进行移动、复制、删除、添加边框等操作，可以将这些图片组合起来作为一张图片进行编辑，编辑完成后，再取消组合即可。

初始效果

未组合时，单击选中一张图片

最终效果

组合后，单击选中所有图片

1 右键快捷菜单法。选中需组合的图片，右击，从其快捷菜单中选择“组合”命令，从其级联菜单中选择“组合”命令。

2 功能区按钮法。选中所有图片，单击“视图工具-格式”选项卡中的“组合”按钮，从弹出的列表中选择“组合”选项。

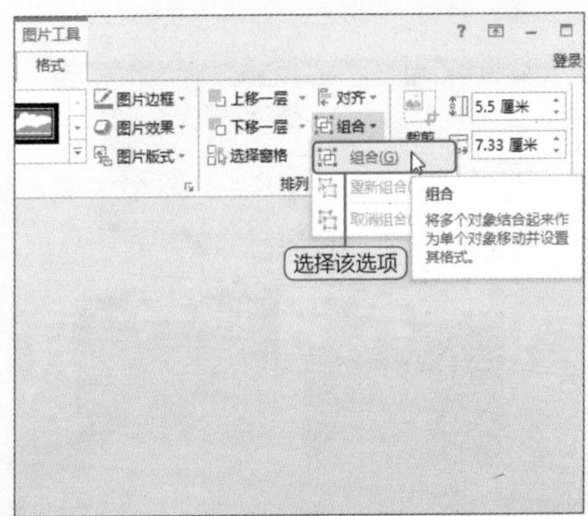

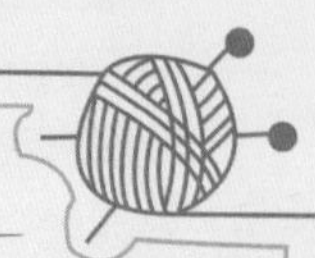

Question 084

Level ★★☆

如何让幻灯片中的图片整齐列队?

插入了多张图片后，杂乱无序的排列会大大降低幻灯片的美感，混淆观众注意力，使用图片的对齐功能可以让图片有序分布。

初始效果

散乱排列的图片

最终效果

对齐图片效果

1. 鼠标拖动法。打开演示文稿，选中图片后，按住鼠标左键不放进行拖动，将自动捕捉附近其他图片的顶点或中心点等位置，并显示浅灰色参考线，适时释放鼠标即可。

2. 选择命令对齐。选择图片后，单击“视图工具-格式”选项卡中的“对齐”按钮，从弹出的列表中进行选择即可。

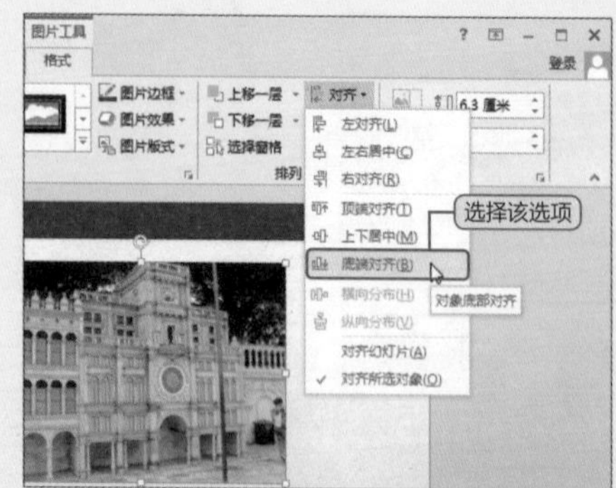

● Level ★★★

如何删除图片的背景？

为了使某些图片的特殊部位更加突出，需要将其背景删除，可以通过PowerPoint 2013提供的删除背景功能进行实现，下面将对其进行详细介绍。

初始效果

未删除图片背景效果

最终效果

删除图片背景效果

1 打开演示文稿，选择需要删除背景的图片，切换至“图片工具-格式”选项卡，单击“删除背景”按钮。

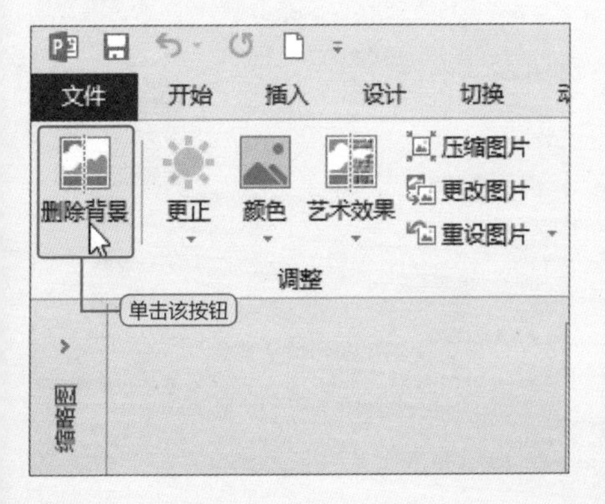

2 出现“背景消除”选项卡，单击“标记要保留的区域”按钮，在图片上单击，标记出要保留的区域，设置完成后，单击“保留更改”按钮即可。

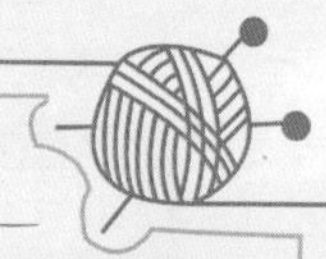

Level ★★★

Question 086

如何运用 PPT 中的相册功能？

相册功能是PowerPoint中非常强大的功能，通过创建相册，能够方便地制作展示型文稿，同时可以在相册中应用多种主题并为图片添加边框等。

1 插入相册。打开演示文稿，单击“插入”选项卡中的“相册”下拉按钮，从下拉列表中选择“新建相册”选项。

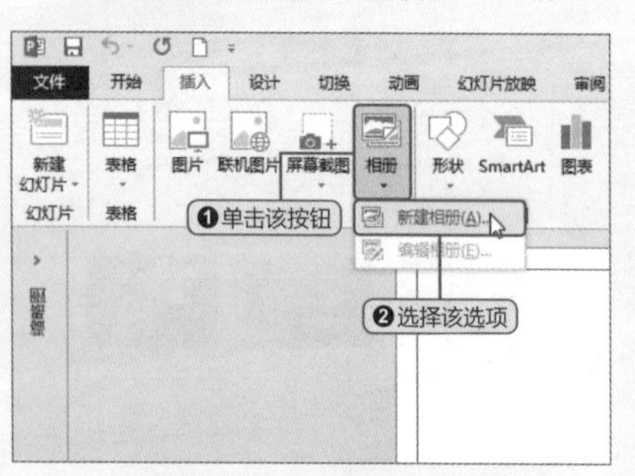

2 弹出“相册”对话框，单击“文件/磁盘”按钮。

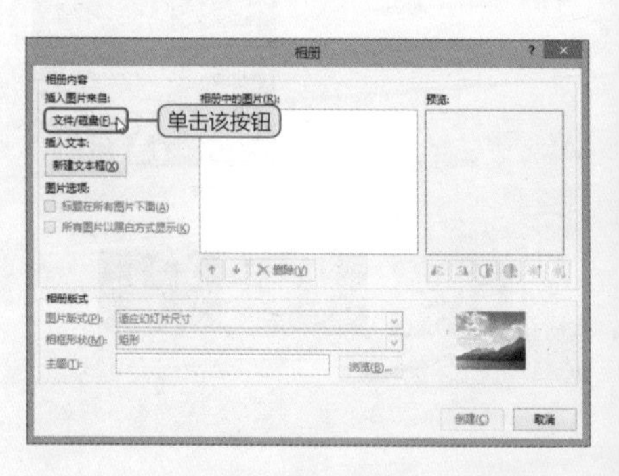

3 打开“插入新图片”对话框，选择图片，单击“插入”按钮。

4 返回“相册”对话框，单击“图片版式”下拉按钮，在下拉列表中选择“1张图片（带标题）”选项。

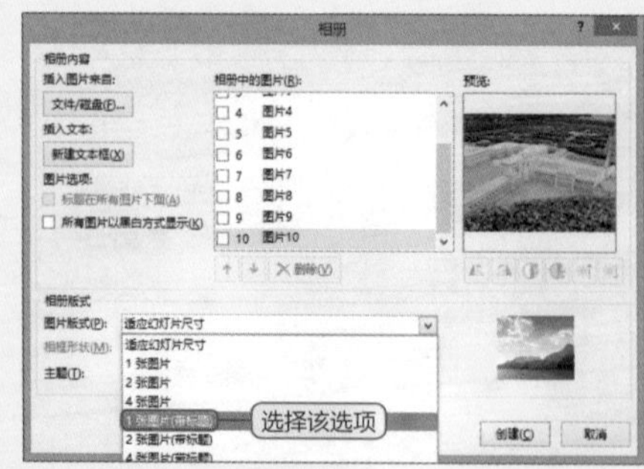

5 设置相框形状为“矩形”，然后单击“主题”文本框旁的“浏览”按钮。

6 打开“选择主题”对话框，选择Integral主题，单击“选择”按钮。

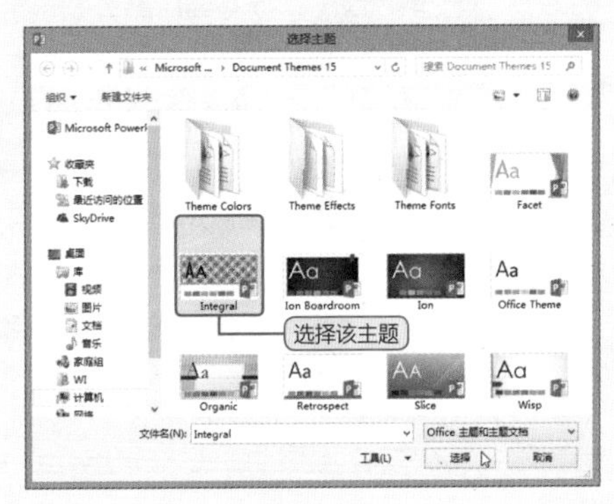

7 返回“相册”对话框，单击“创建”按钮即可创建相册。

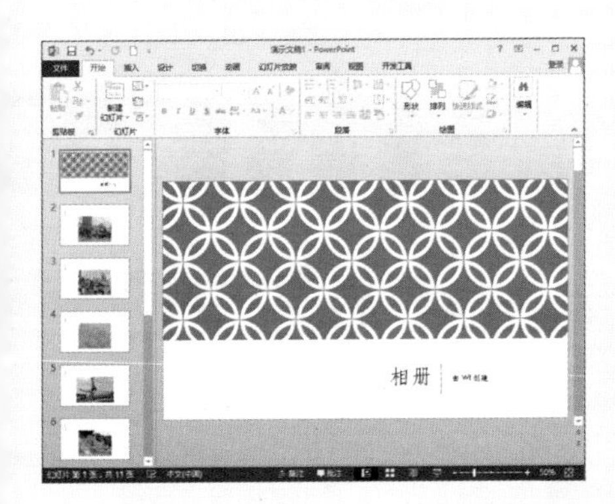

8 编辑相册。单击“插入”选项卡中的“相册”下拉按钮，从下拉列表中选择“编辑相册”选项。

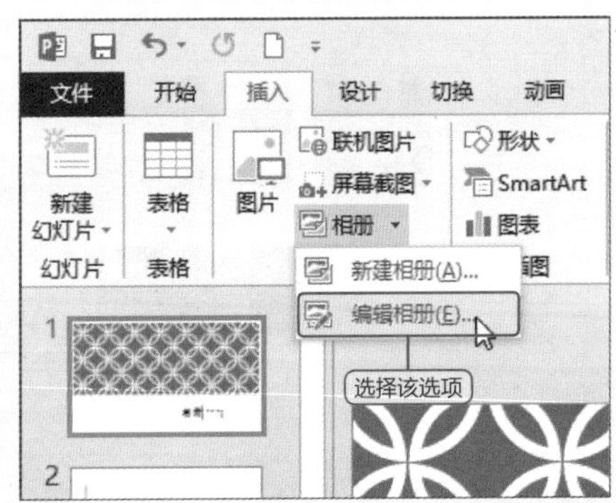

9 打开“编辑相册”对话框，对图片的排列顺序、旋转角度、亮度、对比度进行调整，设置完成后单击“更新”按钮。

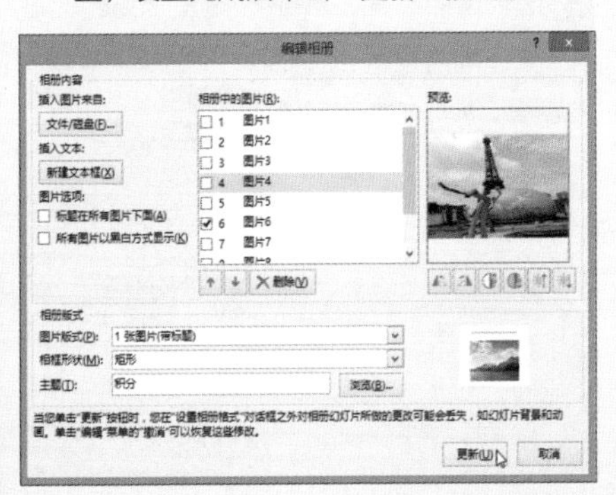

10 返回幻灯片，输入文字信息，即可完成相册的编辑操作。

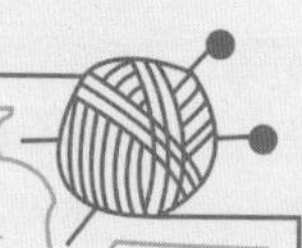

● Level ★★☆　　Chapter 03/041

如何撤销对图片的修改操作?

重设图片即将选图片返回到初始设置的颜色、亮度和对比度等，基本上对图片所做的任何操作都将被重置。若对图片有多处错误操作，可通过此功能进行还原图片。

初始效果

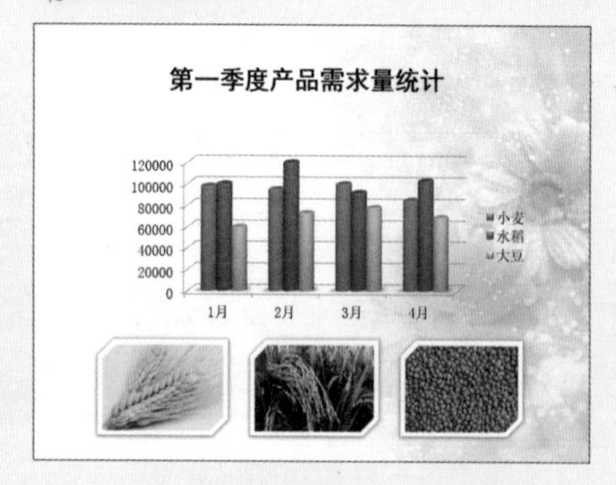

最终效果

重设图片效果

① 重设图片。打开演示文稿，选中图片，单击“图片工具-格式”选项卡中的“重设图片”按钮即可。

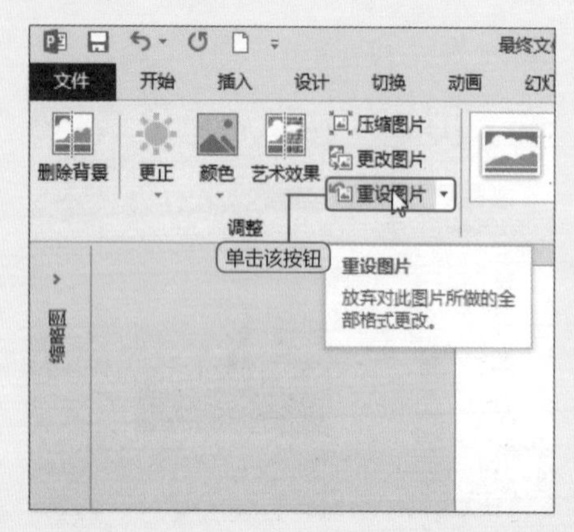

② 重设图片和大小。单击“重设图片”右侧的下拉按钮，从下拉列表中选择“重设图片和大小”选项即可。

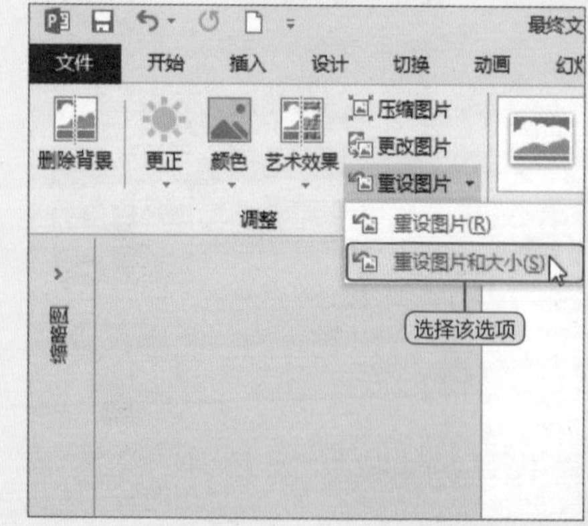

图形与表格的应用妙招

PowerPoint 2013提供了功能强大的绘图工具，用户可以通过它绘制线条、基本图形以及箭头等，还可以对所绘制的图形进行个性化编辑。表格的出现更是让广大观众眼前一亮，表格将散乱的数据分门别类地统一在一张表中，实现数据的集中管理，方便用户对数据进行分析，也可以清晰直观地传达信息，使演示文稿得到最佳的演示效果。本章的技巧将主要围绕图形与表格展开介绍。

● Level ★★☆

Question 088 如何使用网格线和参考线？

在绘制图像时，通常会很难控制图形的具体大小和位置，这时用户可以通过网格线和辅助线进行控制，下面将对其进行介绍。

初始效果

未应用网格线和参考线效果

最终效果

应用网格线和参考线效果

1 打开演示文稿，切换至“视图”选项卡，勾选“网格线”和“参考线”复选框即可。还可以单击“显示”选项组右下角的对话框启动器按钮。

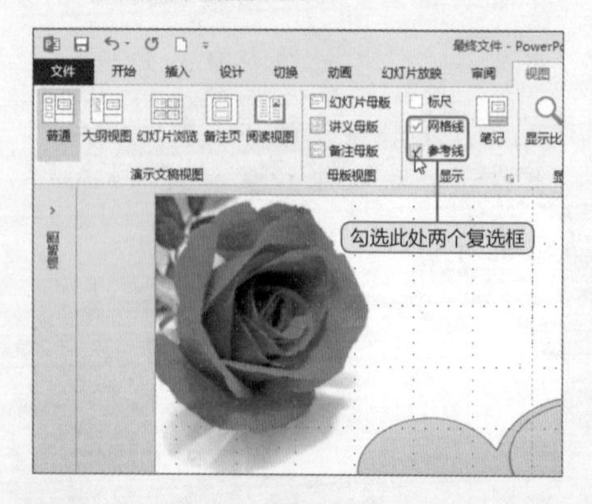

2 打开“网格和参考线”对话框，勾选“屏幕上显示网格”和“屏幕上显示绘图参考线”复选框，并设置网格间距为0.13厘米，单击“确定”按钮即可。

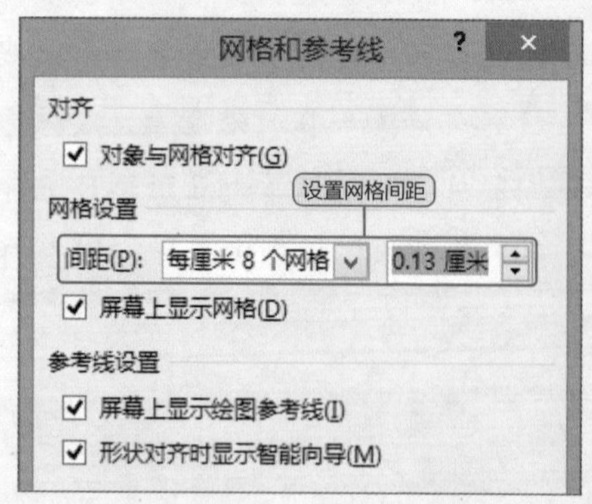

Level ★★★

Question 089

如何在幻灯片中绘制基本图形?

在绘图时，用户会经常遇到拉伸变形、角对不准、直线弯曲等问题，不要着急，Shift键可以轻而易举地帮我们解决掉这些问题，快速画出中规中矩的标准图形。

1 绘制直线。选中需绘制图形的幻灯片，单击“插入”选项卡中的“形状”按钮，从下拉列表中选择“直线”。

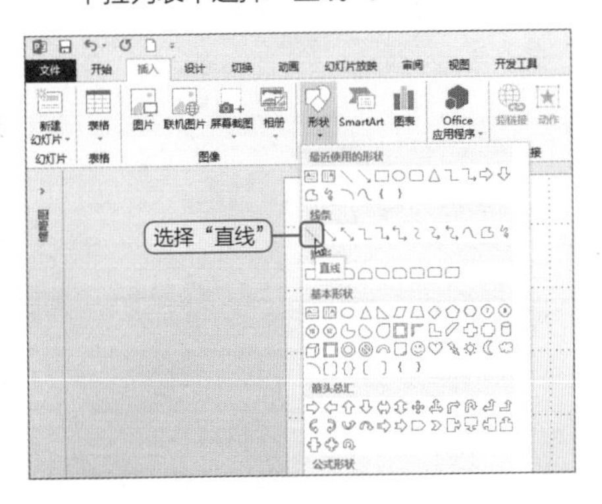

2 按住Shift键的同时，随意拉伸鼠标，可以得到3重线条：水平线、垂直线和45°倍数直线。

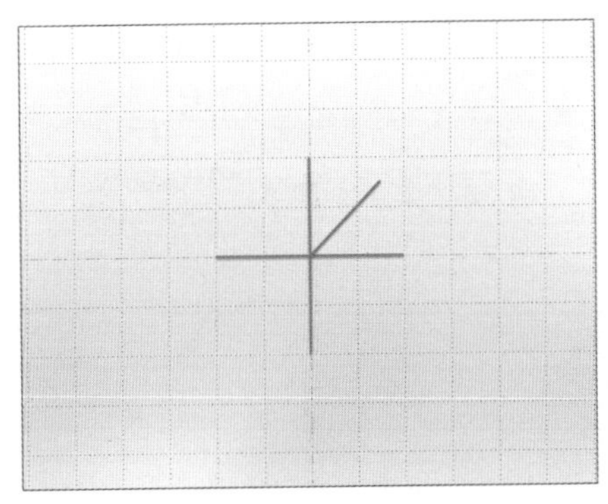

3 绘制正图形。选中需绘制图形的幻灯片，单击“插入”选项卡中的“形状”按钮，从下拉列表中选择“笑脸”。

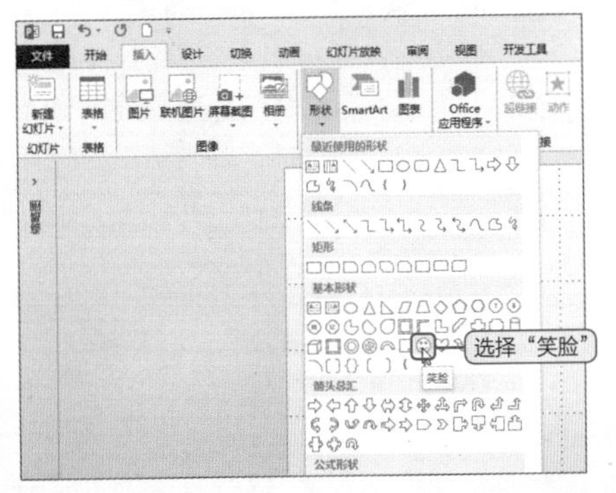

4 按住Shift键的同时，拖动鼠标可绘制出默认图形的正图形，不会发生扭曲和变形。

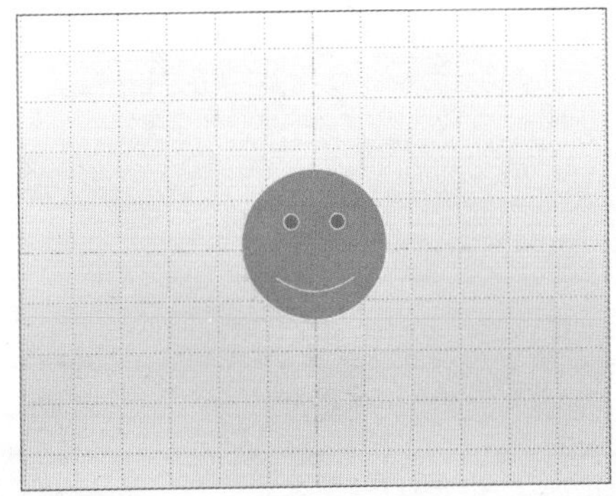

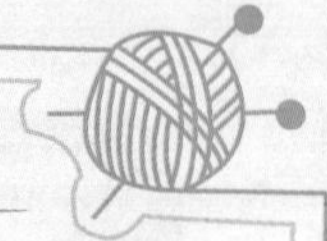

● Level ★★★

如何在幻灯片中绘制曲线图形?

有时候，我们需要绘制一些简单的图形去向观众传达某些重要信息，这时利用“曲线”和“任意曲线”可以绘制出物体的轮廓和某些草图等。

1 使用“曲线”绘制图形。选中需绘制图形的幻灯片，单击“插入”选项卡中的“形状”按钮，从下拉列表中选择“曲线”。

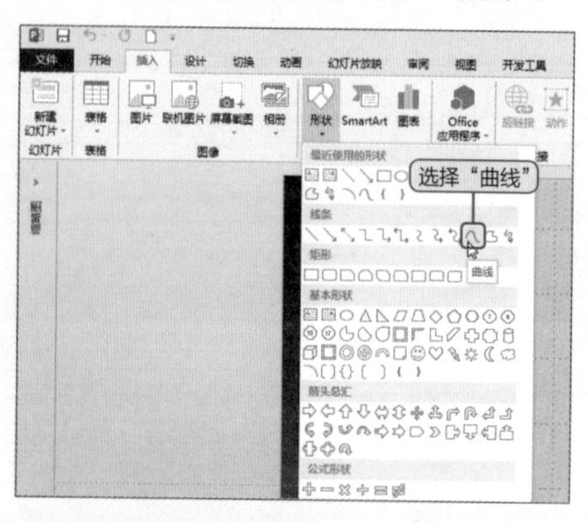

2 鼠标自动变成十字形，中心位置即为笔画的起点，确定任意点为起始位置，单击后释放鼠标。

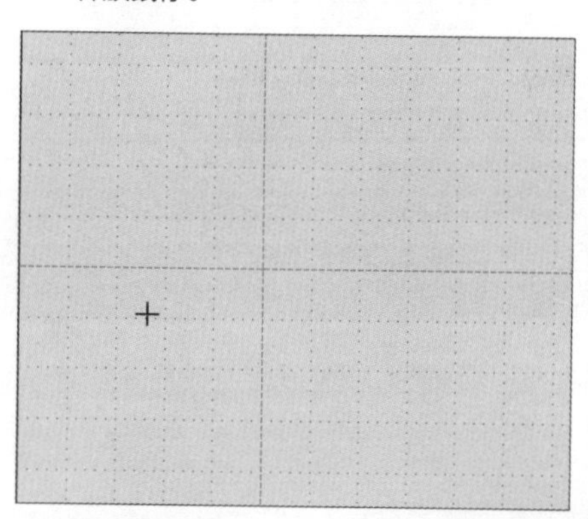

3 移动鼠标至第二个拐点，单击后释放鼠标，就画出了一条弧线。

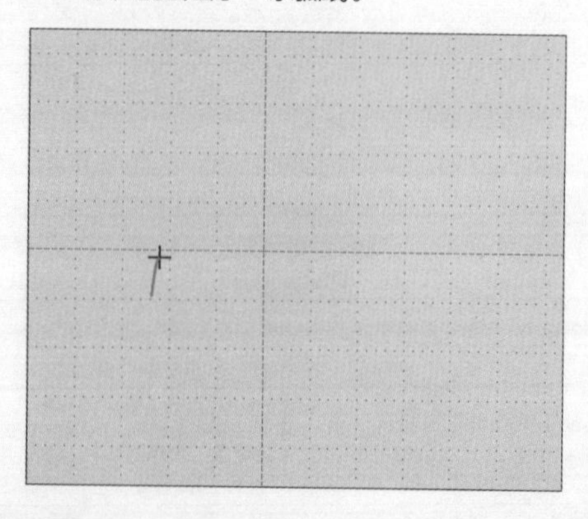

4 继续移动鼠标，至第三个拐点，单击后释放鼠标，继续移动。

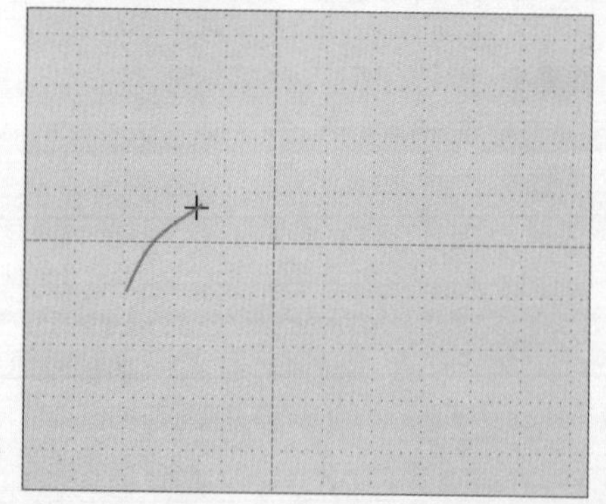

5 不断移动鼠标，画出树叶半边。

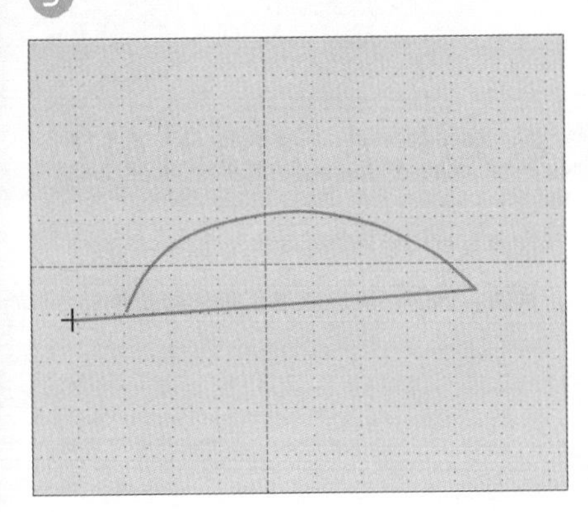

6 继续移动鼠标至接近起始点处。

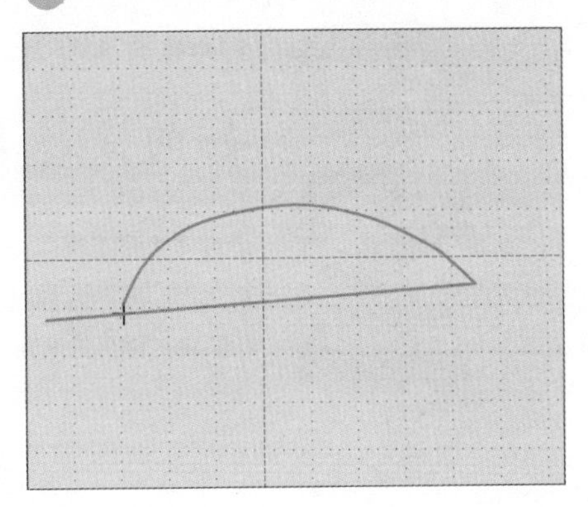

7 继续画出树叶另外半边，按Esc键退出绘制图形，将形成一个由线条组成的图案，设置填充色与轮廓颜色。

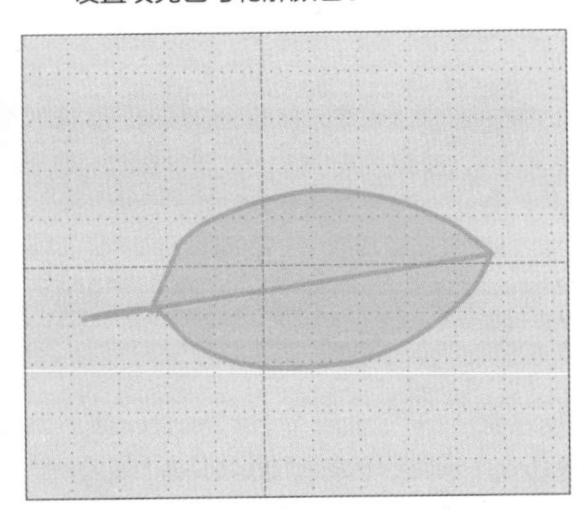

8 使用“自由曲线”绘制图形。单击“插入”选项卡中的“形状”按钮，从下拉列表中选择“自由曲线”。

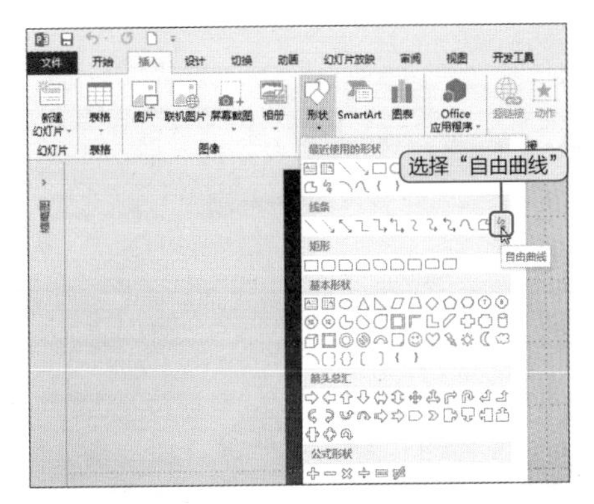

9 鼠标将自动变为笔的形状，移动鼠标即可随心所欲地绘制图形。

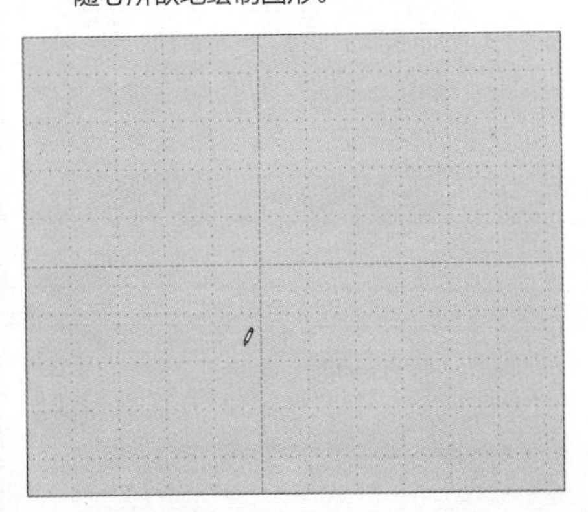

10 设置绘制图形的填充色与轮廓，也可以对其进行其他编辑。

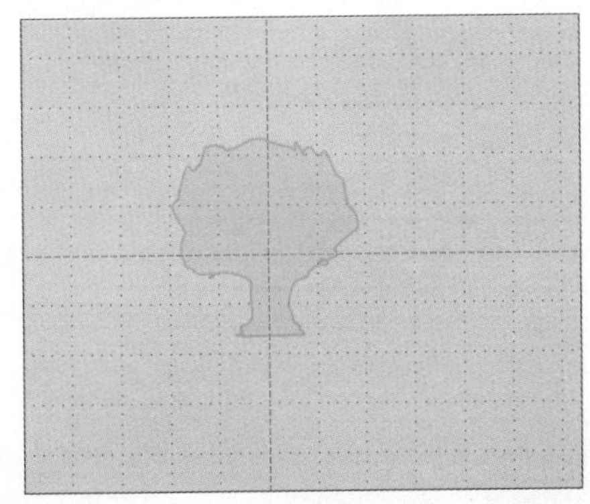

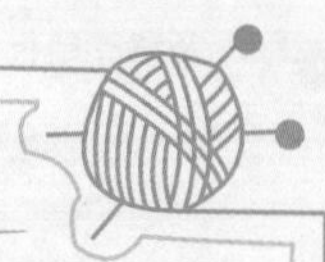

Level ★★☆

如何快速更改幻灯片中的图形?

通过“绘图工具”插入的图形虽然很规范，但是当使用场合发生变化时，就需要对其进行编辑，这时，可以借助图形转换功能轻松实现对图形的编辑。

初始效果

形状为“波形”

最终效果

形状为“横卷形”

1 选中需转换图形的幻灯片，单击“绘图工具-格式”选项卡中的“编辑形状”按钮。

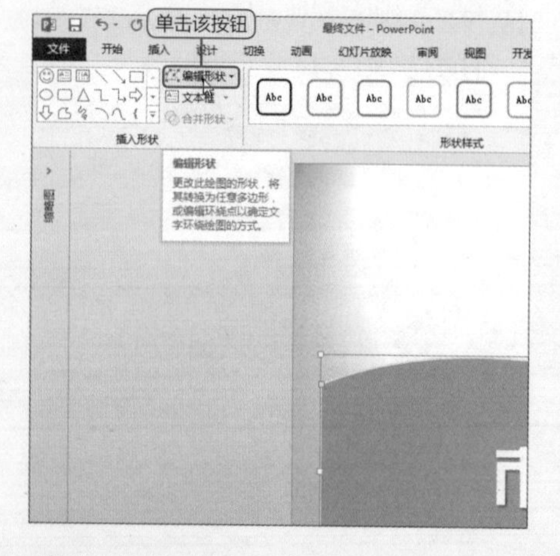

2 从下拉列表中选择“更改形状”选项，然后从其列表中选择“横卷形”即可。

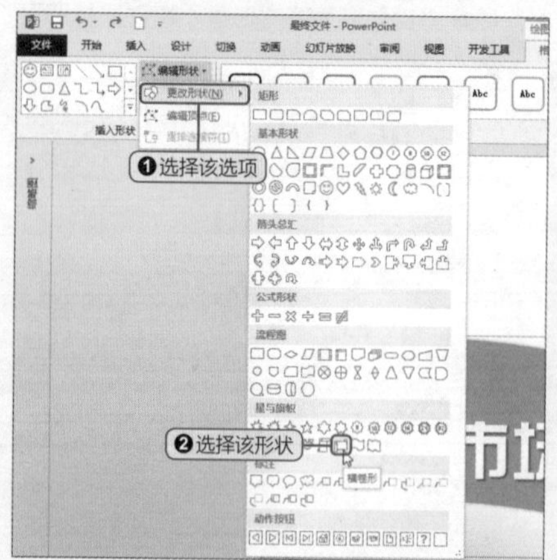

● Level ★★★

如何复制幻灯片中的图形?

在绘图过程中，复制图形是极其频繁的操作，速度一定要够快，若仍旧采用右键快捷菜单复制和粘贴的方法，太浪费时间，本技巧将讲述几种快速复制图形的方法，这些方法同样适用于文本框、图片等的复制。

1 快速复制法。选中图形，直接按下组合键Ctrl+D，连续按下该组合键会在右下侧连续复制图形，且距离相等。

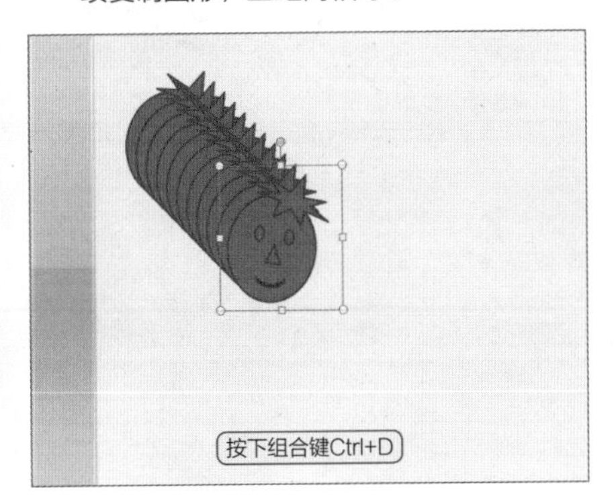

按下组合键Ctrl+D

2 拉动对象复制法。选中图形，按住Ctrl键的同时，拖动图形到合适位置，释放鼠标即可。

按住Ctrl键的同时，拖动鼠标

3 对齐复制法。选中图形，在按住组合键Ctrl+Shift的同时，拖动图形，会发现鼠标只能与图形平行或垂直移动。

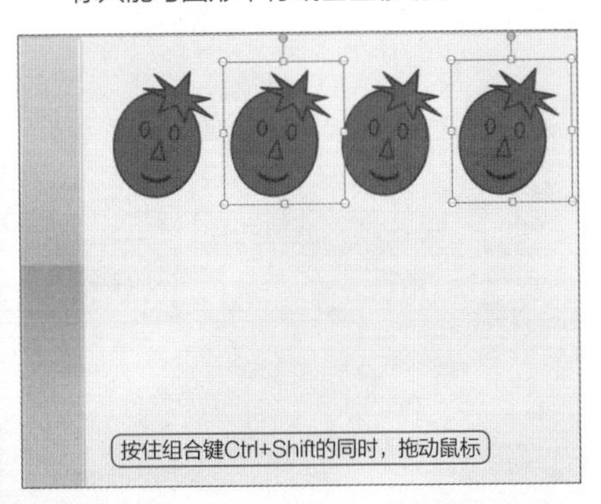

按住组合键Ctrl+Shift的同时，拖动鼠标

4 多个图形复制法。按住Ctrl或Shift键的同时，依次用鼠标单击几个对象，然后进行复制并粘贴即可。

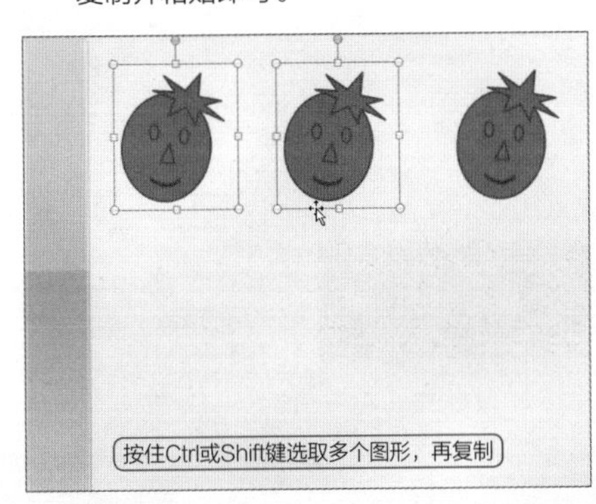

按住Ctrl或Shift键选取多个图形，再复制

● Level ★★★

如何自由旋转幻灯片中的图形？

图形绘制完成后，有时需要配合其他图形、图片等以适应当前工作需要，这时可以旋转图形，使用鼠标和功能区按钮都可以实现图形的翻转。

1 选中图形，将光标移至绿色控制点，光标将会变成一个旋转的箭头。

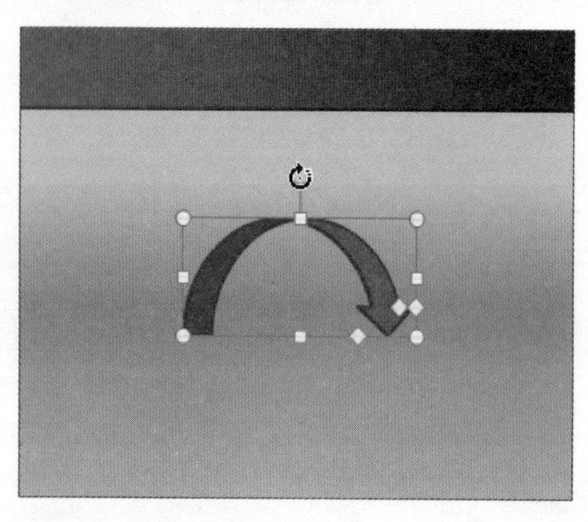

2 拖动控制点，旋转图形至合适的位置，释放鼠标。

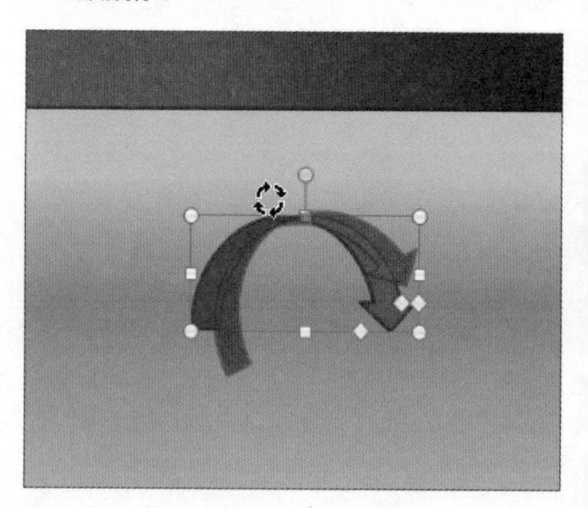

3 选中图形，单击“绘图工具-格式”选项卡中的“旋转”按钮，从展开的列表中进行选择即可。

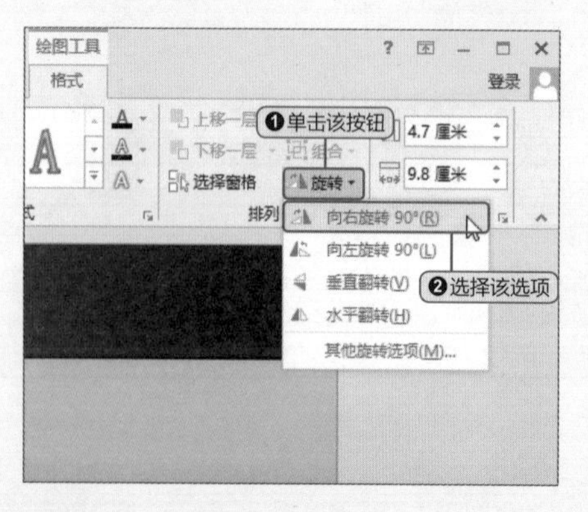

4 若选择“其他旋转选项”选项，将打开“设置形状格式”窗格，通过“大小”选项下“旋转”后的数值框调整旋转度数。

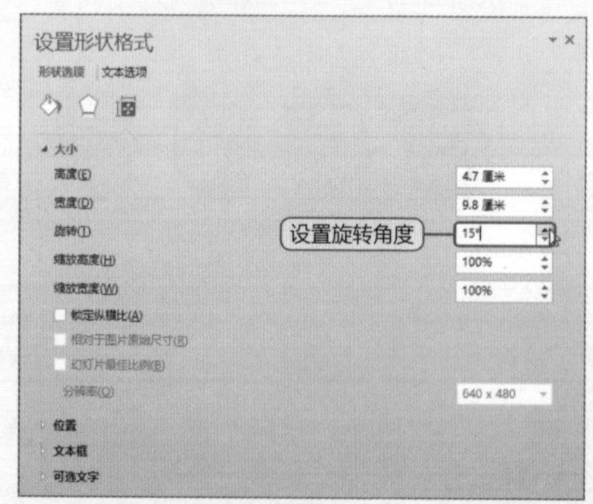

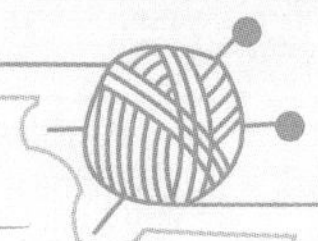

● Level ★★☆

如何对幻灯片中的图形实施对齐操作？

各个对象的对齐是幻灯片美观的基础，当幻灯片页面中存在多个对象时，使用Power Point 2013提供的对齐工具可以轻松完成对齐操作。

初始效果

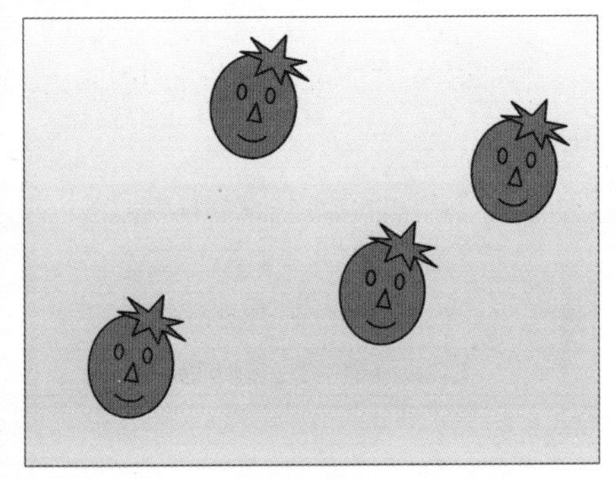

图形未对齐效果

最终效果

图形上下居中对齐效果

选中所有图形，单击“绘图工具－格式”选项卡中的“对齐”按钮，从展开的列表中选择“上下居中”选项，然后再次展开该列表，选择“横向分布”选项即可。

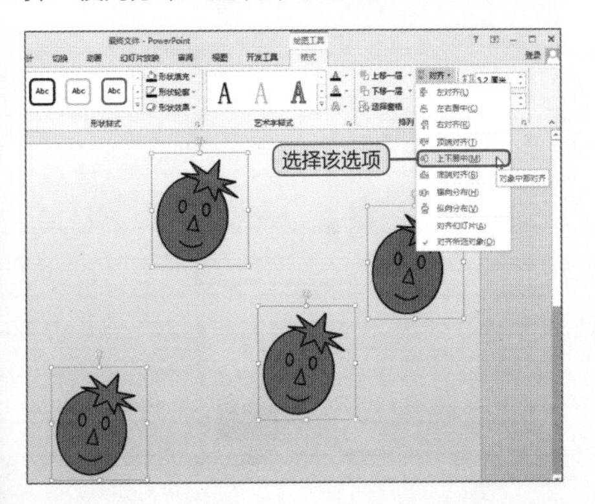

Hint 对齐列表中选项介绍

“对齐”列表中，各选项含义为：

- **左对齐：** 以幻灯片左边缘为基准左对齐；
- **左右居中：** 以幻灯片水平中点为基准左右居中对齐；
- **右对齐：** 以幻灯片左边缘为基准右对齐；
- **顶端对齐：** 以幻灯片上边缘为基准顶端对齐；
- **上下居中：** 以幻灯片垂直中点为基准上下居中对齐；
- **底端对齐：** 以幻灯片下边缘为基准底端对齐；
- **横向分布：** 以左右两侧对象为左右边缘，所有对象之间的横向距离相等。

● Level ★★☆

如何更改图形的填充色？

再好的图形，没有合适的色彩，就如同一个人穿上了不相称的衣服，会失去美感。为图形填充一个恰当的颜色是至关重要的，本技巧将以最基础也最简单的纯色填充为例进行介绍。

初始效果

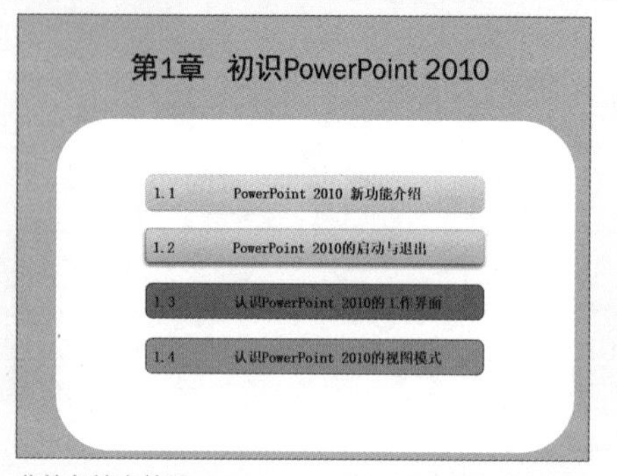

非纯色填充效果

最终效果

纯色填充效果

1 选中图形，单击“绘图工具-格式”选项卡中的“形状填充”按钮，从列表中选择合适的颜色。

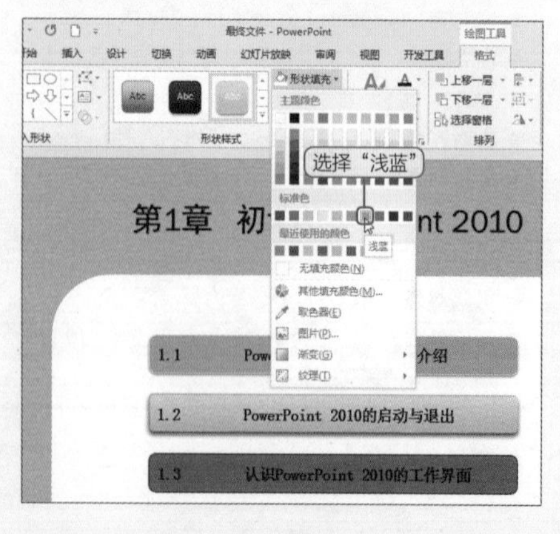

2 若列表中的颜色不能够满足需求，可在上一步骤中选择“其他填充颜色”选项，在“颜色”对话框中进行设置即可。

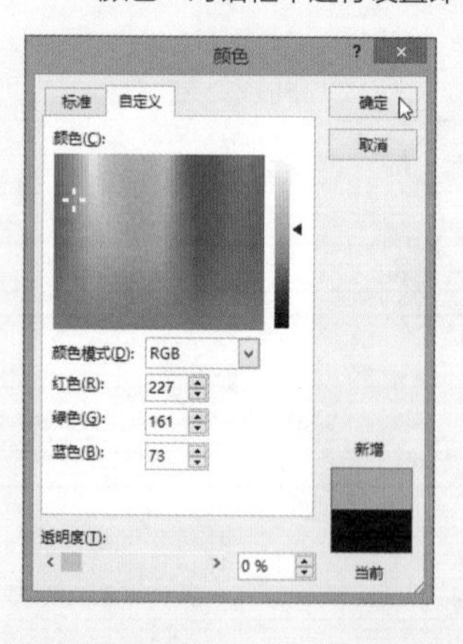

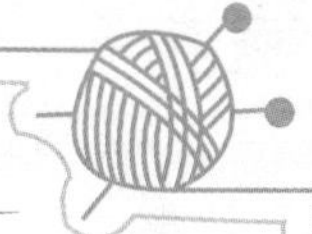

● Level ★★☆

如何将图片填充到绘制的图形中？

在填充图形时，除了上述介绍的纯色填充外，用户还可以用图片来填充图形，从而使图形表现得更加美观、大方。下面将对其具体操作进行介绍。

初始效果

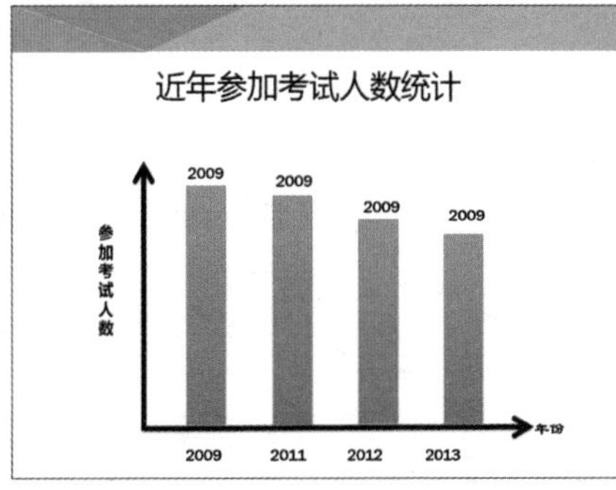

未使用图片填充效果

最终效果

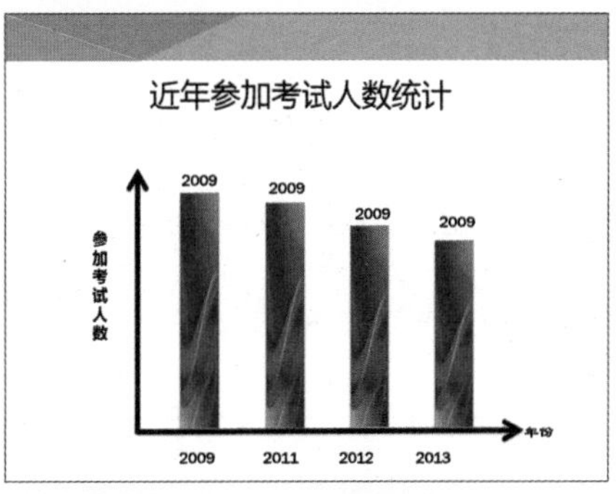

图片填充效果

1. 选中所有图形，单击“绘图工具-格式”选项卡中的“形状填充”按钮，从列表中选择“图片”选项。

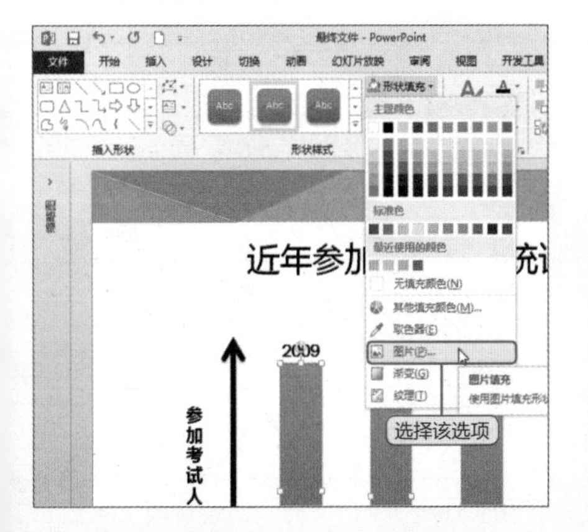

2. 弹出“插入图片”窗格，单击“浏览”按钮，打开“插入图片”对话框，选择合适的图片，单击“插入”按钮即可。

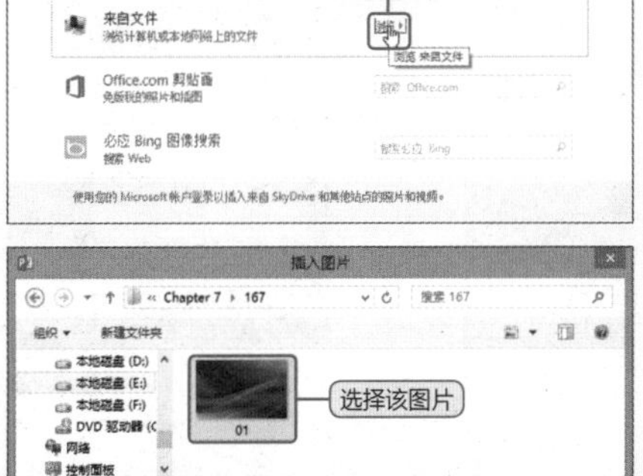

● Level ★★★

如何编辑幻灯片中的图形对象?

若用户希望以当前插入的形状为基础，对图形进行更改和编辑，可以通过修改图形的顶点来改变，本技巧将讲述编辑图形顶点的操作。

初始效果

最终效果

改变月亮形状

1 选中需编辑的图形，右击，从弹出的快捷菜单中选择“编辑顶点”命令。

2 图形上会出现黑色控制点，拖动黑色控制点，可改变图形的形状，调整多个控制点即可改变图形形状。

● Level ★★☆

如何将图形与文字保存为图片格式?

在PowerPoint中绘制一个图形并添加文字信息后，若希望可以将该图形用于其他地方，可以将其以图片形式保存。

1 选中需要保存为图片的图形，右击，从弹出的快捷菜单中选择“另存为图片”命令。

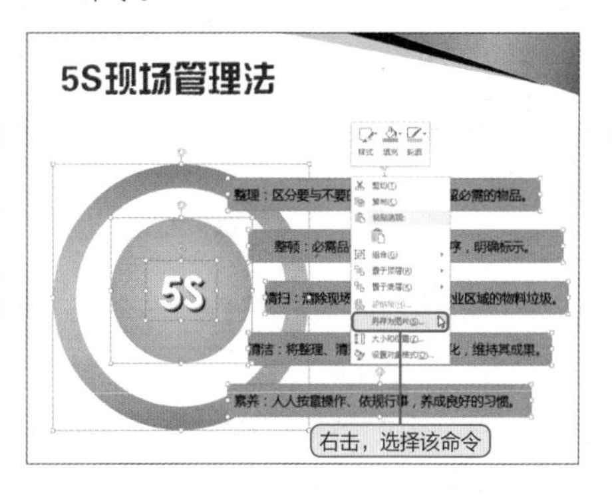

2 打开“另存为图片”对话框，设置文件名、保存类型以及保存路径后，单击“保存”按钮进行保存。

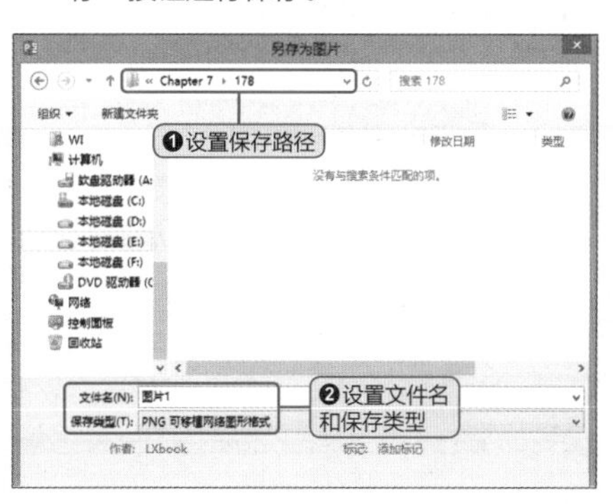

3 在文件夹中选中该图片，右击，从弹出的快捷菜单中选择“预览”命令。

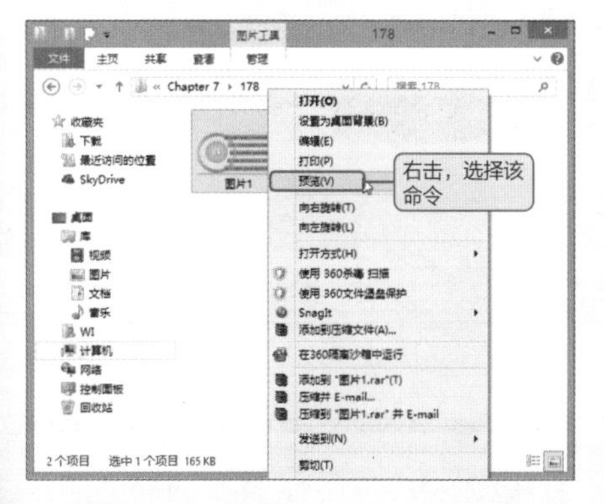

4 可以在Windows照片查看器中查看该图片，也可以选择“打开方式”命令，用其他程序打开并查看该图片。

● Level ★★☆

Question 066 如何隐藏重叠的图形对象？

在编辑幻灯片的过程中，常常会插入很多图片及图形，当这些元素增加到一定数量后，不可避免地将出现重叠现象，从而导致不能正常顺利地编辑页面，那么如何能让它们暂时消失呢？

1 在“开始”选项卡中单击“选择”按钮，在打开的列表中选择“选择窗格”选项。

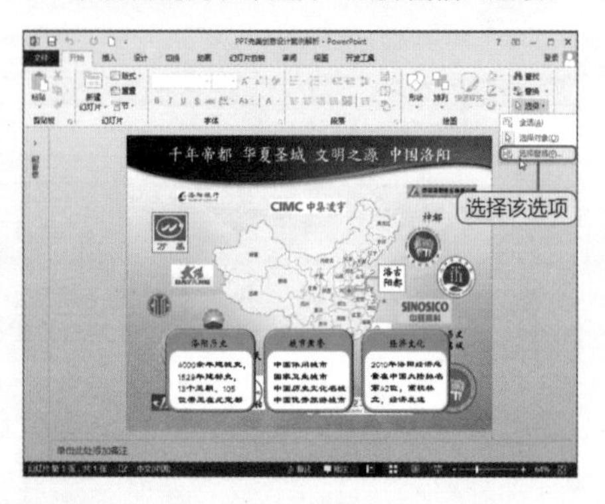

2 随后在工作区的右侧将出现“选择”窗格，从中列出了当前幻灯片中的所有“形状”。

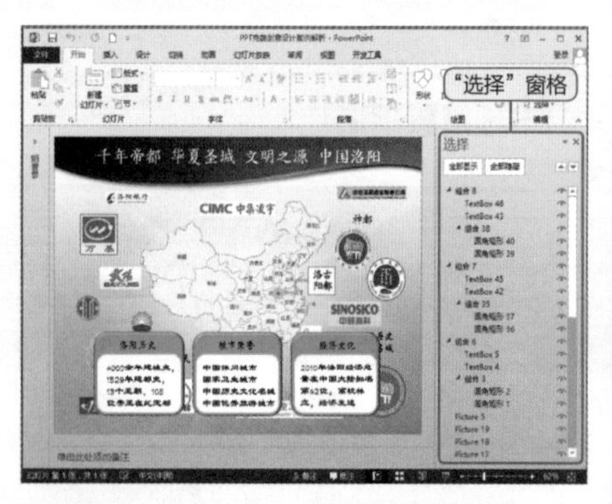

3 在每个“形状”右侧都有一个“眼睛”图标，单击该图标，即可以实现“形状”隐藏了。

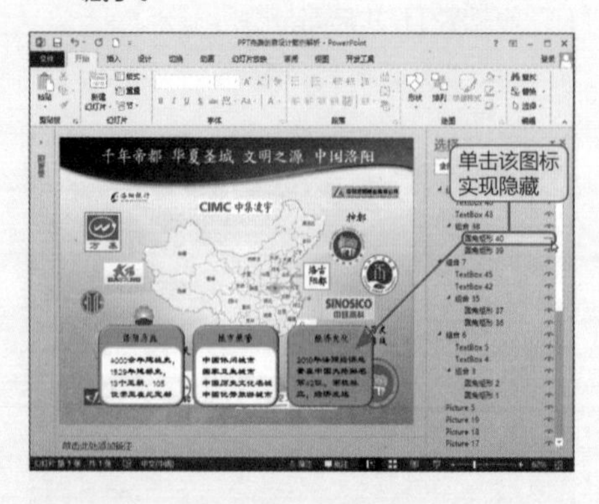

4 用户可以单击“全部隐藏”/“全部显示”按钮，一次性实现全部图形的隐藏与显示操作。

● Level ★★★

如何为图形设置边缘柔化效果？

有些图形插入后，因其鲜明的色彩或独特的形状等，会与背景显得格格不入，这时候就需要对图形的边缘进行柔化处理。

初始效果

未柔化边缘效果

最终效果

柔化边缘效果

1 选中图形，单击“绘图工具-格式”选项卡中的“形状效果”按钮，选择“柔化边缘”选项，从其关联列表中选择“2.5磅”。

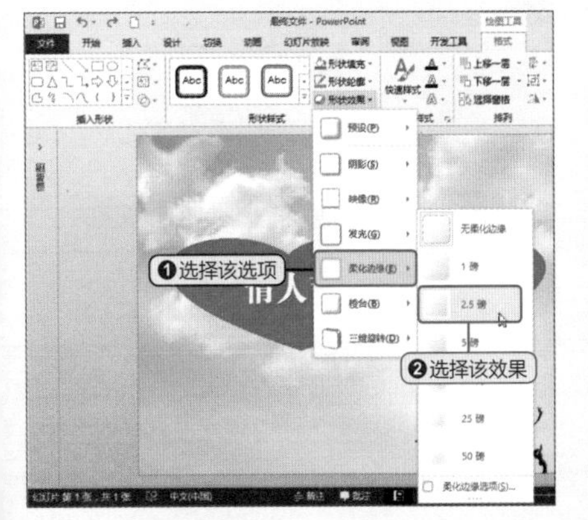

2 也可选择“柔化边缘选项”选项，在窗格中的“柔化边缘”选项区中，拖动“大小”右侧的缩放滑块或通过数值框设置即可。

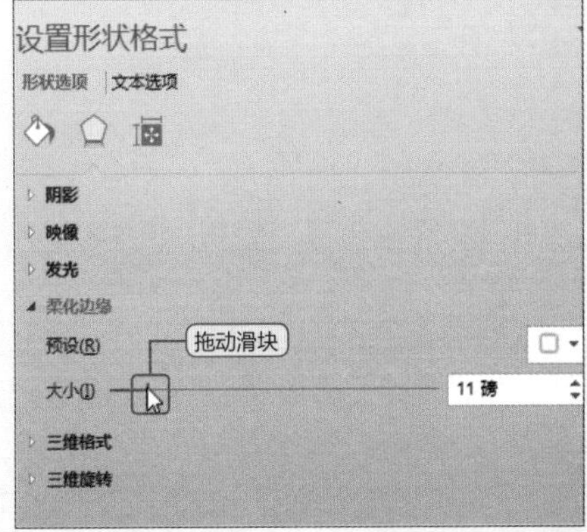

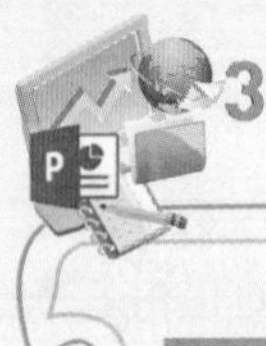

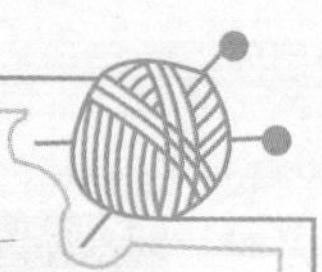

Question 101

● Level ★★★

如何为图形添加阴影效果?

阴影效果对于立体感来说具有画龙点睛的作用，可以使图形的立体效果更加逼真，设置阴影效果是制作图形时增强其立体感的常用操作之一，本技巧将对其进行详细介绍。

初始效果

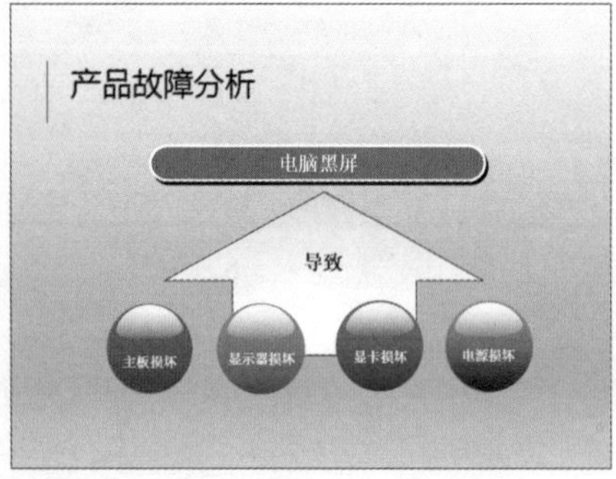

未应用阴影效果

阴影效果1

应用“右下对角透视”阴影效果

阴影效果2

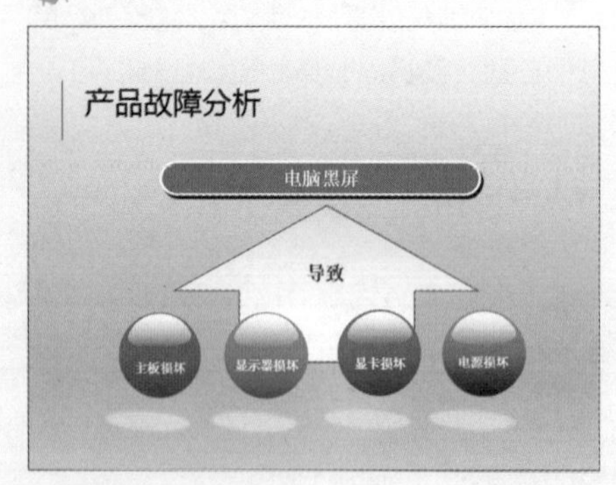

自定义阴影效果

1 选中图形，单击“绘图工具-格式”选项卡中的“形状效果”按钮。

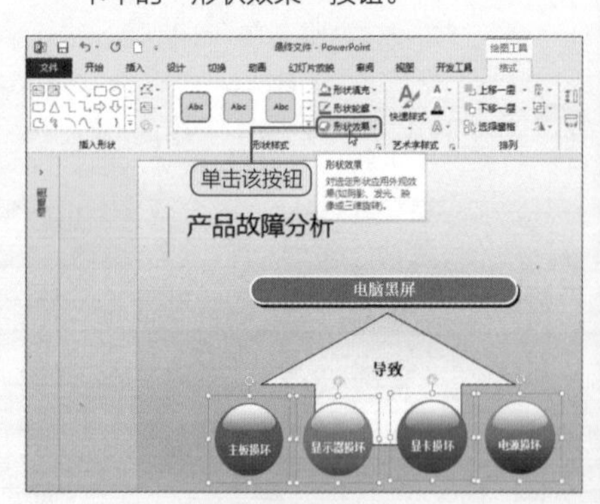

2 应用内置阴影。在列表中选择“阴影”选项，从关联列表中选择合适的阴影效果，这里选择“右下对角透视”效果。

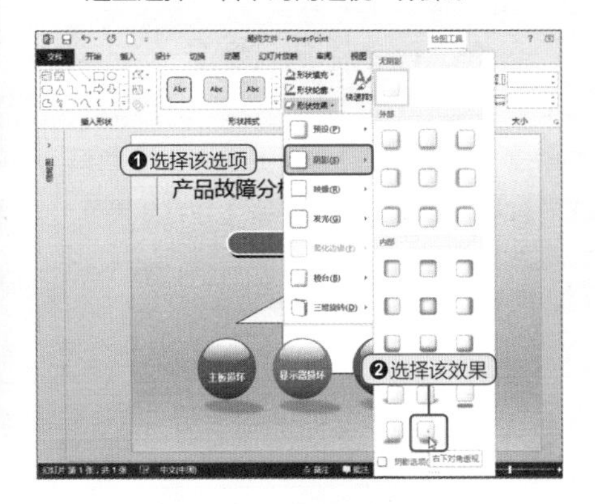

3 自定义阴影。选择“阴影选项”，在打开的窗格中，单击“颜色”按钮，从列表中选择“白色”。

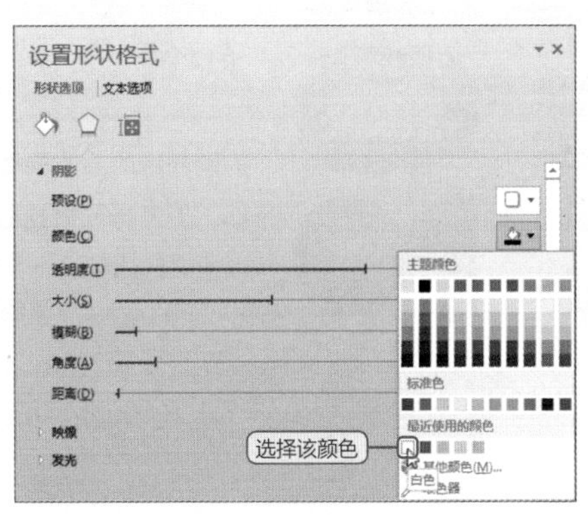

4 拖动“透明度”右侧的缩放滑块或在右侧数值框设置阴影透明度为：50%。

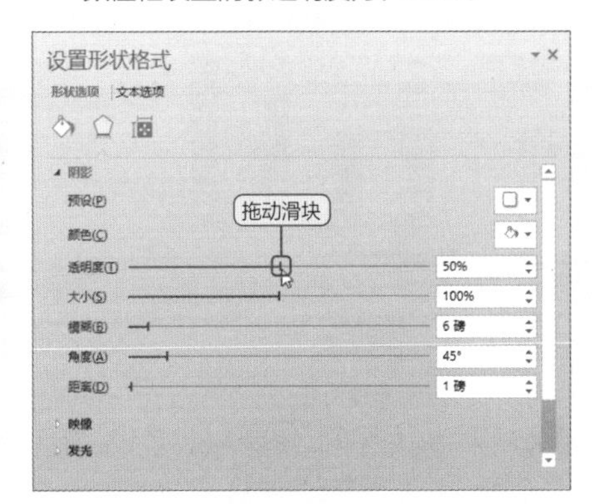

5 用同样的方法设置阴影虚化为：5磅，大小保持不变。

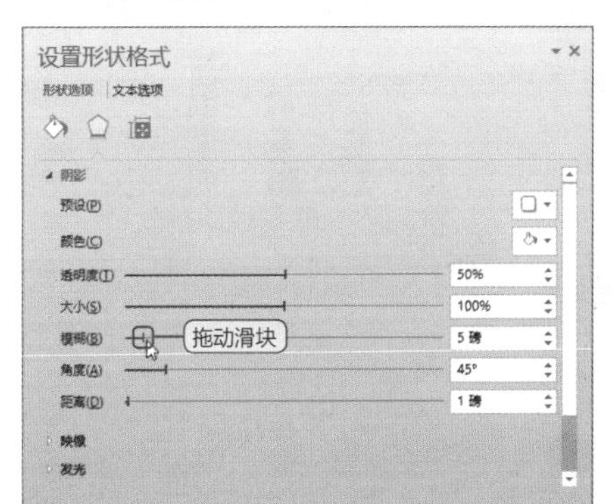

6 同理，设置阴影角度为：150°。

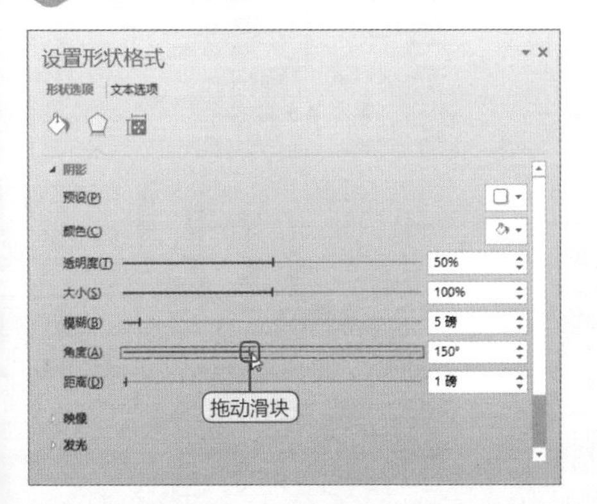

7 设置距离为32磅，然后关闭窗格即可。

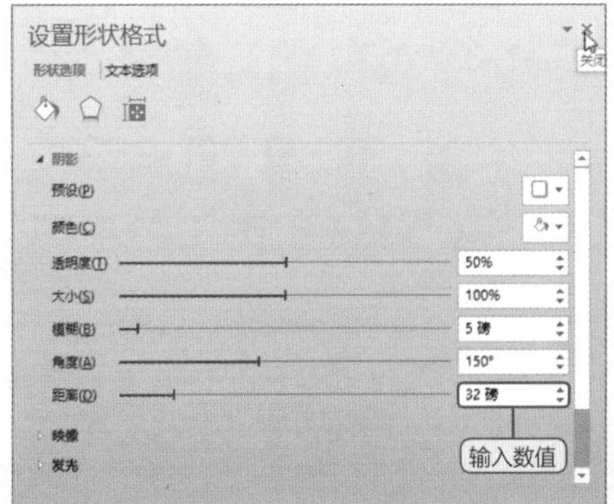

Question 102

● Level ★★★

如何让图形具有立体质感?

前面介绍的文字阴影、映像、发光效果虽然可以让图形具有立体感，但怎样可以让图形具有实实在在的立体效果呢？棱台效果可以很好的达到这一要求。

初始效果

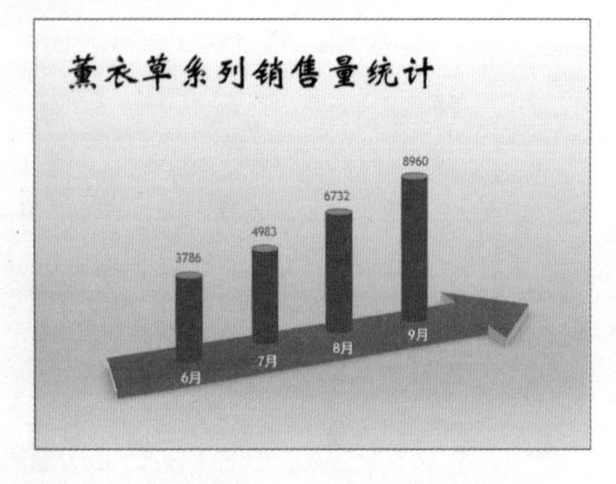

棱台效果1

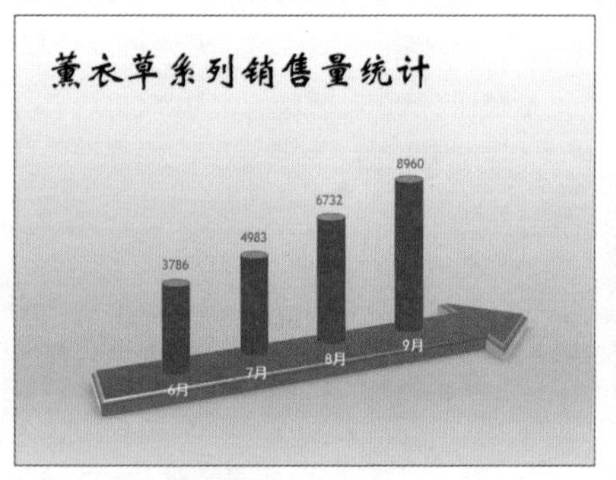

应用“凸起”棱台效果

棱台效果2

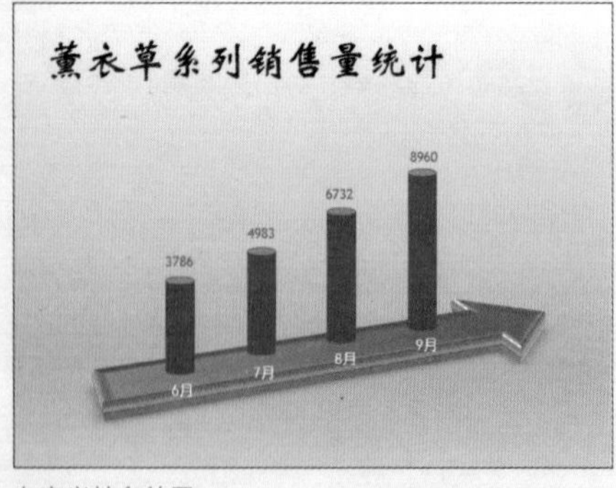

自定义棱台效果

1. 选中图形，单击“绘图工具-格式”选项卡中的“形状效果”按钮。

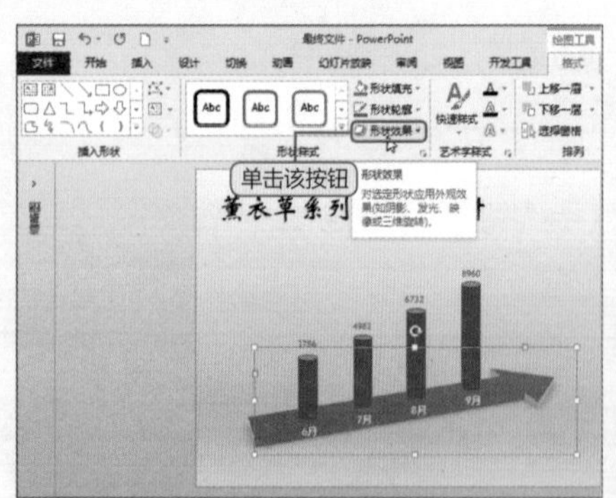

2 应用内置棱台效果。从列表中选择“棱台”选项，从关联列表中选择“凸起”。

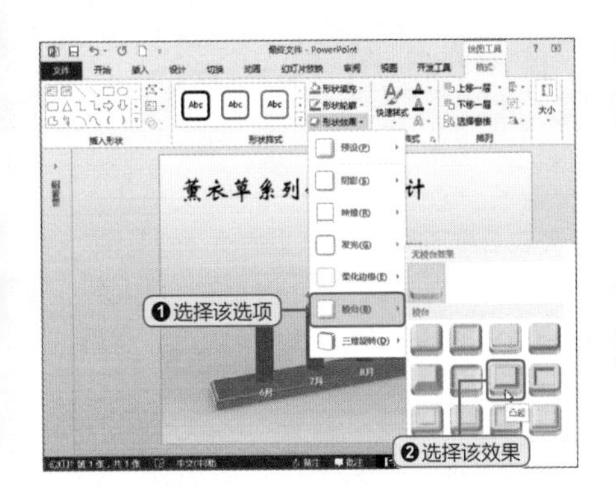

3 自定义棱台效果。选择“三维选项”选项，在打开的窗格中，单击“顶端”按钮，从列表中选择“柔圆”效果。

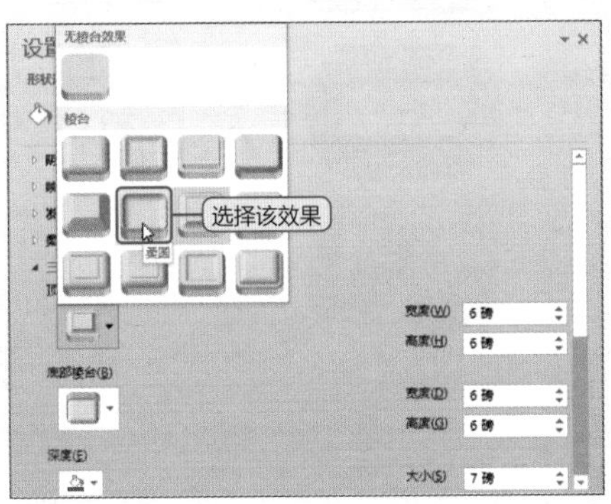

4 设置底端效果，并设置顶端和底端宽度和高度，单击“深度”下的“颜色”按钮，从列表中选择“紫色，着色2，深色25%”。

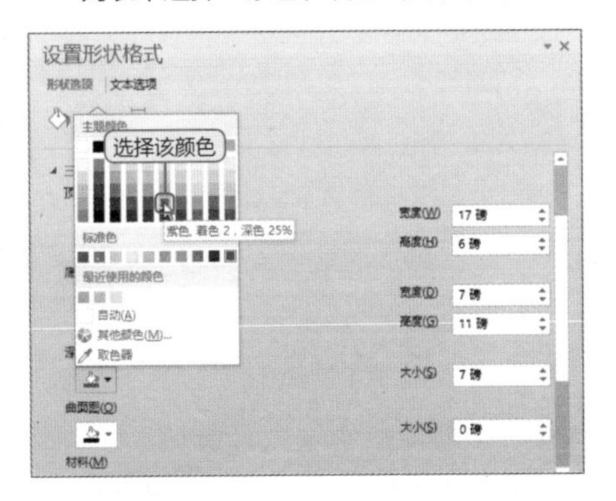

5 设置“深度”为6磅，单击“曲面图”下的“颜色”按钮，选择“红色”。

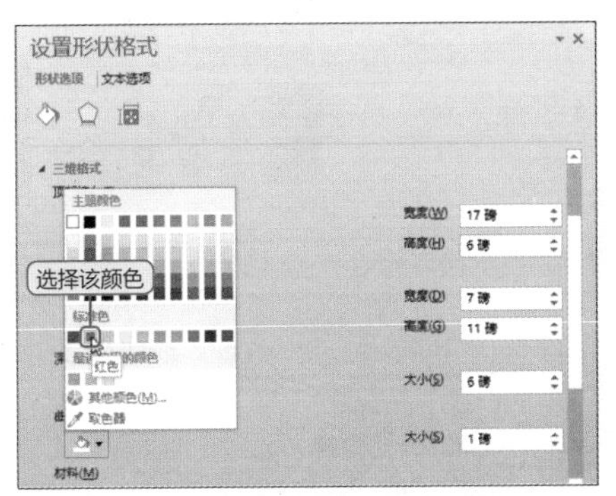

6 设置曲面图大小为0.5磅，单击“材料”按钮，从列表中选择“亚光效果”。

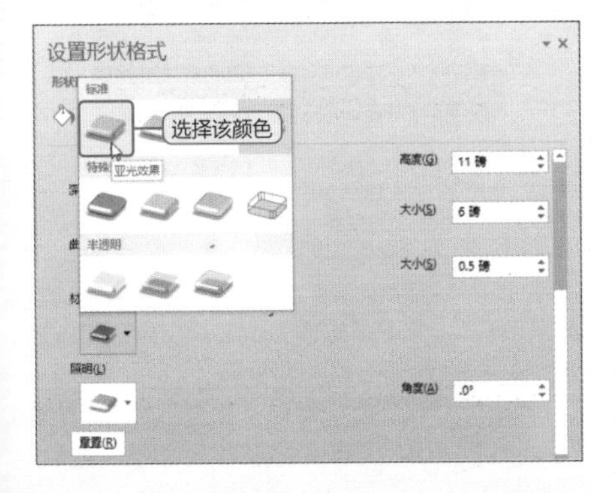

7 设置“照明”为“明亮的房间”效果，“角度”为 140°，然后关闭窗格即可。

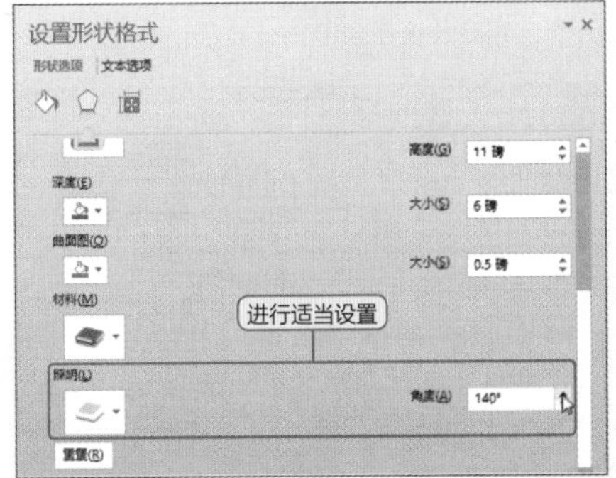

Question 103

● Level ★★☆

如何在幻灯片中应用SmartArt图形？

PowerPoint 2013中，不仅自带了多种不同类型的SmartArt图形，与此同时，用户还可以选择来自Office.com的图形，以完全满足需求。下面将对SmartArt图形的创建方法进行介绍。

1 打开演示文稿，单击“插入”选项卡中的SmartArt按钮。

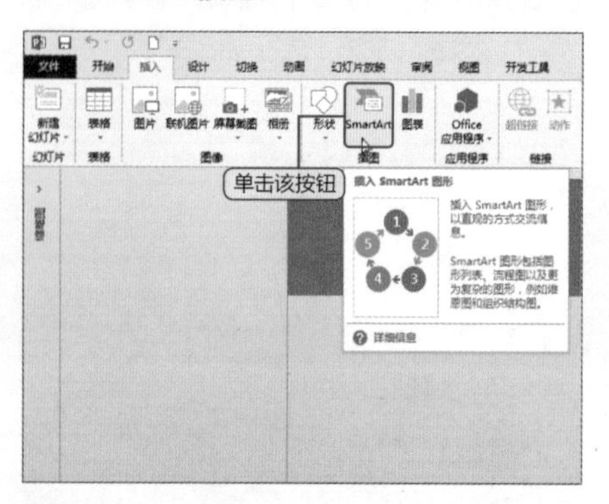

2 或者打开演示文稿后，直接按下组合键Alt+N+M，同样可以打开“选择SmartArt图形”对话框，在左侧列表中选择“流程”选项。

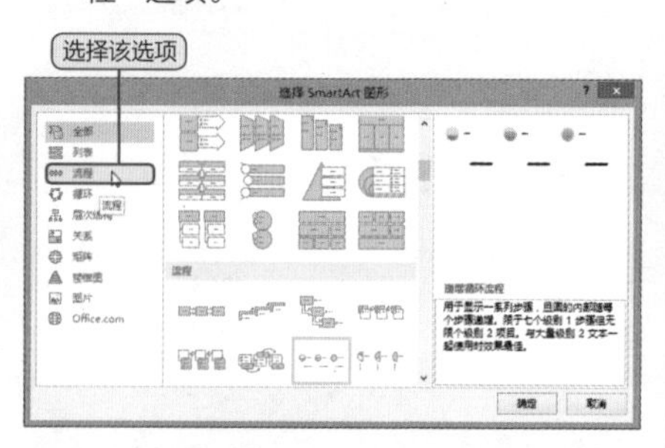

3 在中间的样式框中，选择一种图形样式，这里选择“重复蛇形流程”，在右侧窗格中可预览该图形的布局、名称以及作用，然后单击“确定”按钮即可。

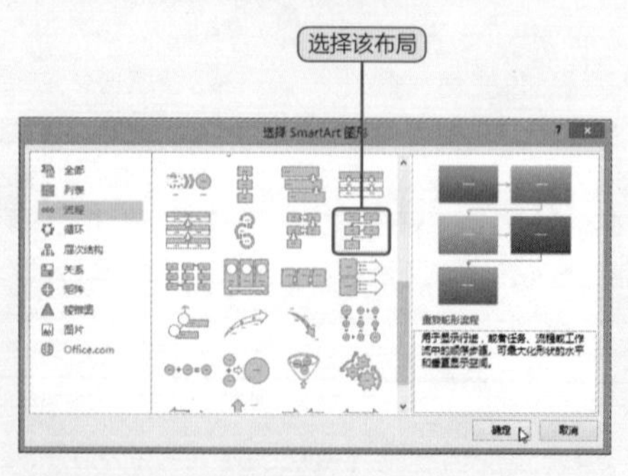

4 选择创建的SmartArt图形，将弹出“SMARTART工具”上下文选项卡，在其中可对SmartArt图形进行详细的设计。

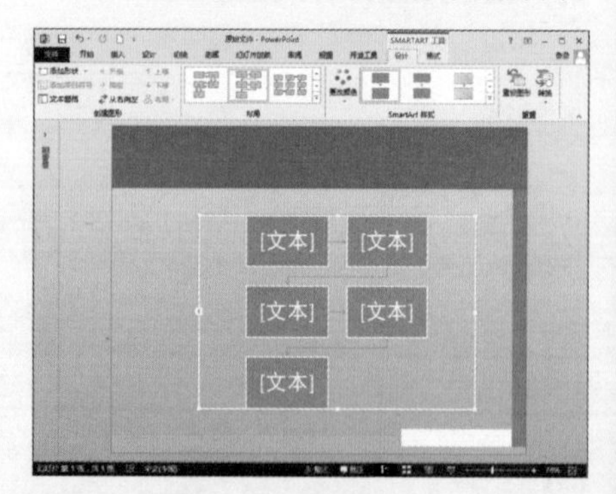

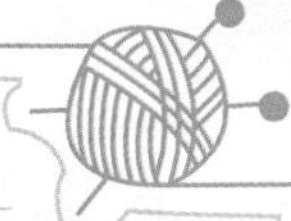

● Level ★★☆

如何调整 SmartArt 图形大小？

在幻灯片页面中插入的SmartArt图形都有一个默认的大小，若其大小与当前页面不符合，可以通过拖动鼠标进行调整，也可以通过窗格进行调整。

1. 鼠标调整。选中SmartArt图形，将光标移至形状右上角，光标变为⤢形状。

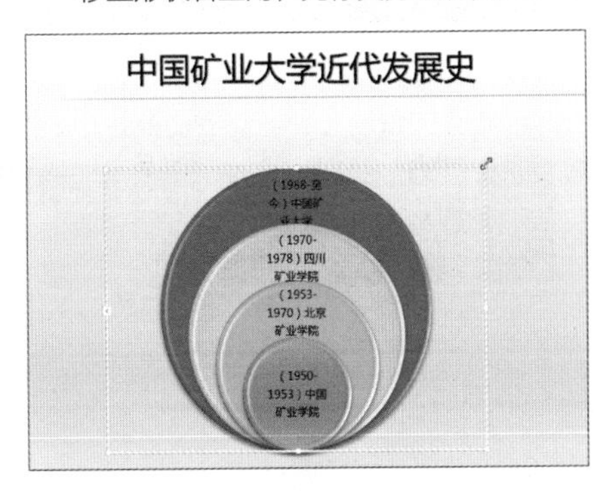

2. 单击并按住鼠标左键不放的同时向右上方拖动鼠标，图形的大小将随之变化。

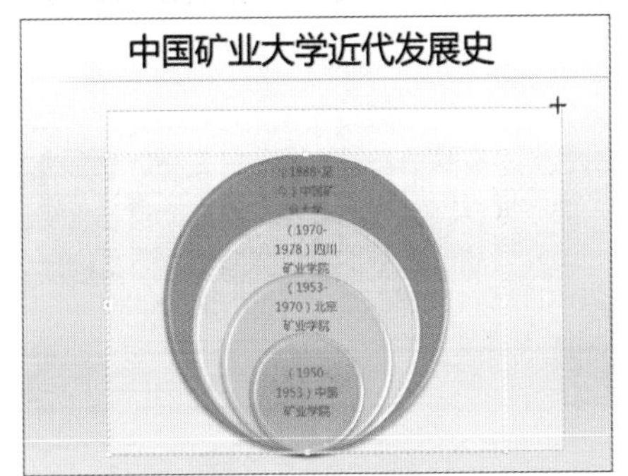

3. 数值框调整法。通过“SMARTART 工具－格式”选项卡中“大小”选项组中的“高度”和“宽度”数值框进行调整。

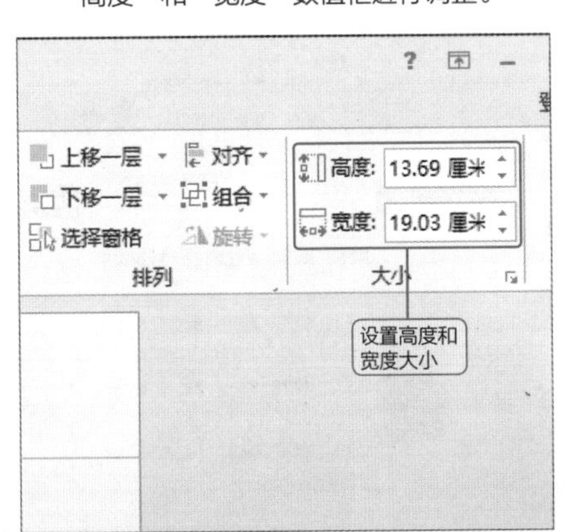

Hint 对话框调整法

单击对话框启动器按钮，在打开的窗格中设置SmartArt图形的大小。

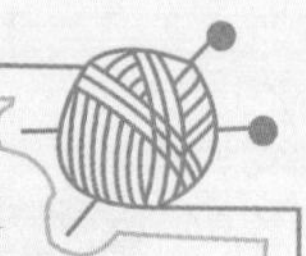

Question 105

● Level ★★☆

如何更改SmartArt图形颜色？

在幻灯片中插入SmartArt图形之后，其颜色会自动与当前界面颜色相匹配，若用户对当前颜色不满意，可以对其进行修改。

初始效果

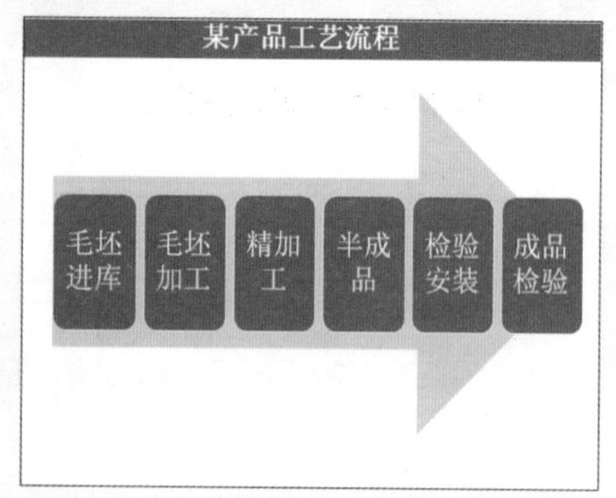

未更改SmartArt图形颜色效果

最终效果

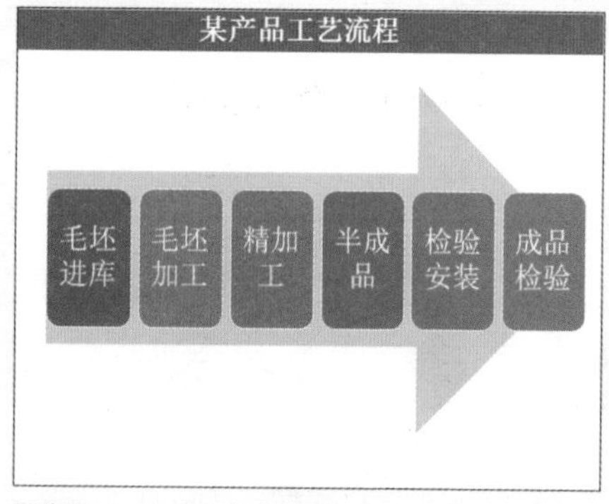

更改SmartArt图形颜色效果

1 选中SmartArt图形，单击“SMARTART工具-设计”选项卡中的“更改颜色”按钮。

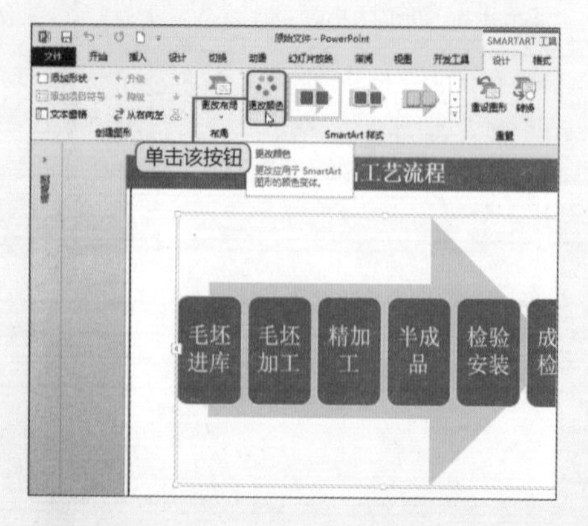

2 从展开列表中的“彩色”区域选择“彩色范围 - 着色4至5”。

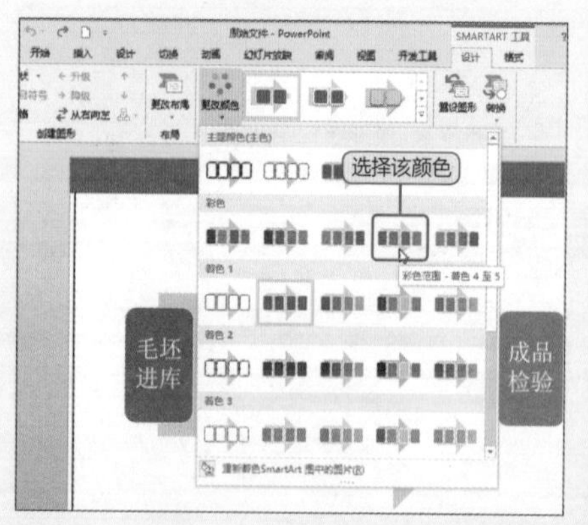

● Level ★★☆

如何“降级”处理SmartArt图形中的形状？

在SmartArt图形中，如果形状和形状之间存在着级别关系，用户可以通过功能区中的按钮调整其中的级别关系，本技巧将对其进行详细介绍。

初始效果

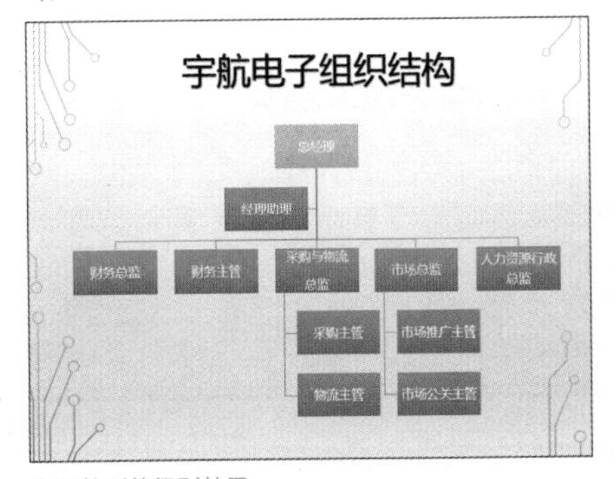

未调整形状级别效果

最终效果

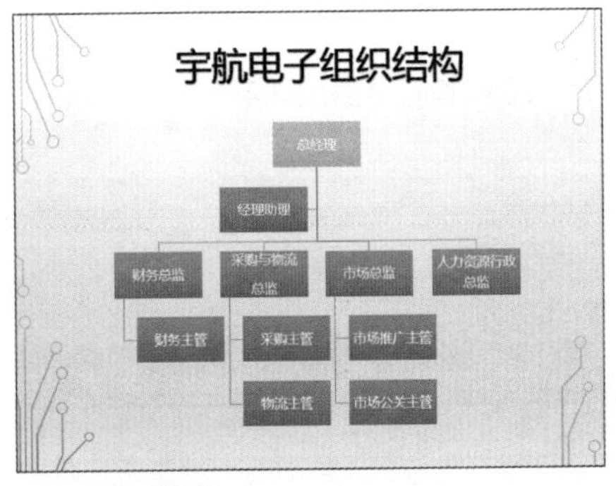

调整形状级别效果

1. 选中需要降级的形状，单击“SMART-ART工具”上下文选项卡中的“设计”选项。

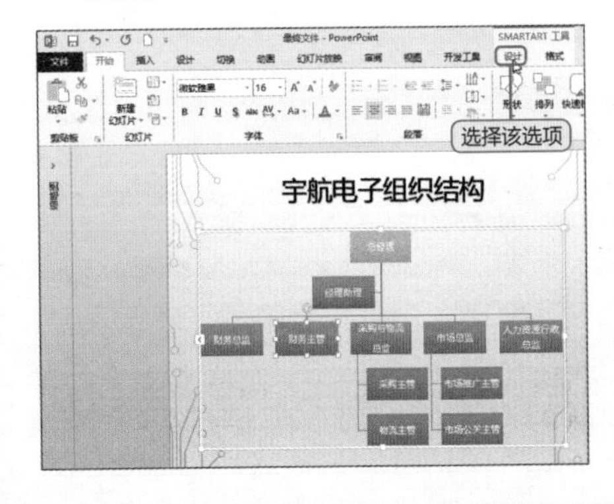

2. 在“创建图形”选项组中单击“降级”按钮，若单击“升级”按钮，则所选形状会上升一级。

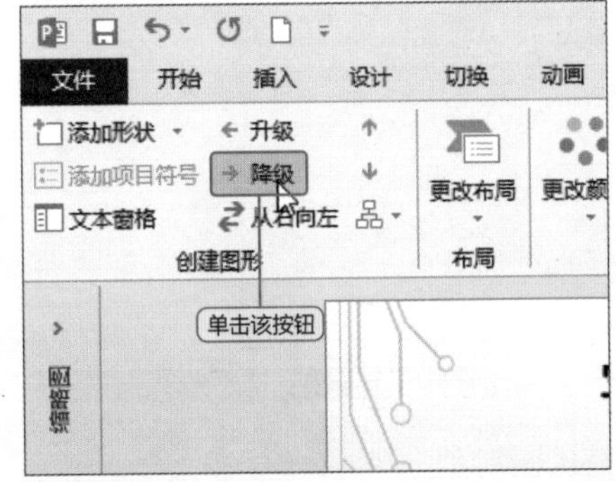

Question 107

● Level ★★★

如何为SmartArt图形追加形状？

大多数情况下，SmartArt图形默认的图形数量无法满足用户需求，PowerPoint提供的添加形状功能，可以让用户随心所欲地添加形状。

初始效果

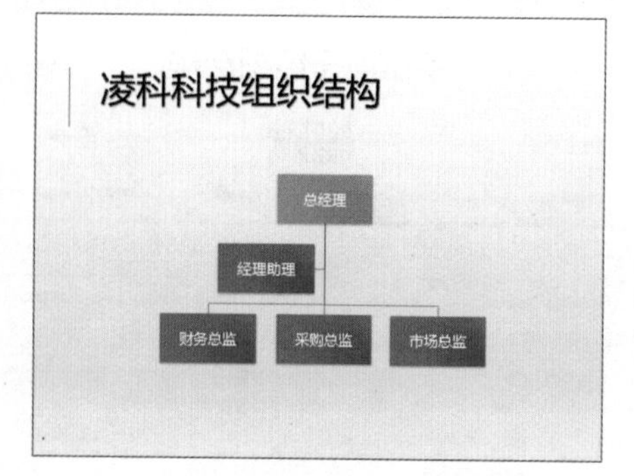

最终效果

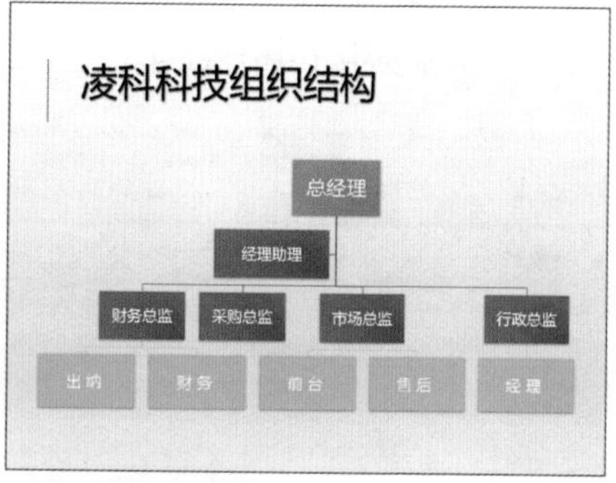

为图形添加形状效果

1 功能区按钮插入法。选中SmartArt图形中的形状，单击“SMARTART工具-设计”选项卡中的“添加形状”下拉按钮。

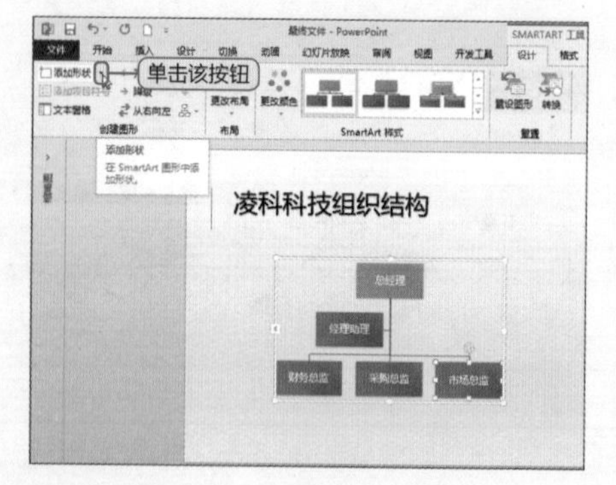

2 在弹出的下拉列表中选择“在后面添加形状”选项。

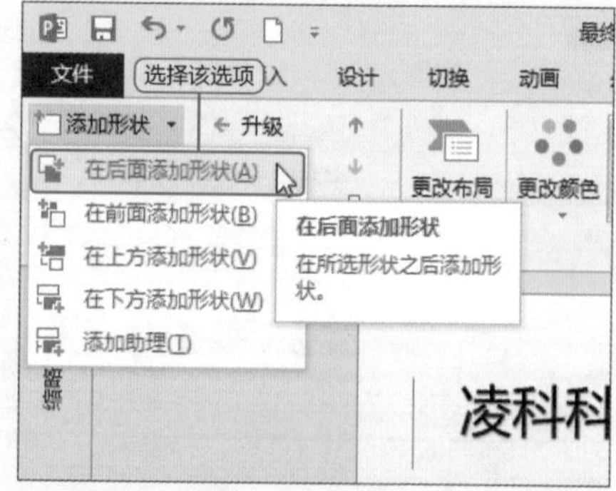

3 此时可在所选图形的右侧添加一个图形，然后输入文本即可。

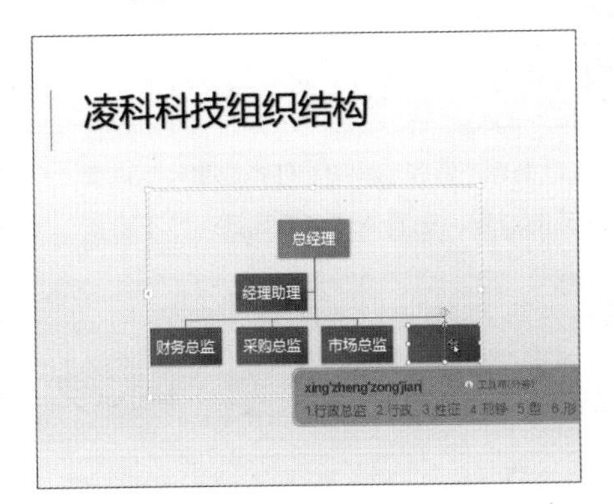

4 右键快捷菜单法。选择任一形状，右击，在弹出的快捷菜单中选择“添加形状>在下方添加形状”命令。

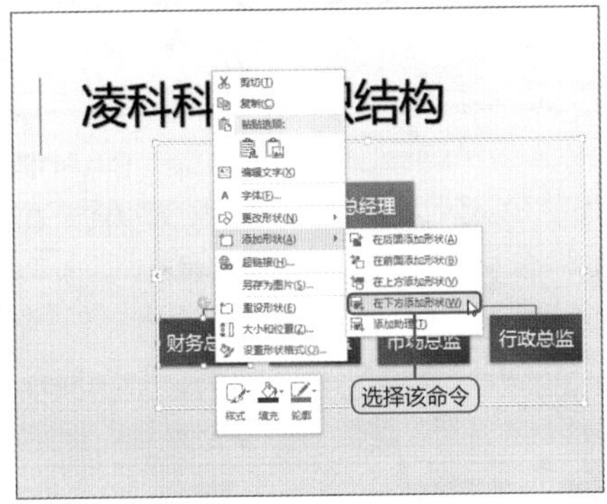

5 即可在所选图形右侧添加一个形状。

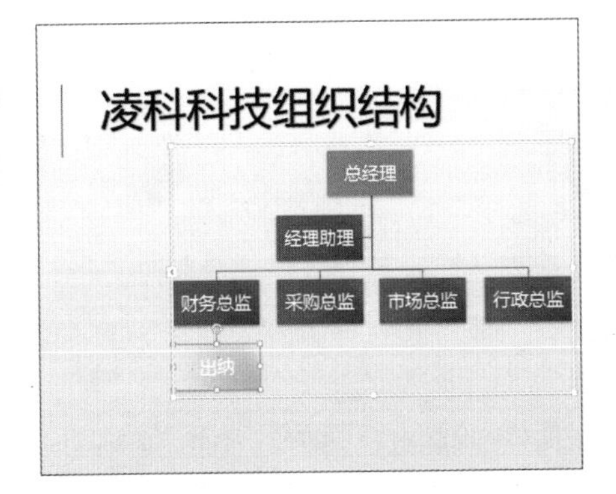

6 文本窗格法。打开文本窗格，将插入点定位在某一形状文本末尾。

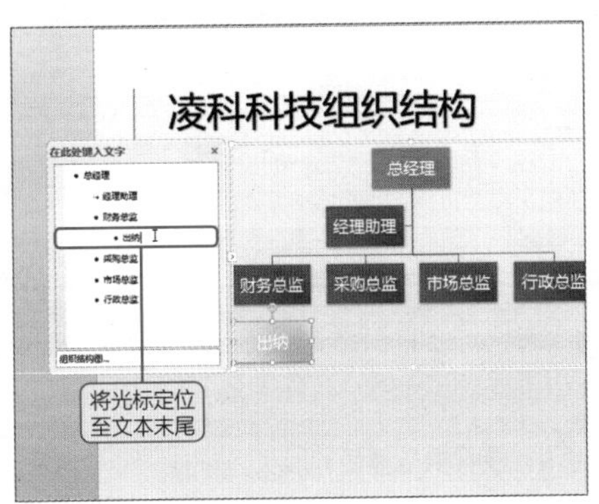

7 按下Enter键，可在文本后增加一行，同时自动添加一个新的形状。

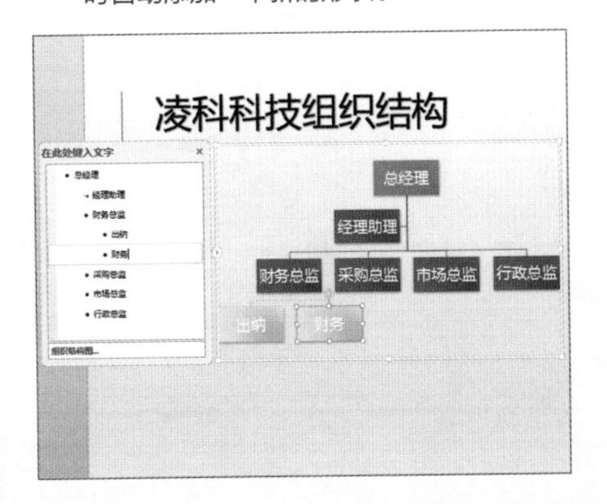

Hint “添加形状”下拉列表

不同的SmartArt图形所对应的“添加形状”下拉列表中的选项是不同的，有的将无法显示。

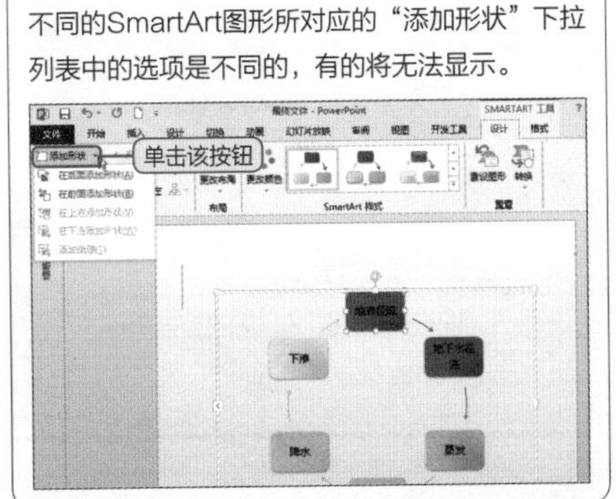

● Level ★★★

Question 08

如何创建并应用循环型图形？

循环型SmartArt图形是以循环流程表示阶段、任务或事件的连续序列，可以用于表示循环的过程，主要体现可持续循环或不断重复的过程。

最终效果

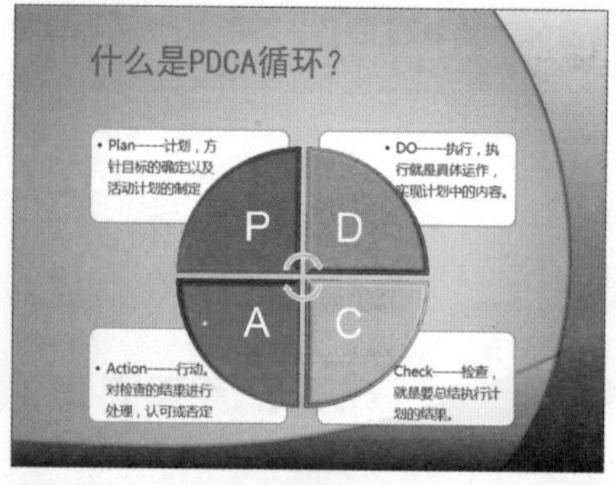

应用循环型SmartArt图形效果

1 打开演示文稿，执行“插入>SmartArt”命令，打开“选择SmartArt图形”对话框，在左侧列表中选择“循环”选项，再选择“循环矩阵”并单击“确定”按钮。

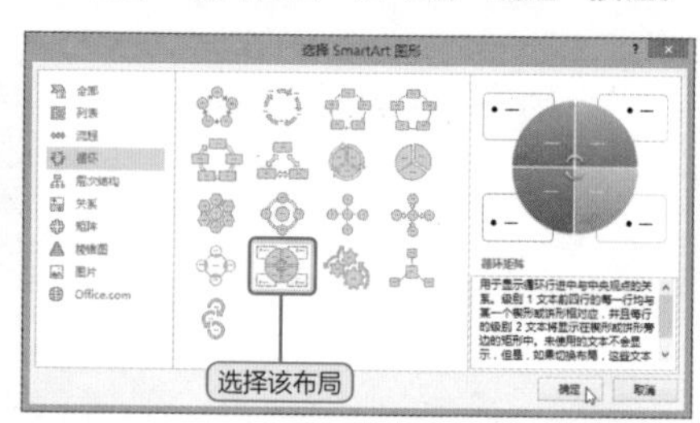

2 选中需要改颜色的形状，单击“SMART-ART工具-格式”选项卡中的“形状填充”按钮，从下拉列表中选择合适颜色。

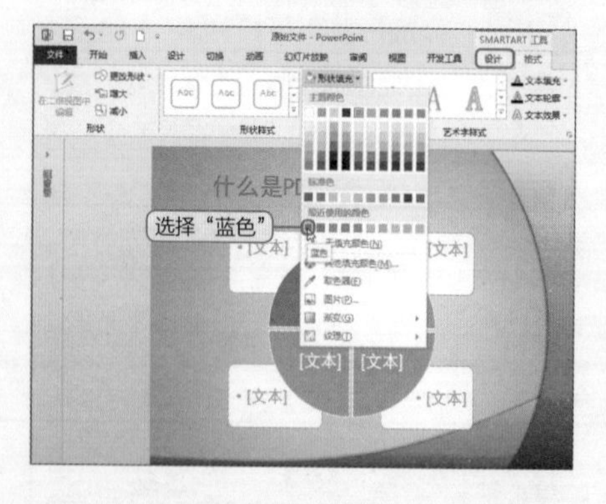

3 依次设置其他形状颜色，单击“SMART-ART工具-格式”选项卡中“形状轮廓”按钮，从列表中选择“无轮廓”选项。

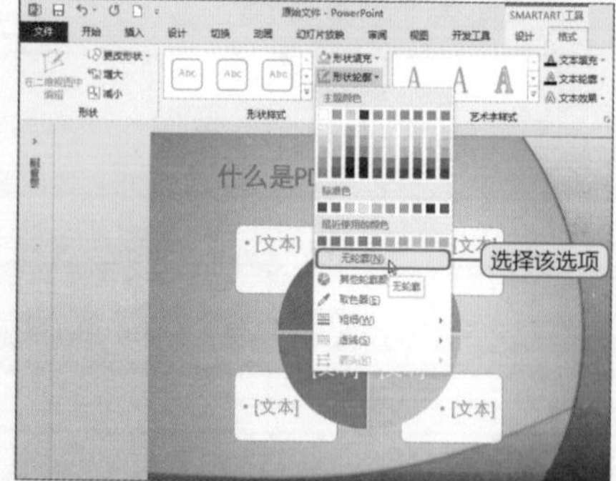

4 单击“SmartArt 工具 - 格式”选项卡中“形状样式”组的对话框启动器按钮，将打开“设置形状格式”窗格。

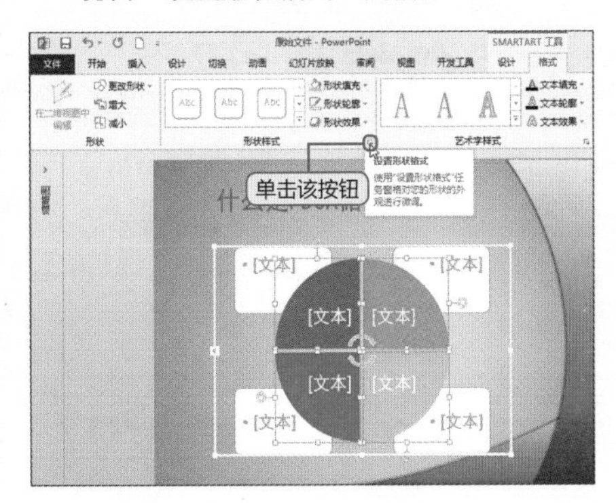

5 在“三维格式”选项区中，单击“顶端棱台”按钮，从列表中选择“艺术装饰”棱台效果。然后设置底端棱台为“硬边缘”。

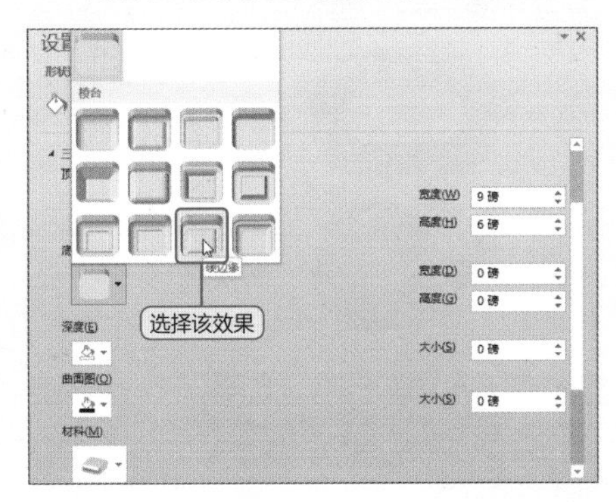

6 设置深度为15磅，单击“材料”下“材料”按钮，从列表中选择“硬边缘”，设置照明为“寒冷”，单击“关闭”按钮。

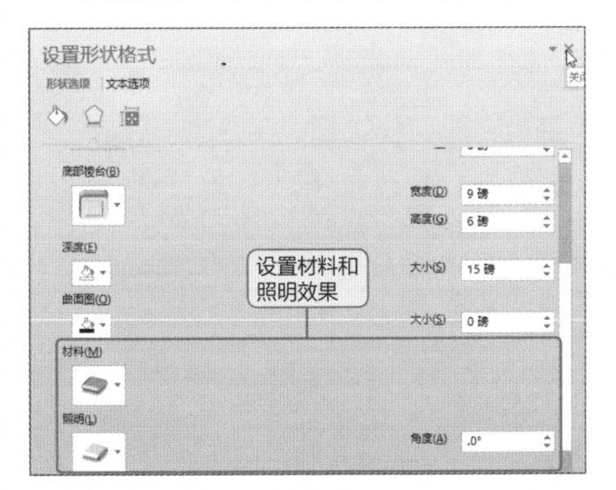

7 将光标移至右上角的控制点上，当光标变成斜向的箭头时，拖动鼠标，适当调整图形大小。

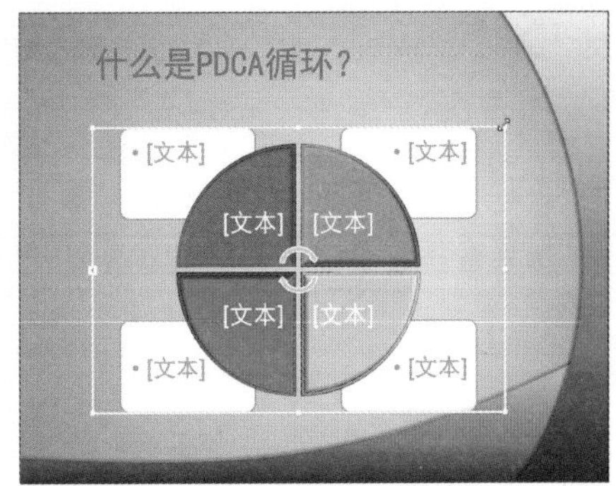

8 直接在图形中输入合适的文本，并设置圆角矩形中的文本为16号、黑色。

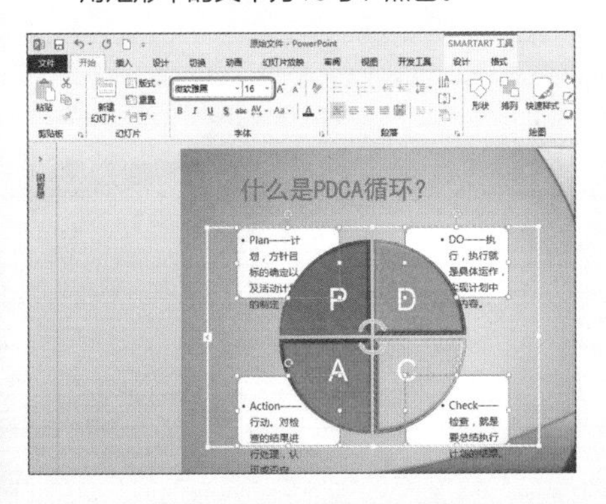

9 选择圆角矩形，适当调整其大小，然后调整SmartArt图形的大小和位置。

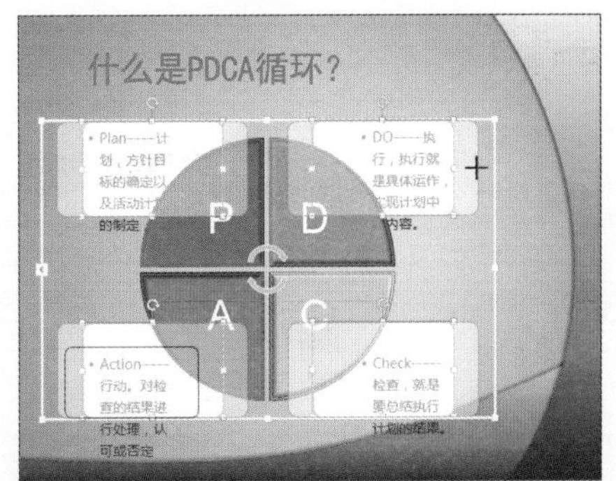

Level ★★★

Question 60

如何制作公司组织结构图？

层次结构型SmartArt图形用于显示组织中的分层信息或上下级关系，经常用于绘制公司组织结构图，可以清晰地显示各个级别的关系。

最终效果

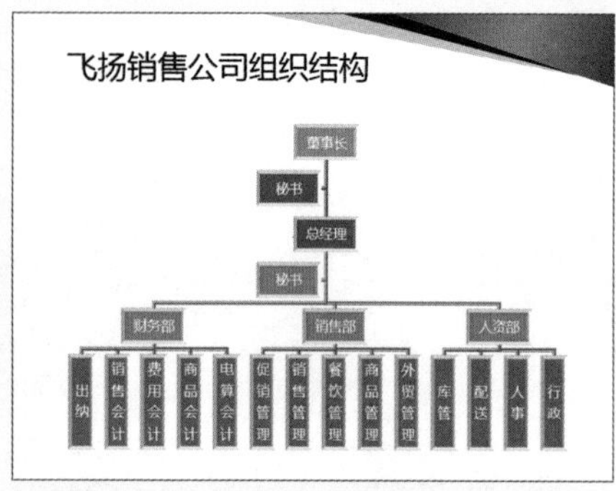

应用组织结构型SmartArt图形效果

1. 打开演示文稿，执行“插入>SmartArt”命令，打开“选择 SmartArt 图形”对话框，在左侧列表中选择“层次结构”选项，然后选择“组织结构图”，并单击“确定”按钮。

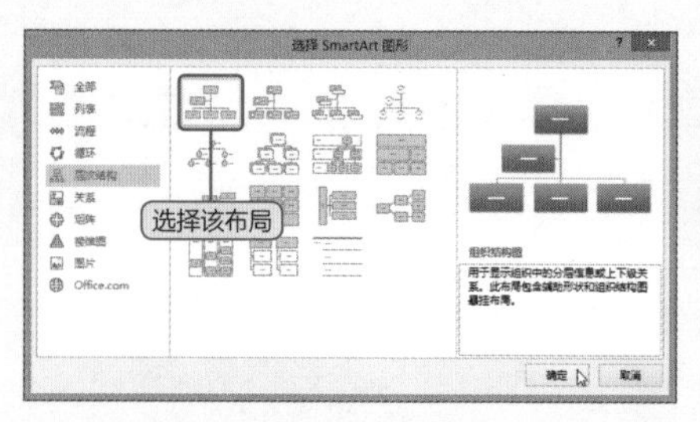

2. 选中最上方的形状，单击“SMARTART 工具-设计”选项卡中的“添加形状”下拉按钮，从列表中选择“在上方添加形状”选项。

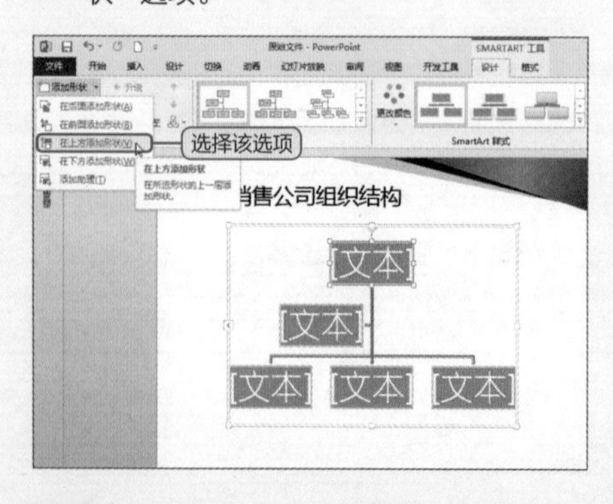

3. 添加完成后自动选中该形状，再次单击“添加形状”下拉按钮，从列表中选择“添加助理”选项。

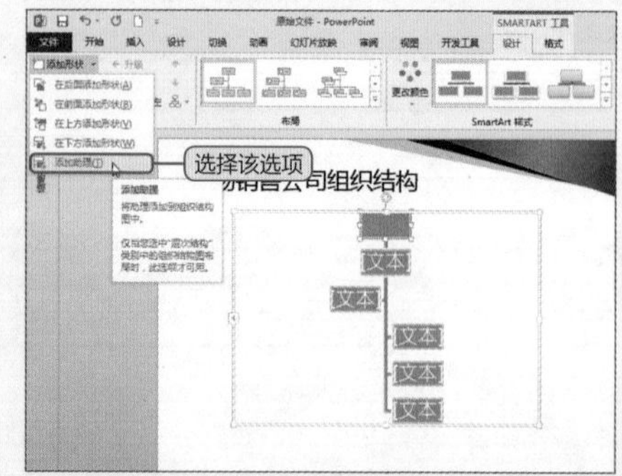

4 选中所有形状，单击“SMARTART工具-设计”选项卡中的“布局”按钮，从列表中选择“标准”选项。

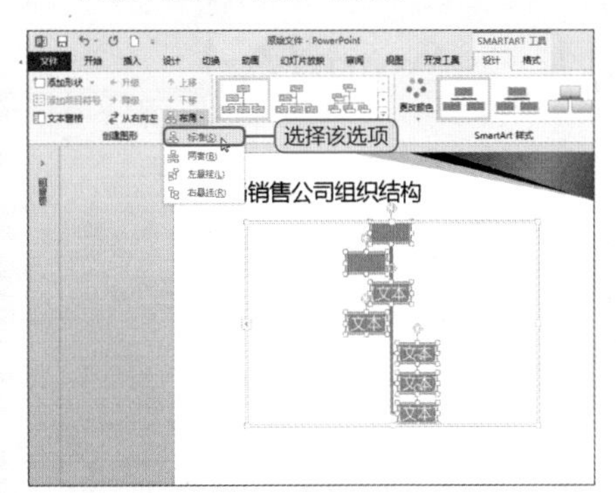

5 按需添加多个形状，选中最后一层形状，通过“SmartArt 工具 - 格式”选项卡中的“宽度”和“高度”数值框调整其大小。

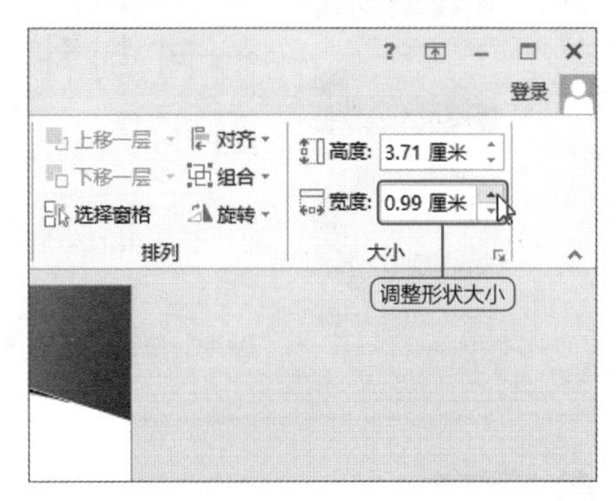

6 选中SmartArt图形，单击“SMART-ART工具-设计”选项卡中的“颜色”按钮，从列表中选择“彩色，着色”。

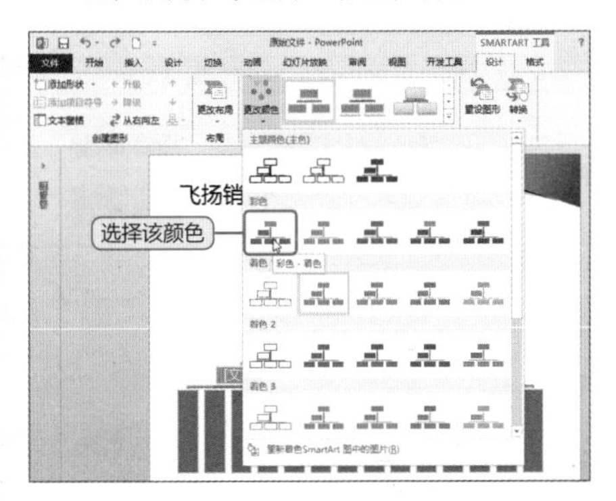

7 单击“SmartArt 工具 - 格式”选项卡中“形状样式”组的对话框启动器按钮，将打开“设置形状格式”窗格。

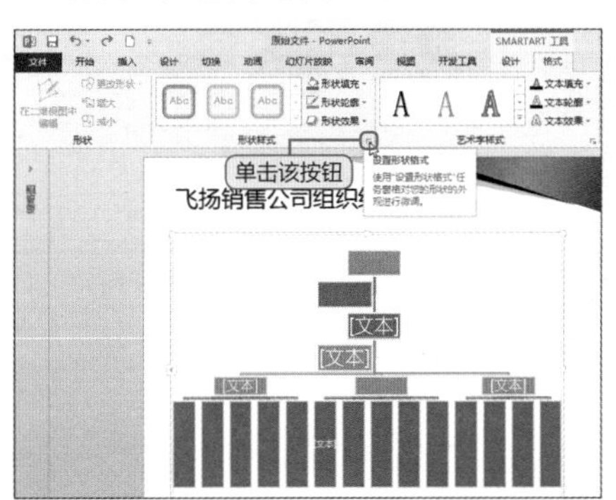

8 在“三维格式”选项区单击“棱台顶端”按钮，选择“冷色斜面”棱台效果。

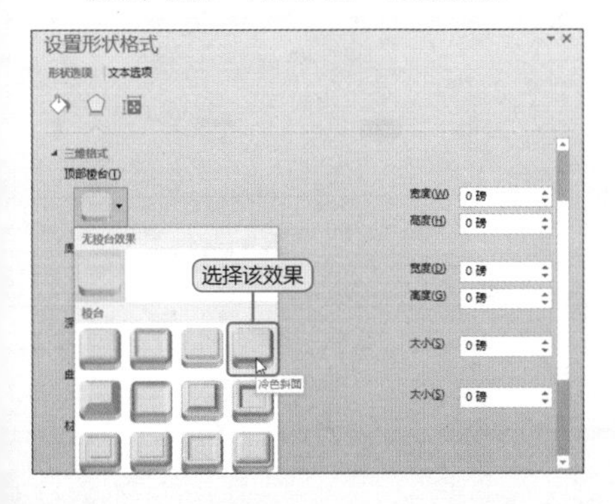

9 设置深度为10磅、材料为塑料效果、照明为柔和、角度为80°，输入文本即可。

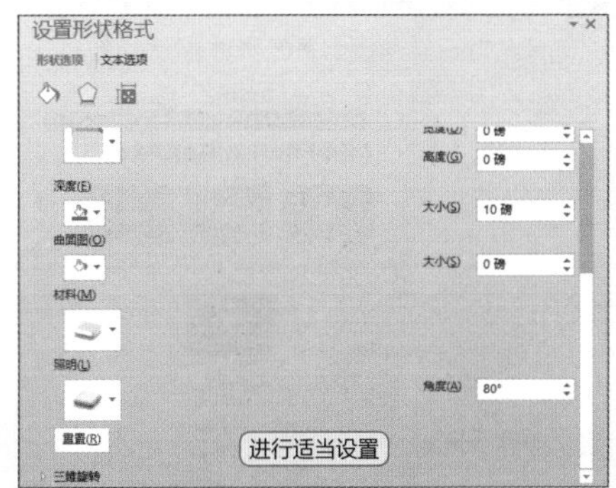

Question 101

● Level ★★☆

如何制作图片型 SmartArt 图形?

图片型 SmartArt 图形用于居中显示以图片表示的构思，相关的构思显示在旁边，和其他图形的最大区别在于所创建的图形都有“图片”按钮，单击该按钮即可插入图片。

最终效果

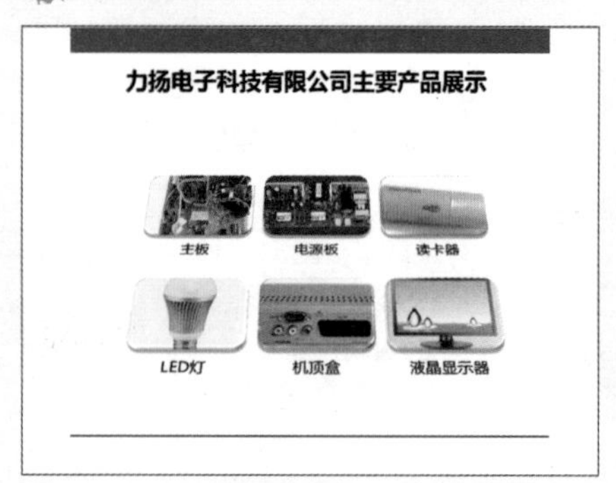

应用图片型SmartArt图形效果

1 打开演示文稿，执行“插入>SmartArt”命令，打开“选择SmartArt图形”对话框，在左侧列表中选择“图片”选项，然后选择“图片题注列表”，并单击“确定”按钮。

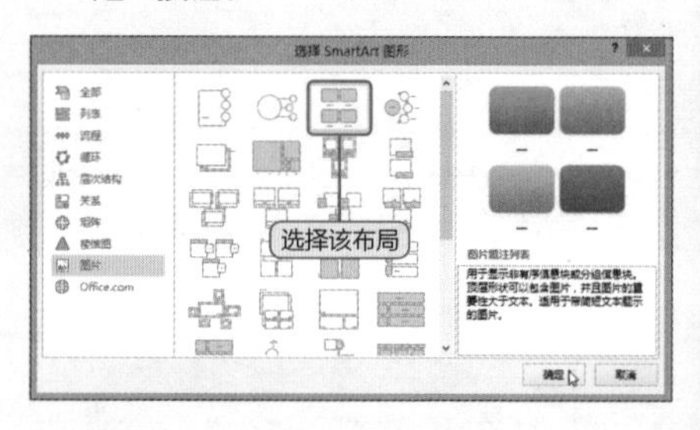

2 选中任一形状，单击“SMARTART工具-设计”选项卡中的“添加形状”按钮，从列表中选择“从后面添加形状”。

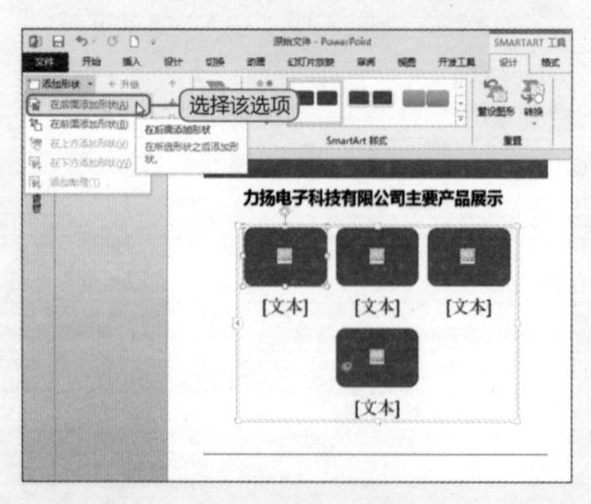

3 选中SmartArt图形，单击“SMARTART工具-设计”选项卡中的“更改颜色”按钮，选择“渐变范围-着色1”。

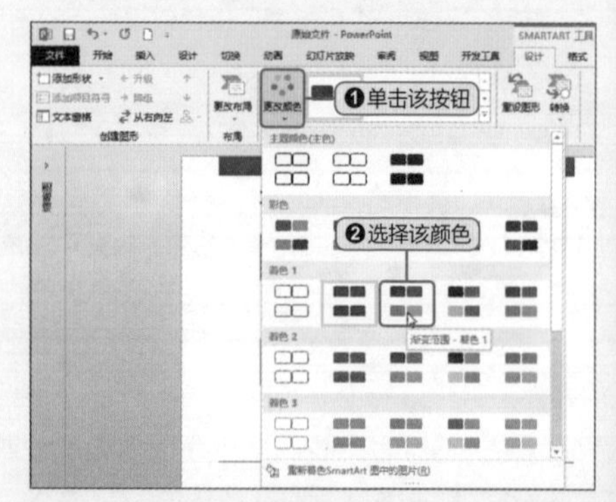

4 选中图形，单击“SMARTART工具-设计”选项卡中“形状样式”组中的“其他”按钮，从列表中选择“平面场景”。

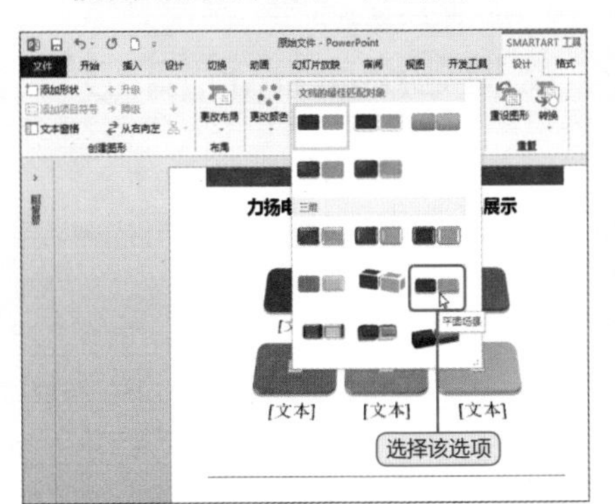

5 根据需要，在文本占位符中输入文本。

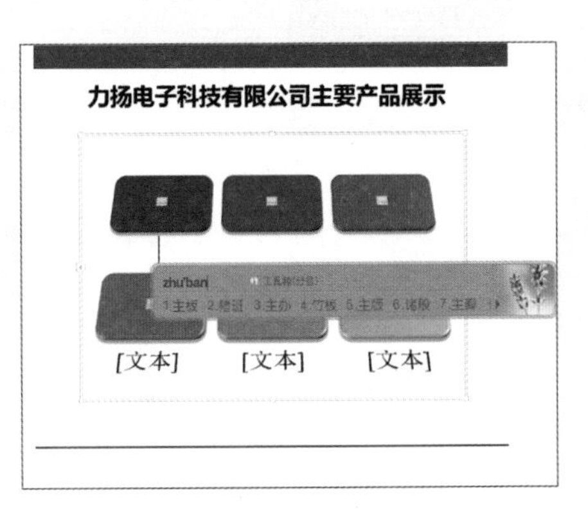

6 单击SmartArt图形中的“图片”按钮。

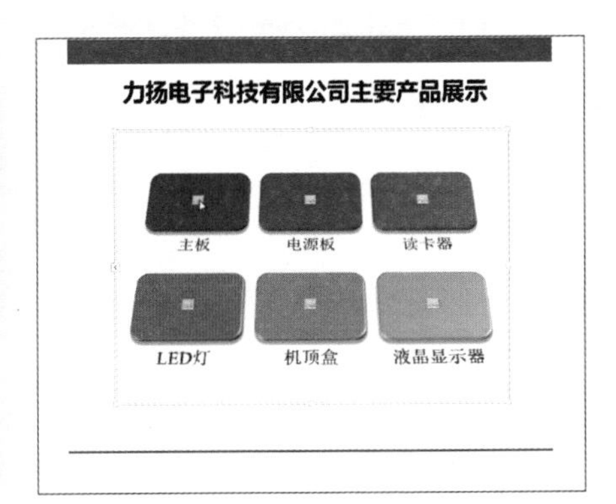

7 打开“插入图片”窗格，单击“计算机”选项右侧的“浏览”按钮。

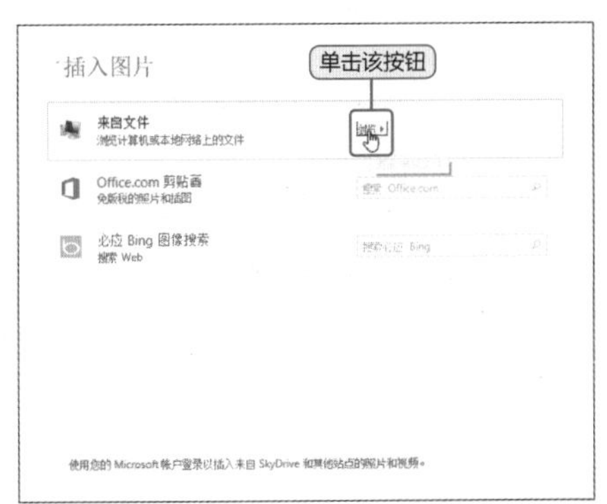

8 打开“插入图片”对话框，选择合适的图片，单击“插入”按钮。

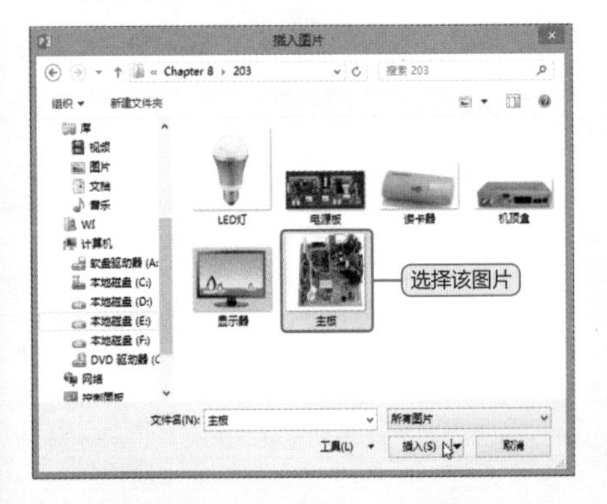

9 通过“开始”选项卡“字体”选项组中的命令设置字体为微软雅黑、20号。

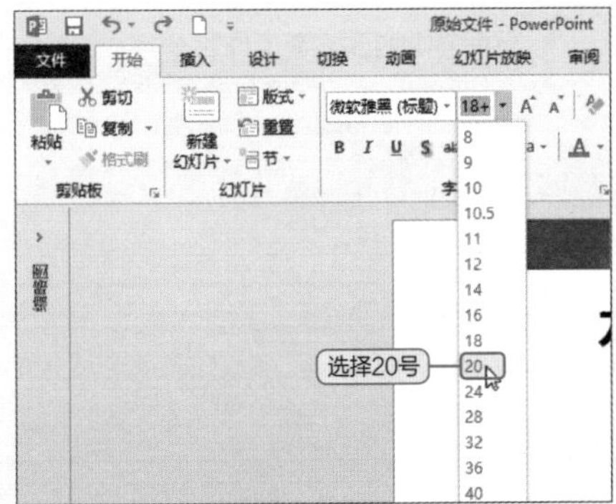

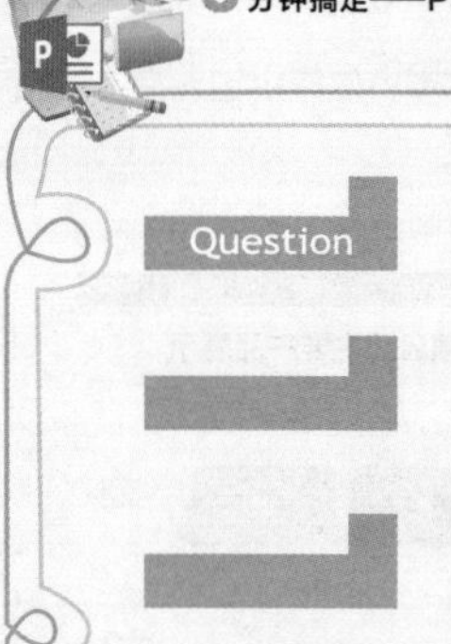

Question

● Level ★★★

如何创建列表型SmartArt图形？

列表型SmartArt图形显示非有序信息或分组信息，主要用于强调信息的重要性，是幻灯片中常用的一种图形结构，本技巧将介绍其中的“垂直V型列表”的应用。

最终效果

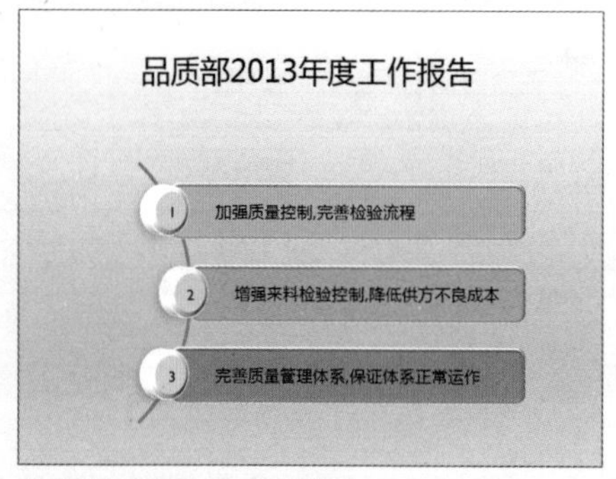

应用列表型SmartArt图形效果

1 打开演示文稿，执行“插入>SmartArt”命令，打开“选择SmartArt图形”对话框，在左侧列表中选择“列表”选项，然后选择“垂直曲形列表”并单击“确定”按钮。

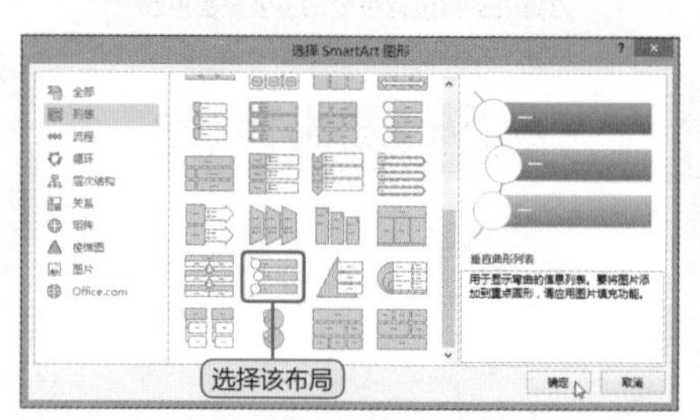

2 选中需要更改形状的图形，右击，从弹出的快捷菜单中选择“更改形状”命令，再从级联菜单中选择“圆角矩形”。

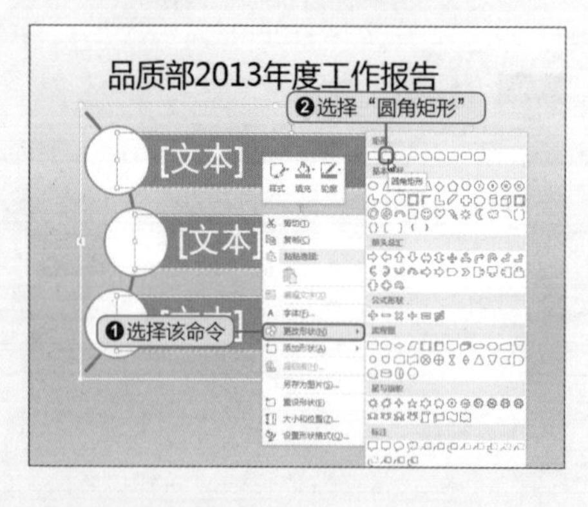

3 选择SmartArt图形，单击“SmartArt工具-设计”选项卡中的“更改颜色”按钮，选择“彩色范围-着色3至4”。

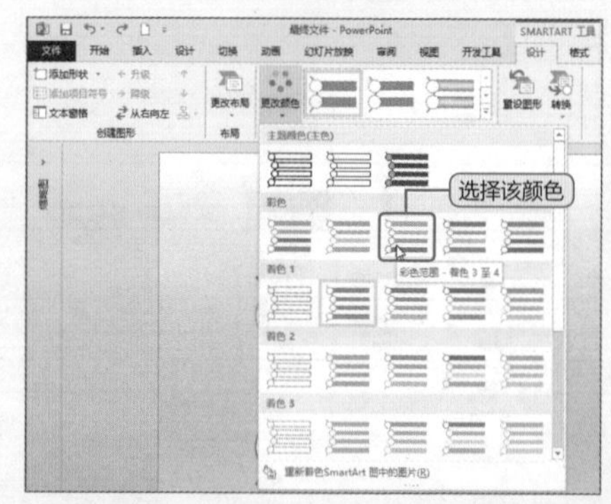

4 选中SmartArt形状中的三个圆形，使用鼠标进行拖动，调整圆形的大小。

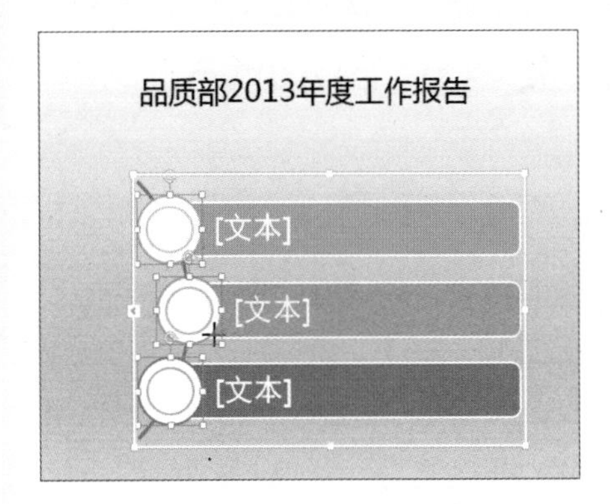

5 选择三个圆形，执行“SmartArt工具-格式>形状效果>预设”命令，从列表中选择“预设9”效果。

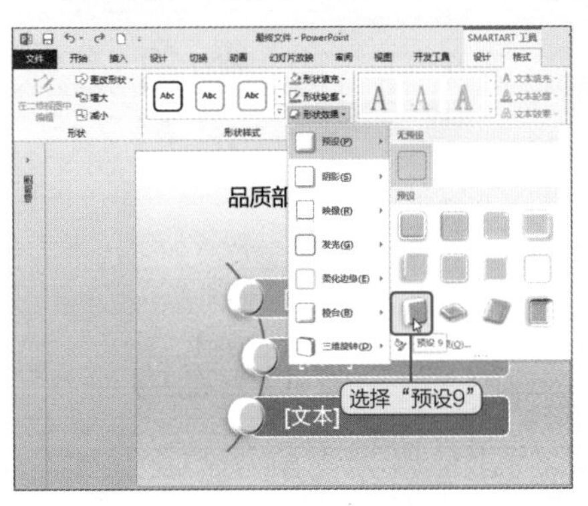

6 选择三个圆角矩形，用同样的方法设置其棱台效果为“松散嵌入”。

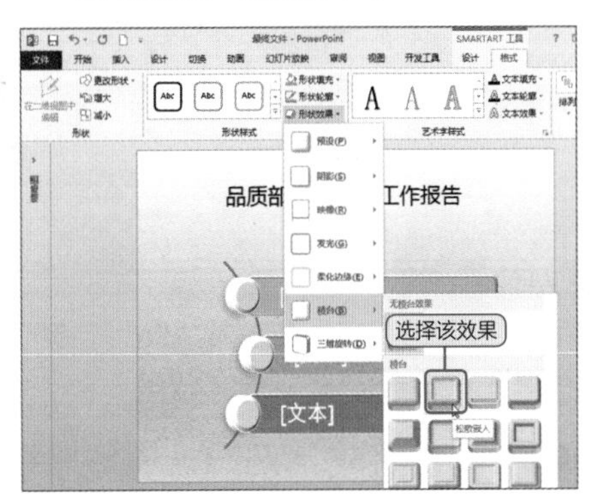

7 在三个圆角矩形中根据需要输入相应的文本内容。

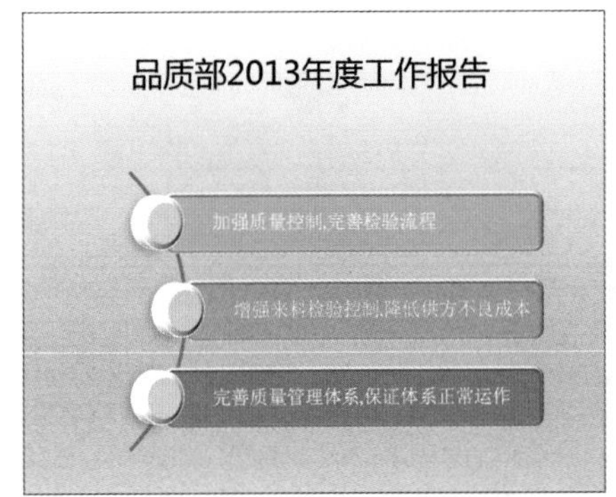

8 在三个圆形上方插入文本框，并输入相应的文本。

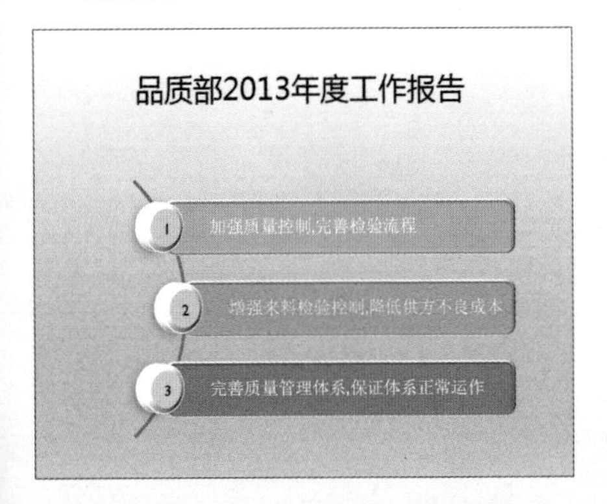

9 选择圆角矩形，通过“开始”选项卡“字体”组中的命令适当调整字体格式即可。

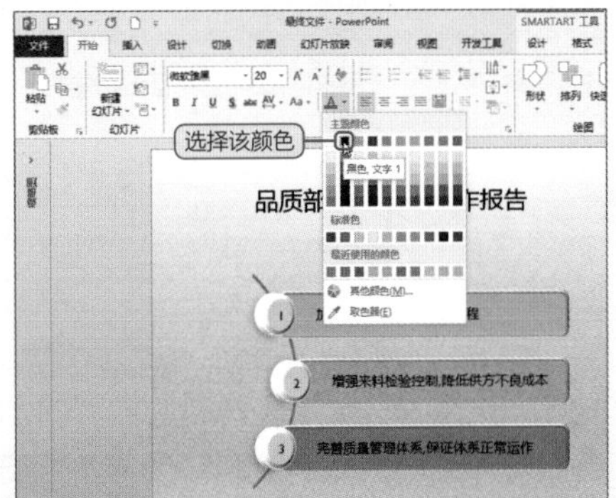

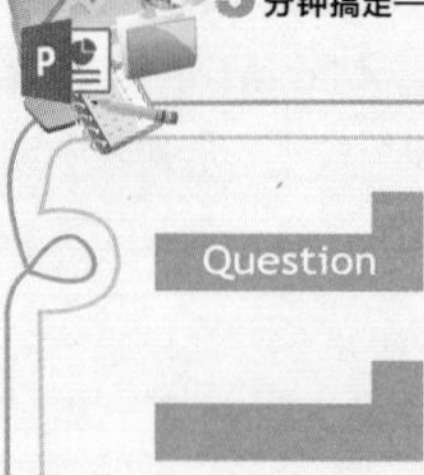

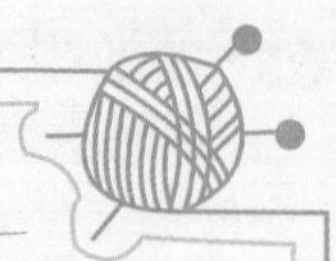

Question 12

● Level ★★☆

如何还原被更改的SmartArt图形？

对插入幻灯片中的SmartArt图形进行了多次更改后，如何才能快速地使该图形恢复到未被更改的样子呢？本技巧将对其进行详细介绍。

初始效果

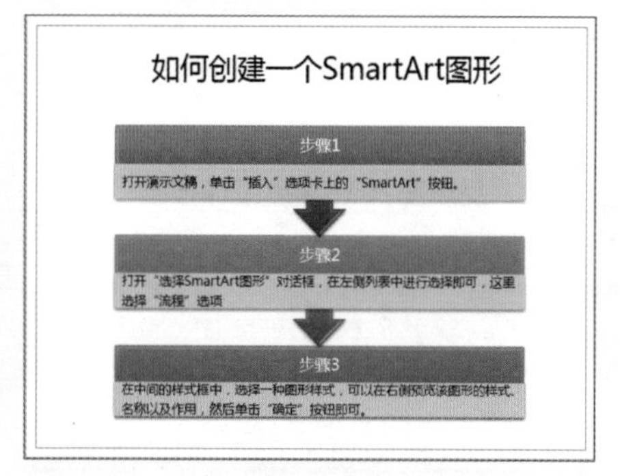

最终效果

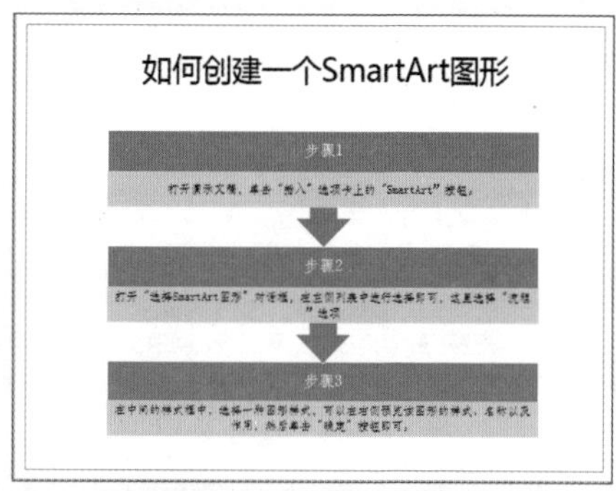

恢复被更改前的格式效果

① 选中SmartArt图形，单击“SMARTART工具”上下选项卡中的“设计”选项。

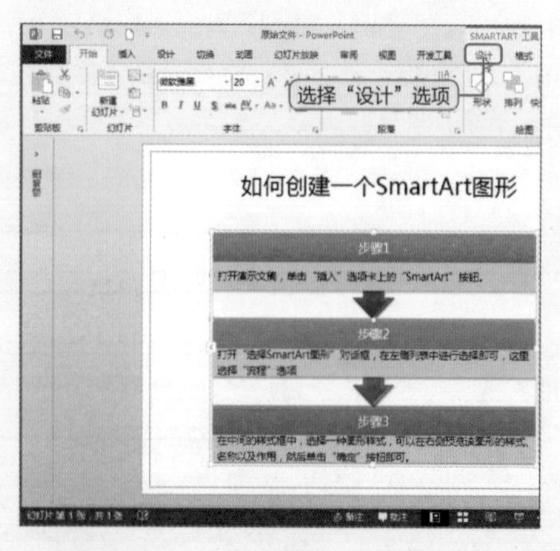

② 单击“重设图形”按钮，即可使图形快速恢复原貌。

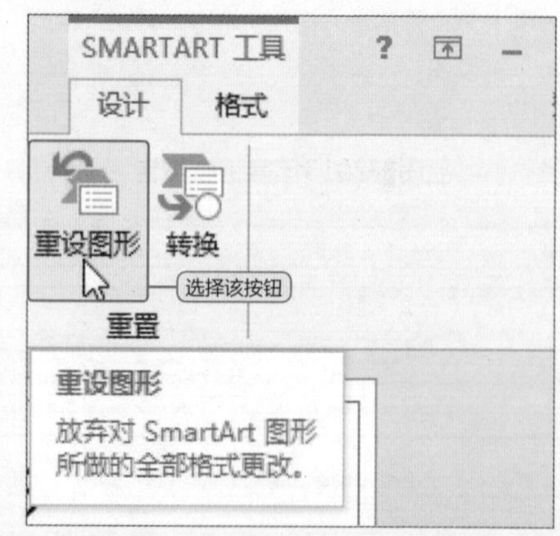

● Level ★★☆

如何将SmartArt图形转换为纯文本？

若用户需要提取SmartArt图形中的文本信息，当有多个文本时，逐个提取会非常麻烦，可以直接将SmartArt图形转换为文本。

初始效果

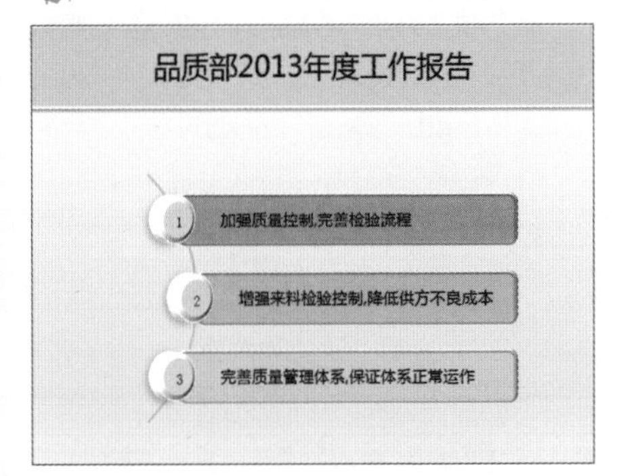

未转换为文本效果

最终效果

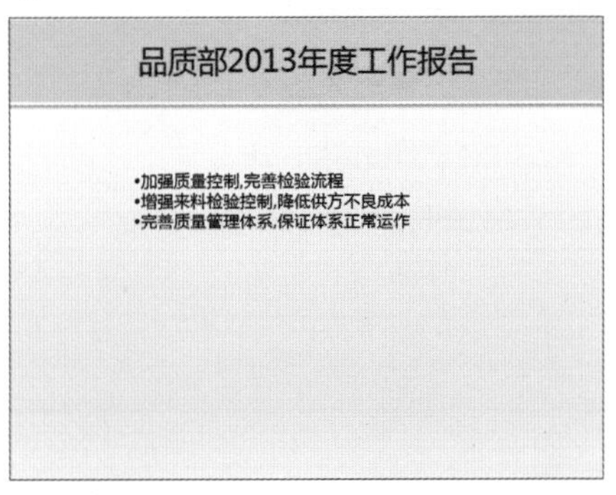

转换为文本效果

❶ 选择SmartArt图形，单击“SMARTART工具”上下文选项卡中的“设计”选项。

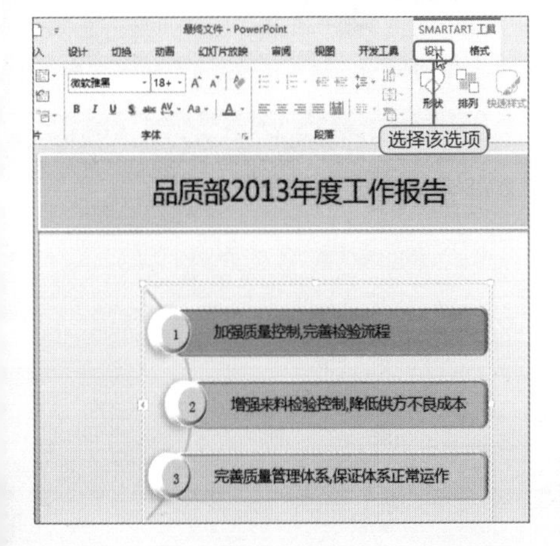

❷ 单击“转换”按钮，从列表中选择“转换为文本”选项。

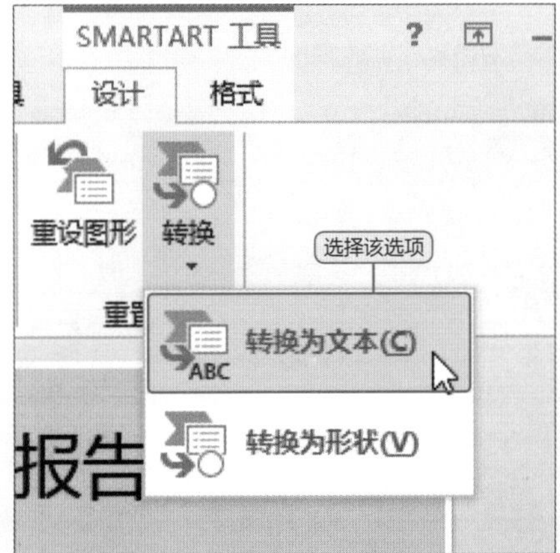

Question 174

● Level ★★★

如何在幻灯片中插入表格？

对于那些内容比较复杂、无法精简，用图形无法准确表达，用纯文本表现又不够直接的内容，可以利用PowerPoint提供的表格功能进行表达，本技巧将详细介绍利用占位符和表格按钮创建表格的操作。

1 占位符添加表格。包含表格占位符的幻灯片中，单击表格图标。

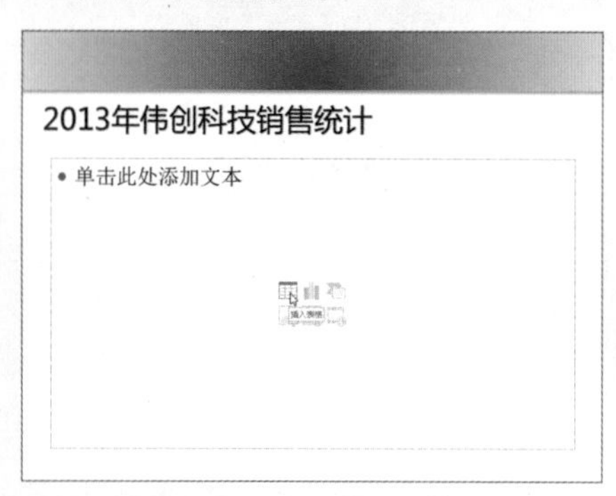

2 弹出“插入表格”对话框，可通过“行数”和“列数”右侧的数值框设置行数和列数，这里设置“列数”为8、“行数”为5，单击“确定”按钮即可在幻灯片中插入一个5行8列的表格。

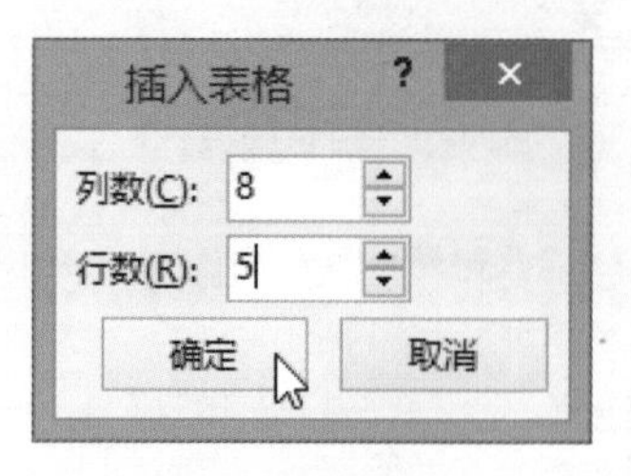

3 表格按钮插入表格。单击“插入”选项卡中的“表格”按钮，弹出列表中的上方为一个表格框，移动鼠标确定行数和列数，并可预览表格样式，单击即可插入表格。

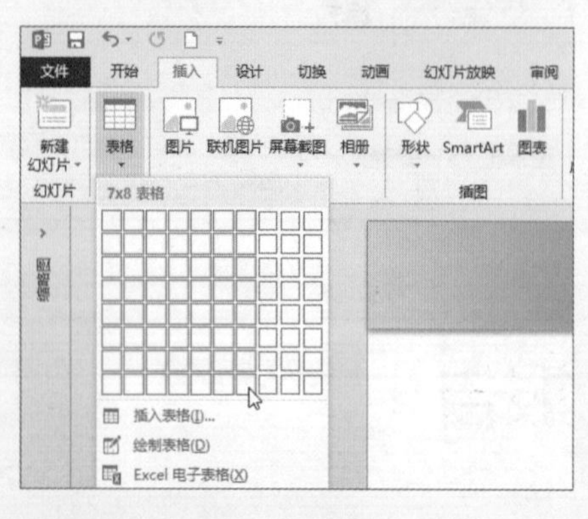

4 表格框最多可插入8行10列的表格，若用户需插入表格的行列数超过此数目，需选择“插入表格”选项，同样弹出“插入表格”对话框，输入行列数即可插入表格。

2008年—2013年晶振销售统计

	2008	2009	2010	2011	2012	2013
1月	3986	3752	4985	5030	6010	5990
2月	4026	4630	3785	4652	5740	6300
3月	3750	5122	3741	3875	5830	6478
4月	4728	4660	4920	5511	4871	5773
5月	4550	3840	5010	4680	4963	6420
6月	5030	4423	3990	4955	4463	6658
7月	4820	4687	4750	5030	5088	6560

● Level ★★★

如何在幻灯片中使用Excel表格？

若需要在幻灯片中使用大量数据，并希望对这些数据可以进行排序、筛选等操作，使用上面两个技巧插入的表格无法将满足用户需求。此时需要插入Excel表格，在幻灯片中插入的Excel工作表可以像常规的Excel工作表一样进行操作。

1 插入Excel表格。单击“插入”选项卡中的“表格”按钮，从弹出列表中选择“Excel电子表格”选项。

2 此时，幻灯片中插入了一个Excel工作表并且为编辑状态，工作表四周出现8个控制点，可以等比例缩放表格。

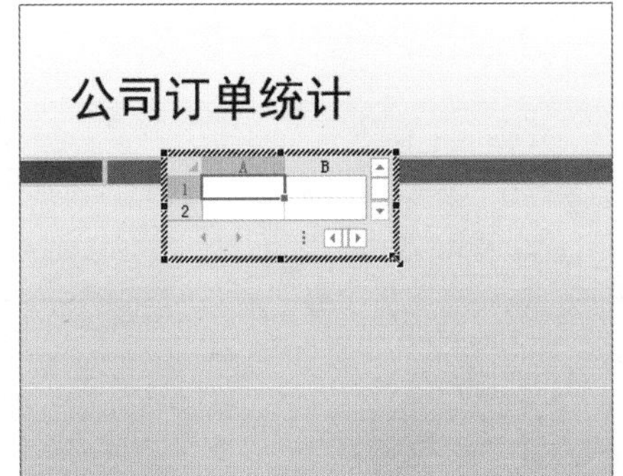

3 在工作表中输入文本，输入完成后，在工作表外的幻灯片页面任意处单击，即可退出编辑状态。

日期	客户	订单编号	订单量	单价	预付款
2013/8/1	TM10	TM10130801	5630	300	337800
2013/8/2	TN01	TN01130802	4685	250	234250
2013/8/3	CC33	CC33130803	6650	270	359100
2013/8/4	M015	M015130804	6500	160	208000
2013/8/5	T450	T450130805	7000	120	168000
2013/8/6	K923	K923130806	5900	220	259600
2013/8/7	MJ15	MJ15030807	4200	230	193200

Hint 进入工作表编辑状态

可直接双击工作表，或者在选择工作表后右击，选择“工作对象>编辑”命令即可。

公司订单统计

❶右击，选择该命令

❷选择该命令

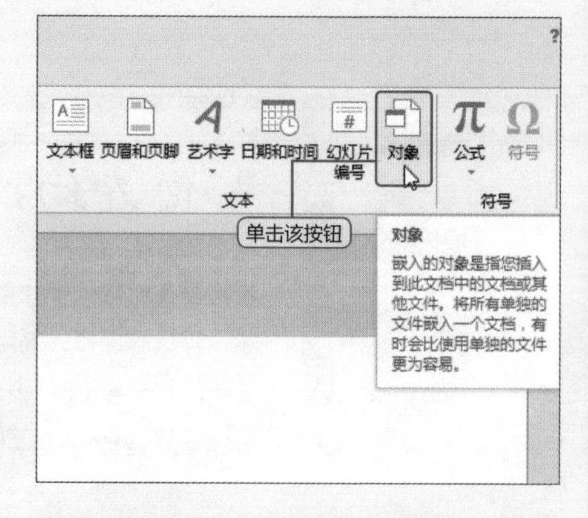

4 插入 Excel 文件。打开演示文稿，切换至“插入”选项卡，单击“对象”按钮。

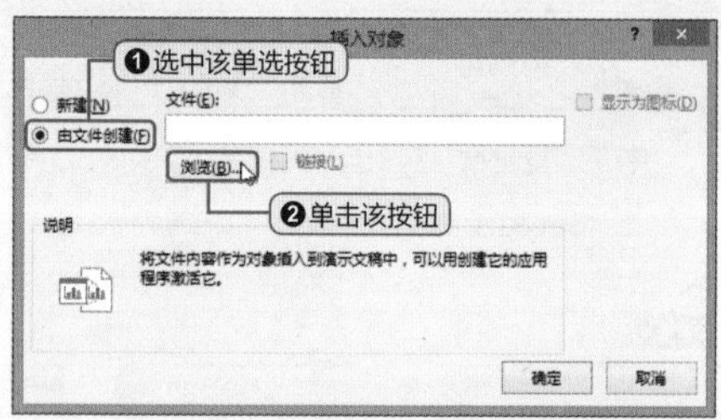

5 打开“插入对象”对话框，选中“由文件创建”单选按钮，单击“浏览”按钮。

6 打开“浏览”对话框，从中选择合适的文件，单击“确定”按钮。

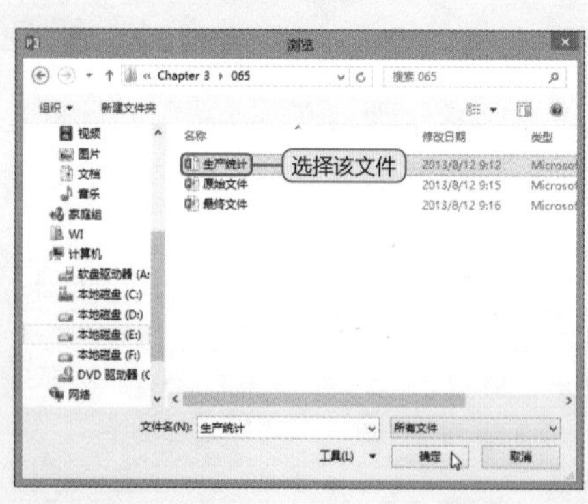

7 返回上一级对话框，单击“确定”按钮，将Excel文件插入到当前幻灯片中。

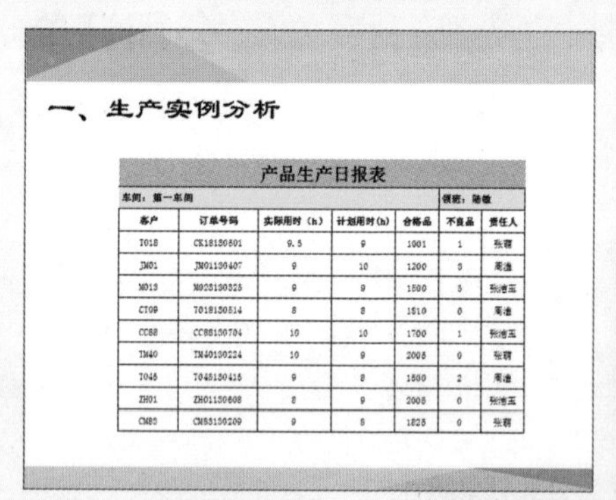

一、生产实例分析

产品生产日报表

车间：第一车间　领班：[illegible]

客户	订单号码	实际用时（h）	计划用时(h)	合格品	不良品	责任人
T018	CK18130501	9.5	9	1001	1	张莉
JM01	JM01130407	9	10	1200	3	周涛
M013	M023130325	9	9	1500	5	张德玉
CT09	T018130514	8	8	1510	0	周涛
CC88	CC88130704	10	10	1700	1	张德玉
TM40	TM40130224	10	9	2005	0	张莉
T045	T045130415	9	8	1800	2	周涛
ZH01	ZH01130608	8	9	2005	0	张德玉
CM85	CM85130209	9	8	1825	0	张莉

Hint 表格的应用

在PPT中应用表格最为苦恼的是：自己辛辛苦苦制作的表格，身边的人竟无人能看懂读懂。这是怎么回事呢？很明显是条理不够清晰。

在制作表格时，不应当以自我的思维为中心，随意无条理规范地制作表格。而应该将数据大众化、化繁就简地将专业性或者比较难懂的数据表达出来，并且在需要注释的地方，加上一定的注释。

同时，在运用表格表达数据时，不要只是粗制滥造地随意加工，也不管表头是否错乱，行列是否统一。其实，受众更喜欢页面统一、设计简洁大方、重点突出的表格。

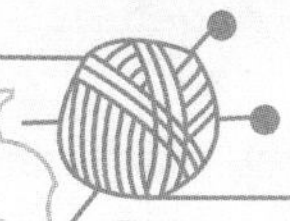

● Level ★★★

如何选取表格中的单元格?

表格是由一个个的单元格组成的，对表格的操作其实就是对多个单元格的操作，PowerPoint中创建的表格和使用Excel创建的表格在选择上会有所不同。

① 选择Excel表格中的单个单元格。首先进入工作表编辑状态，光标移至需要选取的单元格上方，单击该单元格即可。

客户订单统计

日期	客户	订单编号	订单量	单价	预付款
2013/8/1	TM10	TM10130801	5630	300	337800
2013/8/2	TN01	TN01130802	4685	250	234250
2013/8/3	CC33	CC33130803	6650	270	359100
2013/8/4	M015	M015130804	6500	160	208000
2013/8/5	T450	T450130805	7000	120	168000
2013/8/6	K923	K923130806	5900	220	259600
2013/8/7	MJ15	MJ15030807	4200	230	193200

② 选择Excel表格中的整行。将光标移至第3行行标处，单击该行标即可选择该行单元格。

客户订单统计

日期	客户	订单编号	订单量	单价	预付款
2013/8/1	TM10	TM10130801	5630	300	337800
2013/8/2	TN01	TN01130802	4685	250	234250
2013/8/3	CC33	CC33130803	6650	270	359100
2013/8/4	M015	M015130804	6500	160	208000
2013/8/5	T450	T450130805	7000	120	168000
2013/8/6	K923	K923130806	5900	220	259600
2013/8/7	MJ15	MJ15030807	4200	230	193200

③ 选择Excel表格中的整列。将光标移至A列列标处，单击该列标即可将该列单元格选中。

客户订单统计

日期	客户	订单编号	订单量	单价	预付款
2013/8/1	TM10	TM10130801	5630	300	337800
2013/8/2	TN01	TN01130802	4685	250	234250
2013/8/3	CC33	CC33130803	6650	270	359100
2013/8/4	M015	M015130804	6500	160	208000
2013/8/5	T450	T450130805	7000	120	168000
2013/8/6	K923	K923130806	5900	220	259600
2013/8/7	MJ15	MJ15030807	4200	230	193200

④ 选择Excel表格中的连续区域。按住鼠标左键不放，拖动鼠标即可选择连续多个单元格。

客户订单统计

日期	客户	订单编号	订单量	单价	预付款
2013/8/1	TM10	TM10130801	5630	300	337800
2013/8/2	TN01	TN01130802	4685	250	234250
2013/8/3	CC33	CC33130803	6650	270	359100
2013/8/4	M015	M015130804	6500	160	208000
2013/8/5	T450	T450130805	7000	120	168000
2013/8/6	K923	K923130806	5900	220	259600
2013/8/7	MJ15	MJ15030807	4200	230	193200

5 选择Excel表格中的不连续区域。按住Ctrl键不放的同时，使用鼠标选取多个单元格。

客户订单统计

日期	客户	订单编号	订单量	单价	预付款
2013/8/1	TM10	TM10130801	5630	300	337800
2013/8/2	TN01	TN01130802	4685	250	234250
2013/8/3	CC33	CC33130803	6650	270	359100
2013/8/4	M015	M015130804	6500	160	208000
2013/8/5	T450	T450130805	7000	120	168000
2013/8/6	K923	K923130806	5900	220	259600
2013/8/7	MJ15	MJ15030807	4200	230	193200

6 选择Excel表格中的所有单元格。将光标移至表格左上角，单击全选按钮 ◢，即可选取表格中的所有单元格。

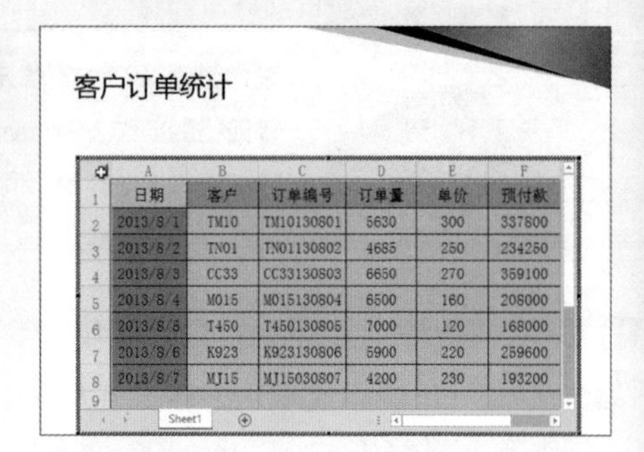

7 选择PPT表格中的整列。单击“表格工具-布局”选项卡中的“选择”按钮，从列表中选择“选择列”选项。

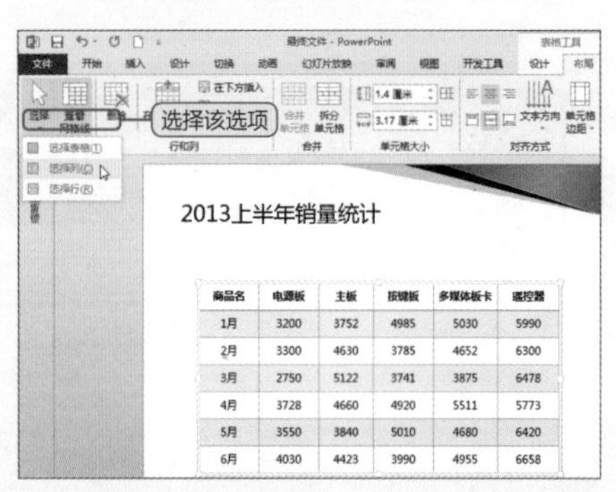

8 即可查看光标所在的列中单元格呈选中状态。

9 选择PPT表格中的整行。将光标移至表格边框的行单元格处，光标变为黑色箭头。

10 单击鼠标即可选择该行，可看到单元格呈选中状态。

2013上半年销量统计

商品名	电源板	主板	按键板	多媒体板卡	遥控器
1月	3200	3752	4985	5030	5990
2月	3300	4630	3785	4652	6300
3月	2750	5122	3741	3875	6478
4月	3728	4660	4920	5511	5773
5月	3550	3840	5010	4680	6420
6月	4030	4423	3990	4955	6658

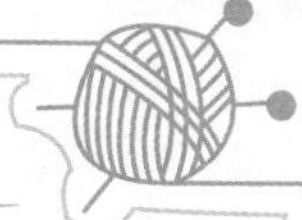

● Level ★★★

如何为创建好的表格添加行或列？

创建完成一个表格后，用户往往会在输入文本的过程中发现表格的行数或列数并不能满足当前需求，此时就需要在表格中添加行或列。

1 插入行。将光标定位在最后一行单元格，单击“表格工具-布局”选项卡中的“在下方插入”按钮即可。

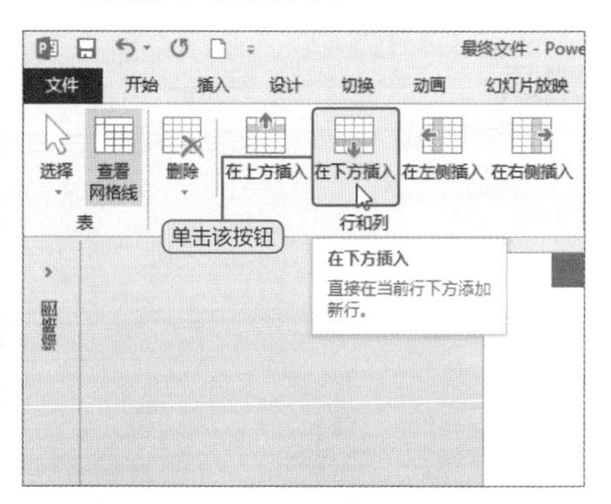

2 插入列。将光标定位在最后一列单元格，单击“表格工具-布局”选项卡中的“在右侧插入”按钮即可。

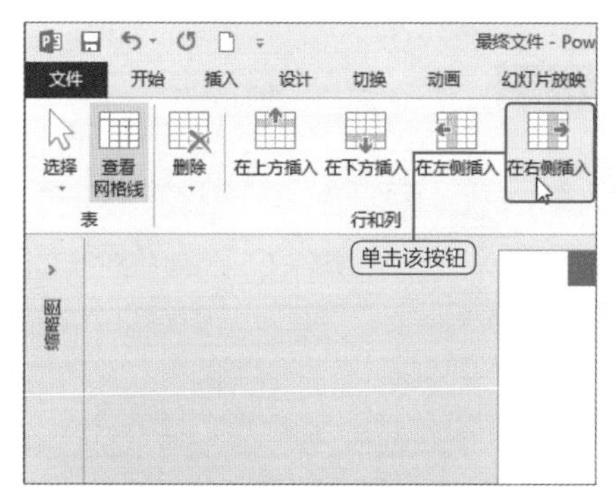

3 经过上述操作，在最后一行和最后一列输入文本即可。若需插入多行或多列，只需选择多个单元格后执行插入操作即可。

2008年—2013年各类产品销售额统计（单位：万元）

年份 产品	2008	2009	2010	2011	2012	2011
晶振	28.9	30.5	29.8	35.6	38.4	45.6
声表	35.4	40.2	37.1	42.6	49.8	55.8
电容	90.6	98.5	95.3	112.6	120.7	135.8
电阻	80.2	90.7	87.4	100.8	110.0	120.6
电感	45.3	50.6	47.2	59.3	64.1	65.4
保险丝	75.3	80.0	77.9	95.2	110.6	111.9
IC	450.6	550.8	500.7	580.9	590	620.6

Hint 快捷菜单法插入行或列

选择单元格并右击，在快捷菜单中选择“插入”命令，再进行插入即可。

2008年—2013年各类产品销售额统计（单位：万元）

年份 产品	2008	2009	2010	2011	2012	2011
晶振	28.9	30.5	29.8	35.6	38.4	45.6
声表	35.4	40.2	37.1	42.6	49.8	55.8
电容	90.6	98.5	95.3	112.6	120.7	135.8
电阻	80.2	90.7				120.6
电感	45.3	50.6				
保险丝	75.3	80.0	77.9	95.2		
IC	450.6	550.8	500.7	580.9		

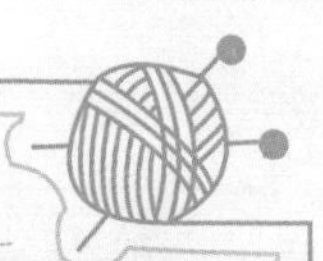

Level ★★☆

Question 18

如何删除表格中多余的行与列?

创建表格后，输入文本时，若发现插入表格的行或列有剩余，为了不影响表格的美观性，可以将其删除，本技巧将介绍如何删除多余的行或列。

1 删除行。将光标定位在最后一行单元格后单击“表格工具-布局”选项卡中的“删除”按钮，再选择“删除列”选项。

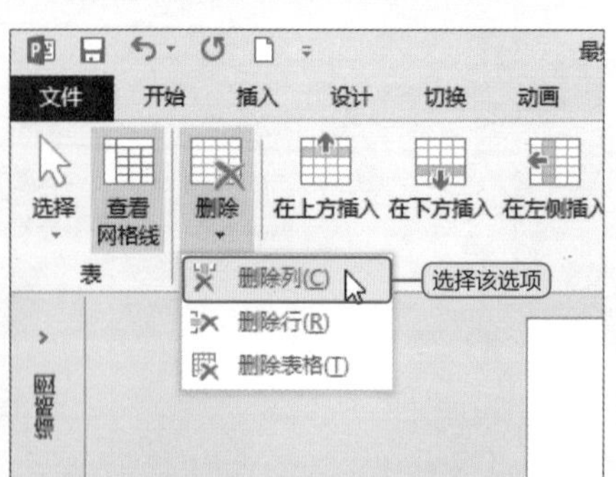

2 删除列。将光标定位在最后一列单元格后单击“表格工具-布局”选项卡中的“删除”按钮，再选择“删除列”选项。

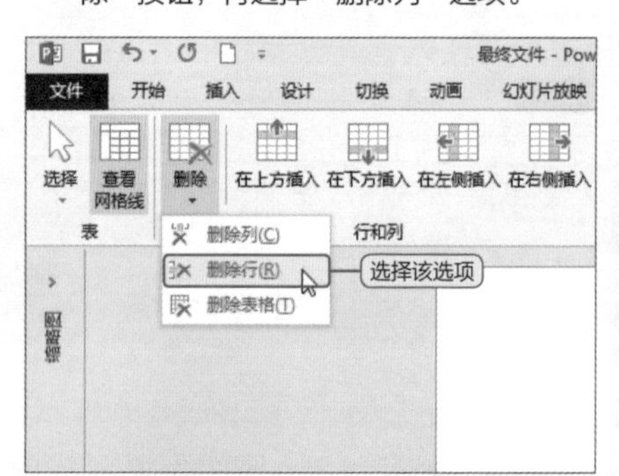

3 删除整个工作表。将光标定位在工作表中，单击“表格工具－布局”选项卡中的“删除”按钮，从列表中选择“删除表格”选项。

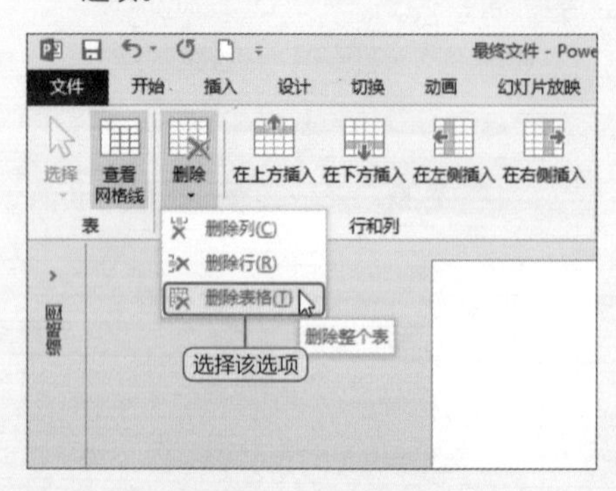

Hint 右键快捷菜单删除行或列

选择单元格并右击，在快捷菜单中选择“删除”命令，再进行删除即可。

丽人美妆2013上半年销售量统计

单击该按钮

月份	洁面乳	爽肤水	润肤乳	
1月	2587	30		
2月	3358	4006	3400	2000
3月	2700	3750	3677	1640
4月	3680	3468	4000	1300
5月	2960	4200	4200	1700
6月	3000	3700	3875	2050

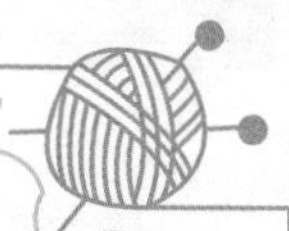

Question 119

● Level ★★★

如何改变表格的底纹颜色?

应用表格样式后，表格会出现底纹色，但是这些底纹色并不是固定的，为了可以突出显示某些单元格，用户可以根据需要更改这些单元格的底纹色。

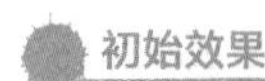

初始效果

丽人美妆2013上半年销售量统计

月份	洁面乳	爽肤水	润肤乳	精油	面膜
1月	2587	3050	2988	1750	2300
2月	3358	4006	3400	2000	3400
3月	2700	3750	3677	1640	2890
4月	3680	3468	4000	1300	2775
5月	2960	4200	4200	1700	3204
6月	3000	3700	3875	2050	3360
7月	4000	4430	3645	1990	3749
8月	3420	4680	3355	1640	3150

未增加底纹效果

最终效果

丽人美妆2013上半年销售量统计

月份	洁面乳	爽肤水	润肤乳	精油	面膜
1月	2587	3050	2988	1750	2300
2月	3358	4006	3400	2000	3400
3月	2700	3750	3677	1640	2890
4月	3680	3468	4000	1300	2775
5月	2960	4200	4200	1700	3204
6月	3000	3700	3875	2050	3360
7月	4000	4430	3645	1990	3749
8月	3420	4680	3355	1640	3150

为表格添加底纹效果

1. 选中需要设置底纹的单元格，单击“表格工具-设计”选项卡中的“颜色”按钮，从列表中选择合适的颜色即可。

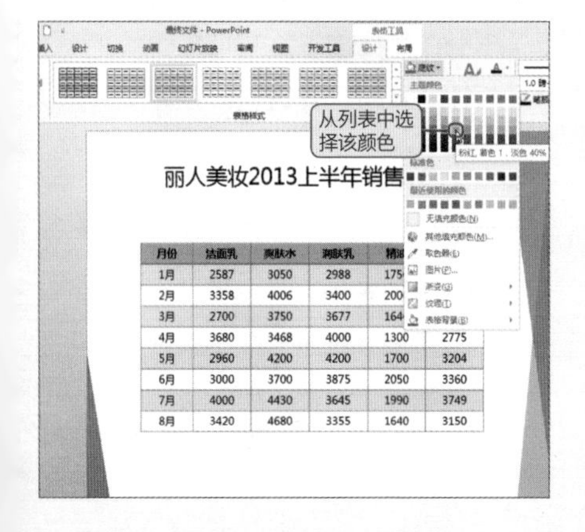

2. 若选择 “其他填充颜色”选项，将打开“颜色”对话框，在“自定义”选项卡中设置底纹颜色，单击“确定”按钮即可。

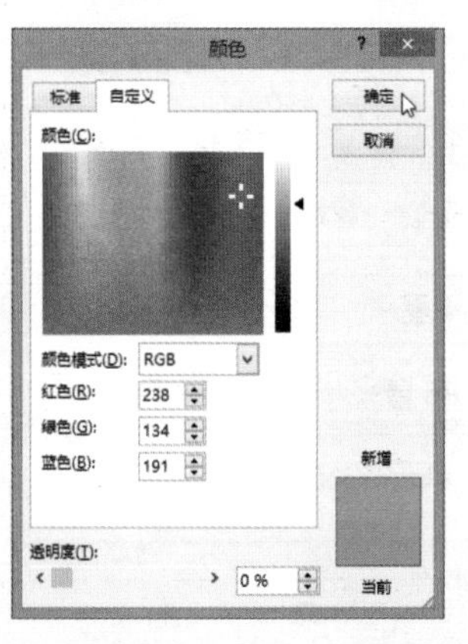

Question 120

● Level ★★☆

如何将单元格的行高调整为合适大小?

创建完成表格后，其单元格的行高或列宽为默认值，当输入内容过多时，就需要对单元格的大小进行调整，本技巧以调整单元格的行高为例进行介绍，列宽的调整与之类似，不再赘述。

1 手动调整行高。将光标移至需调整行高的单元格边界，当光标变为÷形状，按住鼠标左键拖动，虚线代表当前行高位置。

2009--2013年毕业生就业统计

年份	2009	2010	2011	2012	2013
公务员	200	260	300	370	400
企事业单位	650	780	800	740	820
知名外企	3000	3500	3200	4000	4300
民营公司	5000	5200	4900	5400	6000
继续深造	1000	1200	1120	900	880
自主创业	900	880	1200	1300	1600
自由工作者	230	300	210	280	300

2 拖动鼠标至合适位置后，释放鼠标左键，可完成手动调整行高。

2009--2013年毕业生就业统计

年份	2009	2010	2011	2012	2013
公务员	200	260	300	370	400
企事业单位	650	780	800	740	820
知名外企	3000	3500	3200	4000	4300
民营公司	5000	5200	4900	5400	6000
继续深造	1000	1200	1120	900	880
自主创业	900	880	1200	1300	1600
自由工作者	230	300	210	280	300

3 功能区命令调整。选择左侧3个单元格，在“表格工具-布局”选项卡“单元格大小”选项组中，将“高度”设置为1.4厘米。

表格工具
设置单元格高度
开发工具 设计 布局
高度: 1.4 厘米 分布行
宽度: 2.86 厘米 分布列
单元格大小

4 多行行高平均分布。选择最左侧相邻的多个单元格，单击“表格工具-布局”选项卡中的“分布行”按钮即可。

表格工具
开发工具 设计 布局
高度: 分布行
宽度: 4.14 厘米 分布列
单元格大小 单击该按钮
分布行
在所选行之间平均分布高度。

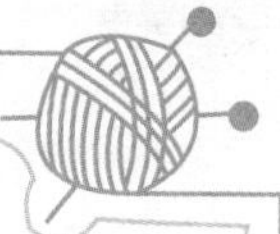

Question 12

● Level ★★☆

如何拆分与合并单元格?

单元格是表格的基本组成单位，合并单元格是指将相邻的多个单元格合并为一个单元格，合并后的单元格的长度为合并前多个单元格的长度之和，拆分表示将一个单元格拆分为多个单元格，拆分后的单元格的长度不会发生变化。

① 合并单元格。打开演示文稿，拖动鼠标选取最后一行相邻的6个单元格。

各地区销售额统计（单位：万元）

地区 / 产品	沧浪区	平江区	虎丘区	吴中区	相城区	金阊区
晶振	28.9	30.5	29.8	35.6	38.4	29.3
声表	35.4	40.2	37.1	42.6	49.8	30.2
电容	90.6	98.5	95.3	112.6	120.7	43.5
电阻	80.2	90.7	87.4	100.8	110.0	56.7
电感	45.3	50.6	47.2	59.3	64.1	33.6
保险丝	75.3	80.0	77.9	95.2	110.6	62.3

② 单击“表格工具-布局”选项卡中的“合并单元格”按钮即可。

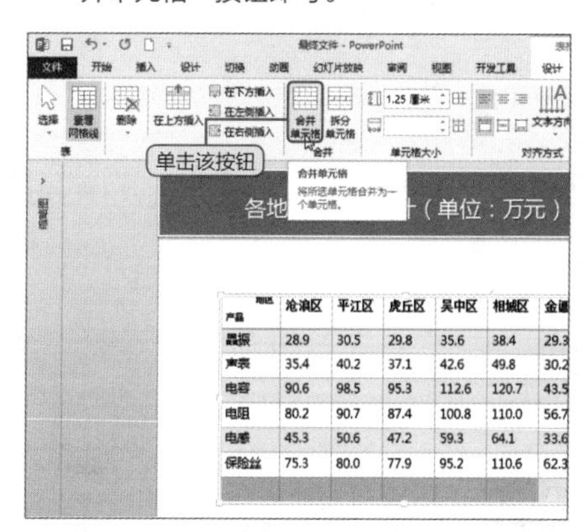

③ 或是右击，从弹出快捷菜单中选择“合并单元格”命令即可。

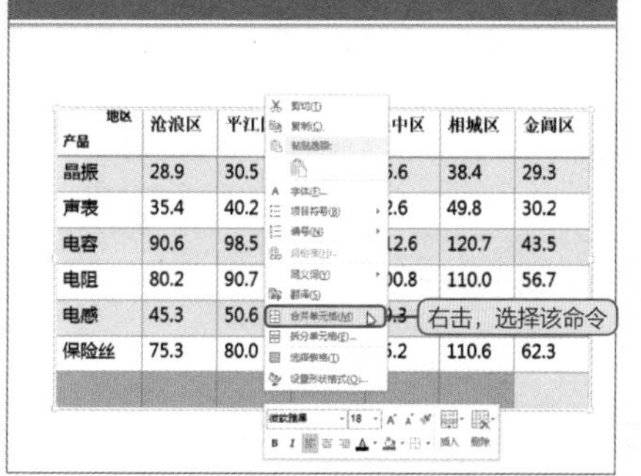

Hint Delete键的妙用

在表格中选中某行或某列，然后按Detele键便可以只删除文字内容而保留表格。

各地区销售额统计（单位：万元）

地区 / 产品	沧浪区	平江区	虎丘区	吴中区	相城区	金阊区
晶振	28.9	30.5	29.8	35.6	38.4	29.3
声表	35.4	40.2	37.1	42.6	49.8	30.2
电容	90.6	98.5	95.3	112.6	120.7	43.5
电阻	80.2	90.7	87.4	100.8	110.0	56.7
电感	45.3	50.6	47.2	59.3	64.1	33.6
保险丝	75.3	80.0	77.9	95.2	110.6	62.3
总计						2316.2

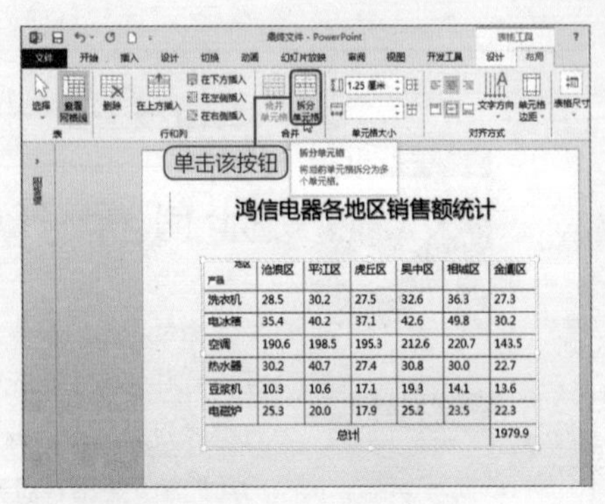

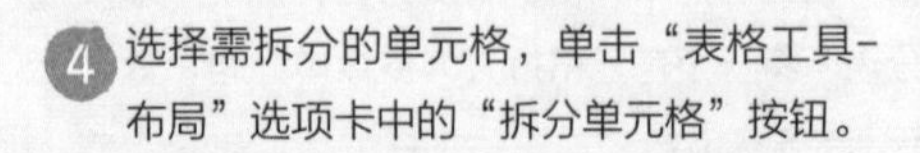

4 选择需拆分的单元格，单击“表格工具-布局”选项卡中的“拆分单元格”按钮。

5 弹出“拆分单元格”对话框，通过“行数”和“列数”右侧的数值框设置“列数”为6、“行数”为1，然后单击“确定”按钮。

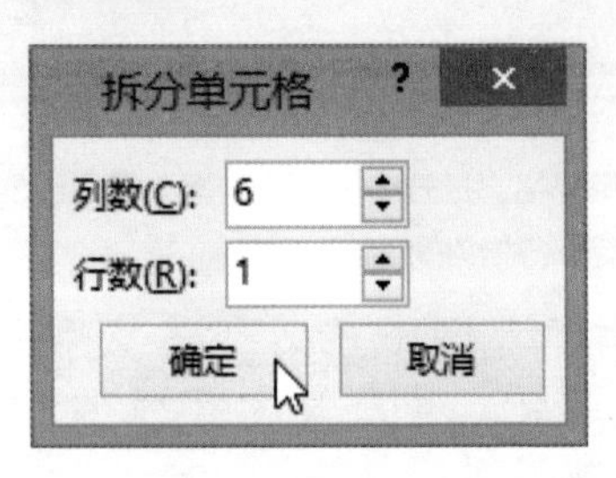

6 此时，所选单元格将被分为列宽相等的6个单元格。

鸿信电器各地区销售额统计

地区 产品	沧浪区	平江区	虎丘区	吴中区	相城区	金阊区
洗衣机	28.5	30.2	27.5	32.6	36.3	27.3
电冰箱	35.4	40.2	37.1	42.6	49.8	30.2
空调	190.6	198.5	195.3	212.6	220.7	143.5
热水器	30.2	40.7	27.4	30.8	30.0	22.7
豆浆机	10.3	10.6	17.1	19.3	14.1	13.6
电磁炉	25.3	20.0	17.9	25.2	23.5	22.3
总计						1979.9

Hint 小小铅笔实现拆分单元格

单击“表格工具-设计”选项卡中的“绘制表格”按钮，在需要拆分的单元格中绘制边线即可完成单元格的拆分。

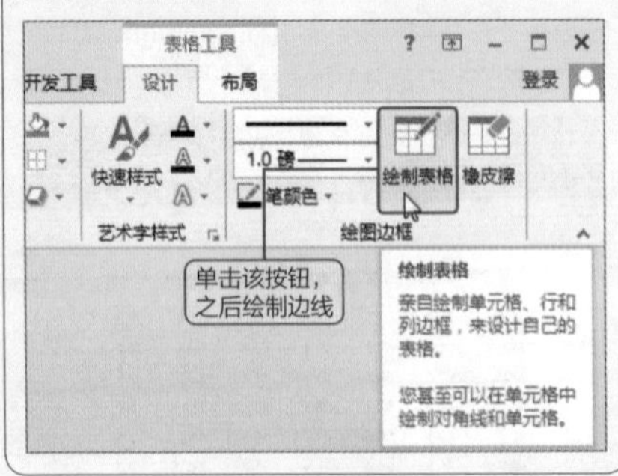

Hint 设计表格的注意事项

在PPT中应用表格是为了展示数据，从而表达某个观点、展示某项成果、证明某个结论或者是总结汇报项目进度，因此表格中的数据必须要有侧重点，如果只是简单地将数据统一到表格中，把总结或者计算的工作留给受众，受众是不会喜欢的。将表格中的重点内容突出显示，受众会更容易接受。

● Level ★★☆

如何在幻灯片中应用图表?

前面我们介绍了表格的应用，但是，抽象的表格数据可能会令观众头疼，这时，可以采用图表来直观地表示数据之间的关系，利用PowerPoint 2013提供的图表功能在幻灯片中插入图表。

1 打开演示文稿，单击“插入”选项卡中的“图表”按钮。

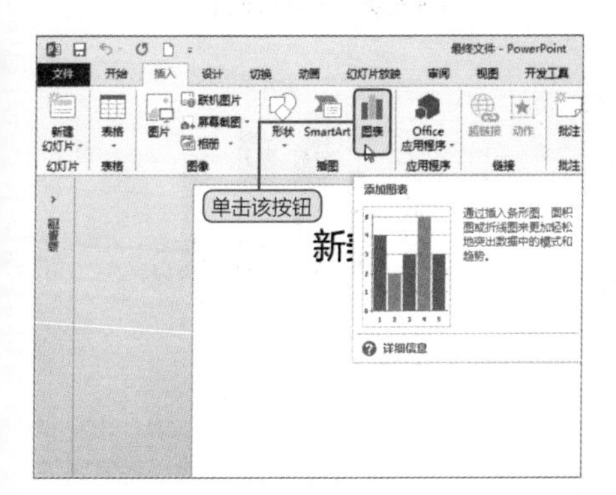

2 打开“插入图表”对话框，选择“柱形图”选项，再选择“簇状柱形图”，然后单击“确定”按钮。

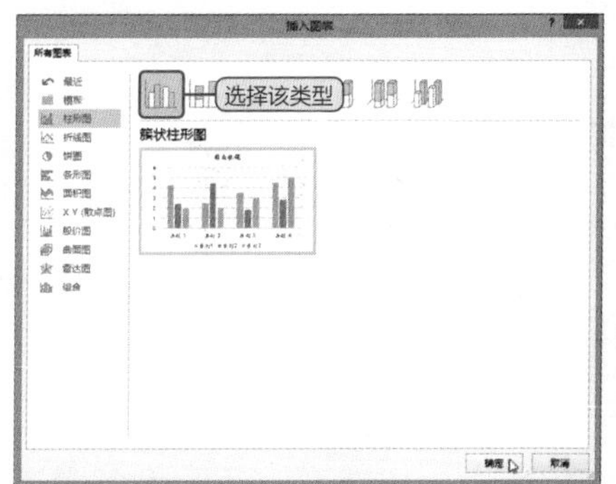

3 会自动弹出 Excel 工作表，输入与图表相关的数据，输入完成后，单击右上角的“关闭”按钮即可完成图表的创建。

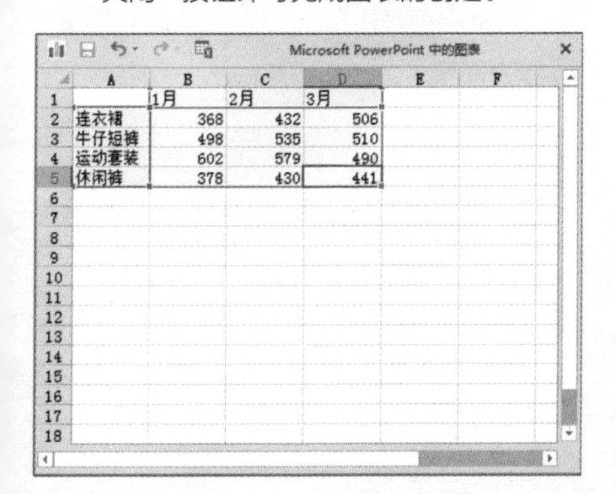

	1月	2月	3月
连衣裙	368	432	506
牛仔短裤	498	535	510
运动套装	602	579	490
休闲裤	378	430	441

Hint 占位符插入图表

若占位符中包含“插入图表”按钮，单击该按钮，通过打开的“插入图表”对话框创建图表。

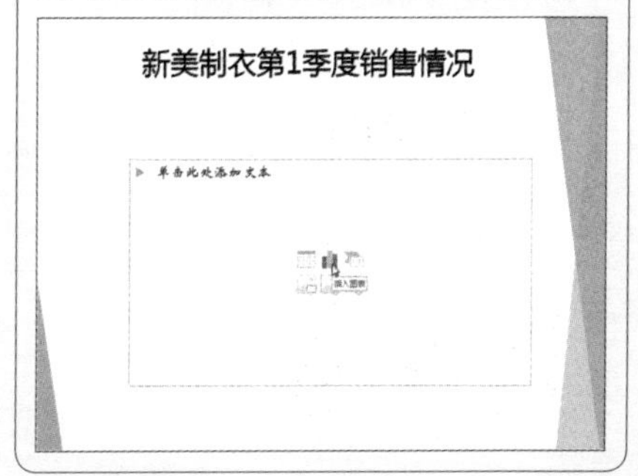

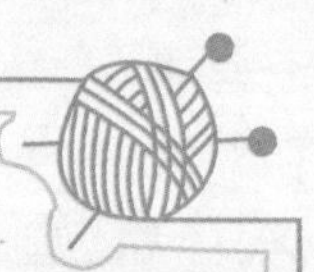

Question 23

● Level ★★☆

如何为创建的图表追加新数据？

在PowerPoint中，插入图表后，若需要为图表添加新的数据，或对图表中的数据进行修改，都可以通过编辑Excel工作表中的数据来实现。

初始效果

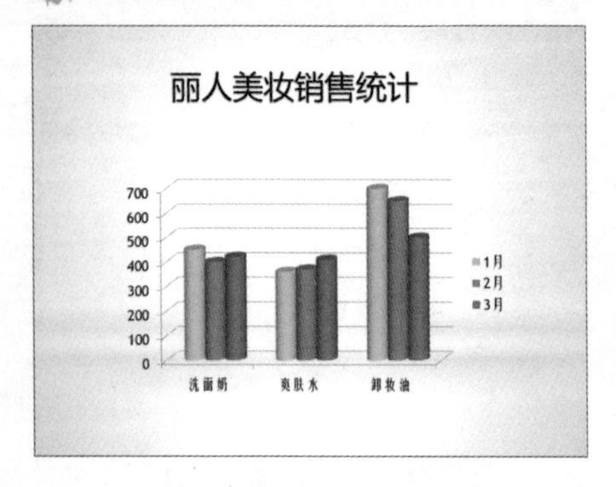

最终效果

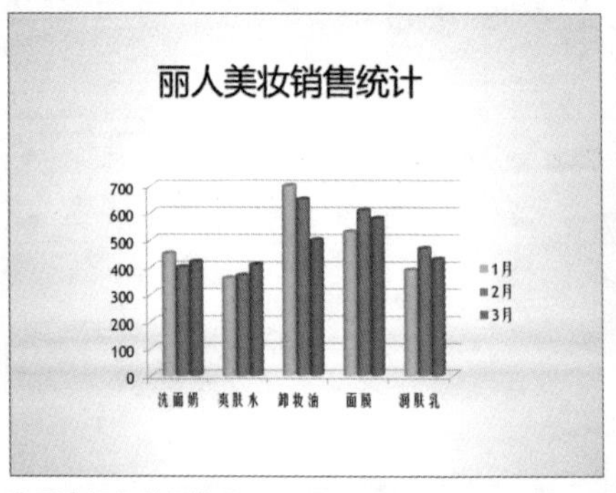

为图表添加数据效果

1. 选择图表，单击“图表工具-设计”选项卡中的“编辑数据”按钮。

单击该按钮

丽人美妆销售统计

2. 弹出Excel工作表，将光标移至图表区域右下角，按住鼠标左键拖动至合适位置释放鼠标，输入数据后，关闭工作表即可。

Microsoft PowerPoint 中的图表

	A	B	C	D	E
1		1月	2月	3月	
2	洗面奶	450	400	420	
3	爽肤水	360	370	410	
4	卸妆油	700	650	500	
5					
6					
7		若要调整图表数据区域的大小，请拖拽区			

● Level ★★☆

如何变换图表的类型?

在PowerPoint中，若发现已创建完成的图表类型与演示文稿内容不匹配，或者无法清晰、明确地传达想要表达的信息，可以将当前图表更改为合适的类型。

初始效果

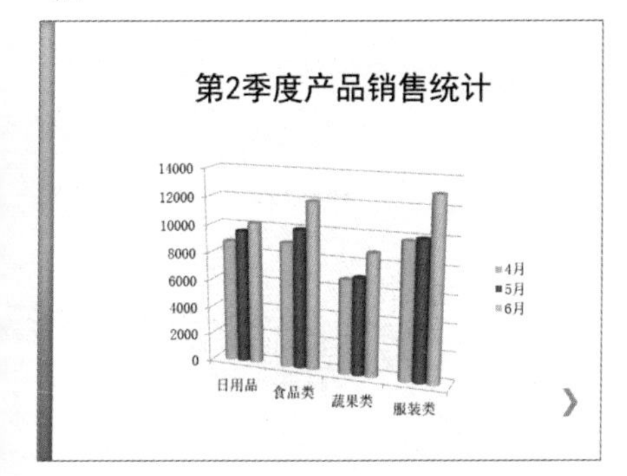

最终效果

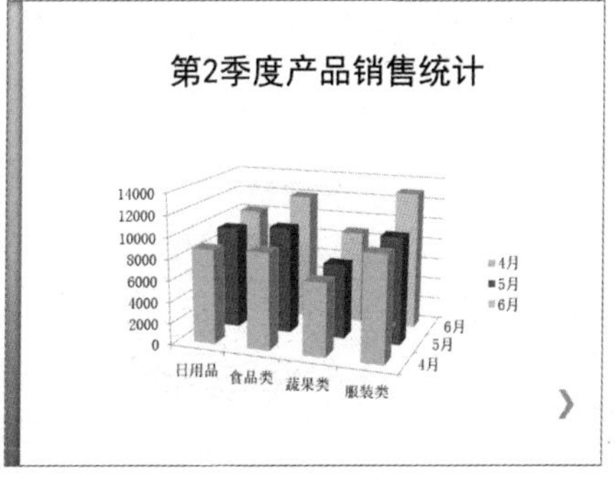

转换为“三维柱形图”图表

1 选择图表，单击“图表工具-设计”选项卡中的“更改图表类型”按钮。

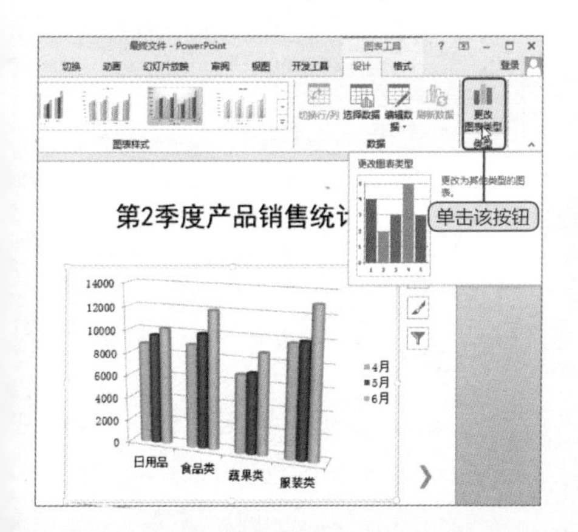

2 弹出“更改图表类型”对话框，选择“柱形图”选项，再选择“三维柱形图”类型，然后单击“确定”按钮即可。

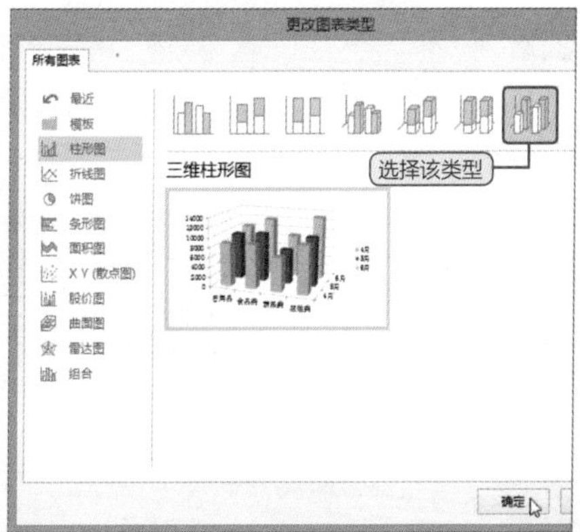

Question 125

● Level ★★☆

如何调整图表中图例的显示位置？

在PowerPoint中，默认情况下，插入的图表的图例都位于图表的右侧，用户可以根据需要改变图例的位置，或将其隐藏，还以可对图例的格式进行设置。

初始效果

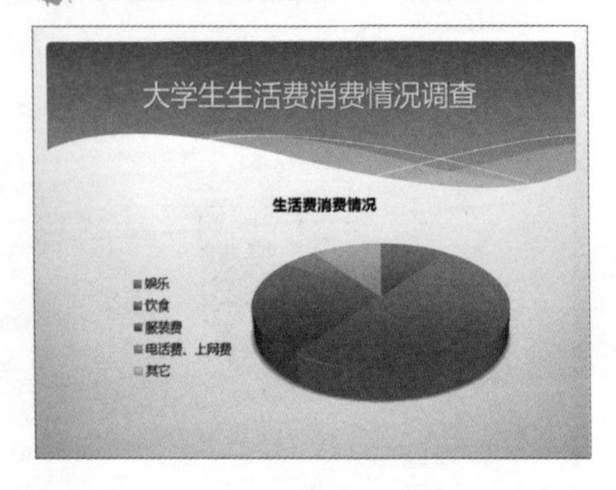

最终效果

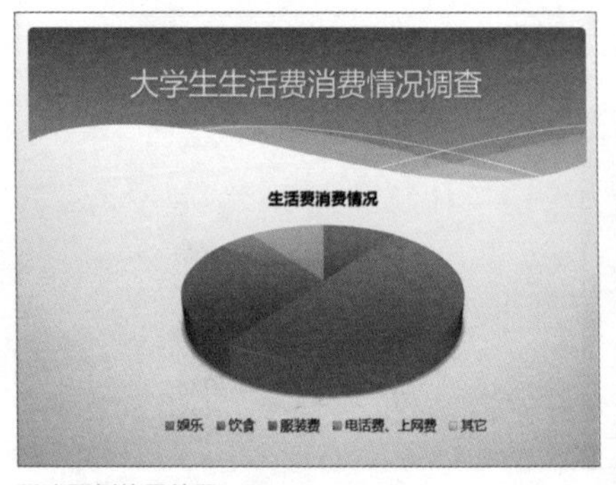

更改图例位置效果

选择图表，单击“图表工具-设计”选项卡中的“添加图表元素”按钮，从列表中选择“图例”选项，从关联列表中选择“底部”选项。

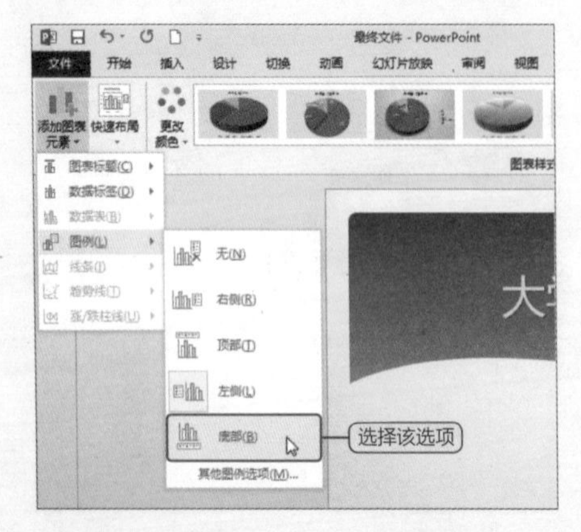

Hint 设置图例格式

若选择“其他图例选项”选项，则打开“设置图例格式”窗格，根据需要选择图例的位置即可。

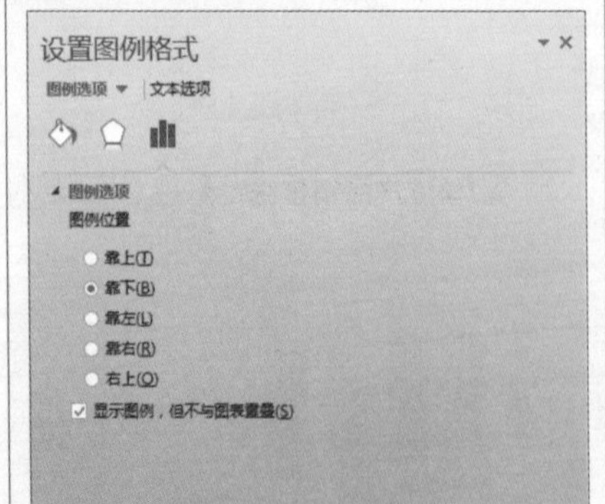

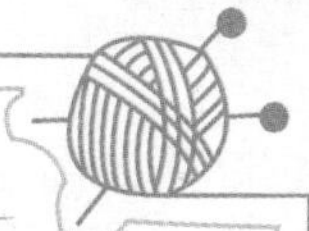

● Level ★★☆

如何显示图表中的数据标签？

在PowerPoint中，默认插入的图表的数据标签都不会显示出来，若用户希望可以很好地说明各图表数据大小，可以将数据标签显示出来，下面介绍显示数据标签的操作。

初始效果

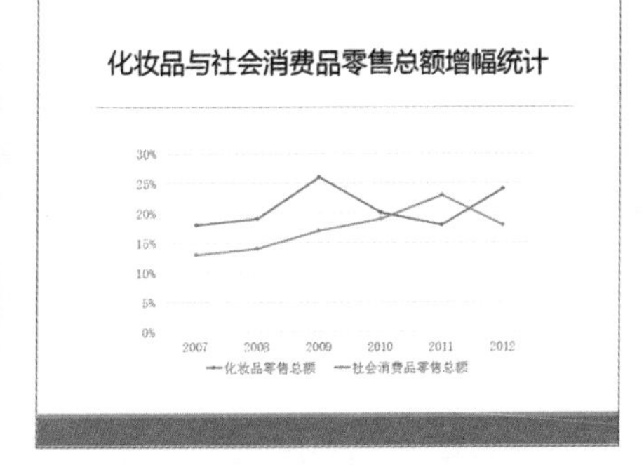

最终效果

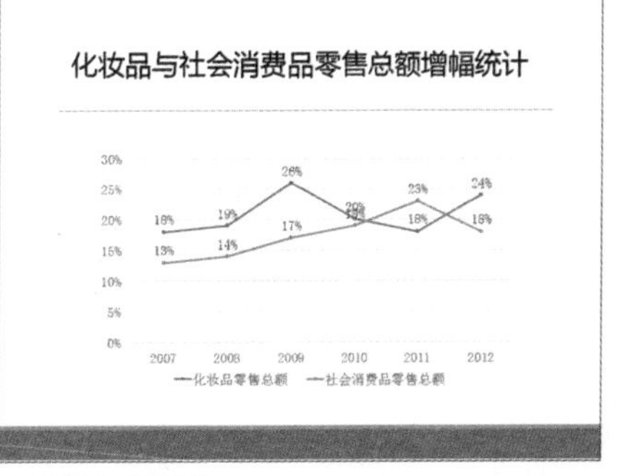

显示数据标签效果

选择图表，单击“图表工具-设计”选项卡中的“添加图表元素”按钮，从列表中选择“数据标签>上方”选项。

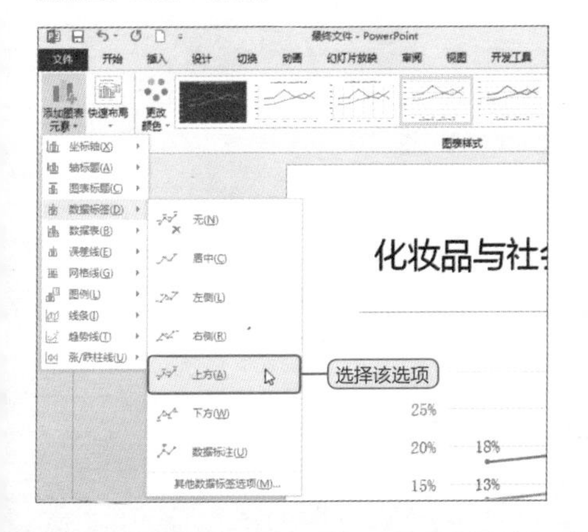

Hint 设置数据标签格式

选择“其他数据标签选项”选项，打开“设置数据标签格式”窗格，根据需要进行相应设置即可。

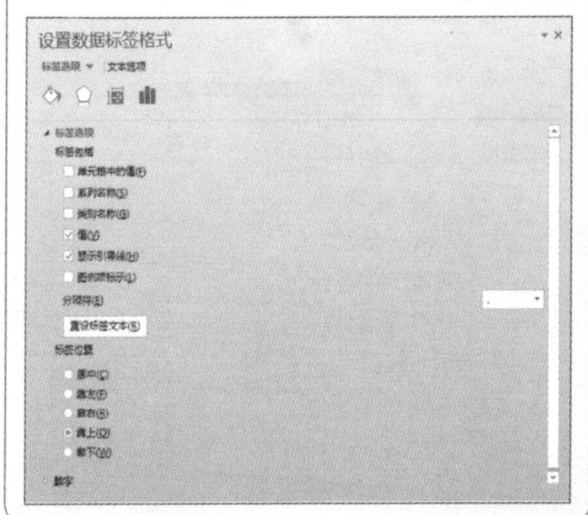

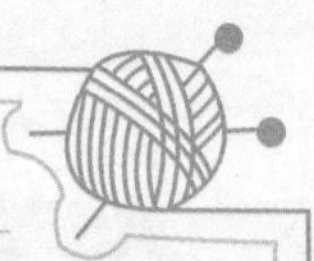

Question 127

● Level ★★★

如何绘制柱形图？

在PowerPoint中，柱形图是最常见的一种图表。因此，柱形图的制作方法也有多种，本技巧将另辟其径，采用图形绘制的方法来制作柱形图。在整个设计中，用户需要把握整体布局的合理性。

最终效果

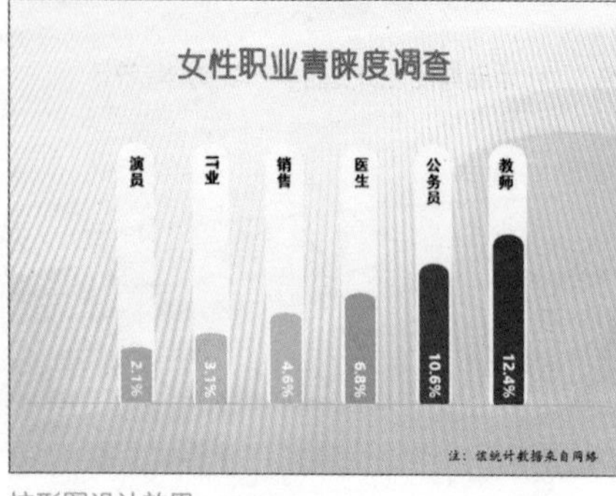

柱形图设计效果

1 打开文档后，绘制柱形图形并将其复制多个排列在编辑区中。

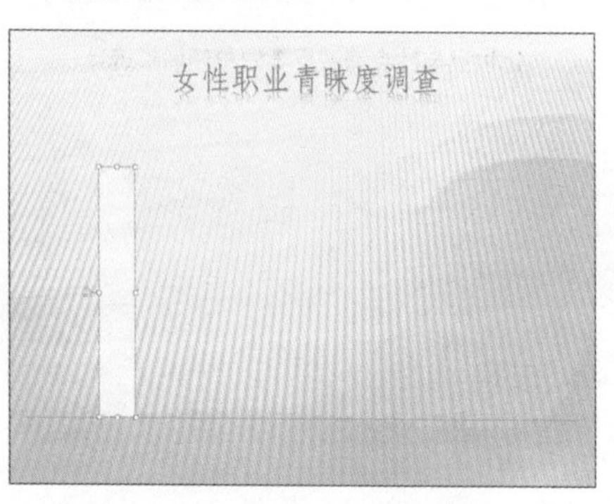

2 选中所有图形，单击功能区中的“对齐”按钮，在展开的列表中依次选择“底端对齐”和“横向分布”选项。

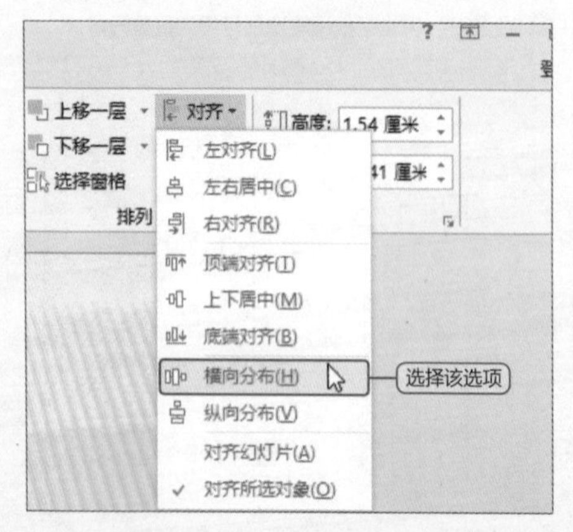

3 返回编辑区后，即可看到所绘制的多个柱形图已经自动、均匀地分布在编辑区中。

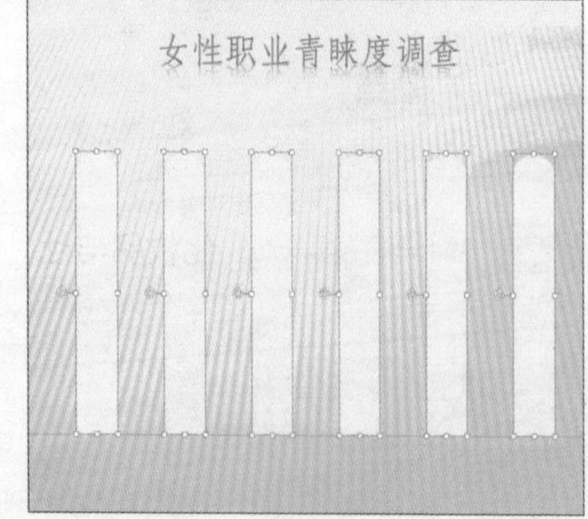

4 利用竖排文本框在各圆柱图形顶部输入必要的文字说明。

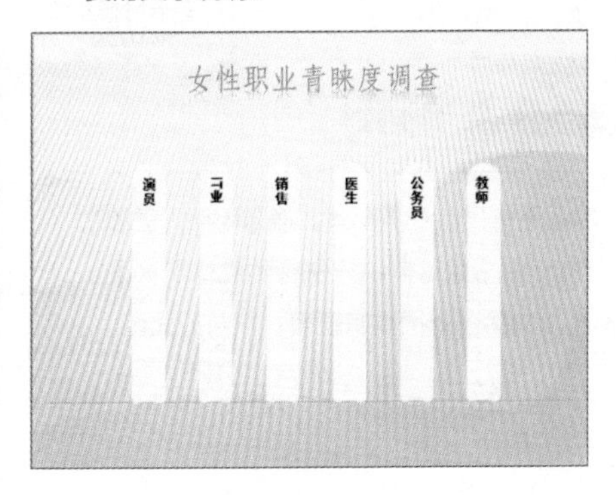

5 复制第一个圆柱图形并调整其大小和位置，接着为其填充“绿色”。

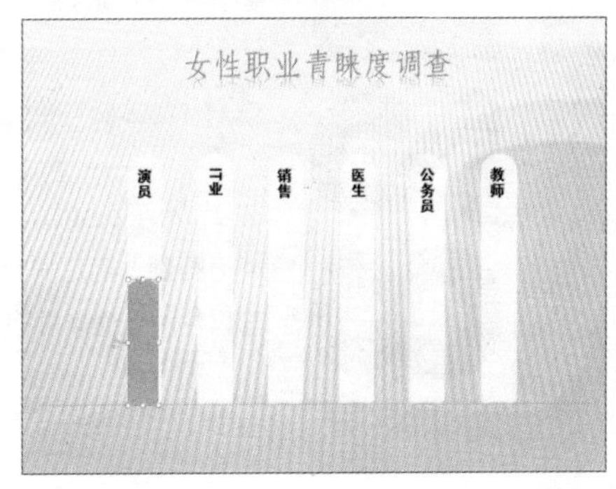

6 复制上述绘制的绿色圆柱形，依次将其粘贴至原有各个圆柱图形中。

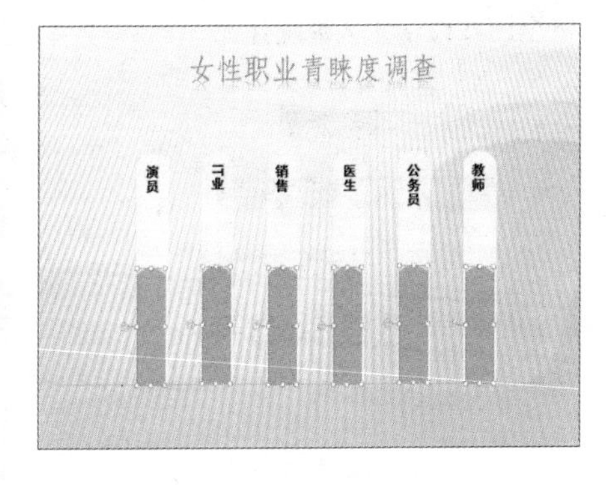

7 利用功能区的形状填充功能，为各圆柱形填充合适的颜色。

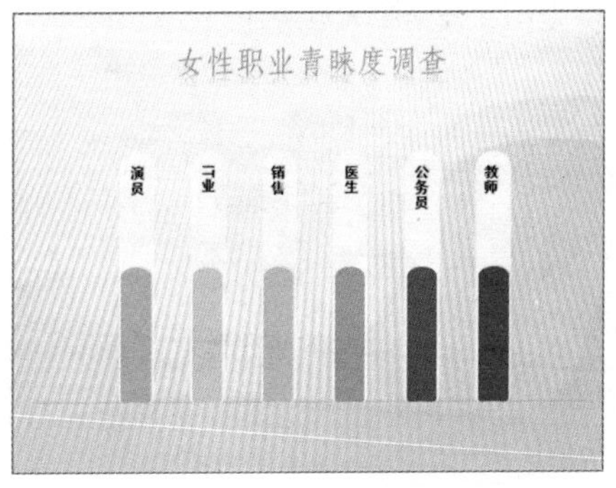

8 在各圆柱形中输入表示圆柱形高度的数值信息，并据此值对圆柱形作出调整。

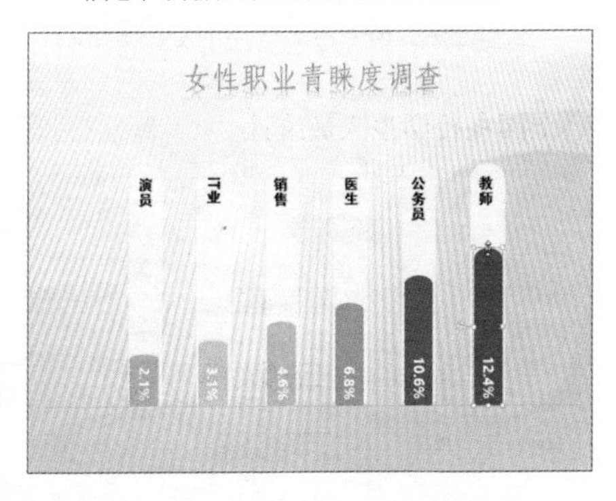

9 选中标题文本，为其应用艺术字样式。然后在编辑区右下角输入必要的文字说明。

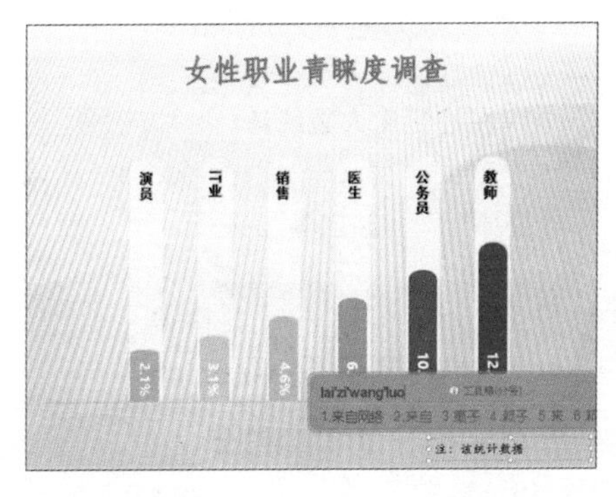

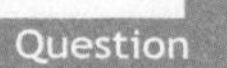

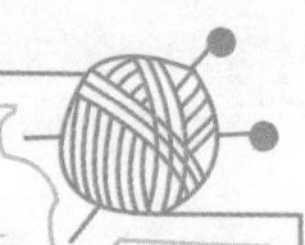

Question 28

● Level ★★☆

如何绘制立体条形图？

在PowerPoint中，条形图是常见的一类图表。通常用插入图表功能可得到，而这里我们将介绍采用绘制的方法得到立体条形图。与以往的普通条形图相比，立体条形图具有直观、形象的优点。

初始效果

平面效果

最终效果

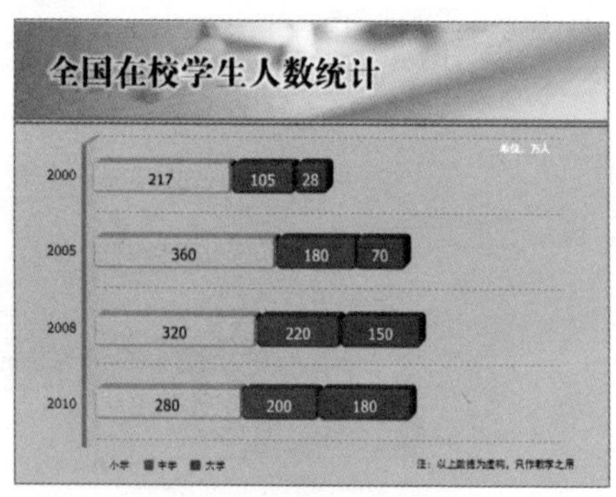

立体效果

1. 打开文档后，首先绘制图表的图例部分。复制矩形图形后，通过功能区中的“大小”选项组调整其大小即可。

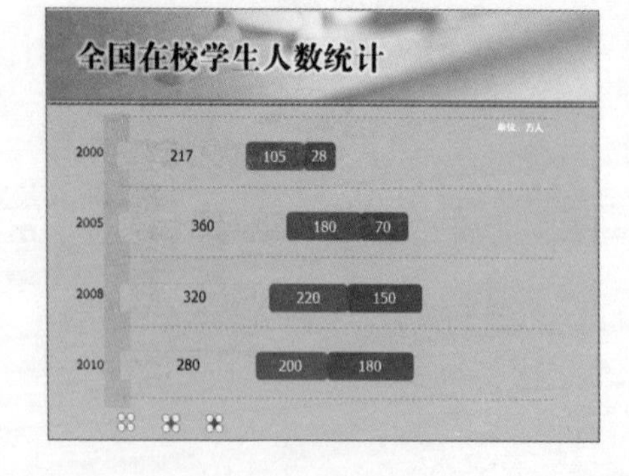

2. 接着为图例部分添加文字说明，根据条形图中各矩形所代表的内容进行标注。最后全部选中并按下组合键Ctrl+G将其组合。

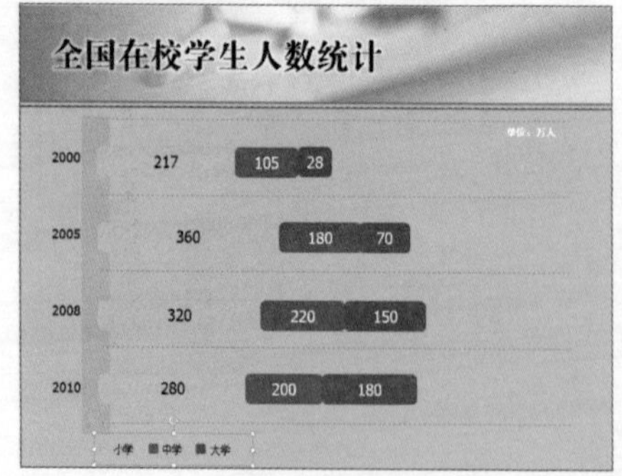

3 选择茶色的矩形，然后打开“设置形状格式”窗格，从中设置三维旋转效果为“离轴2右”。

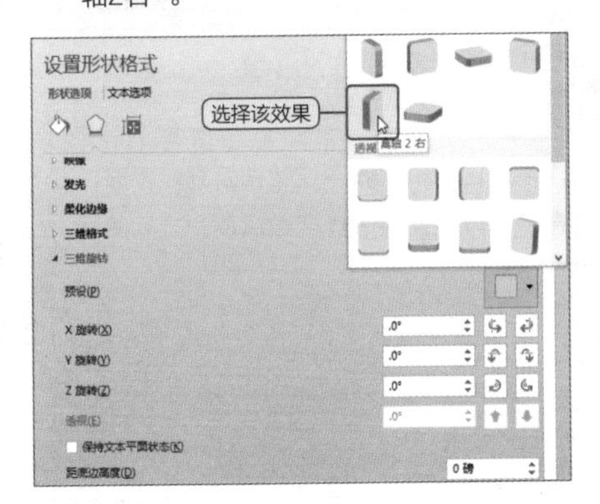

4 选择“三维格式”选项，在右侧区域中设置“深度－大小”为6磅。设置完成后单击“关闭”按钮返回。

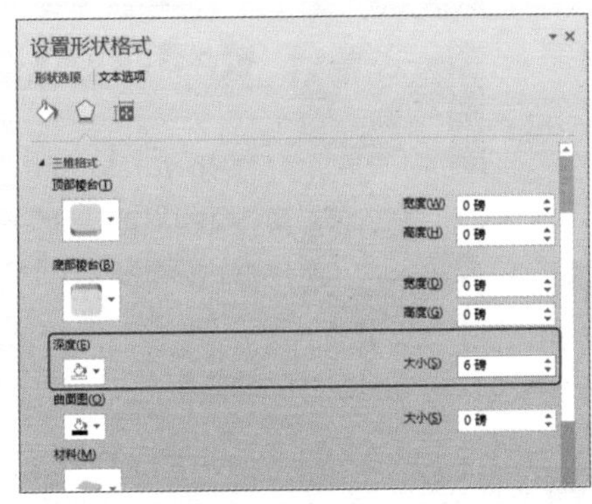

5 在编辑区中依次选择各条形图中的矩形并将其组合，接着选择所有条形图。

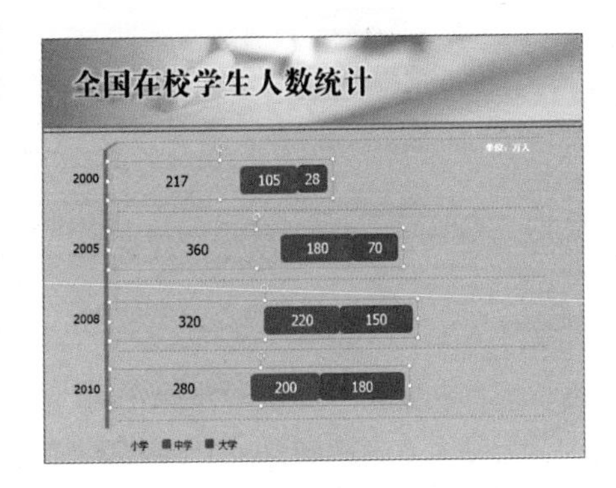

6 打开“设置形状格式”窗格，设置三维格式“棱台-顶端”为“艺术装饰”，宽度、高度均为4磅，“深度-大小”为28磅。

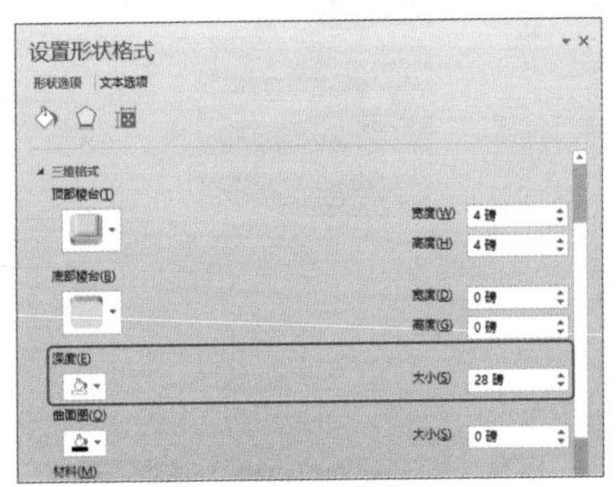

7 选择“三维旋转”选项，设置其效果为“倾斜右上”，最后单击“关闭”按钮返回。

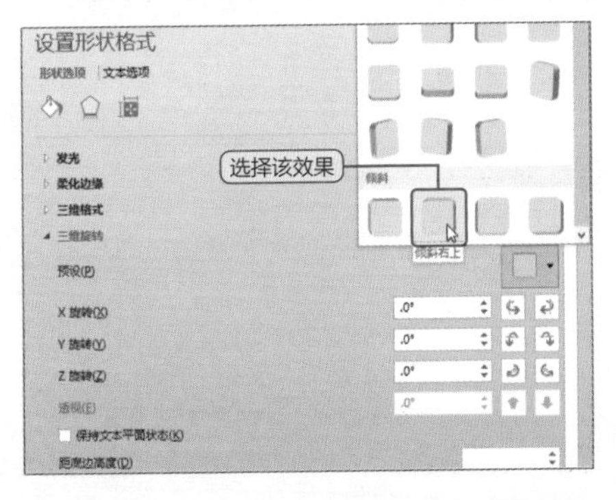

8 在编辑区的右下角输入必要的文字说明。至此，完成该效果的制作。

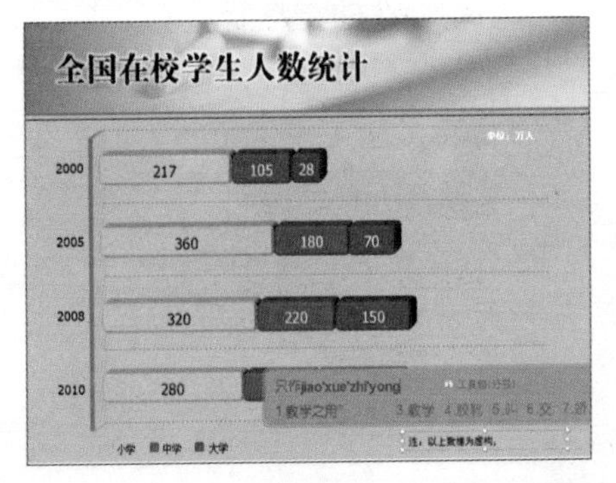

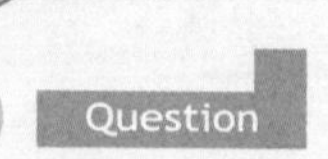

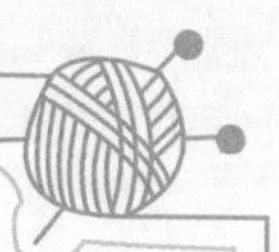

Question 129

● Level ★★☆

如何设置数据系列间距？

在PowerPoint中，当图表中的分类比较多或数据系列较多时，为了可以更好地查看数据，可以设置各分类或数据系列之间的间距，下面将对其进行介绍。

初始效果

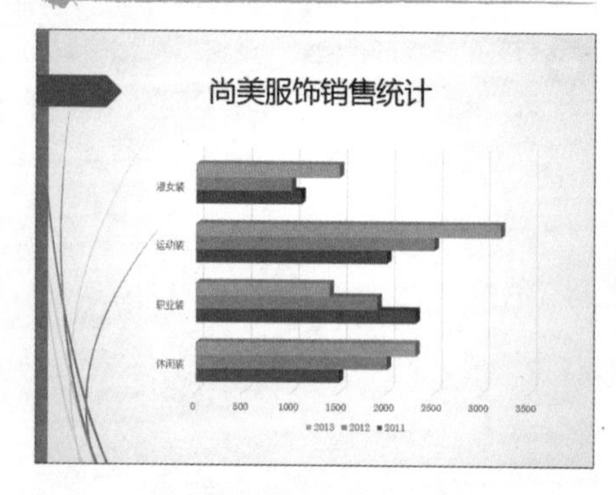

最终效果

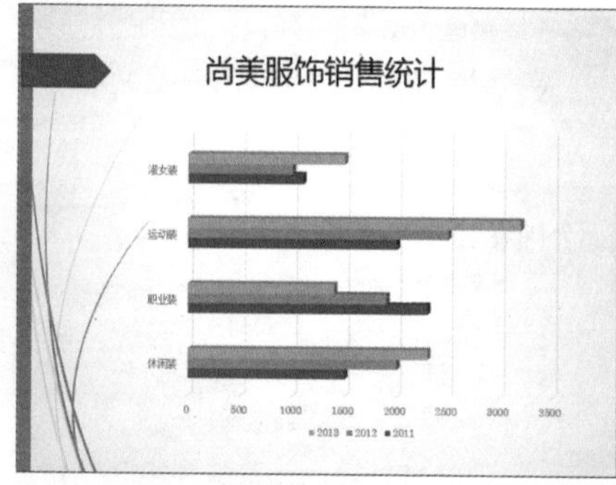

增大分类间距效果

1. 选择任一数据系列，右击，从快捷菜单中选择“设置数据系列格式”命令。

右击，选择该命令

2. 打开“设置数据系列格式”窗格，默认选择“系列选项”，通过拖动右侧的滑块来调整“系列间距”和“分类间距”即可。

拖动滑块调整

多媒体元素的应用妙招

概括地讲，多媒体即指在计算机系统中，组合两种或两种以上媒体的一种人机交互式信息交流和传播媒体。在此我们将重点介绍音频与视频元素在演示文稿中的应用，利用这些元素可增强演示文稿的视觉和听觉效果，提高观赏性和趣味性。

Question 130

● Level ★★☆

如何为演示文稿添加声音效果?

声音是传播信息的一种方式，为了增强幻灯片的听觉效果、丰富幻灯片内容、增强感染力，用户可以根据需要在幻灯片中插入适当声音。

1. 打开演示文稿，单击“插入”选项卡中的“音频”下拉按钮，从下拉列表中选择“PC 上的音频”选项。

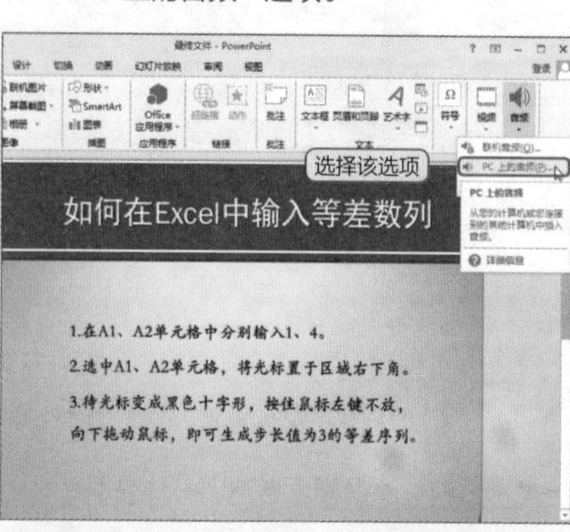

2. 打开“插入音频”对话框，选择合适的音频文件，单击“插入”按钮。

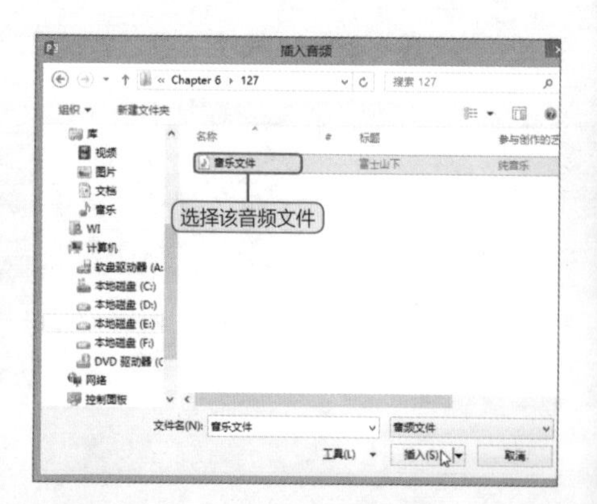

3. 将光标移至声音图标的外边框，当光标变为✥时，按住鼠标左键不放进行拖动。

4. 将声音图标拖动至合适的位置，释放鼠标左键即可。

● Level ★★☆

如何设置声音的播放方式?

在幻灯片中插入声音对象后，用户可以根据需要设置声音的播放方式，并试听音乐效果，下面将对其操作进行详细介绍。

1 设置播放方式。打开演示文稿，单击幻灯片页面中的声音图标，出现“音频工具”上下文选项卡，选择“播放”标签。

2 单击“开始”右侧的下拉按钮，在下拉列表中进行选择即可。

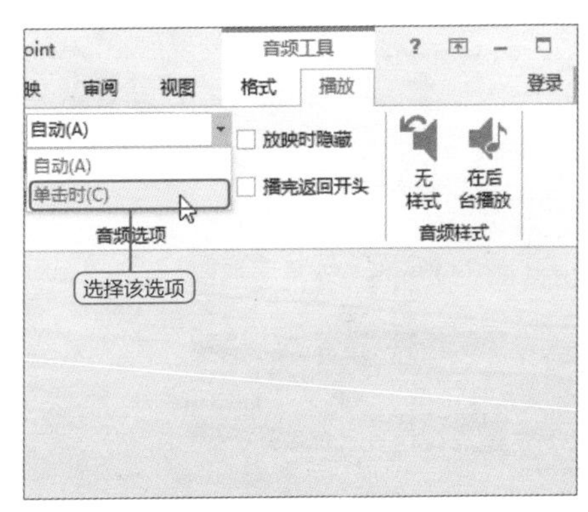

3 试听音乐效果。单击“音频工具-播放”选项卡中的“播放”按钮，可预览音频。

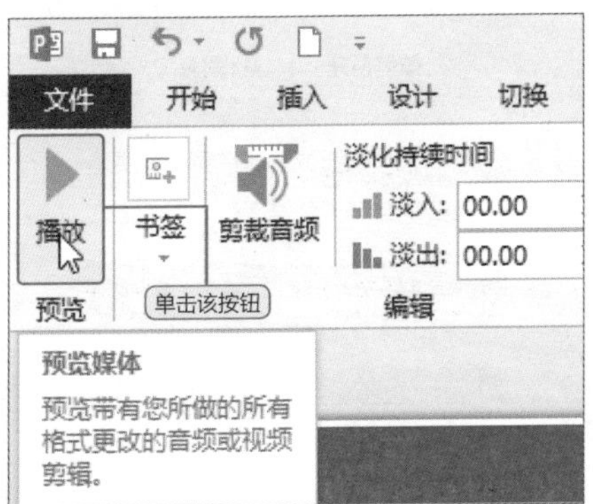

4 将光标移至声音图标上，会出现音乐控制条，单击“播放”按钮即可。

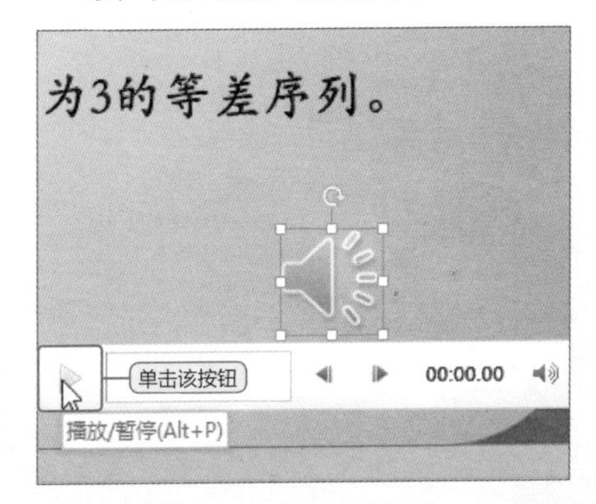

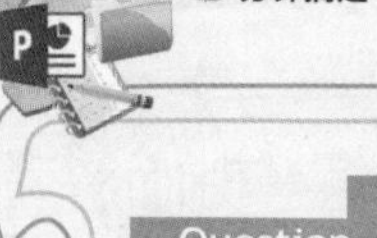

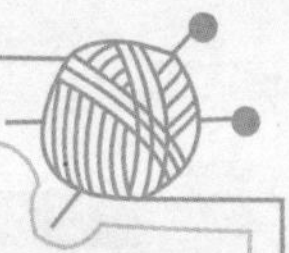

Question 132

● Level ★★☆

如何在幻灯片中插入联机音频?

PowerPoint 2013支持用户插入联机音频，当电脑处于联网状态时，可通过关键词进行搜索，然后选择合适的音频插入到演示文稿即可，下面将对其进行介绍。

1 打开演示文稿，单击“插入”选项卡中的“音频”下拉按钮，从下拉列表中选择“联机音频”选项。

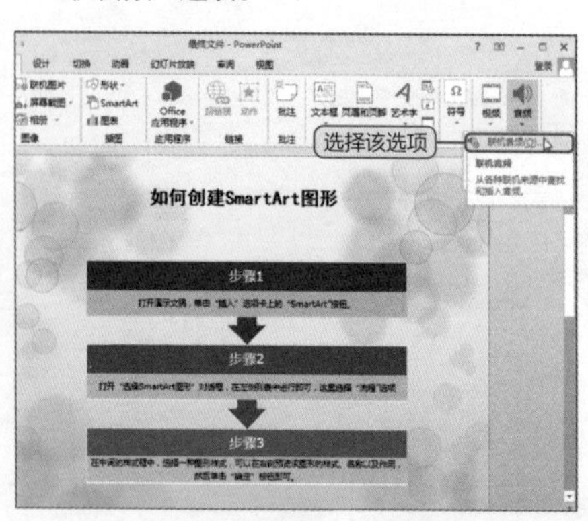

2 打开“插入音频”窗格，输入关键词“轻松”，然后单击右侧的“搜索”按钮进行搜索。

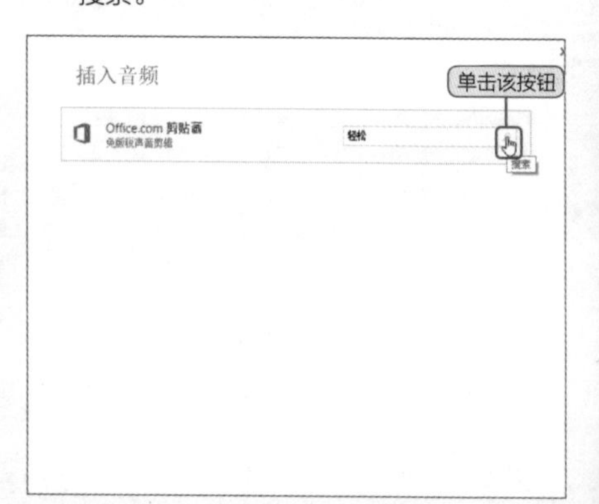

3 在给出的搜索列表中，选取合适的音频文件，单击“插入”按钮。

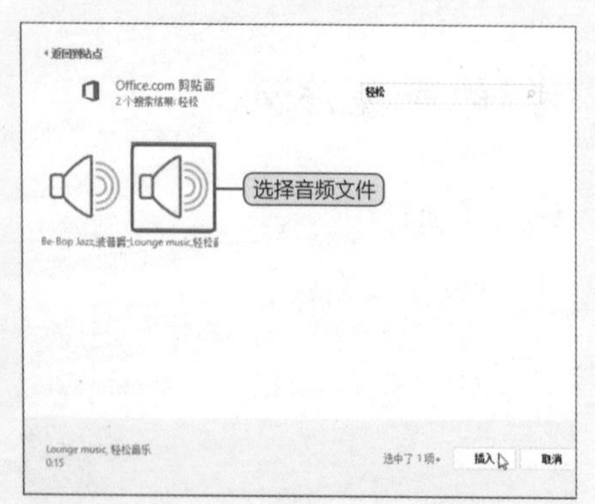

4 即可将音频文件插入至幻灯片中，然后将音频图标移至合适的位置即可。

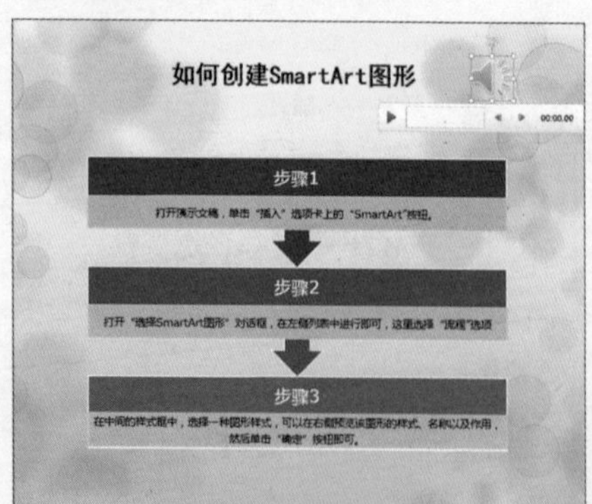

● Level ★★☆

如何现场录制声音?

PowerPoint 2013中不仅可以插入各种声音文件和剪贴画音频，还可以现场录制音频，如幻灯片中的解说词等，这样即使用户不在现场也可以将自己的观点准确、清晰地表达出来。

1 单击“插入”选项卡中的“音频”下拉按钮，从下拉列表中选择“录制音频”选项。

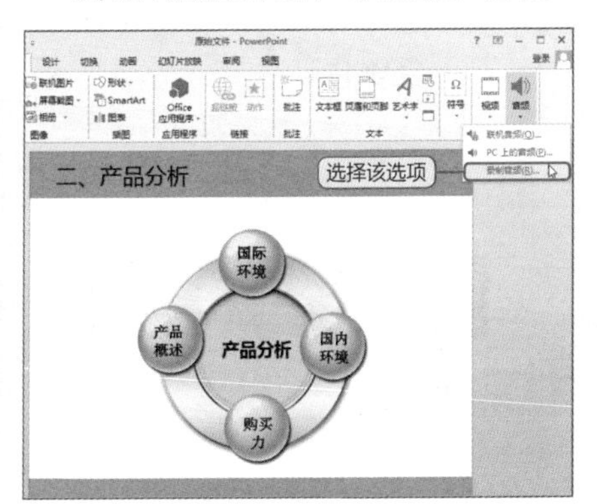

2 弹出“录制声音”对话框，在“名称”文本框中输入录制的声音名称，单击“录制”按钮●，开始录制。

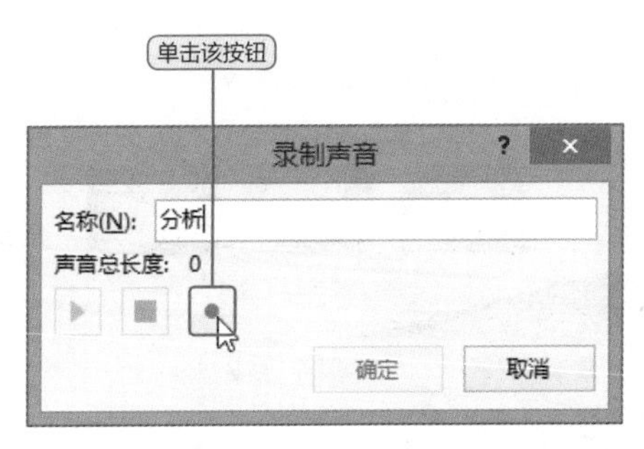

3 单击“停止”按钮■，可停止声音的录制，可以单击“播放”按钮▶预览录制的声音，确认无误后，单击“确定”按钮，即可完成音频的插入。

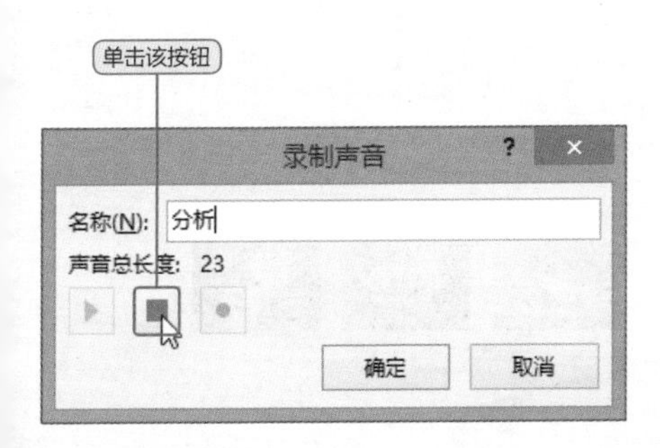

4 插入音频后，按需适当调整声音图标在幻灯片中的位置，使其不影响页面的协调和美观性。

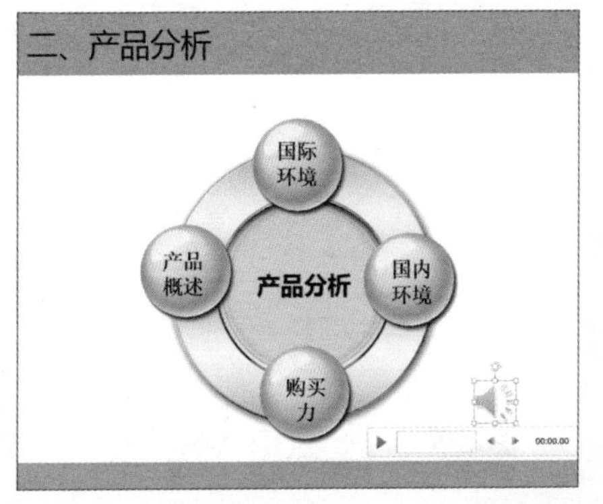

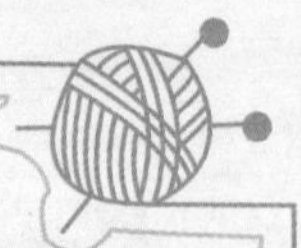

Question 134

● Level ★★★

如何隐藏幻灯片页面中的声音图标？

在播放音频时，总是会显示声音图标，为了不影响幻灯片的美观，可以将声音图标隐藏起来。下面将对其进行介绍。

初始效果

未隐藏声音图标

最终效果

隐藏音频图标

1 功能区按钮法。打开演示文稿，在“音频工具-播放”选项卡中，勾选“放映时隐藏”复选框。

2 鼠标拖动法。按住鼠标左键，拖动声音图标至幻灯片页面外，然后释放鼠标即可。

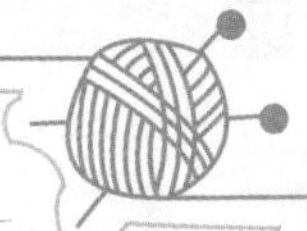

● Level ★★★

如何循环播放背景音乐？

通常情况下，整个PPT的演示时间很长，但是背景音乐通常较短，若需要在整个演示期间都播放背景音乐，需要设置循环播放，同时，还可以调整播放音量。

1 设置背景音乐循环播放。打开演示文稿，选择音频文件，切换至“音频工具-播放”选项卡。

2 在“音频选项”选项组中，勾选“跨幻灯片播放”以及“循环播放，直到停止”复选框。

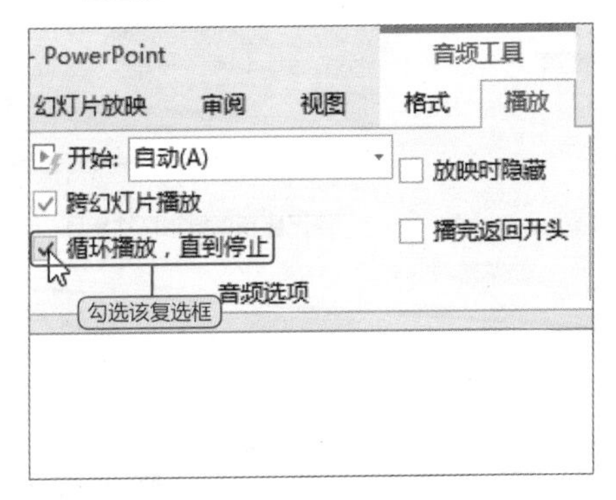

3 调节背景音乐的音量。单击“音频工具-播放”选项卡中的“音量”按钮，从下拉列表中选择“中”选项。

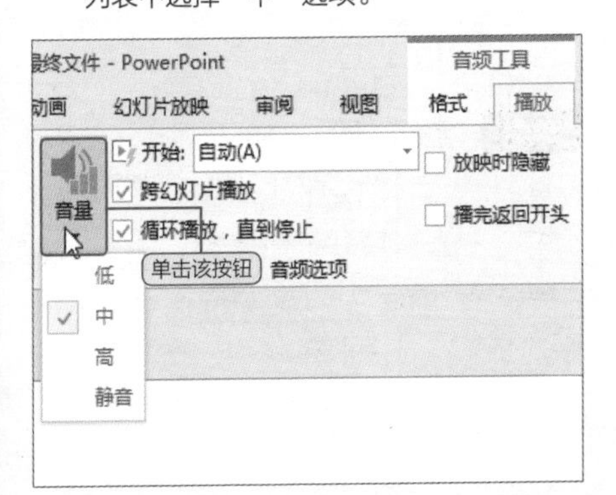

4 将光标移至声音图标上会出现音乐控制条，移至“静音/取消静音”按钮🔊，出现音量控制条，拖动鼠标适当调整音量。

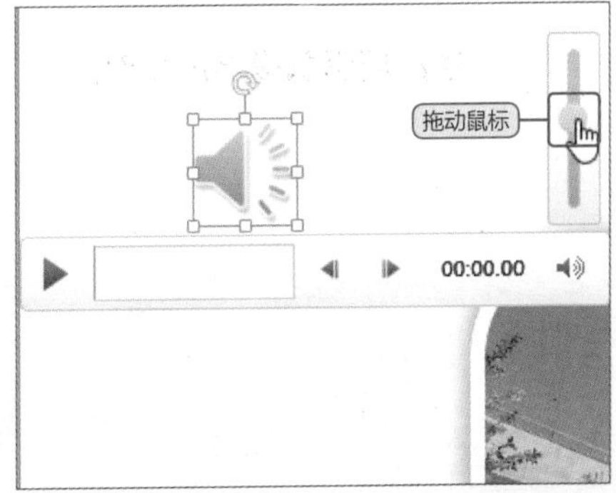

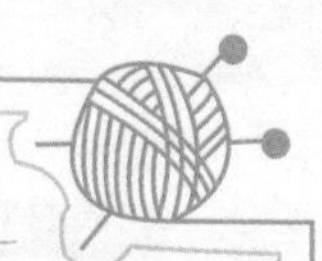

Question 136

● Level ★★★

如何实现音乐的跳跃式播放?

若用户希望在播放音乐时跳过某段音乐，可以为声音添加书签，且可添加多个书签，当不再需要这些书签时，还可以将其删除。

1 在开始位置添加书签。播放音频至需添加标签处，单击“音频工具-播放”选项卡中的“添加书签”按钮。

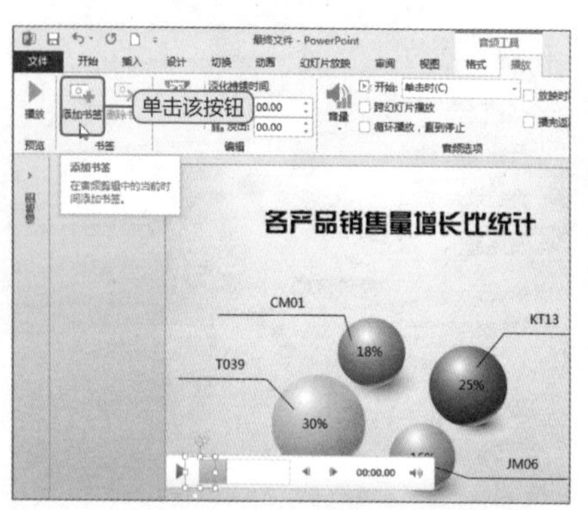

2 在“动画”选项卡中选择“动画”选项组中的“搜寻”效果，再在“计时”选项组中设置动画开始方式为“与上-动画同时”。

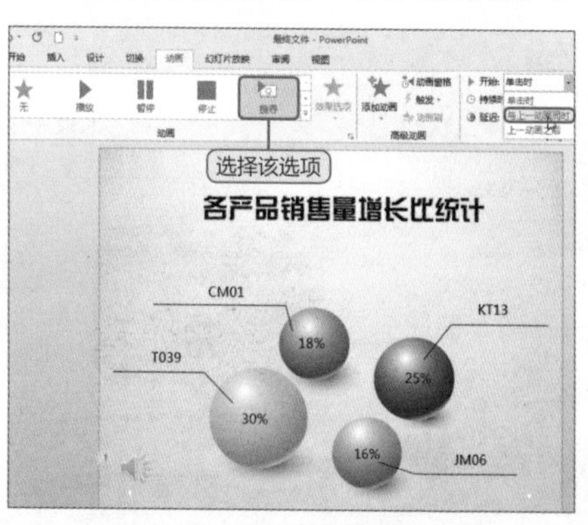

3 放映幻灯片时，可以直接从设置的书签处开始播放音乐。

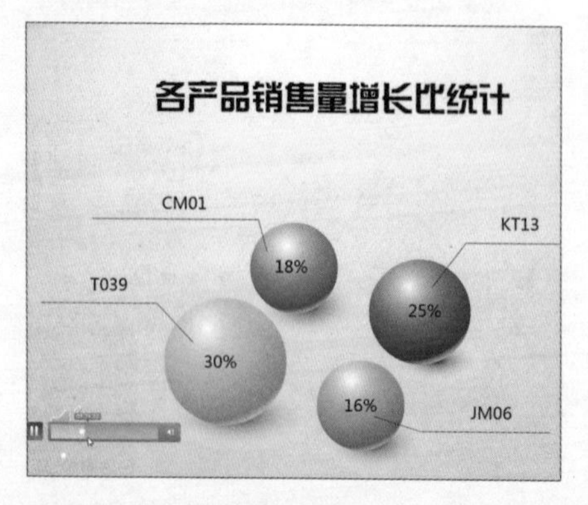

4 删除书签。单击“音频工具-播放”选项卡中的“删除书签”按钮，即可将不需要的书签删除。

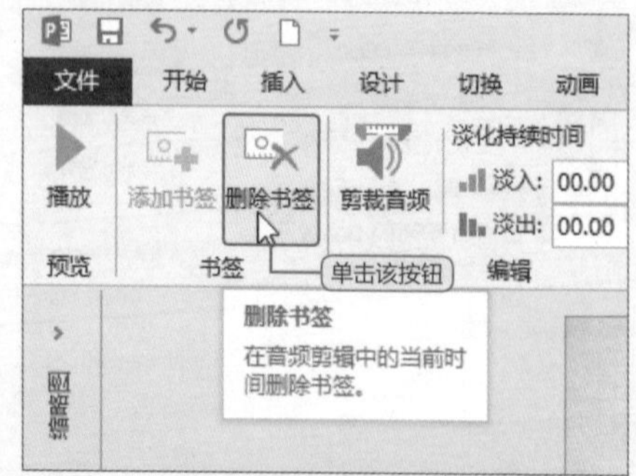

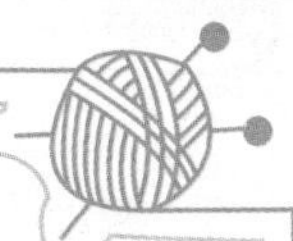

● Level ★★★

如何在演示文稿中裁剪音频文件？

PowerPoint 2013提供了裁剪声音的功能，用户可以根据需要对幻灯片中的声音文件设置开始时间和结束时间，并对裁剪后的音频设置淡入淡出效果。

1 选择音频，单击“音频工具-播放”选项卡中的“剪裁音频”按钮。

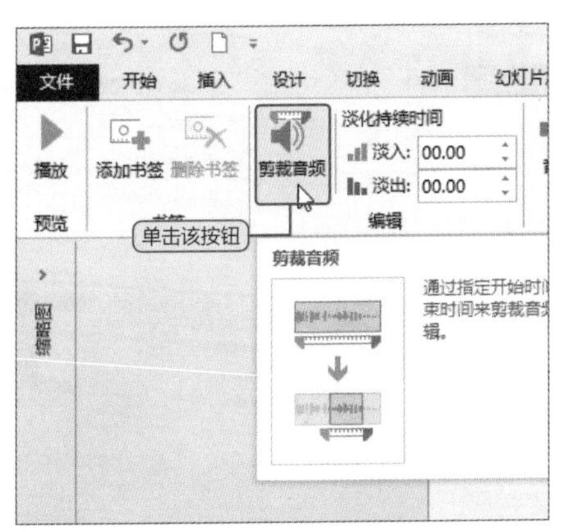

2 也可以选中声音图标并右击，单击浮动工具栏中的“修剪”按钮。

3 弹出“剪裁音频”对话框，通过拖动两端的时间控制手柄来调整开始时间和结束时间，也可以通过开始时间和结束时间上方的数值框进行调整，还可以通过“上一帧”和“下一帧”按钮进行微调，然后单击“确定”按钮即可。

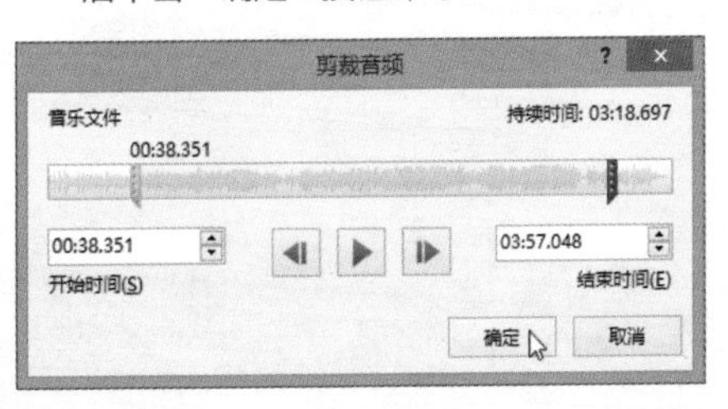

Hint 设置淡入淡出效果

切换至“音频工具-播放”选项卡，在“编辑”选项组中，通过“淡入”和“淡出”数值框设置淡化持续时间。

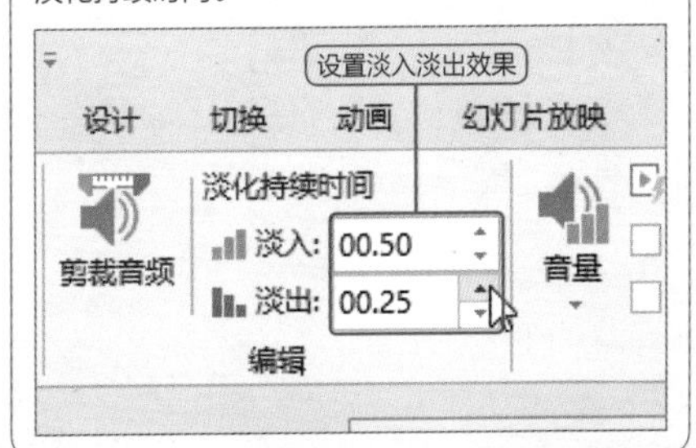

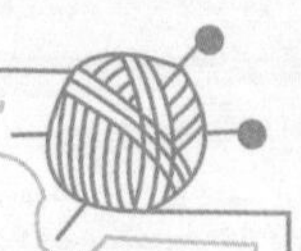

Question 138

● Level ★★★

如何用图片替换默认的声音图标?

除了可以美化默认的音频图标，用户还可以使用一个漂亮的图片作为音频图标，并且根据需要选择合适的音乐开始方式，本技巧将对其进行详细介绍。

常见普通声音图标效果

美化后的声音图标效果

1 选择声音图标，切换至“音频工具-格式”选项卡，单击“更改图片”按钮。

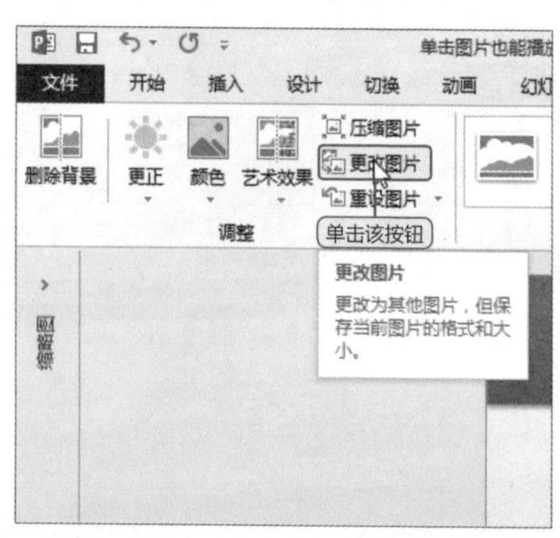

2 打开“插入图片”窗格，单击“来自文件”右侧的“浏览”按钮。随后在打开“插入图片”对话框中选择插入的图片。

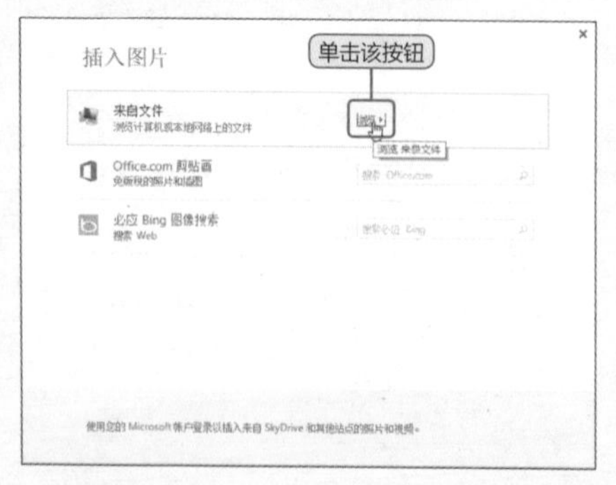

3 插入图片后，切换至“音频工具-播放”选项卡，单击“开始”选项右侧下拉按钮，从列表中选择“单击时”选项。

PowerPoint
音频工具
审阅 视图 开发工具 格式 播放
开始: 自动(A)
自动(A)
单击时(C)
放映时隐藏
播完返回开头
音频选项
选择该选项

● Level ★★★

如何跨幻灯片循环播放声音文件？

希望插入的音乐可以在连续多张幻灯片中循环播放，该如何进行设置呢？本技巧将对其进行详细介绍。

1 打开演示文稿，切换至“插入”选项卡，单击“音频”按钮，从列表中选择“PC上的音频”选项。

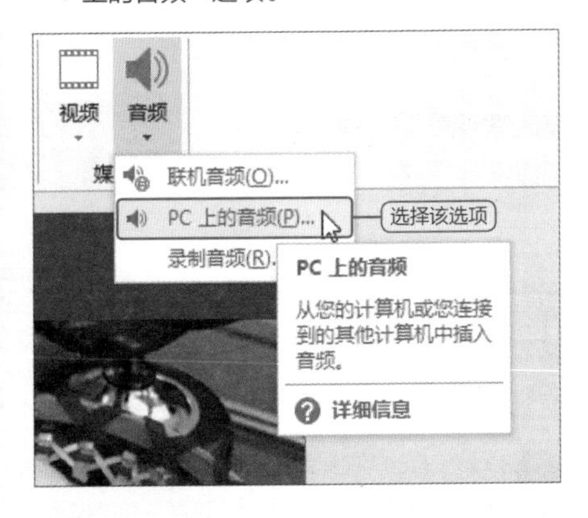

2 打开“插入音频”对话框，选择音频，单击“插入”按钮。

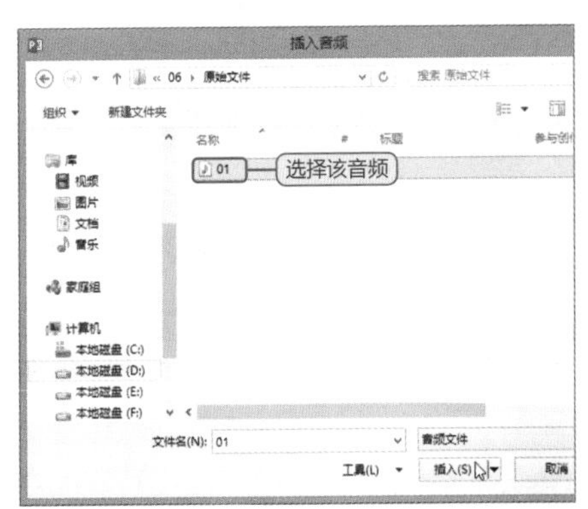

3 选择音频，切换至“音频工具-播放”选项卡，设置开始方式为“自动”。

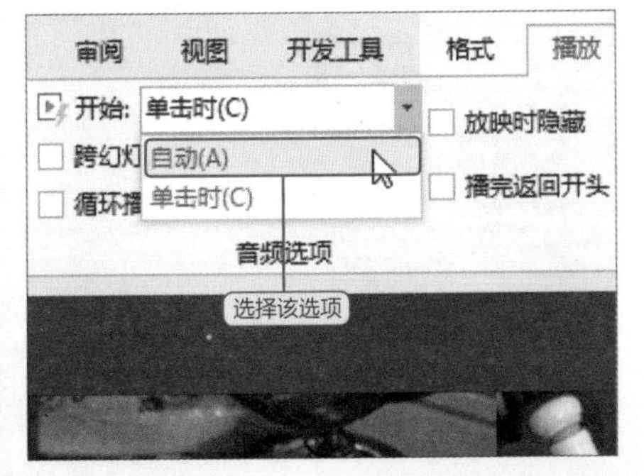

4 勾选“跨幻灯片播放”和“循环播放，直到停止”复选框，即可实现音乐的跨幻灯片循环播放。

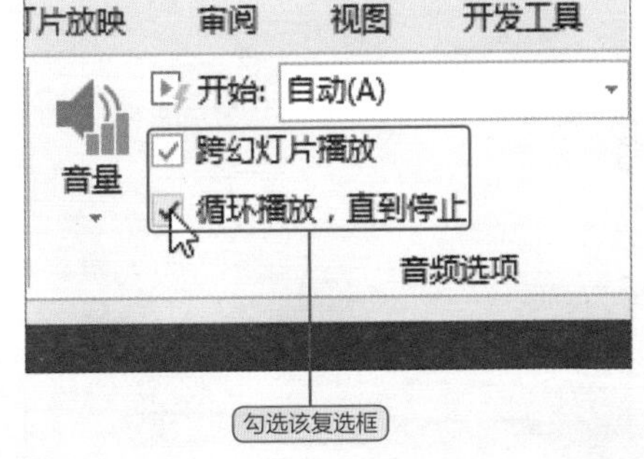

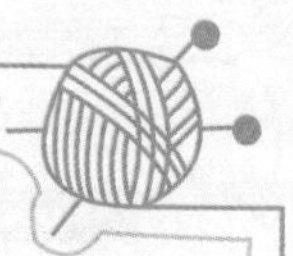

● Level ★★☆

Question 074

如何在幻灯片中插播视频文件?

在PowerPoint中，不仅可以插入声音文件，还可以插入视频文件，以辅助说明演示文稿内容，使演示文稿更加有趣、生动，其操作方法与插入声音文件相似，下面将对其进行介绍。

初始效果

未插入视频时的页面效果

最终效果

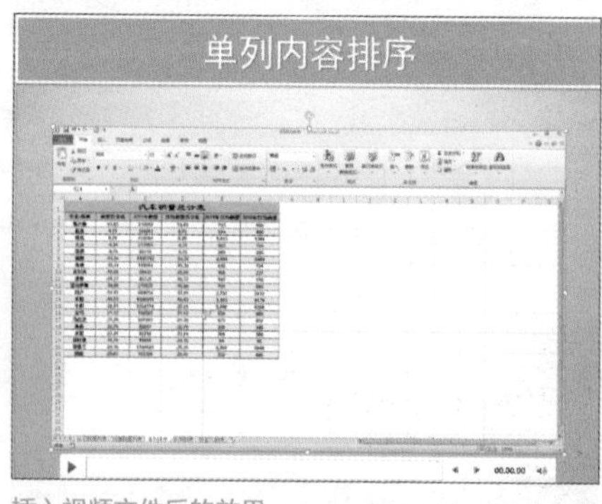

插入视频文件后的效果

1 打开演示文稿，选择需要插入视频的幻灯片，单击“插入”选项卡中的“视频”按钮，从列表中选择“PC上的视频”选项。

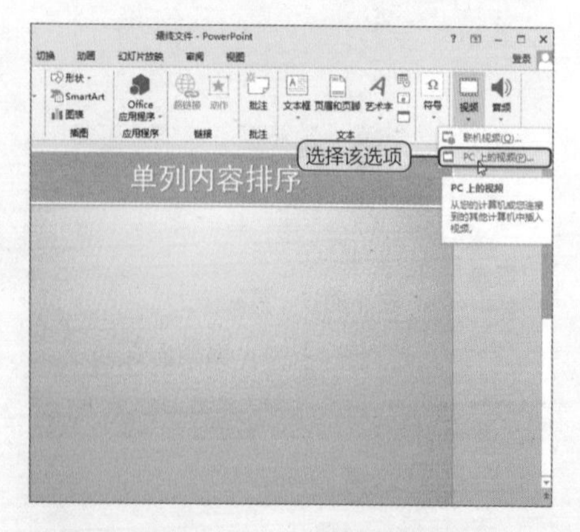

2 打开“插入视频文件”对话框，选择视频文件，单击“插入”按钮即可，随后需要对视频的大小和位置进行相应的调整。

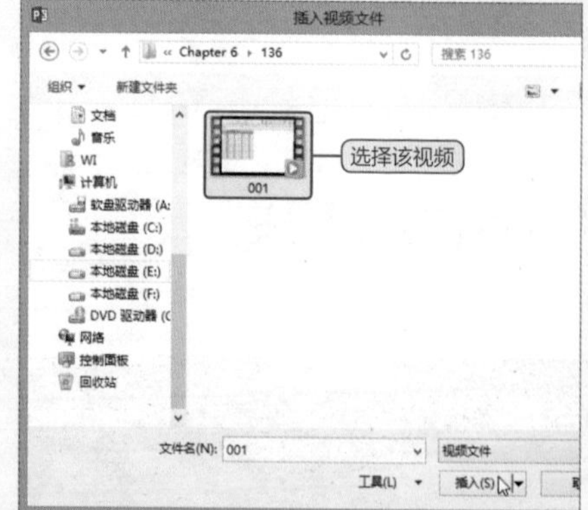

● Level ★★★

如何选择视频的播放形式？

插入视频并对其设置完成后，即可以播放视频了。在PowerPoint 2013中有多种方式播放插入的视频，用户可根据当前环境和习惯来进行选择。

1 通过播放控制条播放。打开演示文稿，将光标移至视频界面上，会出现播放控制条，单击“播放”按钮即可。

2 通过右键快捷菜单播放。在视频界面右击，会出现一个浮动工具栏，单击“开始”按钮即可。

3 通过“播放”选项卡播放。单击“视频工具-播放”选项卡中的“播放”按钮即可。

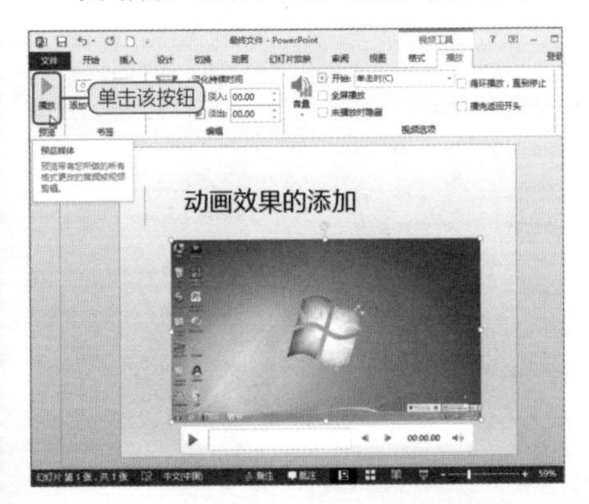

4 通过“格式”选项卡播放。单击“视频工具-格式”选项卡中的“播放”按钮即可。

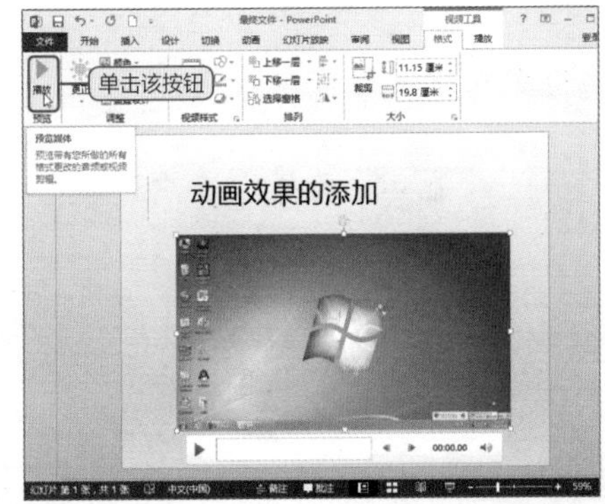

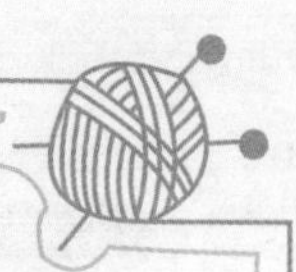

Question 142

● Level ★★☆

如何调整视频窗口的大小?

将视频文件插入到幻灯片后，用户可以根据需要调整该视频文件界面的大小，方法很简单，既可以通过鼠标拖动调整，还可以通过功能区中的“大小”选项组进行设置，下面将对其具体操作进行介绍。

初始效果

未调整视频窗口大小的效果

最终效果

调整视频窗口大小效果

1. 鼠标调整法。打开演示文稿，单击视频界面，会出现8个控制点，将光标移至某个控制点上，拖动鼠标将其调整至合适大小后释放鼠标即可。

2. 精确调整法。单击视频界面，会出现“视频工具”上下文选项卡，切换至“格式”子选项卡，通过“高度”和“宽度”数值框适当调整窗口大小即可。

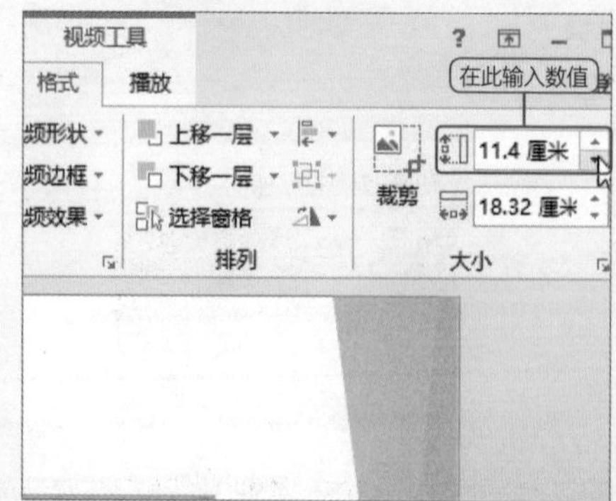

● Level ★★★

如何控制视频的起止位置?

若用户希望针对视频中的重点部分进行播放，那么可将多余部分裁去，这就需要用到PowerPoint提供的视频剪裁功能，其操作和声音的剪裁相似。

1 打开演示文稿，单击“视频工具-播放”选项卡中的“剪裁视频”按钮。

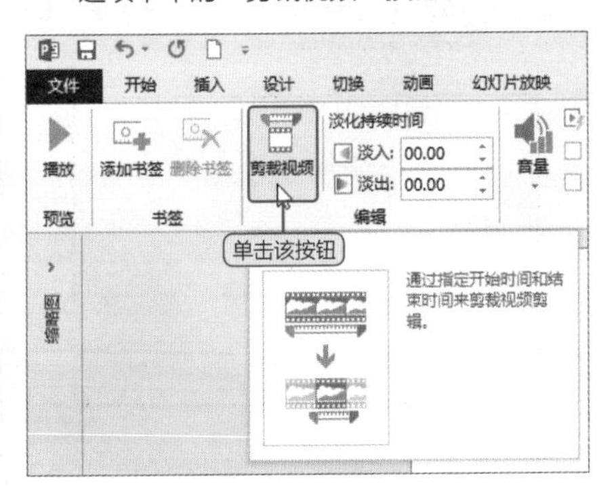

2 也可以选中视频并右击，从弹出的快捷菜单中单击“修剪”按钮。

3 弹出“剪裁视频”对话框，通过拖动两端的时间控制手柄来调整开始时间和结束时间，单击“确定”按钮即可。

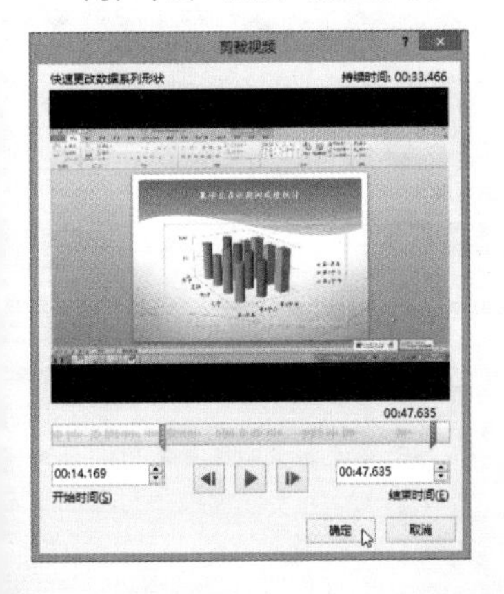

Hint 设置淡入淡出效果

在“剪裁视频”按钮旁边的“淡化持续时间”选项区中，可以通过“淡入”和“淡出”数值框设置淡化持续时间。

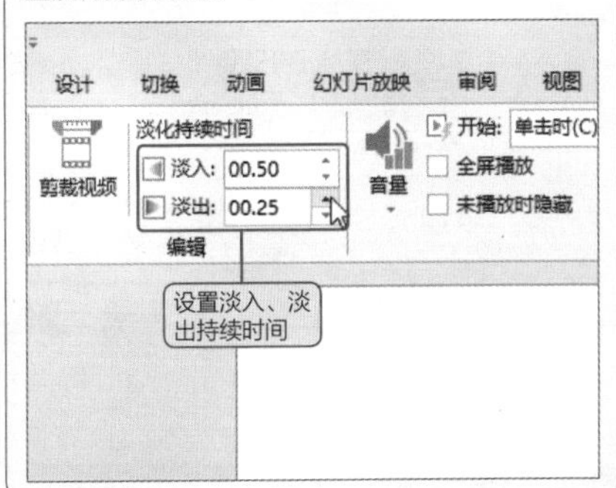

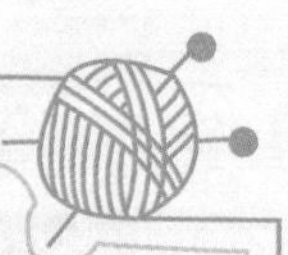

Question 147

● Level ★★★

如何美化幻灯片中的视频界面？

PowerPoint 2013提供了41种不同的视频样式，用户可以根据需要进行随意选择。当光标移动至某个样式上方时，即可实时显示该样式的应用效果，在此将对样式的应用方法进行介绍。

初始效果

未对视频进行美化的效果

最终效果

美化视频效果

1 选择视频，单击“视频工具-格式”选项卡中“视频样式”选项组的“其他”按钮。

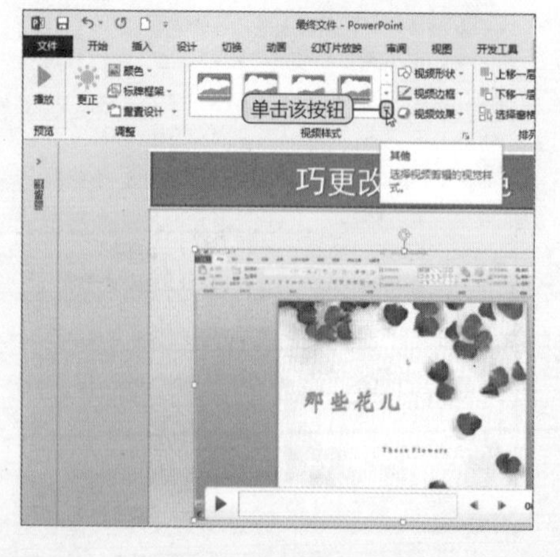

2 从列表中的“细微型”选区中，选择“简单框架，黑色”样式。

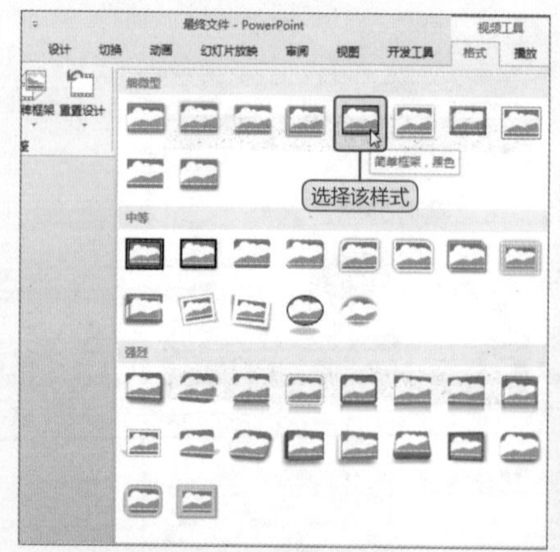

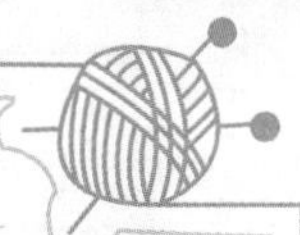

● Level ★★☆

如何为视频界面添加靓丽边框？

为了使视频更加突出，与当前幻灯片页面背景区别开来，可以为视频添加一个精美、别致的边框，还可对边框的颜色和线条进行设置。

初始效果

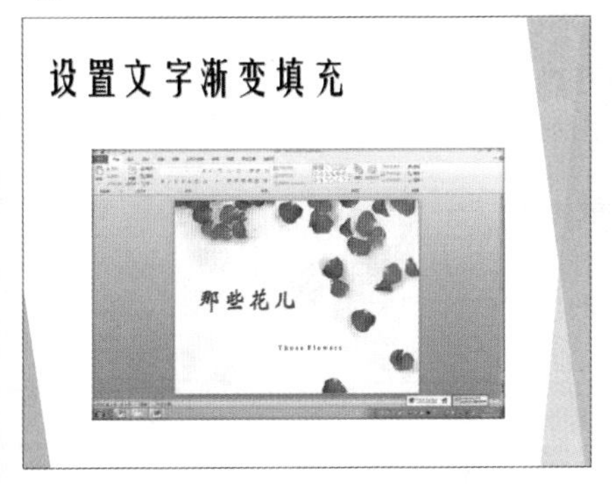

未对视频添加边框效果

最终效果

设置文字渐变填充

那些花儿

为视频添加边框效果

1 选择视频，单击“视频工具－格式”选项卡中的“视频边框”按钮，从列表中选择“浅绿”。

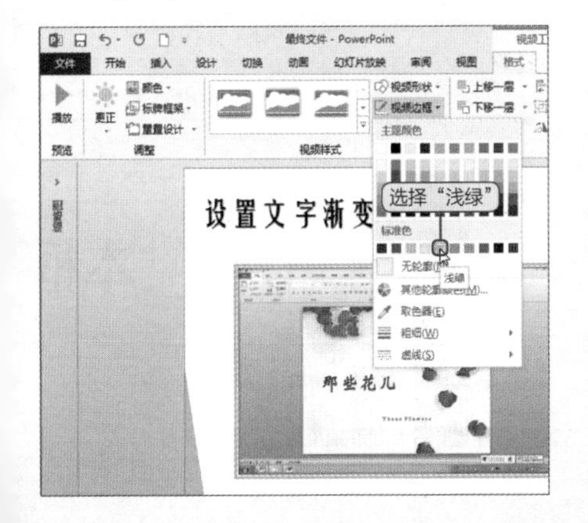

2 再次单击“视频边框”按钮，从列表中选择“粗细”选项，从关联列表中选择“3磅”。

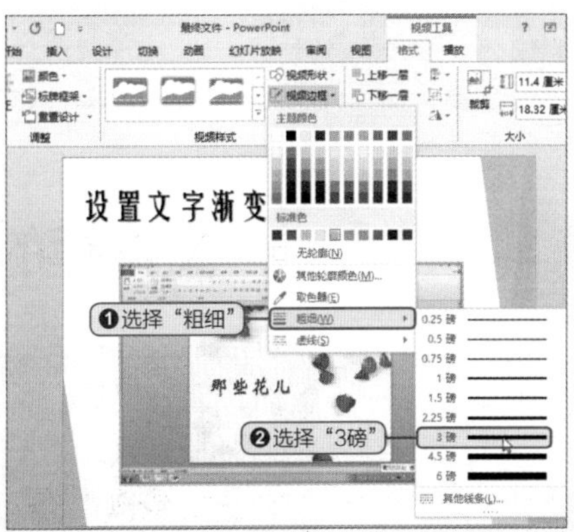

Question 174

● Level ★★★

如何使视频界面变得更亮？

插入视频后，若当前的视频颜色较暗，或者色调对比不够强烈，可以对视频的亮度和对比度进行调整，使整个视频更加美观，本技巧将对其进行详细介绍。

 初始效果

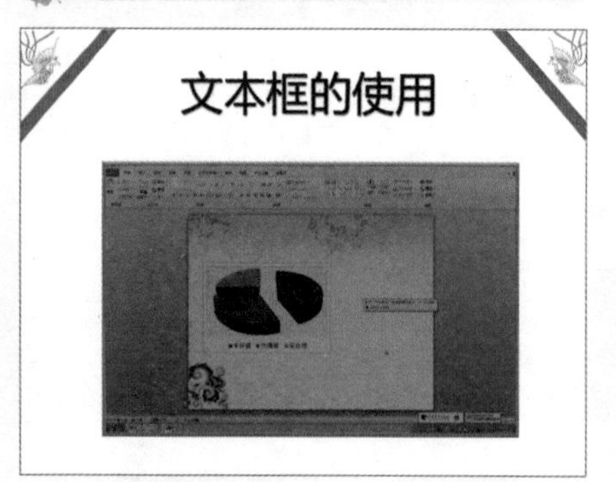

未调整亮度和对比度效果

 最终效果

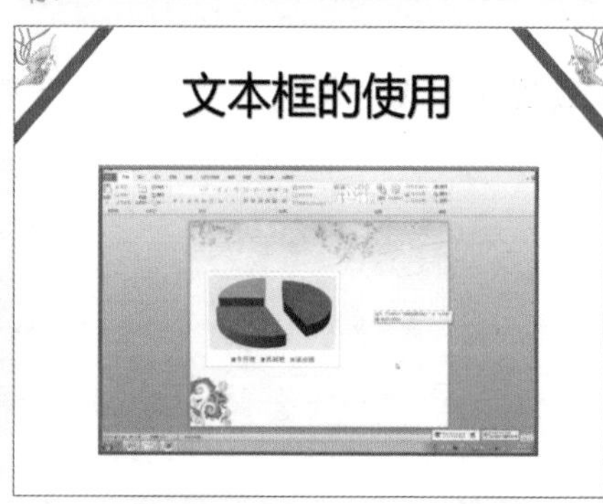

调整亮度和对比度效果

① 打开演示文稿，选择视频，切换至“视频工具-格式”选项卡，单击“调整”选项组中的“更正”按钮。

② 从展开的列表中选择“亮度：0%（正常）对比度0%（正常）”。

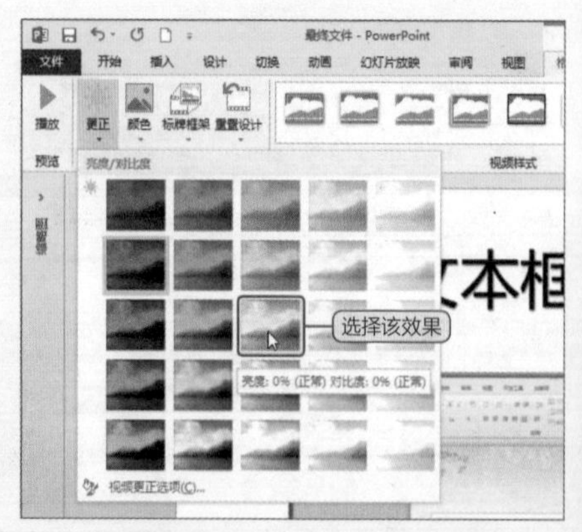

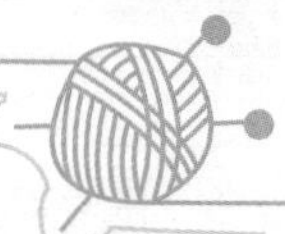

Level ★★★

Question 147

如何为视频文件添加图片封面?

除了可以用视频内置的场景作为视频文件的封面外，还可以使用一个漂亮的图片作为视频文件的封面，本技巧将讲述如何将文件中的图片作为封面使用。

初始效果

最终效果

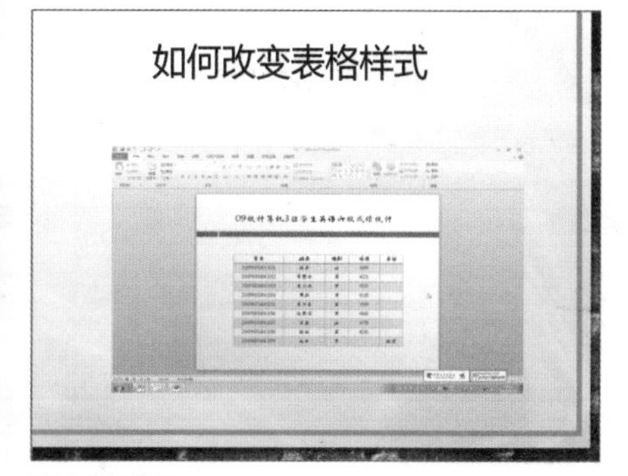

原始视频效果

添加封面后的视频效果

1. 选中视频，单击“视频工具－格式”选项卡中的“标牌框架”按钮，从列表中选择“文件中的图像”选项。

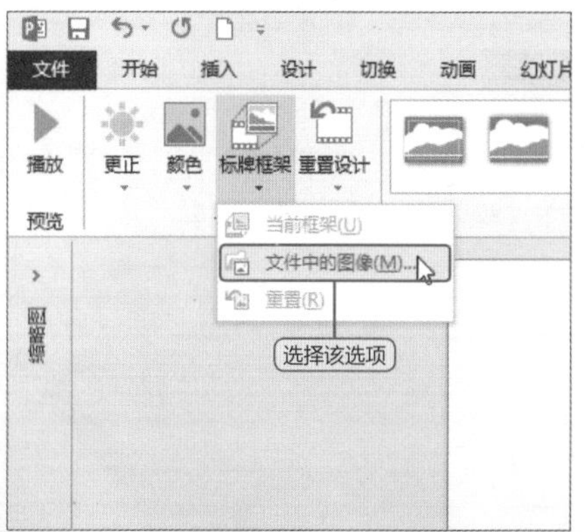

2. 打开“插入图片”窗格，单击“浏览”按钮，打开“插入图片”对话框，选择合适的图片，然后单击“插入”按钮即可。

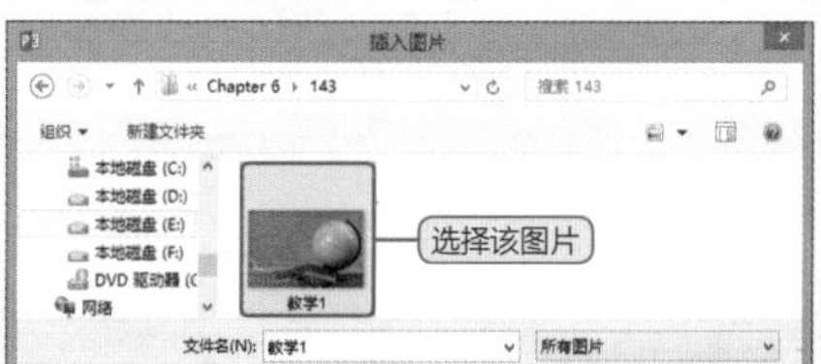

Question 87

● Level ★★★

如何将视频的某个场景设为视频封面?

为可更好地体现视频内容，用户可为视频添加一个与之匹配的封面，这个封面可以是视频的一个场景，也可以是来自其他文件中的图片，本技巧将介绍使用视频的场景作为视频封面的操作。

初始效果

默认视频封面效果

最终效果

项目符号的添加

使用视频场景作为封面效果

1 播放视频，至出现需要作为封面的场景时，单击“播放/暂停”按钮，暂停视频的播放。

2 切换至“视频工具－格式”选项卡，单击“标牌框架”按钮，从列表中选择“当前框架”选项即可。

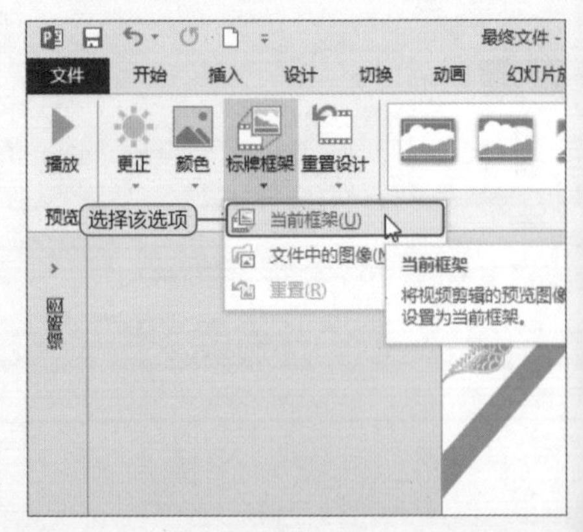

● Level ★★★

如何在影片中添加书签？

如果用户希望从视频中的某一个时间点开始播放视频，可以为视频添加书签，其操作步骤如下。

1 播放视频至某个时间点，切换至“视频工具-播放”选项卡，单击“书签”选项组中的“添加书签”按钮。

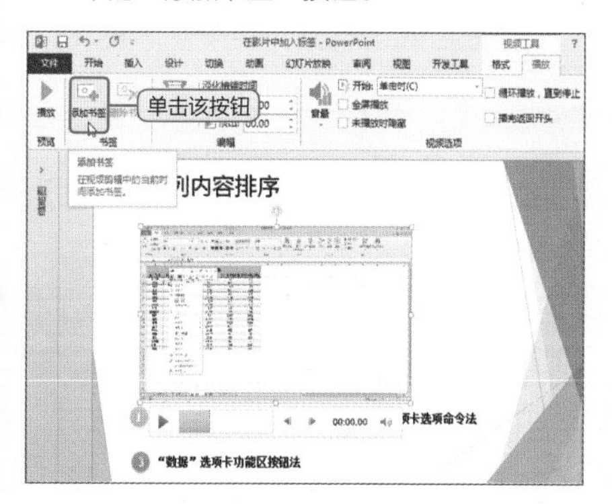

2 切换至“动画”选项卡，单击“动画”选项组的“其他”按钮，从展开的动画列表中选择“搜寻”动画。

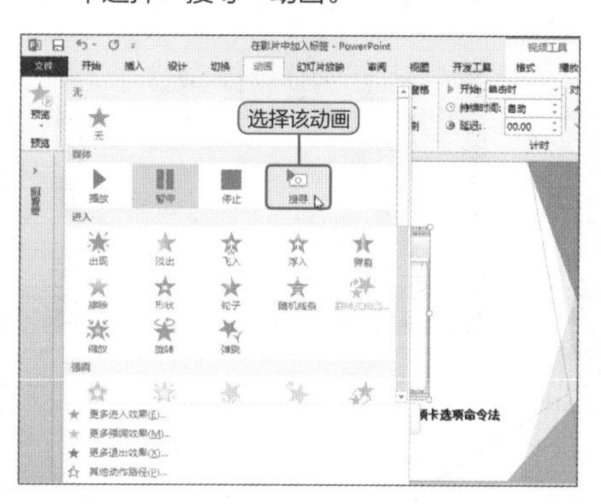

3 单击“计时”选项组中“开始”右侧下拉按钮，从展开的列表中选择“与上一动画同时”选项。

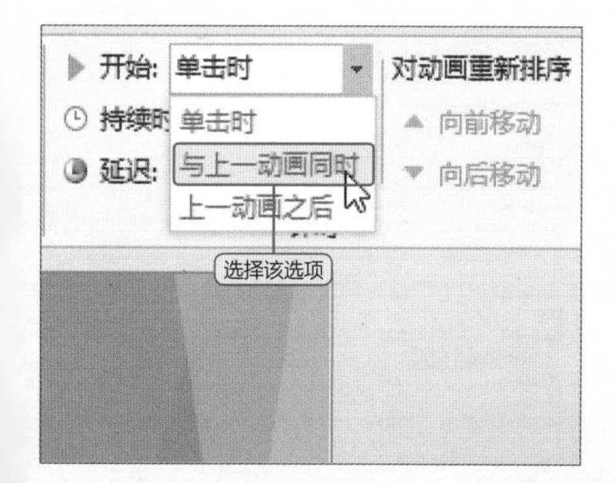

4 放映幻灯片时，可直接从设置的书签处开始播放视频。

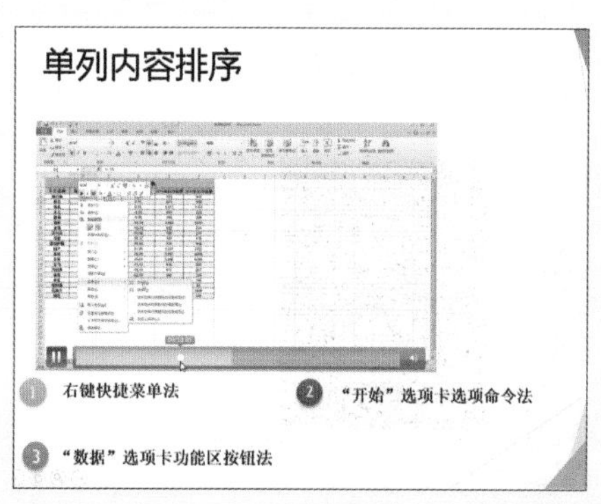

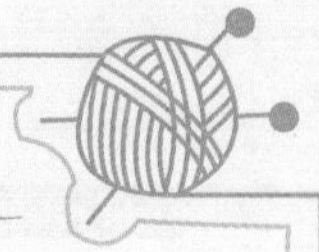

● Level ★★☆

Question 150

如何通过控件自由播放教学视频？

使用PPT中的Windows Media Player控件，可以自由控制视频的播放进度，利用播放器的控制栏，可随意调整视频播放的进度、声音的大小等。本技巧将对其操作进行详细介绍。

最终效果

利用控件播放视频的效果

1 在“开发工具”选项卡中单击“其他控制”按钮，打开“其他控件”对话框，从中选择 Windows Media Player 选项。单击“确定”按钮返回。

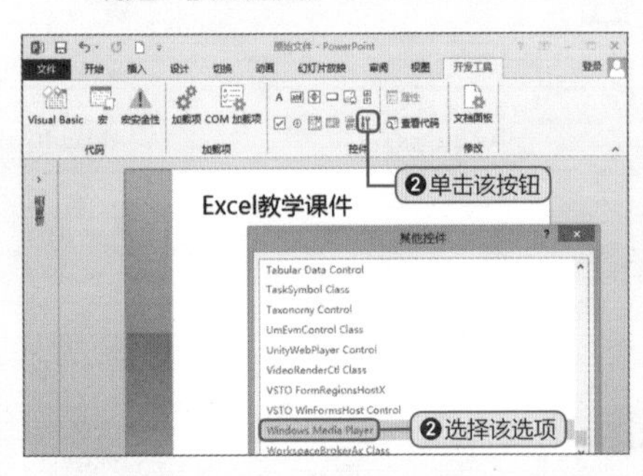

2 当光标变成+形状时拖动出视频控件图形。右击该控件图形，在弹出的快捷菜单中选择“属性表”命令。

3 打开“属性”对话框，从中设置URL的属性值。设置完成后，关闭“属性”对话框，最后按F5键进行播放即可查看到效果。

属性

WindowsMediaPlayer1 WindowsMediaPlayer

按字母序 | 按分类序

(名称)	WindowsMediaPlayer1
(自定义)	
enableContextMenu	True
enabled	True
fullScreen	False
Height	345.875
Left	121.875
stretchToFit	False
Top	162.25
uiMode	full
URL	Excel 2010.wmv
Visible	True
Width	555.6249
windowlessVideo	False

输入视频文件的名称

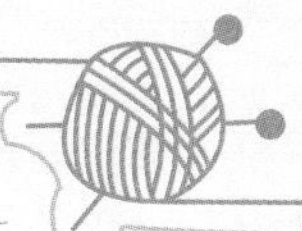

● Level ★★★

如何使用 ActiveX 控件插入 Flash 动画？

利用Flash ActiveX控件可以为课件加入矢量动画和互动效果，嵌入的Flash动画能保持其功能不变。从而可使我们的PowerPoint课件兼备Flash动画的优点，大大增强了表现力。

1. 切换到“开发工具”选项卡，从中单击“其他控件”按钮，以便于调用当前计算机控件组中的控件。

2. 打开“其他控件”对话框，从中选择Shockwave Flash Object选项，然后单击“确定”按钮。

ScriptControl Object
SecCtrl Class
Shockwave Flash Object —— 选择该选项
SSOLUICtrl Class
STSUpld CopyCtl Class
SysColorCtrl class
System Monitor Control
Tabular Data Control
TaskSymbol Class
Taxonomy Control
注册自定义控件(R)... 确定 取消

3. 当鼠标变成+形状时拖动出Flash控件图形。右击该控件图形，在弹出的快捷菜单中选择“属性表”命令。或者是单击“开发工具”选项卡中的“属性表”按钮。

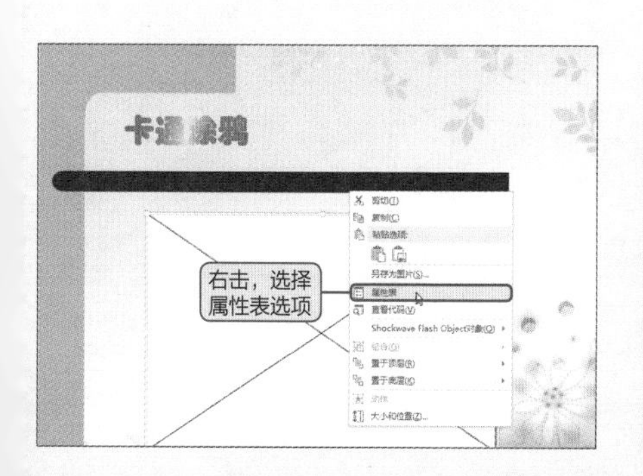

4. 打开“属性”对话框，从中设置Movie的值为Flash动画的名称（包含后缀），设置 Playing的值为True。设置完成后，关闭“属性”对话框，按F5键进行播放即可查看。

ShockwaveFlash1 ShockwaveFlash

按字母序 | 按分类序

DeviceFont	False
EmbedMovie	False
FlashVars	
FrameNum	-1
Height	289.125
IsDependent	True
left	138.875
Loop	True
Menu	True
Movie	The fine arts class
MovieData	
Playing	True
Profile	False
ProfileAddress	

设置Movie的值

动画效果的设计妙招

完成幻灯片的制作之后，若不为其设置切换效果和动画效果，则会使出色的页面变得索然寡味。首先来看这两者的含义介绍，幻灯片的切换效果是指连续的幻灯片，在一张幻灯片放映完成后，下一张幻灯片以哪种方式出现在屏幕中的衔接效果；而动画效果是指页面对象的进入、退出、强调以及路径等动作效果。本章将对其相关设置技巧进行介绍。

Question 152

● Level ★★☆

如何让幻灯片标题从底部飞入？

进入动画是PPT中常见的动画效果之一。使用进入动画效果，用户可以使对象逐渐淡入焦点、从边缘飞入幻灯片或者跳入视图中。下面将对该动画的设置进行介绍。

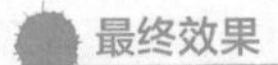

最终效果

标题从底部飞入效果预览

1 选择幻灯片标题文字后，单击“动画”选项卡中“动画”选项组中的“其他”按钮。

2 在打开的动画效果列表中选择“进入”选项，然后选择“飞入”动画效果。

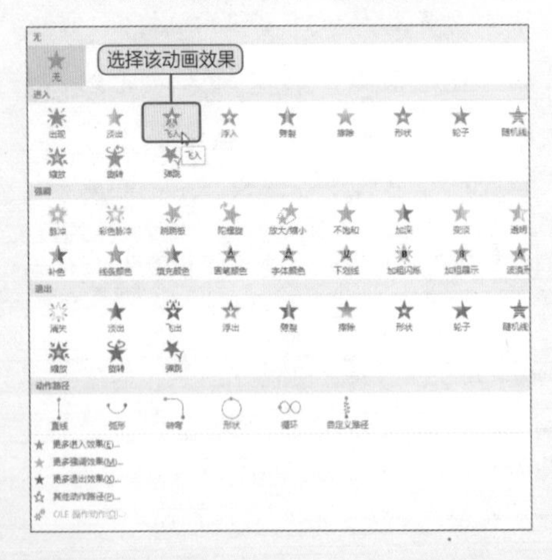

3 单击“动画”选项卡中的“效果选项”按钮，在列表中选择“自底部”选项即可。

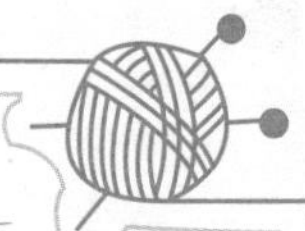

● Level ★★☆

如何突出强调幻灯片中的文本？

强调动画是PPT中常见的动画效果之一。使用强调动画效果，用户可以使对象缩小或放大、更改颜色或沿着其中心旋转。下面将对该动画的设置进行介绍。

最终效果

K线的起源

K线经过上百年的运用和变更，目前已经形成了一整套K线分析理论，在实际中得到了广泛的应用，它有着直观、立体感强、携带信息量大等特点，能充分显示股价趋势的强弱、买卖双方力量平衡的变化，预测后市走向较准确，是各类传播媒介、电脑实时分析系统应用较多的技术分析手段。

K线的起源

K线经过上百年的运用和变更，目前已经形成了一整套K线分析理论，在实际中得到了广泛的应用，它有着直观、立体感强、携带信息量大等特点，能充分显示股价趋势的强弱、买卖双方力量平衡的变化，预测后市走向较准确，是各类传播媒介、电脑实时分析系统应用较多的技术分析手段。

文字在显示后将会改变原来的颜色以进行强调

1 选中文本框，单击“动画”选项卡中“动画”选项组的“其他”按钮，在打开的列表中选择“画笔颜色”选项。

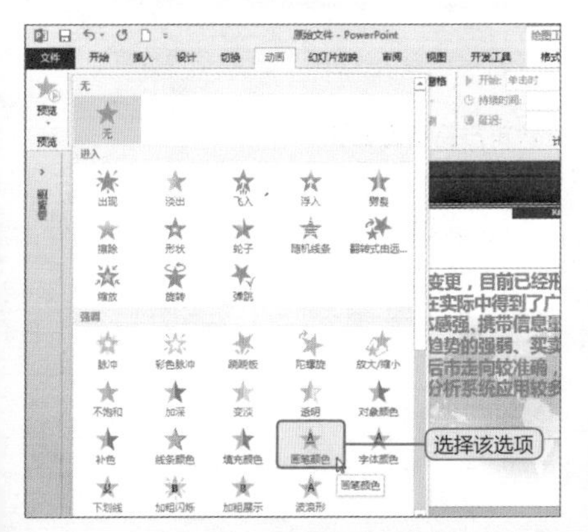

2 单击“效果选项”按钮，从列表中选择“蓝色”即可让动画的画笔颜色改为蓝色。

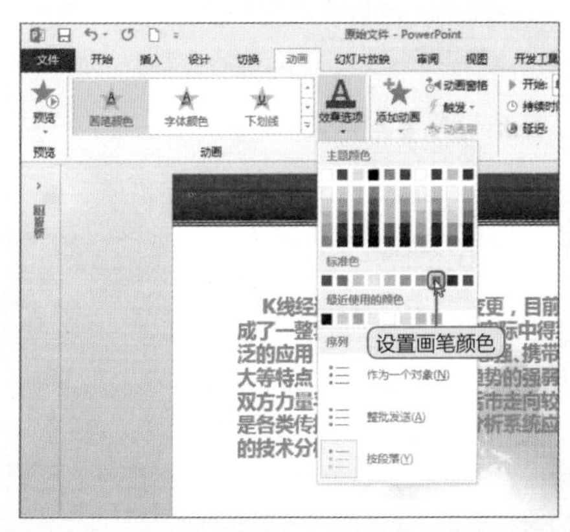

Question 154

● Level ★★☆

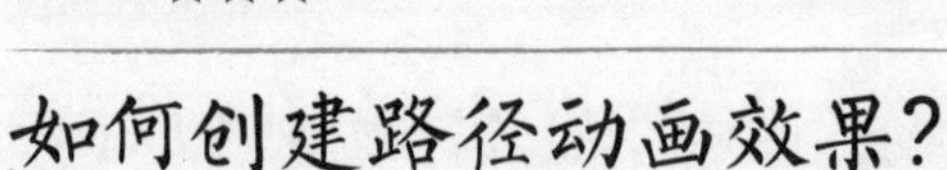

如何创建路径动画效果?

路径动画是一种非常奇妙的效果，使用这些效果可以让对象上下移动、左右移动或者沿着星形或圆形图案移动。这些原本在Flash中才可实现的引导动画，现在在PPT中也可以轻松实现。

❶ 选择幻灯片中的图片，然后打开“动画效果”列表，从中选择“其他动作路径”选项。

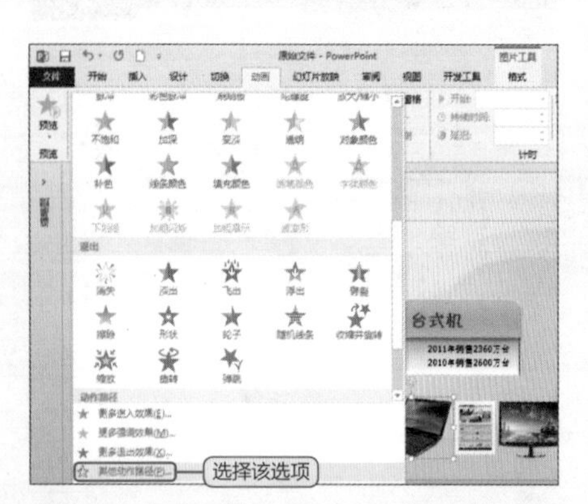

❷ 随后打开“更改动作路径”对话框，从中选择“对角线向右下”选项，然后单击“确定”按钮。

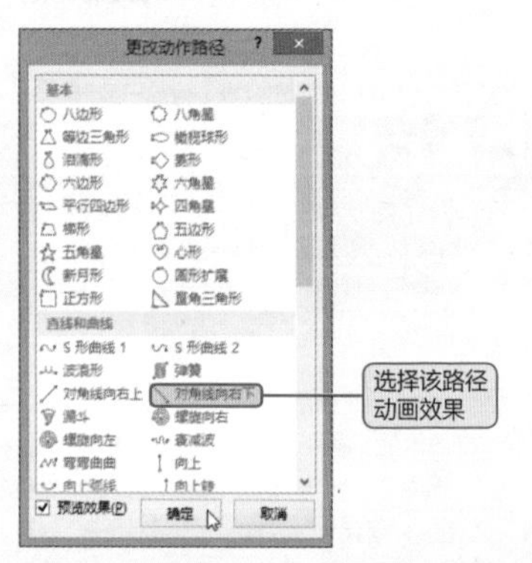

❸ 返回编辑区，单击红色箭头中的圆圈，并按住鼠标不放将其拖动至指定位置，如笔记本标题右侧。

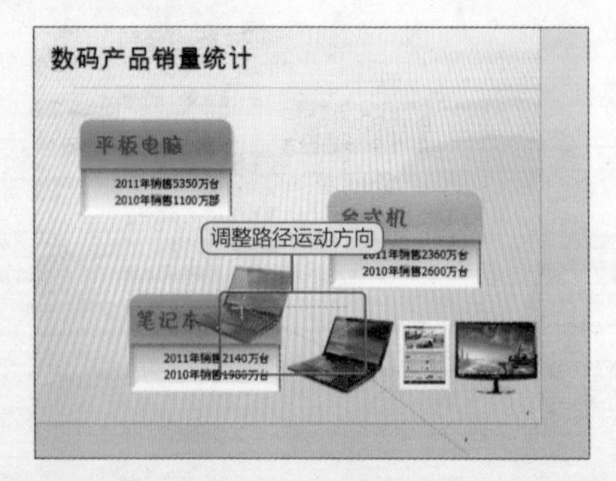

❹ 用同样的方法为其他两幅图片应用同样的效果即可。需要说明的是，绿色箭头表示开始位置，红色箭头表示结束位置。

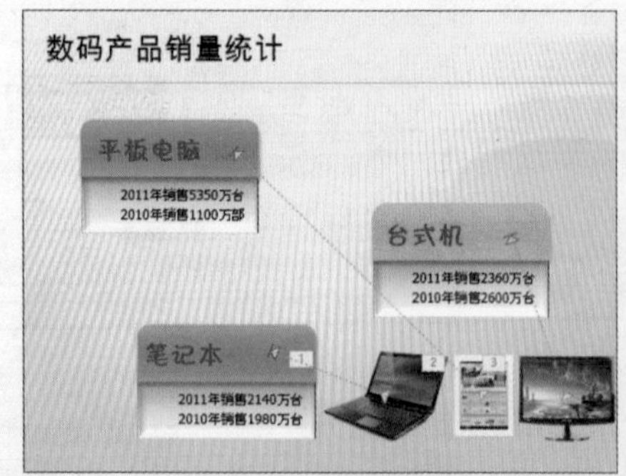

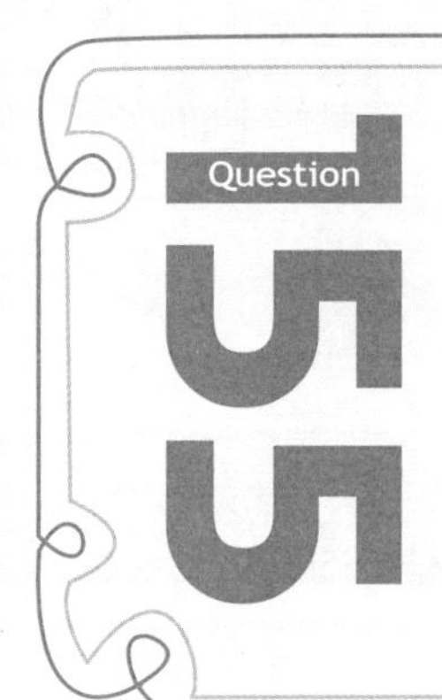

● Level ★★☆

如何自定义动画播放效果？

在PowerPoint中，动画的效果也是可以自行设定的，如进入动画中的“形状”动画，就包含了“放大”和“缩小”两种方向选项，还有“圆形”、“方框”、“菱形”等形状选项。下面将介绍让图形以方框状从中心展开的操作。

1 打开幻灯片，选择第一幅图片，单击“动画”选项卡中“动画”选项组的“其他”按钮。

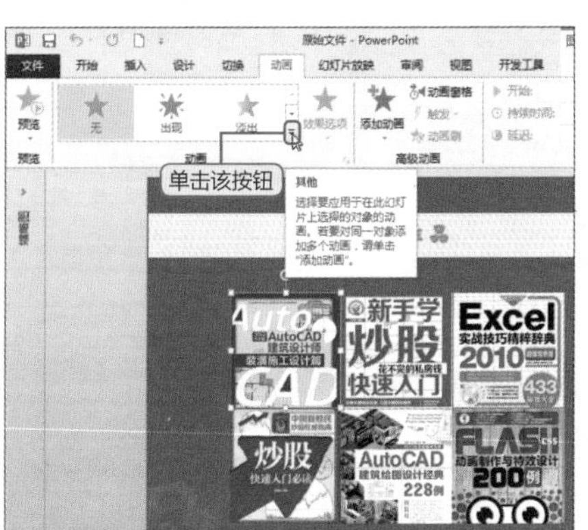

2 在打开的列表中选择“形状”动画效果。

3 然后单击“效果选项”按钮，分别选择“缩小”与“方框”选项。

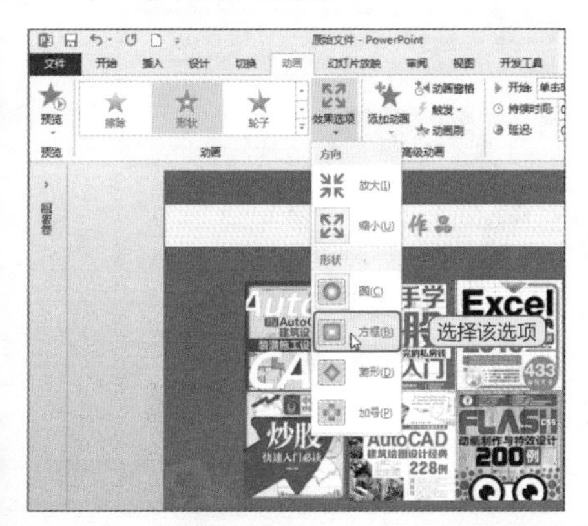

4 用同样的方法为其他图片设置同类型效果，最后单击“预览”按钮进行查看。

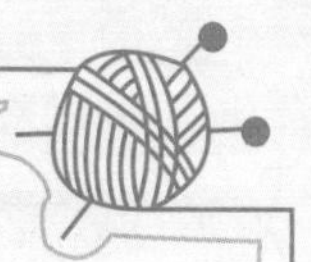

Question 156

● Level ★★★

如何让动画显示之后文字颜色发生改变？

在幻灯片中，文本动画播放后，其字体的颜色是可以改变的，这样便于说明动画效果的播放进程。下面将对该技巧的操作进行详细介绍。

最终效果

AutoCAD2012中文版建筑设计师
——装潢施工设计篇

- 专业水准：本书内容紧扣“装潢施工设计”这一主题，针对设计工作的实际需要进行编写，内容包括了家庭室内装潢施工设计实例、办公室内装潢施工设计实例、商业室内装潢施工设计实例等。
- 技能提升：本书采用实际装潢设计案例，将作者在以往的工作中所积累的设计思路和制图经验完全展现在读者面前，使相对抽象的理论知识与具体实例相结合。
- 短训必备：本书所讲解的案例均来自施工一线，案例的介绍重点围绕家庭、商业、办公等方面展开，因此每个案例都是集实用性、典型性和代表性于一身。

播放后文字变色效果

1 选择幻灯片中的文本内容，然后为其添加“飞入”效果，并设置按段落飞入。

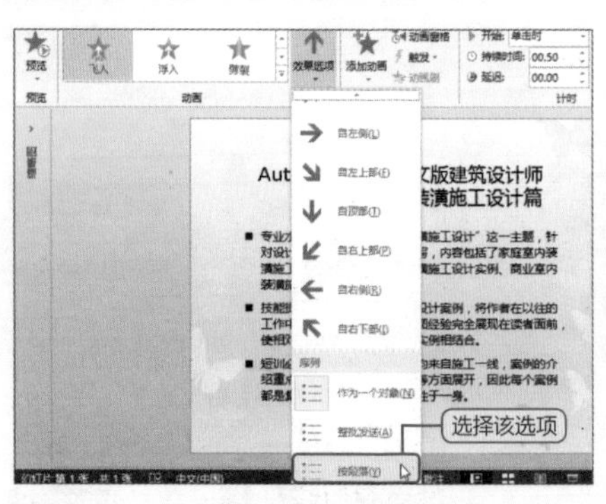

2 打开“飞入”对话框，单击“动画播放后”下拉按钮，选择“其他颜色”选项。

飞入
效果 计时 正文文本动画
设置
方向(R): 自底部
平滑开始(M): 0 秒
平滑结束(N): 0 秒
弹跳结束(B): 0 秒
增强
声音(S): [无声音]
动画播放后(A): 不变暗
动画文本(X):
其他颜色(M)...
不变暗(D)
播放动画后隐藏(A)
下次单击后隐藏(H)
选择该选项
取消

3 打开“颜色”对话框，设置颜色后，单击“确定”按钮返回并确定即可。

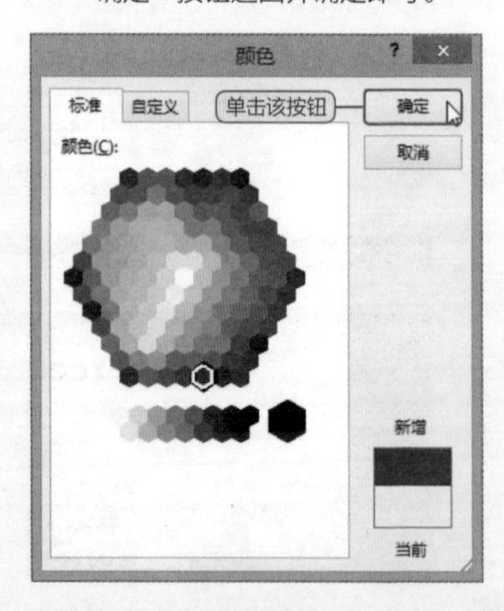

● Level ★★★

如何为动画设置触发器？

本技巧将介绍一款触发动画的制作。即通过单击幻灯片页面中的图形，来激发动画效果。其具体操作方法介绍如下。

最终效果

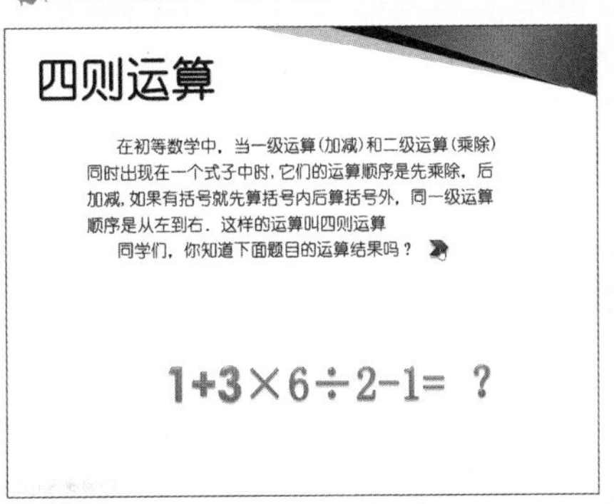

单击图形后下方的计算式将自动上浮

1. 选择幻灯片页面底部的计算式，然后为其应用“浮入”动画效果。

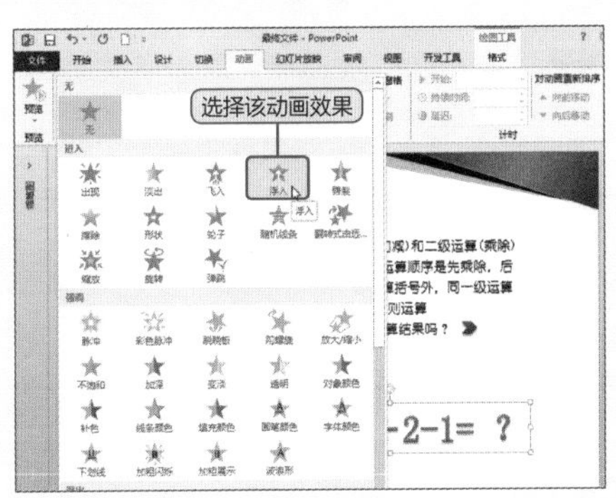

2. 接着设置该浮入动画的“效果选项”为“上浮”。

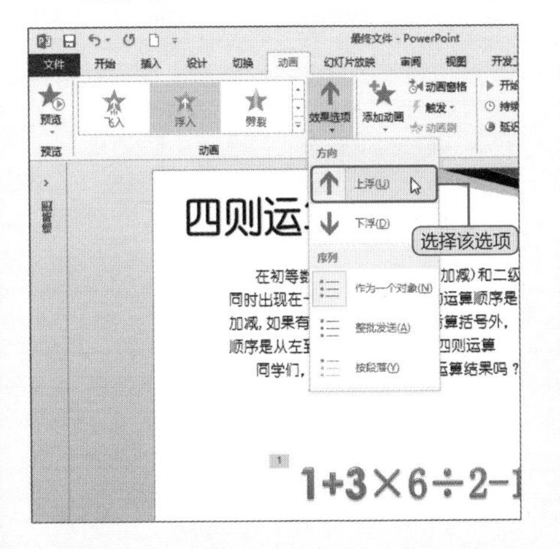

3. 单击功能区中的“触发”按钮，在下拉列表中选择“单击>燕尾形8”选项即可。

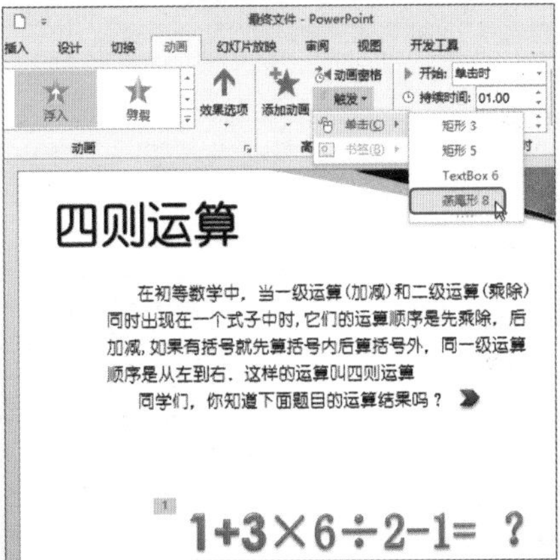

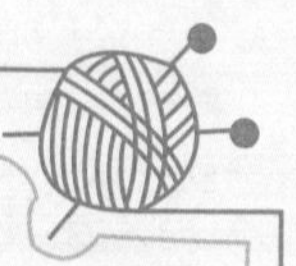

Question 158

● Level ★★☆

如何为动画效果添加声音效果?

在幻灯片中，用户是可以为动画效果添加声音的。下面将以为相册添加照相机声为例进行介绍。

1 选择幻灯片中的图片，然后为其应用“飞入”动画效果。

2 单击“效果选项”按钮，在展开的列表中选择“自左侧”选项。

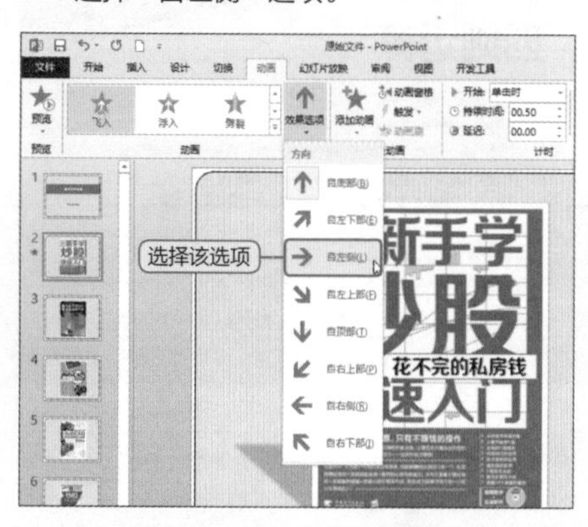

3 接着单击功能中的“显示其他效果选项”按钮，以打开“飞入”对话框。

4 从中设置“声音”选项为“照相机”，最后确认。用同样的方法为其他图片设置同样的效果。

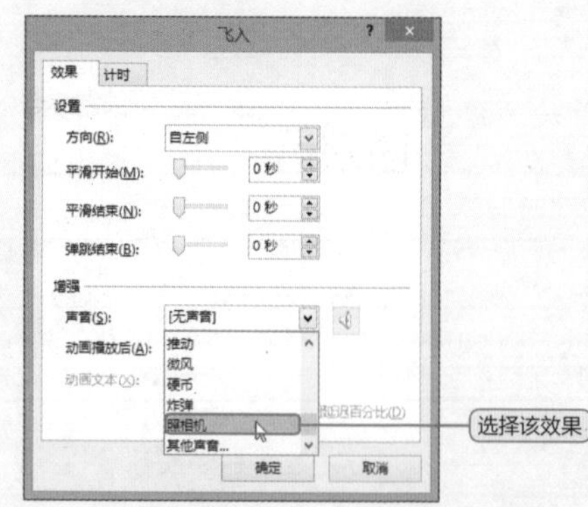

● Level ★★★

如何将播放后的动画隐藏？

有时候，在动画播放后需要让其消失，这样的效果同样能否在PPT中实现。下面我们将介绍如何实现这一效果。

1 选择幻灯片中的文档，然后为其应用“飞入”进入动画效果。

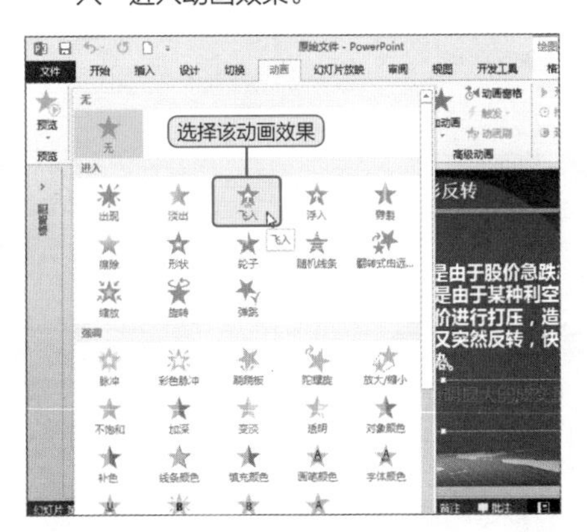

2 接着单击功能区中的“显示其他效果选项”按钮。

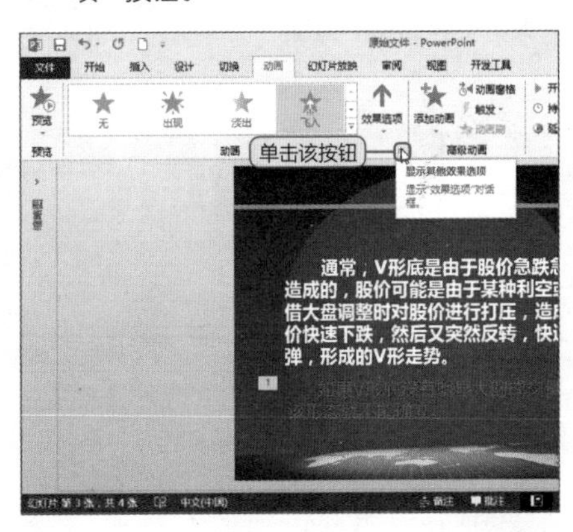

3 打开“飞入”对话框，从中设置“动画播放后”选项为“播放动画后隐藏”选项。

Hint 飞入速度的调整

切换到“计时”选项卡，从中也可以对动画的持续时间进行设置，即“期间”选项。

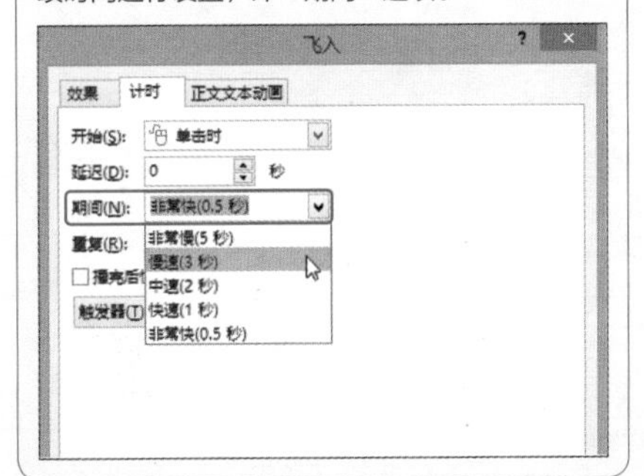

Question 091

● Level ★★☆

如何让多个图片同时运动?

在PowerPoint中， 为了让幻灯片页面中的内容形成对比，我们可以设置其同时显示。那么该效果怎样才能实现呢？下面就对其进行详细介绍。

最终效果

各行中的两幅图片内容同时相向出现

1 选择幻灯片中的第一幅图像，然后为其设置从左侧飞入的动画效果。

2 选择幻灯片中的第二幅图像，然后为其设置从右侧飞入的动画效果。

3 按照同样的方法设置第三张和第四张图片的动画效果，并设置所有动画 “开始”时间为“与上一动画同时”即可。

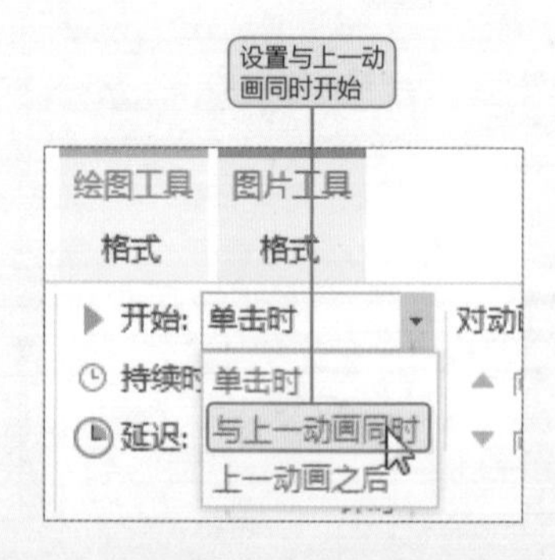

Level ★★☆

如何让多个图片逐一运动?

该技巧实现的效果正好与上一技巧所要实现的效果相反，幻灯片中的图像不是同时显示而是逐一显示。下面将对该效果的实现方法进行详细介绍。

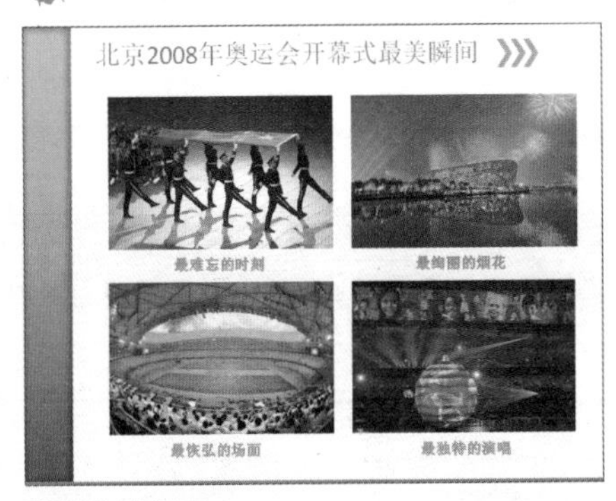

静态图片效果

图片逐一旋转显示效果

1. 选择第一幅图片，然后为其应用“旋转”动画效果。

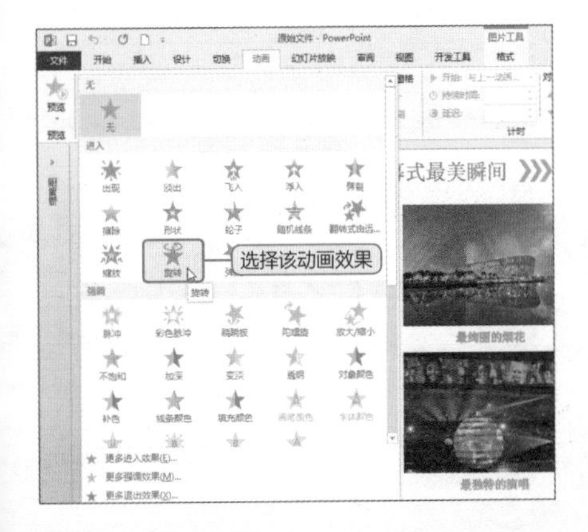

2. 为第二、三、四幅图片应用“旋转”动画效果，并设置其“开始”时间为“上一动画之后”即可。

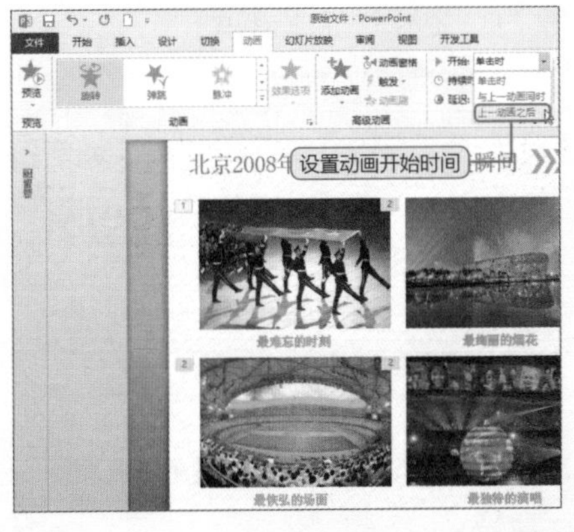

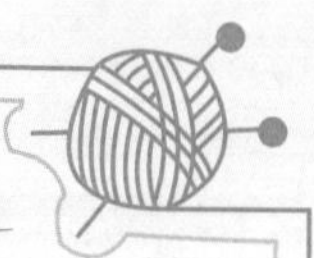

Question 29

● Level ★★★

如何复制动画效果？

如果在同一幻灯片页面中，有很多同类型的动画效果需要制作，此时若通过逐一设置，效率极其低下。那么有什么样的简便方法呢？下面将介绍一种快速复制的方法。

1 第一幅图像的动画效果是已经设置好的，在此将其选中并单击功能区中的“格式刷”按钮。

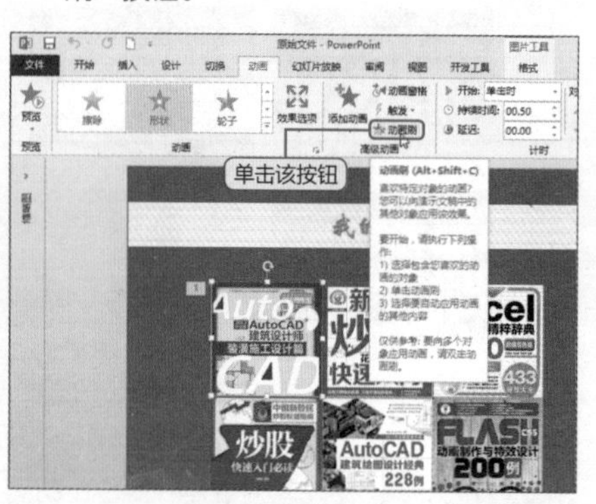

2 返回编辑区后，光标将变为带刷子样式的形状。

3 使用鼠标单击目标图像，即可将复制的动画效果应用到当前图像中。最后单击“预览”按钮，测试动画效果。

Hint 动画刷的重复使用

在复制时，若只单击一次格式刷，则只能实现一次复制。若是双击，则可以实现多次复制操作。

● Level ★★★

如何改变动画的播放顺序?

在PowerPoint中，动画效果的播放顺序也是可以调整的。特别是在同类型重复的动画效果中，就没有必要依次逐个进行显示。本技巧将针对上一效果作出改进。

1 打开幻灯片之后单击功能区中的“动画窗格”按钮。

2 随后打开“动画窗格”对话框，从中即可看到原先动画的播放顺序。

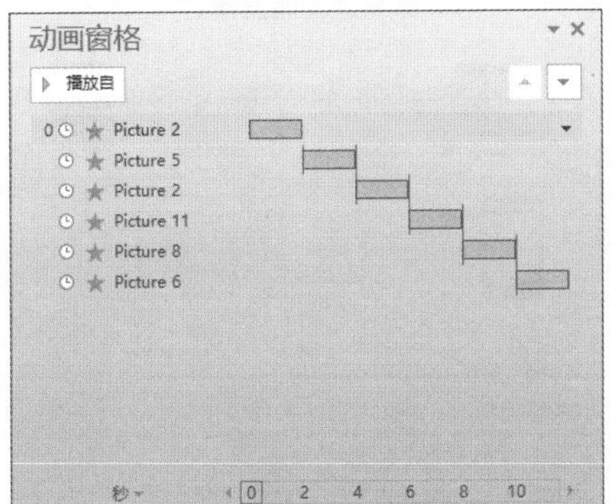

3 选择Picture 6后，单击“上移”按钮即可向前调整其播放顺序。使用同样的方法可调整其他图片的播放次序。

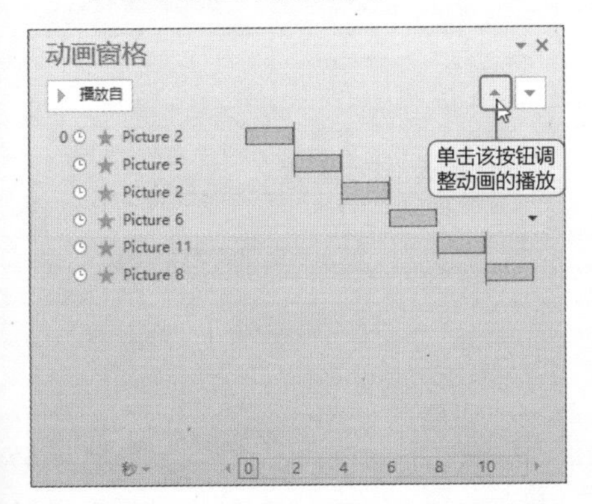

Hint 其他方法调整播放顺序

单击功能区中的“向前移动”和“向后移动”按钮，或者直接在动画窗格中选择需移动的对象，将其拖动至合适的位置。

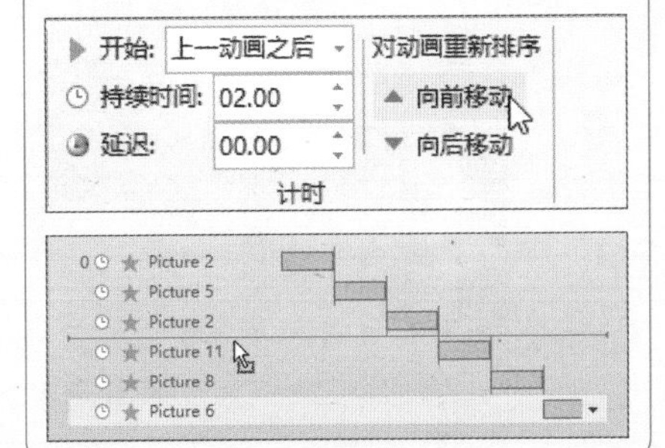

● Level ★★★

如何让文本内容呈现打字效果？

在PowerPoint中，文本内容的显示也可以像打字效果一样，逐字显示到观众面前，下面将对这一技巧的实现方法进行介绍。

最终效果

该页面底部的文本将逐字显示

1. 选择幻灯片中的文本内容，然后为其设置“出现”动画效果。

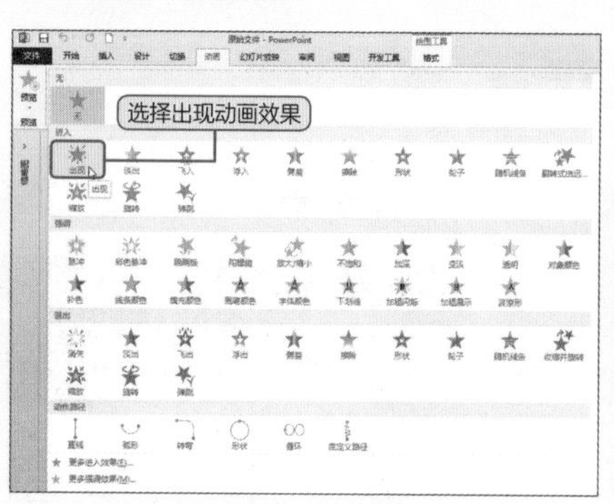

2. 随后单击功能区中的“显示其他效果选项”按钮，以打开“出现”对话框。

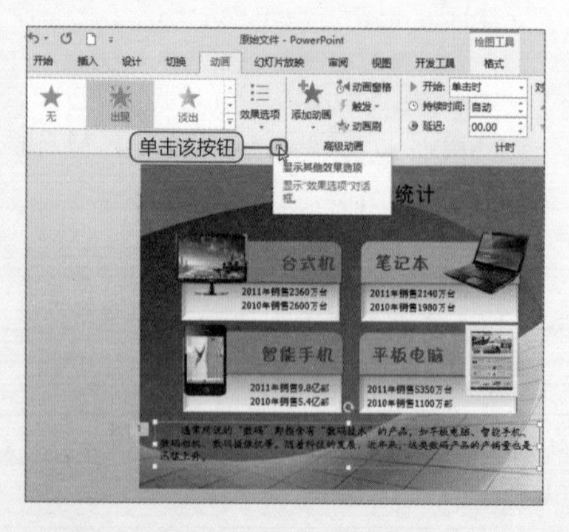

3. 在“效果”选项卡中设置动画文本选项为“按字/词”，以及字/词之间延迟秒数为0.1，设置完成后单击“确定”按钮。

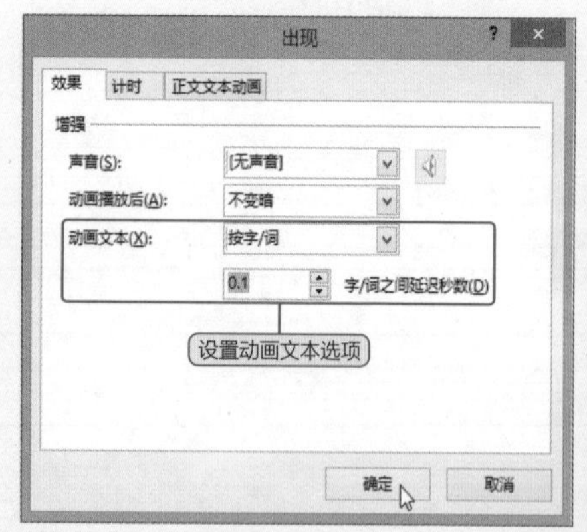

● Level ★★★

如何打造翻书效果？

幻灯片页面中有多张图片时，可以为图片设置翻书效果，该效果会将图片一张张地展示给观众，更能吸引观众注意力，下面将对其进行介绍。

最终效果

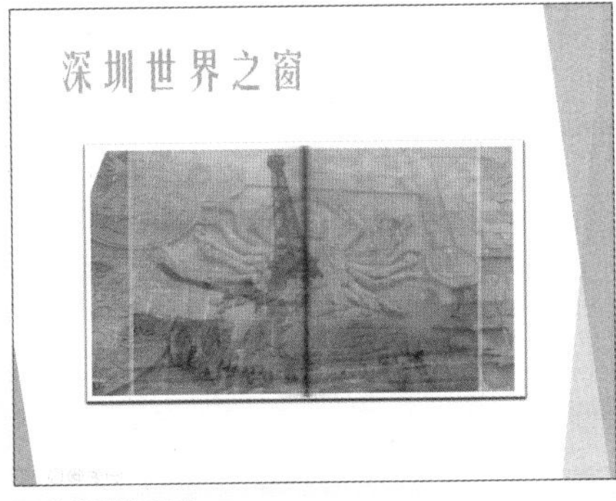

翻书效果的实现

1 选择幻灯片中的所有图片，执行“动画>动画>其他>更多进入效果”命令。

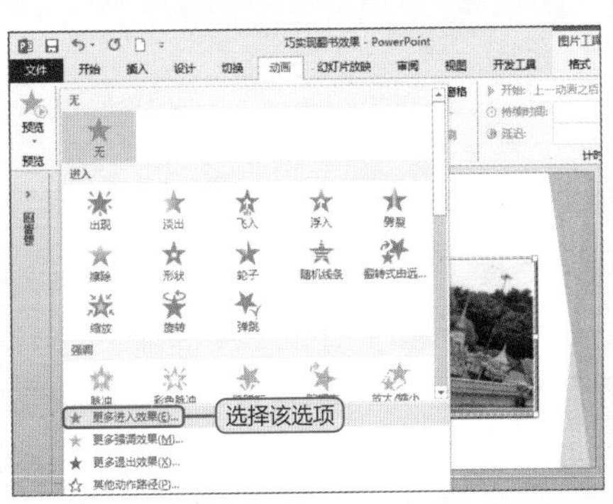

2 打开“更改进入效果”对话框，选择“展开”效果，单击“确定”按钮。

3 打开“展开”对话框，设置开始方式为“上一动画之后”，期间为“慢速（3秒）”，然后关闭对话框即可。

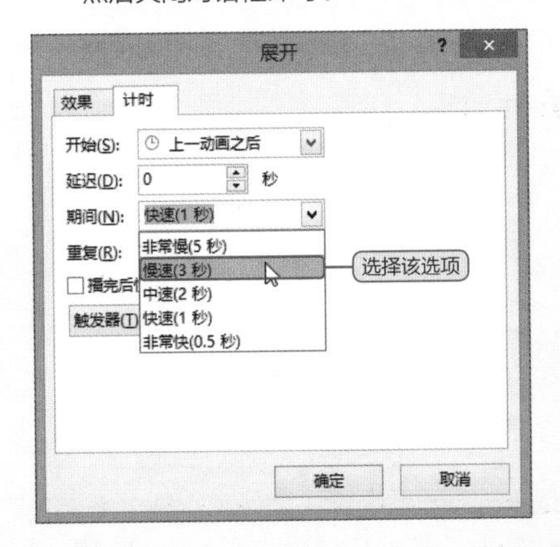

● Level ★★★

Question 99

如何使用高级日程表调整动画播放节奏？

所谓高级日程表即指用于设置动画顺序、动画开始时间及结束时间的时间条，其功能与Flash动画中的时间轴相似。本技巧将对高级日程表的相关操作进行介绍。

高级日程表显示/隐藏效果对比

显示效果

隐藏效果

1. 打开动画窗格，可看到每个动画效果右侧均包含一绿色的时间条。用户通过窗格底部 的“秒”按钮可将其放大或缩小。

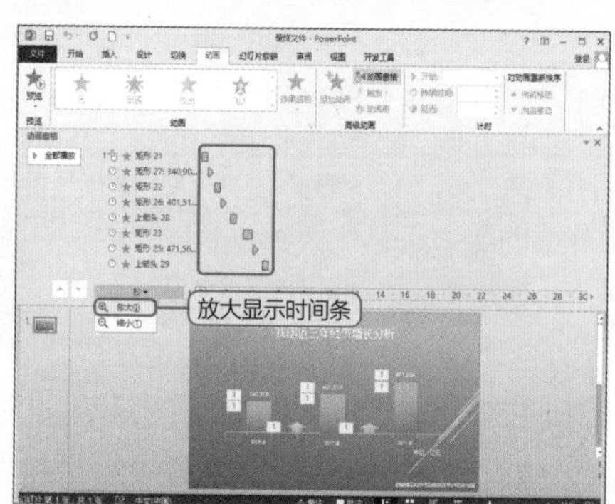

2. 将光标移至某个动画效果右侧的时间条上，当光标变为左右向箭头时，按住鼠标进行拖动即可改变该动画的持续时间。

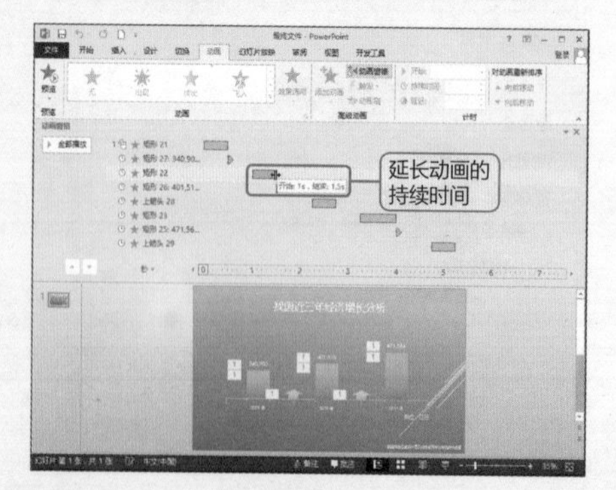

3. 待完成调整操作后，单击任意一个动画效果右侧的下拉三角按钮，在打开的列表中选择“隐藏高级日程表”选项即可。

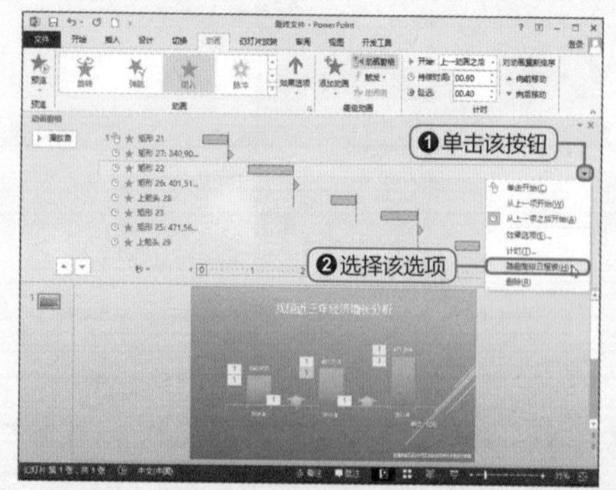

Level ★★★

如何打造页面卷曲效果?

放映幻灯片时，如果需要像翻卷书页一样翻卷幻灯片，可以使用页面卷曲效果，本技巧将对其进行详细介绍。

最终效果

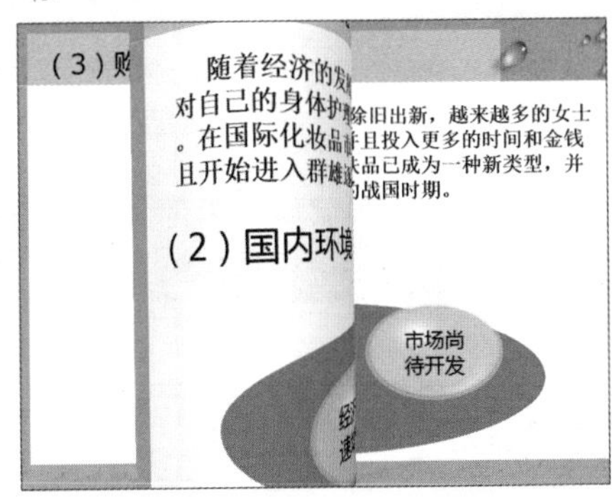

“页面卷曲”效果的应用

1 打开演示文稿，选择第第6张幻灯片，切换到“切换”选项卡，单击“切换到此幻灯片”选项组中的“其他”按钮。

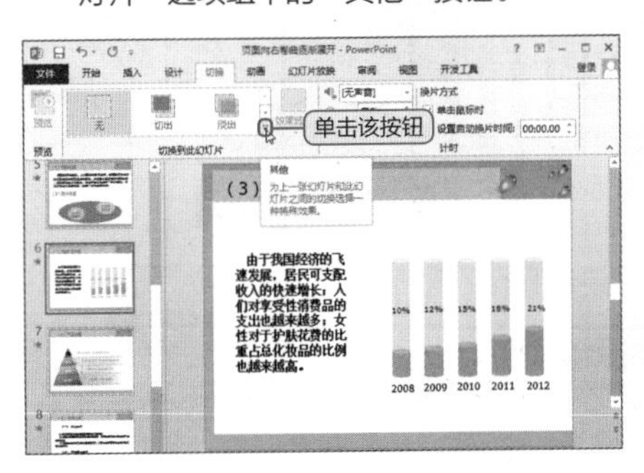

2 从展开的列表中选择“页面卷曲”效果。

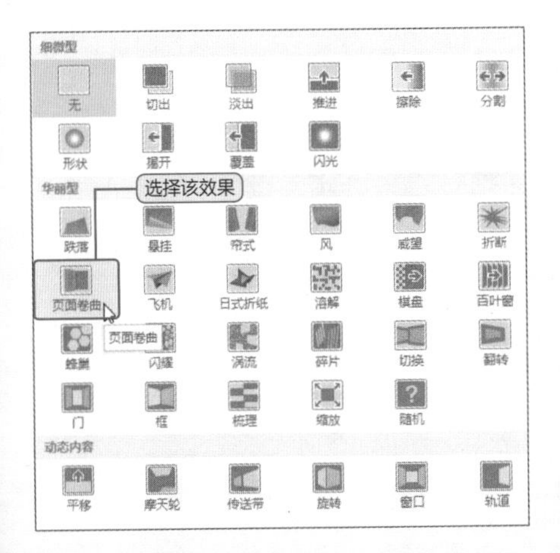

3 单击“效果选项”按钮，从展开的列表中选择“双右”。

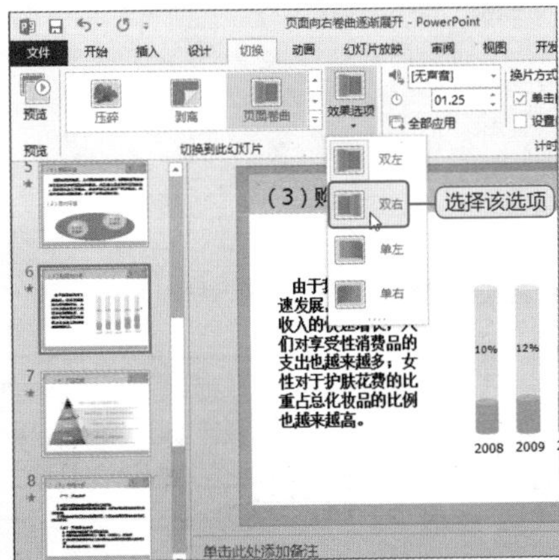

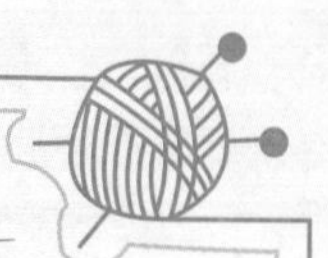

Question 89

● Level ★★☆

如何设计百叶窗切换效果？

在PowerPoint 2013中，华丽型切换效果包括溶解、棋盘、百叶窗、时钟、涟漪、蜂巢、闪耀、涡流、碎片、切换、翻转、库、立方体、门框、缩放、库等。在此将以百叶窗切换效果的制作为例进行介绍。

最终效果

该页面将以垂直百叶窗的效果从中心向两侧切换显示

1 选择指定的幻灯片，然后切换到“切换”选项卡，单击“切换到此幻灯片”选项组的“其他”按钮。

2 在随后展开的列表中选择“百叶窗”选项，即可将其应用到当前幻灯片中。

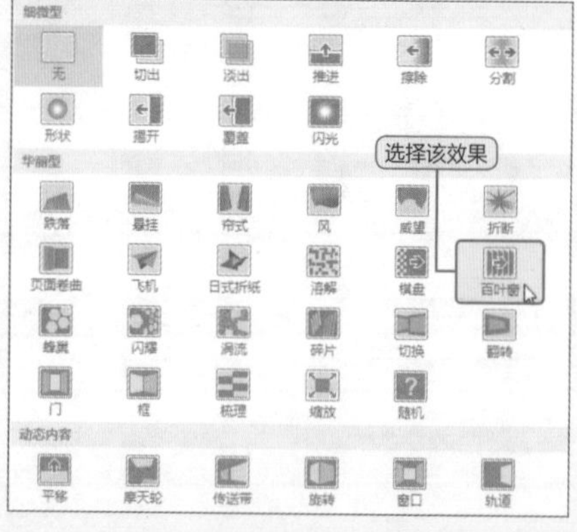

● Level ★★☆

Question 69

如何选择切换效果？

为了使切换效果更加自然，用户不仅可以选择幻灯片的切换类型，还可以对切换效果做进一步的设置，比如时钟切换类型就包括“顺时针”、“逆时针”和“楔形”3种效果，下面将对相关操作进行介绍。

最终效果

顺时针切换效果

楔入切换效果

1 选择需要设置切换效果的幻灯片，单击“切换”选项卡中“切换到此幻灯片”选项组的“其他”按钮，从中选择“时钟”选项。

2 设置完成后，再单击“效果选项”按钮，随后在展开的列表中根据需要进行选择。

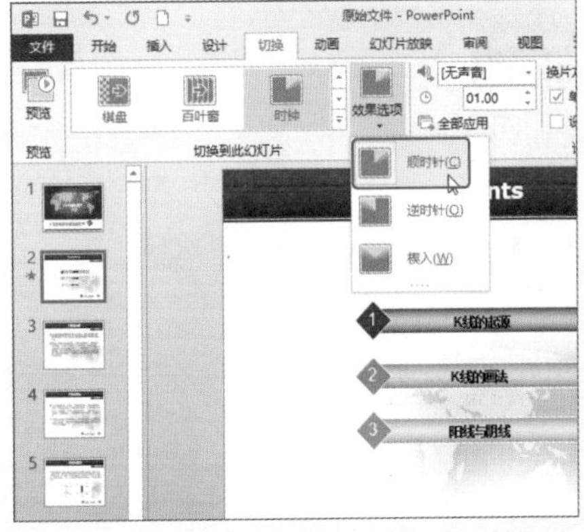

● Level ★★☆

如何实时预览切换效果？

为了能够及时掌握所设置的幻灯片切换效果，用户可以通过预览或是播放的方式进行查看，其相关操作介绍如下。

最终效果

画面一二之间的切换效果

画面二三之间的切换效果

当完成切换效果的设置后，用户可以单击功能区中最左端的“预览”按钮，随时查看切换效果。

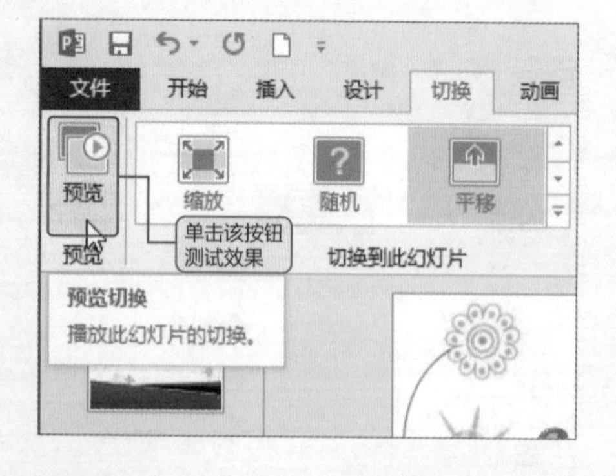

Hint 播放当前幻灯片

当切换效果的设置结束后，切换到“幻灯片放映”选项卡，之后单击“从当前幻灯片开始”按钮，即可清晰地查看所设置的切换效果。

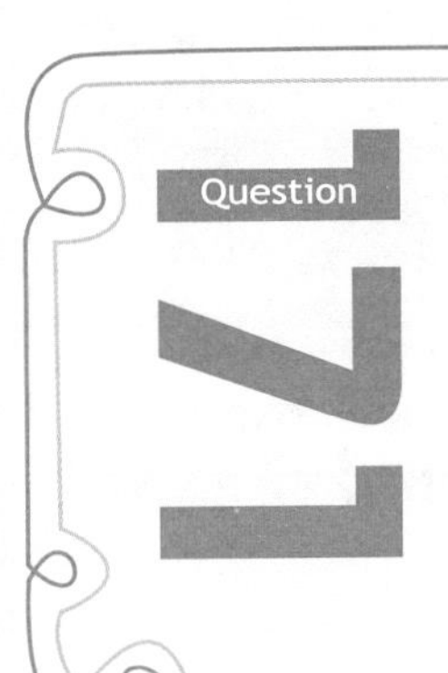

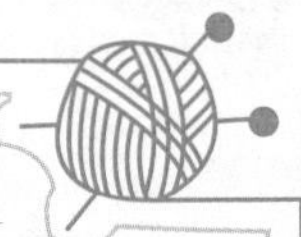

● Level ★★☆

如何设计随风飘的换片效果？

用户还可以使用风切换效果，该效果可以使已经播放完毕的幻灯片，像被风吹走一样消失在观众视线中，从而显示出下一页幻灯片，本技巧将对其进行介绍。

最终效果

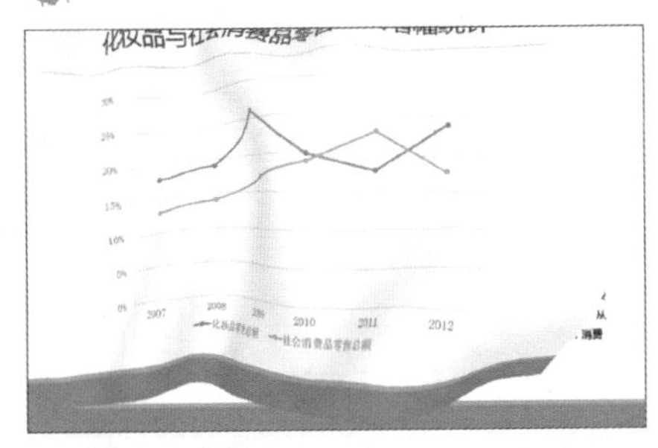

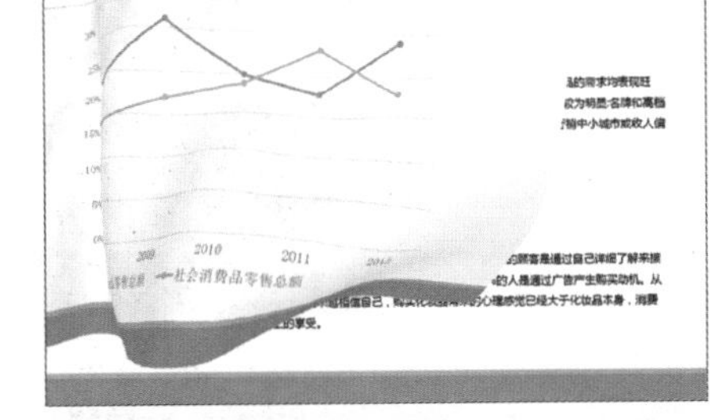

风切换效果的应用

1 选择需设置切换效果的幻灯片，在“切换”选项卡的“切换到此幻灯片”选项组中单击“其他”按钮，然后选择“风”选项。

2 设置完成后，再单击“效果选项”按钮，随后在展开的列表中根据需要选择“向左”选项。

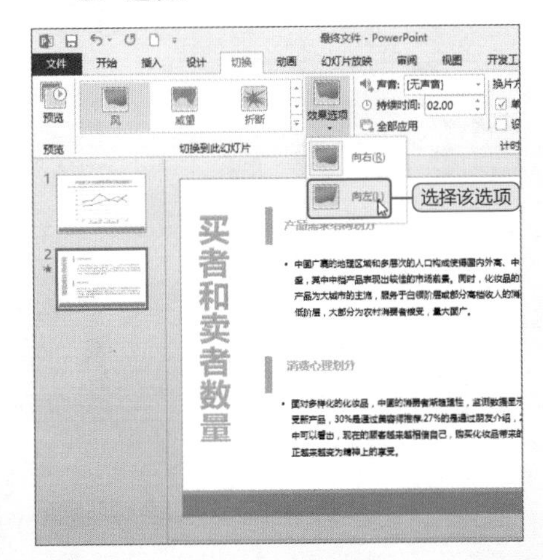

Question 172

● Level ★★☆

如何为幻灯片添加切换音效？

在设置幻灯片的切换效果时，别忘记添加声音哦！声音的添加将会为幻灯片增加一丝靓丽的风采。下面将以系统自带声音的添加为例展开介绍。

最终效果

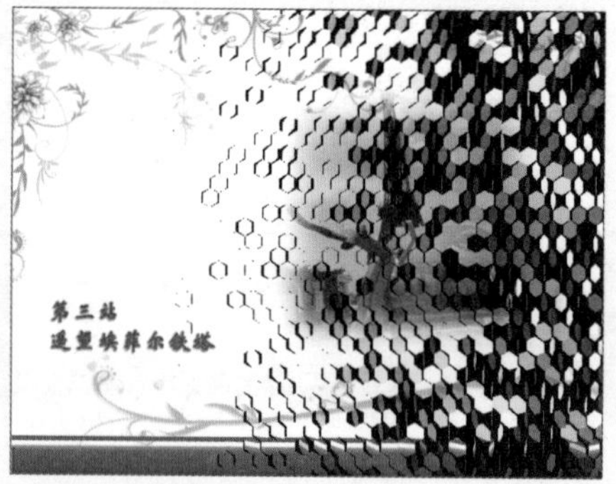

伴随风铃声音的闪耀效果

1 选择指定的幻灯片，在“切换”选项卡的“切换到此幻灯片”选项组中单击“其他”按钮，从列表中选择“闪耀”选项。

2 单击“效果选项”按钮，以设置闪耀切换类型的效果，在此选择“从左侧闪耀的六边形”选项。

3 单击“声音”选项右侧的下拉按钮，在打开的列表中选择合适的声音选项，如“风铃”。最后预览该效果。

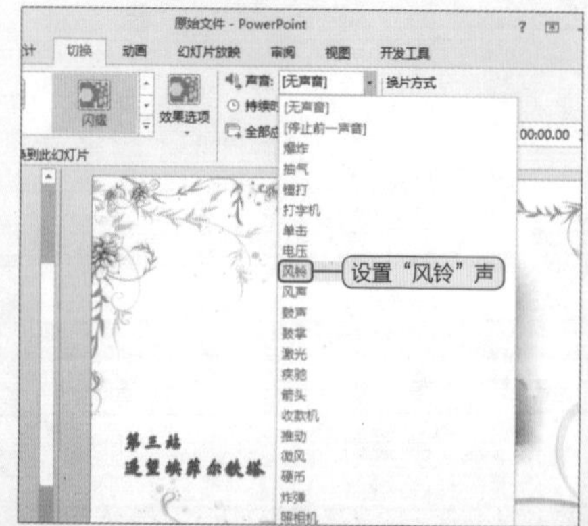

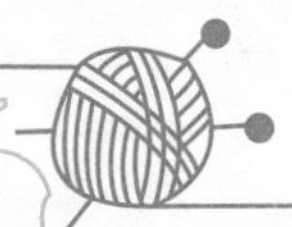

● Level ★★☆

如何设定幻灯片的切换时长？

默认情况下，每一款幻灯片切换效果都具有一个默认的切换时长，但是为了配合演示的需要，用户可以根据需要进行调整，以保证其能长则长、能短则短。为此，下面将对切换时长的设置进行详细介绍。

1. 指定幻灯片后，按照前面介绍的操作方法，为其添加“涟漪”切换效果。

2. 单击“效果选项”按钮，在展开的列表中选择“居中”选项。

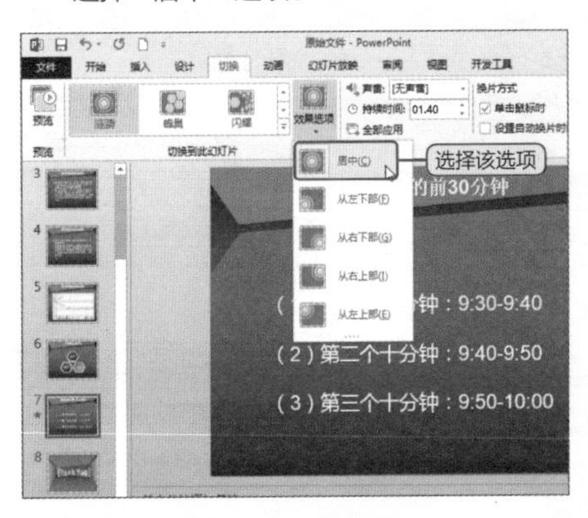

3. 单击“声音”选项右侧的下拉按钮，在打开的下拉列表中选择“微风”选项。

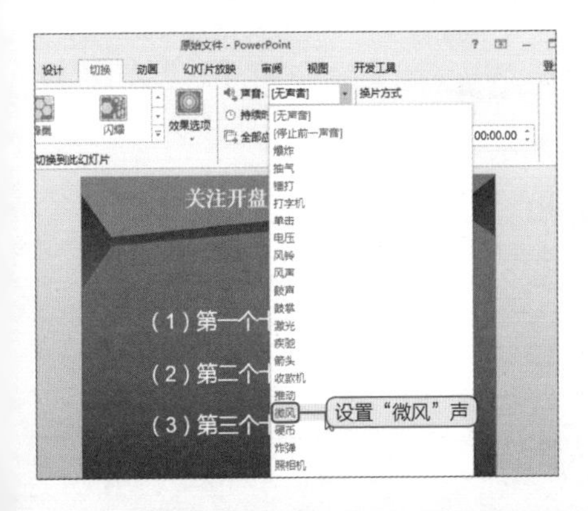

4. 单击“持续时间”右侧的数值框，从中输入切换时长，或者是通过单击上下调节按钮，以改变时长，最后预览该效果。

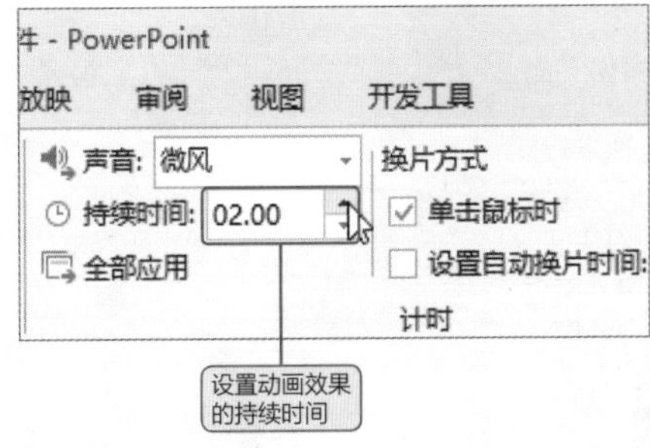

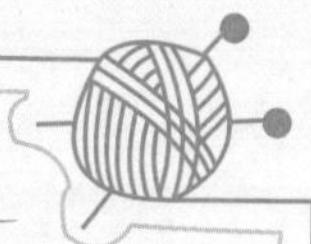

● Level ★★☆

如何应用自动换片方式?

在放映幻灯片时，有时候需要单击幻灯片才能切换到下一页，而有时在不做任何操作的情况下会自动切换至下一页，这是为什么呢？本技巧将对其进行解答。

最终效果

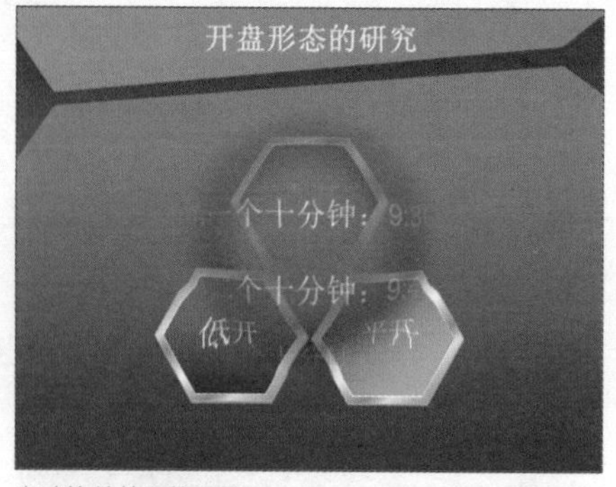

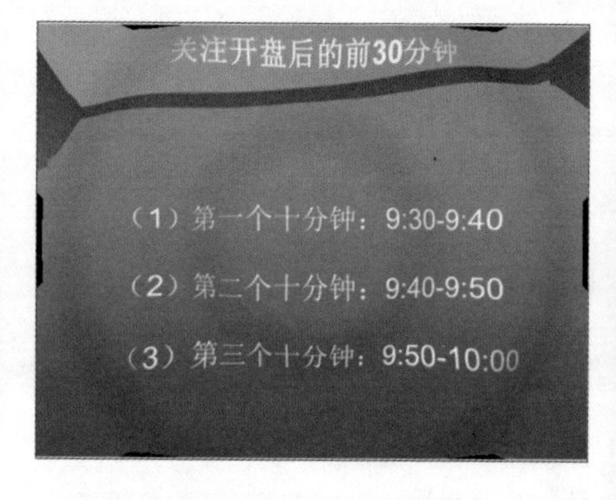

自动换片效果的设置

1 在设置完切换效果后，勾选功能区中的“单击鼠标时”复选框，即可完成手动换片的设置操作。

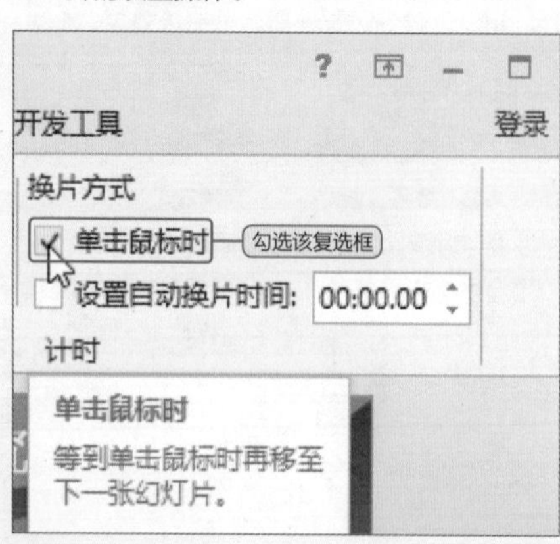

2 除了手动换片，还可以设置自动换片，即勾选“设置自动换片时间”复选框，并设置换片时间即可。

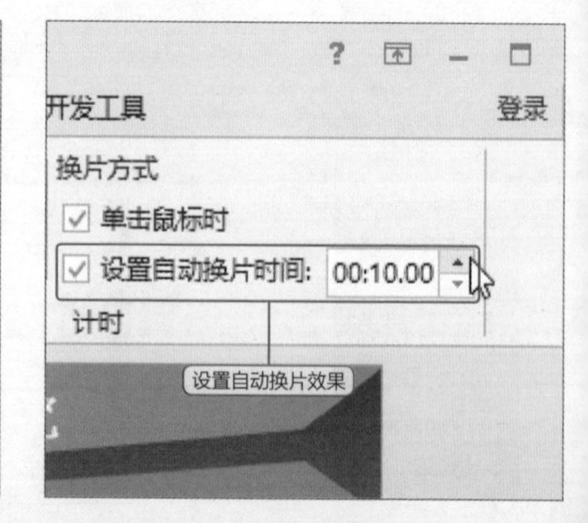

● Level ★★☆

如何统一应用当前幻灯片的切换效果?

在设置好某一张幻灯片的切换效果后，为了省去逐一设置的麻烦，用户可以将此幻灯片的切换效果一次性应用到全部幻灯片中，下面将对该操作进行详细介绍。

① 选择文档中的任一幻灯片，然后为其设置“平移”切换效果。

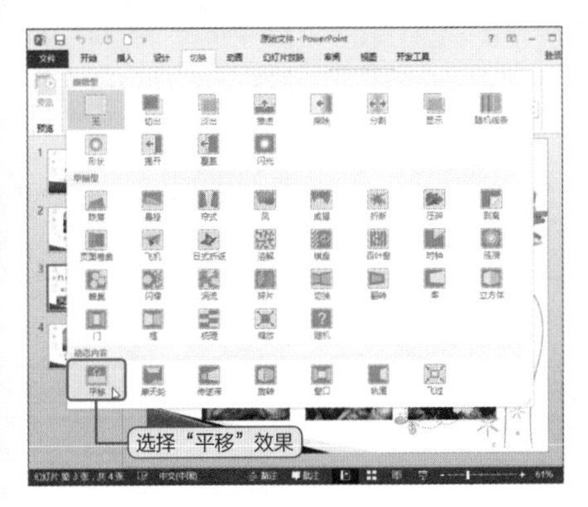

② 单击“效果选项”按钮，在展开的列表中选择“自右侧”选项。

③ 接下来为该切换效果添加声音效果，即在声音下拉列表中选择“照相机”选项。

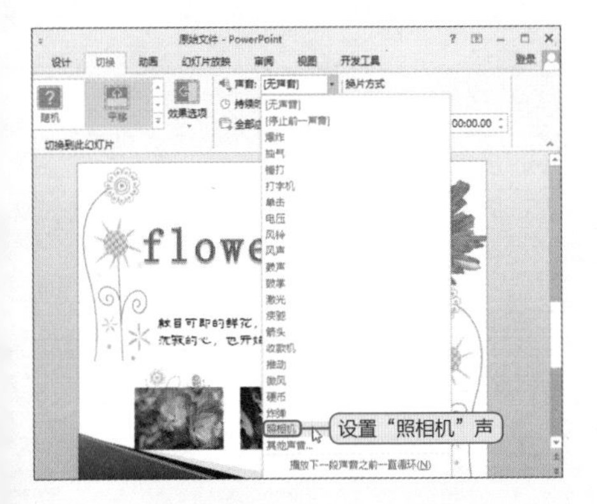

④ 此外，还可以设置换片的时间。待一切设置完成后，单击功能区中的“全部应用”按钮即可。

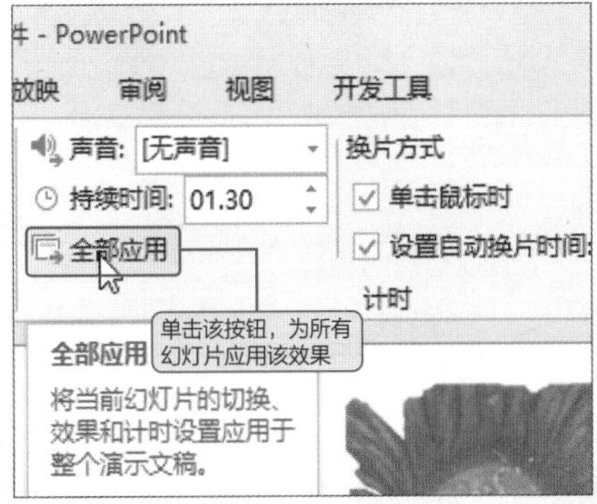

演示文稿的管理与放映

当完成演示文稿的制作之后，我们就可以实施放映了。为了配合放映操作，我们可以为其设置访问超链接，也可以将其保存为单独的幻灯片页面。本章将对幻灯片的放映操作展开介绍。

Level ★★★

如何在文件夹中预览演示文稿？

若用户只希望快速查看幻灯片页面中的内容，通过PowerPoint程序打开需要花费一定的时间，通过预览功能可以很好地解决这个问题。

1 通过“我的电脑”，打开演示文稿所在的文件夹。

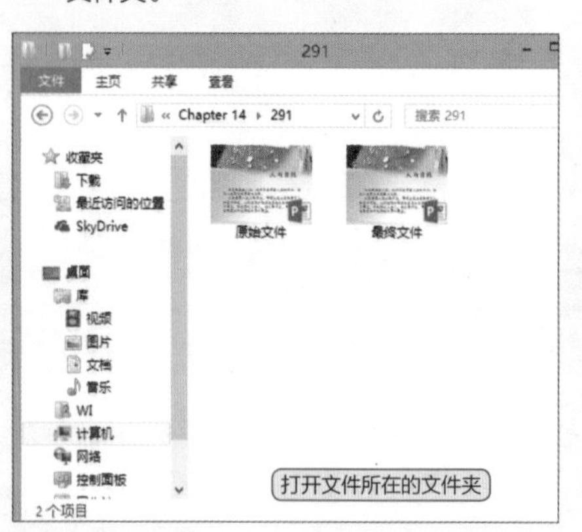

2 单击文档图标，选中需要预览的演示文稿。

3 右击，从弹出的快捷菜单中选择“显示”命令。

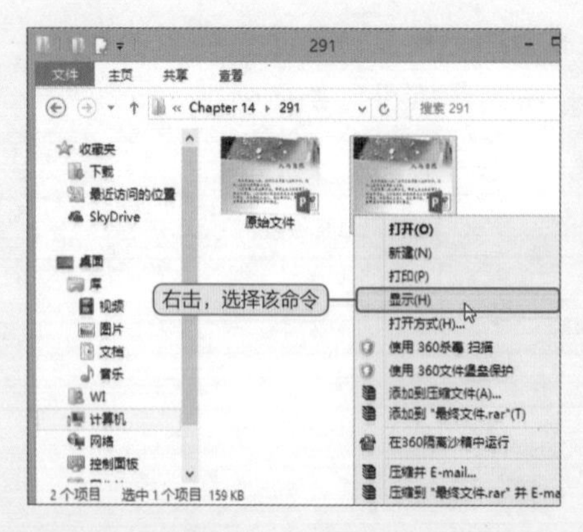

4 将以放映模式预览幻灯片，但是并没有启动PowerPoint。

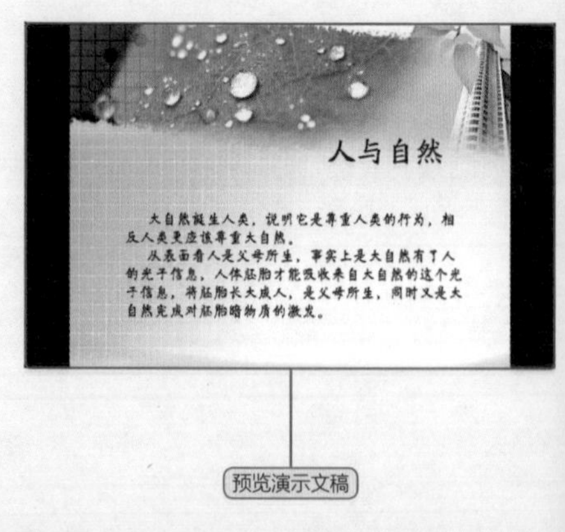

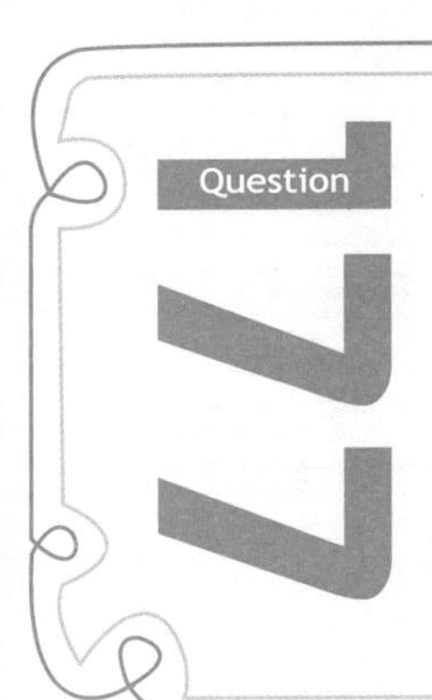

● Level ★★★

如何发布幻灯片？

发布幻灯片是指将PowerPoint 2013中的幻灯片储存到一个共享位置中，实现共享和调用各个幻灯片的目的，本技巧将对其进行详细介绍。

1 打开演示文稿，在“文件”菜单中，选择“共享”命令。

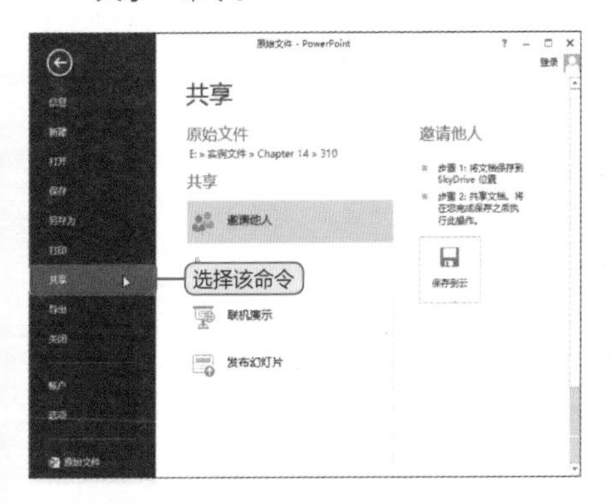

2 选择右侧“共享”下的“发布幻灯片”选项，然后单击右侧的“发布幻灯片”按钮。

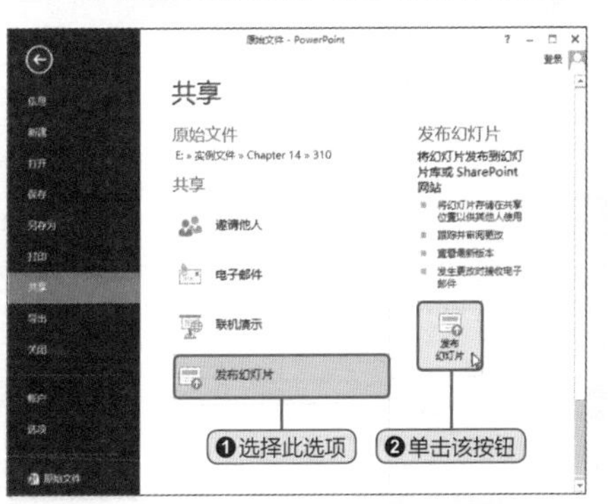

3 弹出“发布幻灯片”对话框，单击“全选”按钮，然后单击“浏览”按钮。

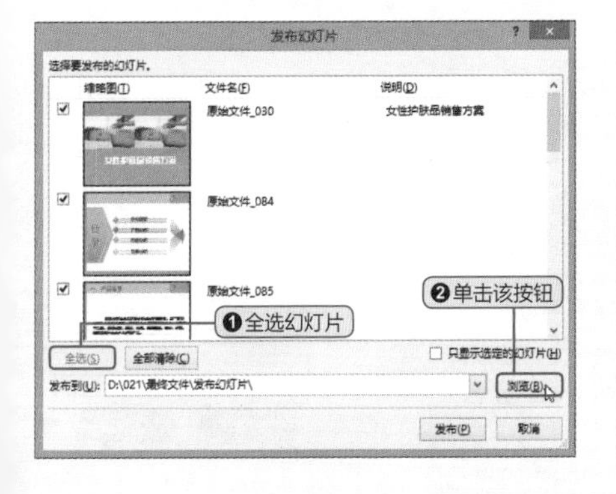

4 弹出“选择幻灯片库”对话框，选择合适的存储位置，单击“选择”按钮，返回至上一级对话框，单击“发布”按钮即可。

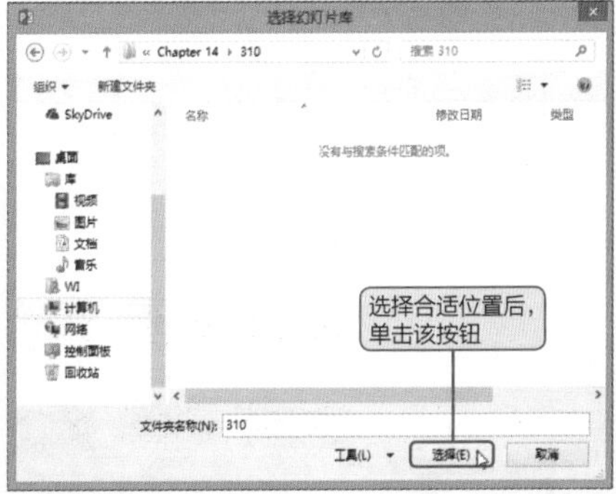

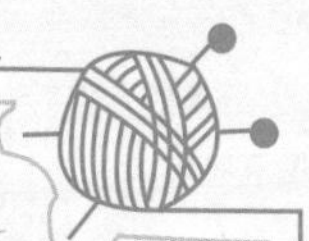

Question 178

● Level ★★★

如何巧妙选择换片方式?

在放映幻灯片时，还在用鼠标单击一张接一张的进行翻页么？可以尝试一下PPT自动播放功能，从而避免手动操作的麻烦，下面将介绍如何实现该功能。

1 打开演示文稿，单击“切换”标签，选中第1张幻灯片。

2 勾选“设置自动换片时间”选项前的复选框，通过右侧的数值框设置换片时间。

3 选中第2张幻灯片，按照同样的方法进行设置，然后依次设置其他幻灯片。

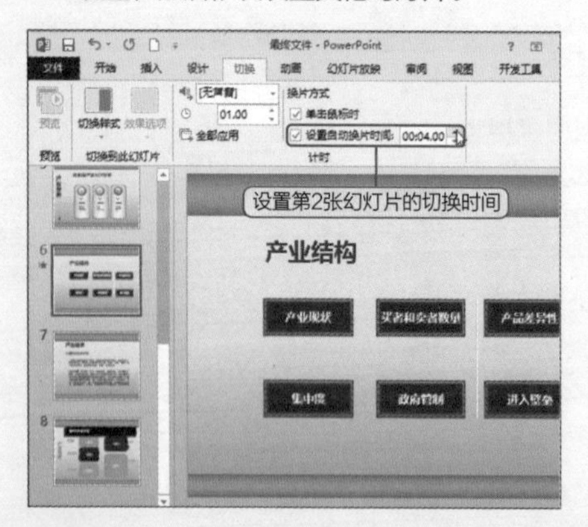

Hint 按统一时间间隔播放幻灯片

设置任意一张幻灯片的换片时间后，单击左侧的“全部应用”按钮即可。

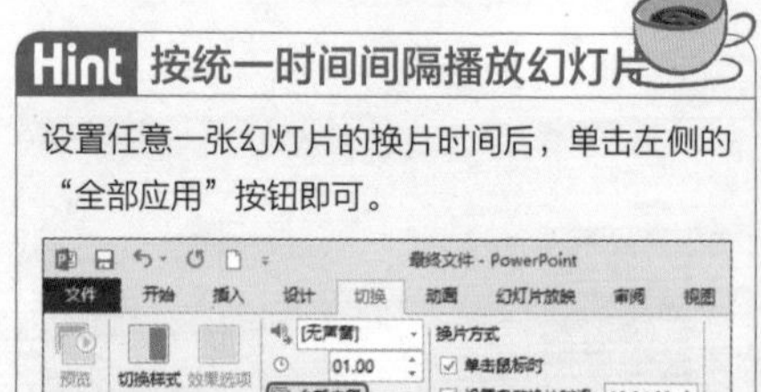

● Level ★★★

如何终止正在放映的幻灯片？

在幻灯片放映过程中，要想在中途终止对幻灯片的播放，该怎样操作呢？下面对其进行详细介绍。

1 打开演示文稿，按F5键放映幻灯片，将光标移至幻灯片的底端，将会出现一个浮动工具栏。

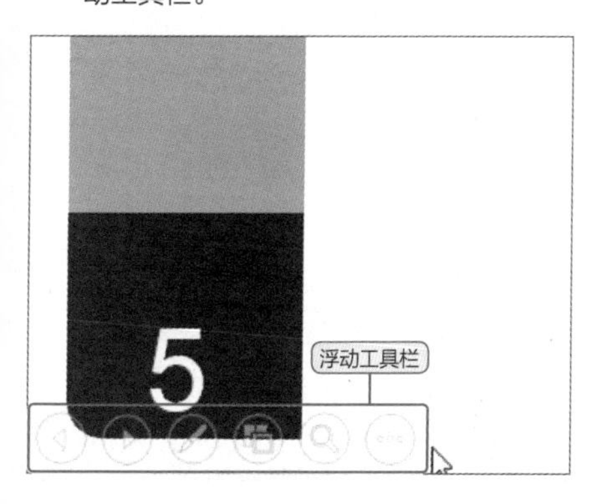

2 单击浮动工具栏最右侧按钮■，从弹出的列表中选择“结束放映”选项。

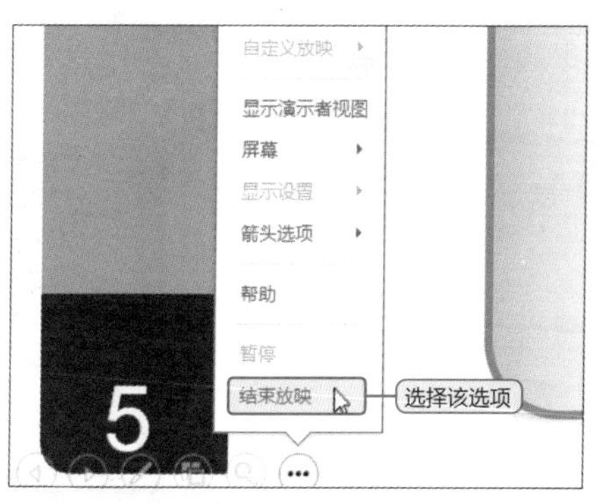

3 或者，在放映幻灯片过程中，在页面中右击，从弹出的快捷菜单中选择“结束放映”命令。

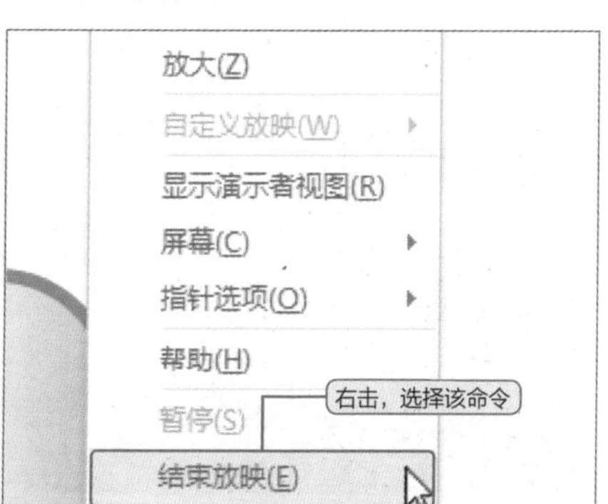

Hint 快捷键法终止放映

直接按下ESC键，即可快速退出放映模式。

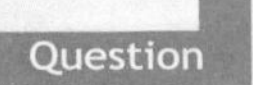

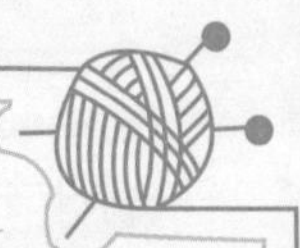

● Level ★★★

Question 08

如何在放映时切换到上一张幻灯片？

在播放幻灯片过程中，若需要查看上一张幻灯片中的内容，有很多方法都可以实现，下面对这几种方法进行详细介绍。

1 右键快捷菜单法。在播放幻灯片时，右击，从弹出的快捷菜单中选择“上一张”命令即可。

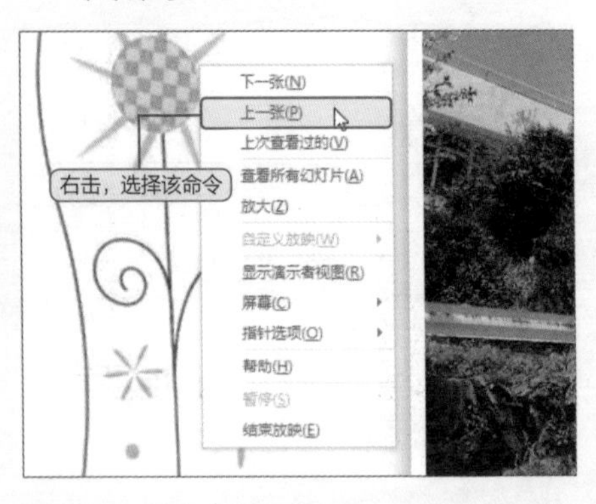

2 浮动按钮法。也可以单击幻灯片页面左下角的按钮。

Hint 快速切换到上次查看的幻灯片

单击幻灯片页面底端的按钮，从弹出的列表中选择“上次查看过的”选项。

Hint 键盘快捷键查看法

直接在键盘上按BackSpace、PageUp、↑键即可。

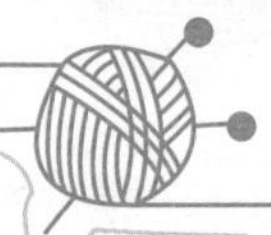

● Level ★☆☆

如何设置幻灯片的放映范围？

在放映幻灯片时，若用户并不需要播放所有的幻灯片，而是需要播放某个范围内的幻灯片，该怎么办呢？下面讲解如何实现此操作。

1 打开演示文稿，切换到“幻灯片放映”选项卡。

2 单击该选项卡功能区中的“设置幻灯片放映”按钮。

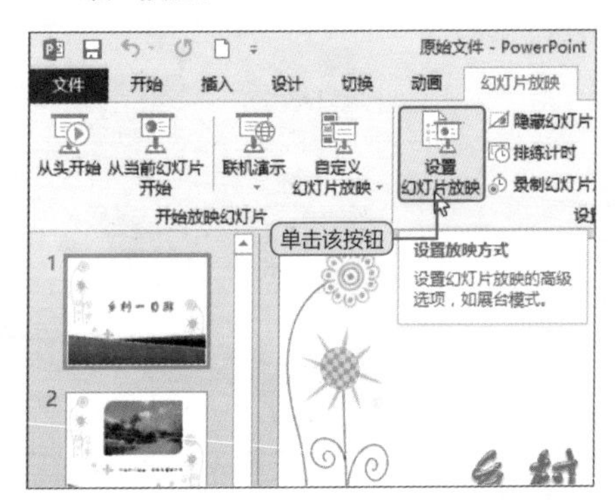

3 打开“设置放映方式”对话框，选中“放映幻灯片”下的“从……到”单选按钮，通过该选项的两个数值框设置范围，设置完成后，单击“确定”按钮。

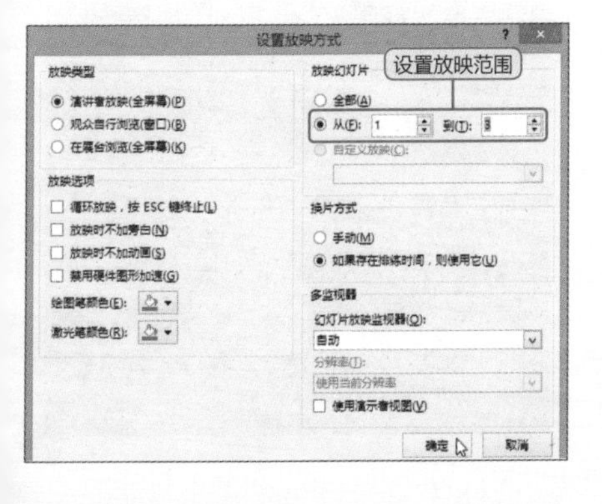

Hint 放映不连续范围的幻灯片

若用户希望放映不连续范围的幻灯片，可以选中不想放映的幻灯片，右击，从弹出的快捷菜单中选择“隐藏幻灯片”命令。

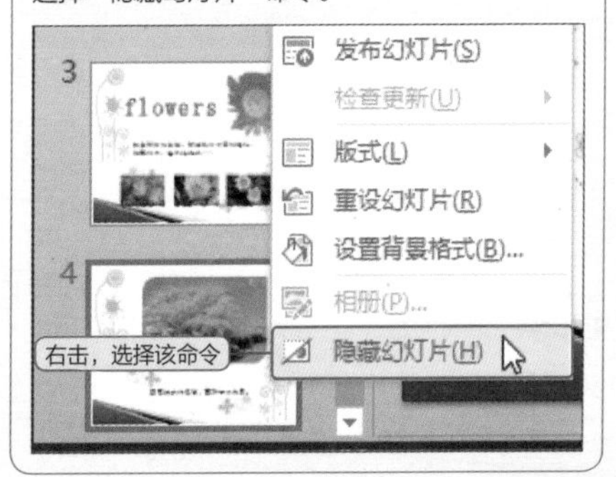

Question 82

● Level ★★★

如何使演示文稿循环放映?

在企业宣传、工程竞标、教学讲课中都需要用演示文稿进行展示。许多公司将演示文稿循环播放作为户外宣传的主要手段，那么我们该如何设置才能让演示文稿达到自动循环播放的效果呢?

1 打开演示文稿，按照之前讲述的方法设置自动播放时间。

2 切换至“幻灯片放映”选项卡，单击“设置幻灯片放映”按钮。

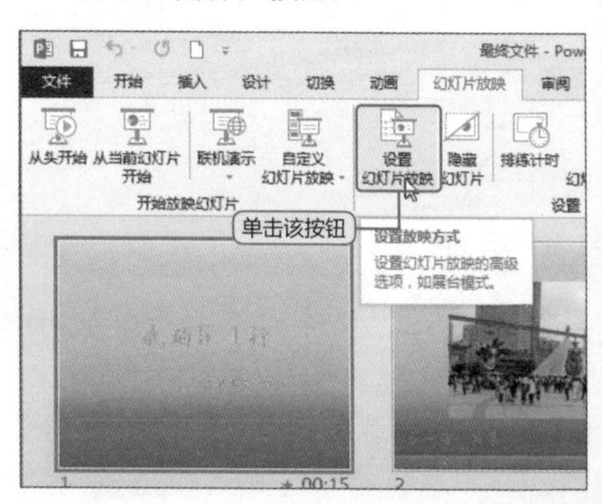

3 打开“设置放映方式”对话框，在“放映选项”选项区中，勾选“循环放映，按ESC键终止”复选框，然后单击“确定”按钮即可。

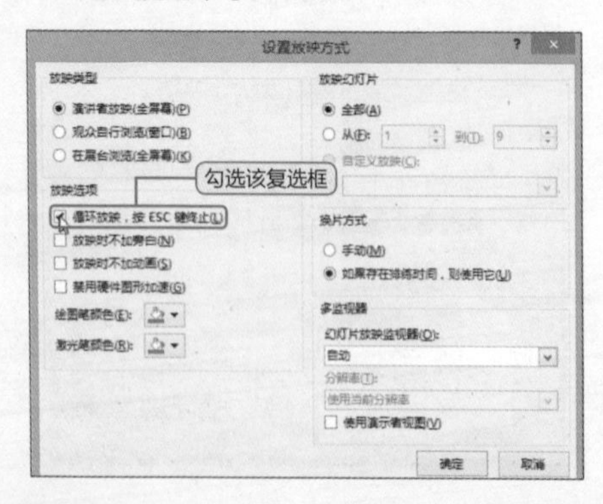

Hint 终止重复播放的幻灯片

若需要终止重复播放的幻灯片，只需直接按ESC键即可。

● Level ★★★

如何在放映幻灯片时隐藏鼠标指针？

在播放幻灯片时，默认会显示鼠标指针，若影响到演讲效果，可以根据需要将其隐藏，同样地，也可以再次将其显示。下面对其进行详细介绍。

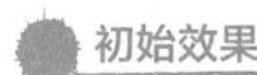
初始效果

最终效果

未隐藏鼠标指针效果

隐藏鼠标指针效果

在播放幻灯片时，右击，从弹出的快捷菜单中选择“指针选项”命令，从级联菜单中选择“箭头选项”命令，再选择“永远隐藏”命令。

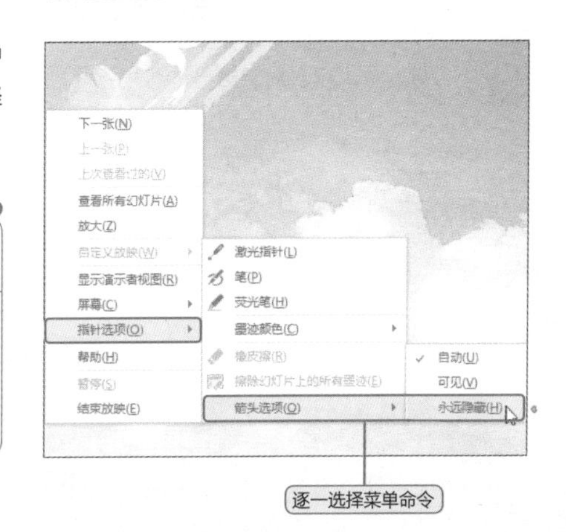

在播放幻灯片时，只需按组合键Ctrl+H即可隐藏指针和按钮。

按组合键Ctrl+A可重新显示隐藏的指针和将指针改变成箭头。

Question 184 ● Level ★★★

如何在放映过程中切换至其他应用程序?

若在放映幻灯片时，需要调用其他程序对演示文稿中的内容进行辅助说明，该如何进行操作呢？PowerPoint 2013提供的程序切换功能，让用户勿需退出放映模式，即可轻松调用其他程序。

1 放映幻灯片过程中，右击，从弹出的快捷菜单中选择“屏幕>显示任务栏”命令。

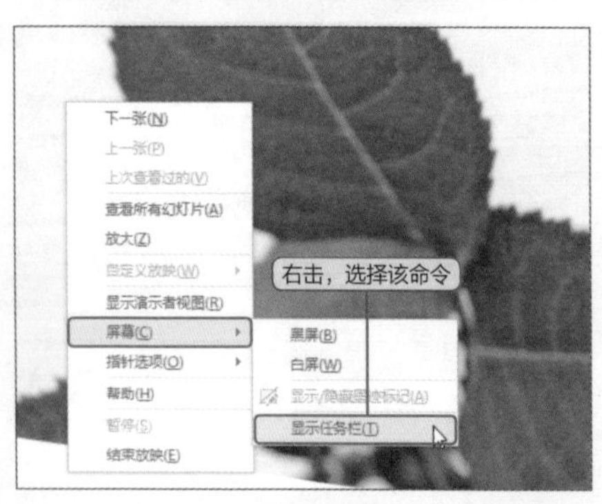

2 出现电脑的任务栏，在任务栏空白处右击，选择“显示桌面”命令。

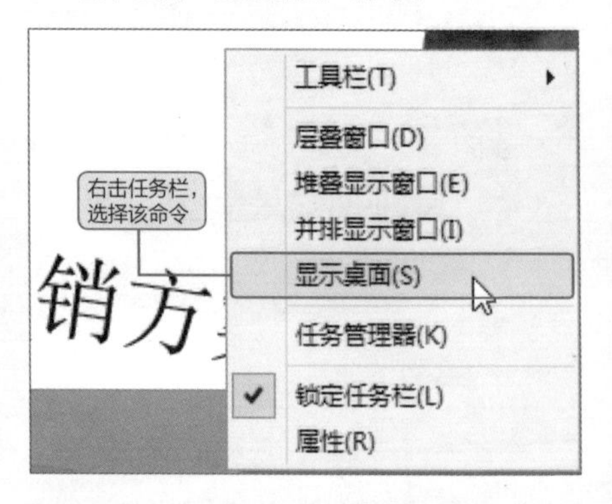

3 将回到桌面，双击需要打开的应用程序图标，这里选择Snagit 11，即可打开该应用程序。

4 返回到放映的演示文稿，使用Snagit 11程序即可截取当前画面。按照同样的方法，还可以按需打开其他应用程序。

● Level ★★★

如何计算演示文稿的播放时间？

在发表演讲或竞标过程中，巧妙把握演讲时间是非常重要的，那么如何控制文档演示时间呢？演示文稿的排练计时功能对用户把握演示时间有很大帮助。

1 打开演示文稿，单击“幻灯片放映”选项卡中的“排练计时”按钮。

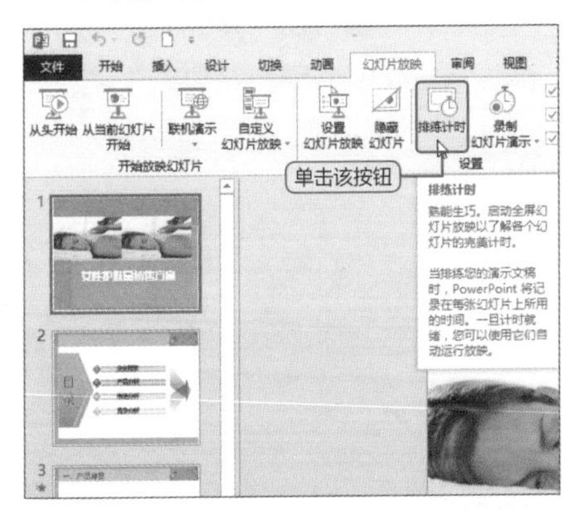

2 自动进入放映状态，左上角会显示“录制”工具栏，中间时间代表当前幻灯页面放映所需的时间，右边时间代表放映至当前幻灯片累计所需的时间。

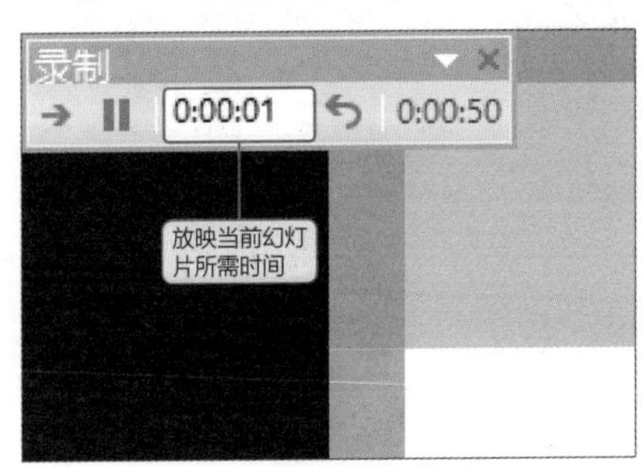

3 用户根据工作需要，设置每张幻灯片停留时间，翻到最后一张时，单击鼠标，会出现提示对话框，询问用户是否保留幻灯片排练时间，单击“是”按钮。

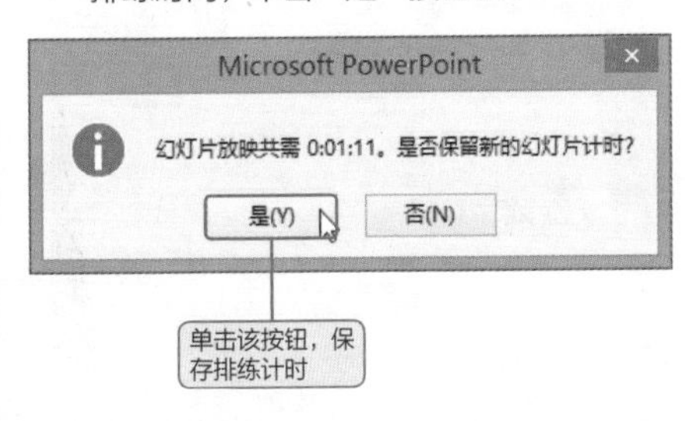

4 返回演示文稿，切换至浏览视图，可以看到每张幻灯片缩略图右下角显示出放映时间。

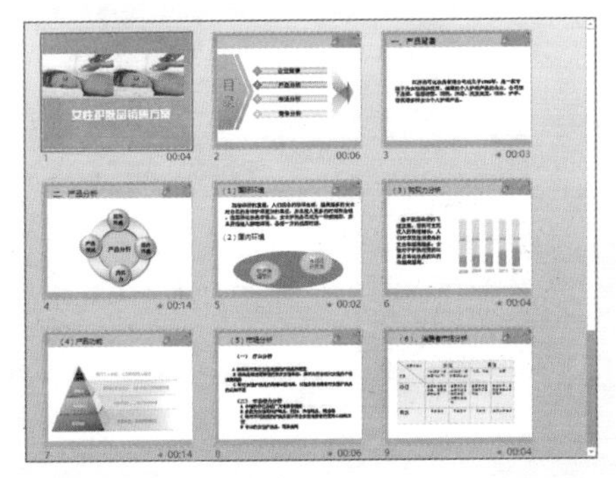

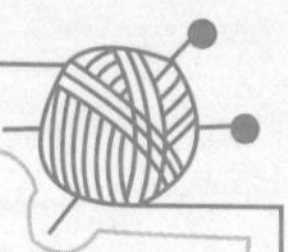

Question 98 ● Level ★★★

如何设置超链接？

所谓的超链接，实际上就是一个跳转的快捷方式，单击含有超链接的图形或对象，将会自动跳转至指定的幻灯片，或打开某个文件夹、网页以及邮件等。

1 打开演示文稿，选中需创建超链接的对象，单击“插入”选项卡中的“超链接”按钮。

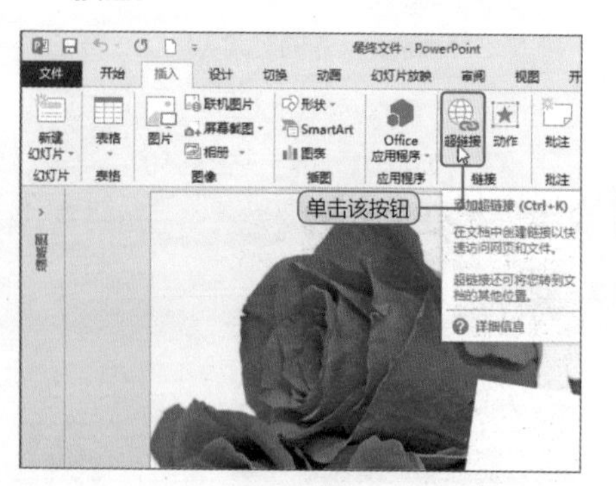

2 打开“插入超链接”对话框，在“地址”右侧的文本框中输入需要链接到网页的地址代码，单击“确定”按钮。

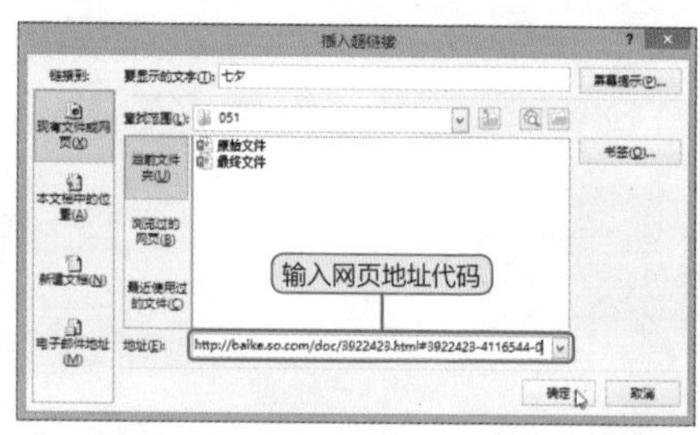

3 返回幻灯片页面，可以看到，设置了超链接的文本颜色发生了改变。

Hint 预览超链接

选择超链接文本并右击，从弹出的快捷菜单中选择“打开超链接”命令，即可进行预览。

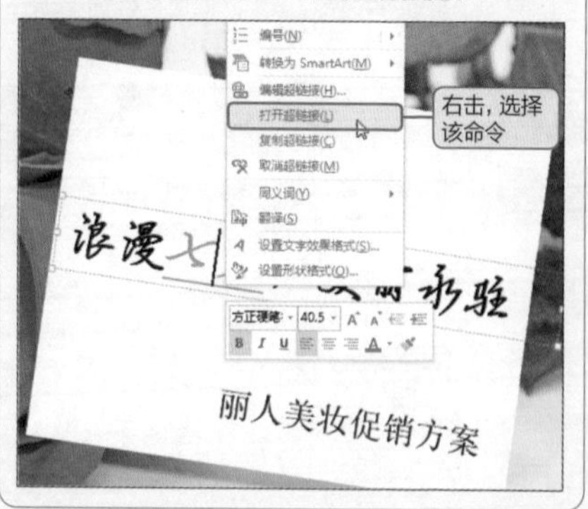

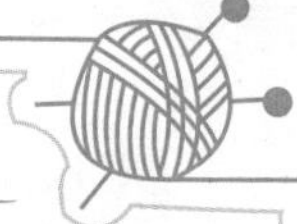

● Level ★★★

如何为超链接添加声音效果？

添加超链接后，为了让超链接处突出显示，用户还可以设置声音提示，当光标移至超链接处时可以发出声音，提示用户此处设置了超链接。

❶ 打开演示文稿，选中超链接，单击“插入”选项卡中的“动作”按钮。

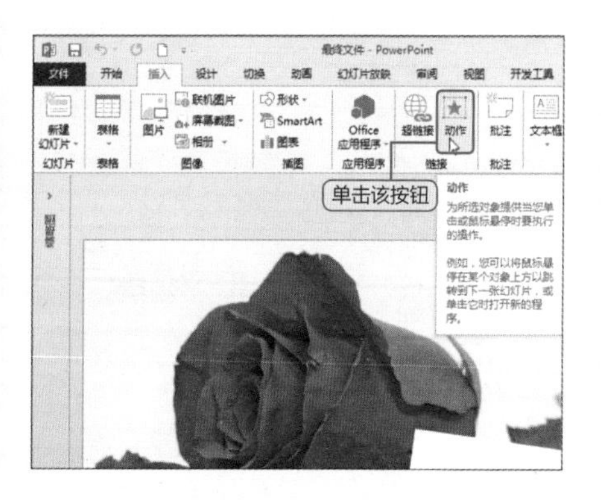

❷ 打开“操作设置”对话框，勾选“播放声音”复选框，单击下方的下拉按钮，从列表框中选择“抽气”选项。

Hint 为动作按钮添加声音效果

用户只需选择动作按钮，单击“插入”选项卡中的“超链接”或“动作”按钮，即可打开“操作设置”对话框，再根据需要添加声音效果即可。

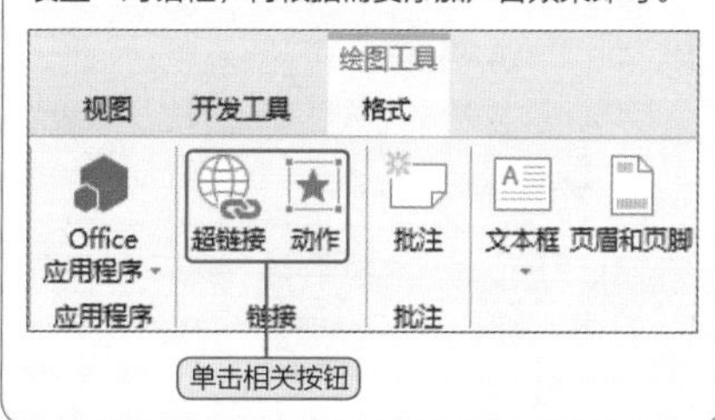

Hint 如何取消动作

若用户希望取消动作，只需打开“操作设置”对话框，选中“无动作”单选按钮即可。

操作设置

单击鼠标 鼠标悬停

单击鼠标时的动作

无动作(N) 选中该选项

超链接到(H):

下一张幻灯片

运行程序(R):

浏览(B)...

运行宏(M):

对象动作(A):

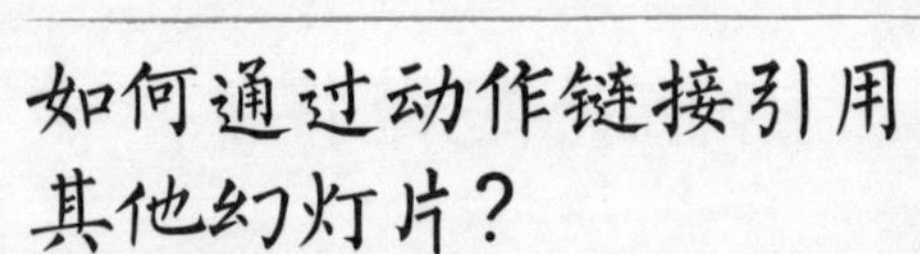

Question 088

● Level ★★★

如何通过动作链接引用其他幻灯片？

在设计幻灯片的过程中，若需要引用其他幻灯片的内容，为其创建一个超链接就可以轻松实现，下面介绍链接到其他幻灯片的操作。

1 打开演示文稿，选中需创建超链接的对象，单击“插入”选项卡中的“动作”按钮，打开“操作设置”对话框。

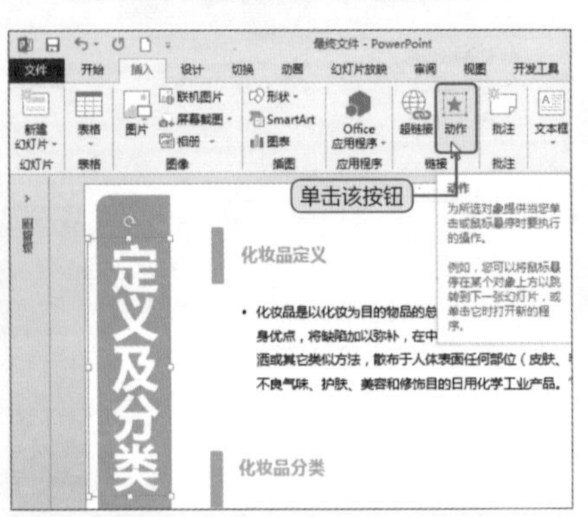

2 在“单击鼠标”选项卡中，选中“超链接到”单选按钮，单击其下拉按钮，从下拉列表中选择“幻灯片”选项。

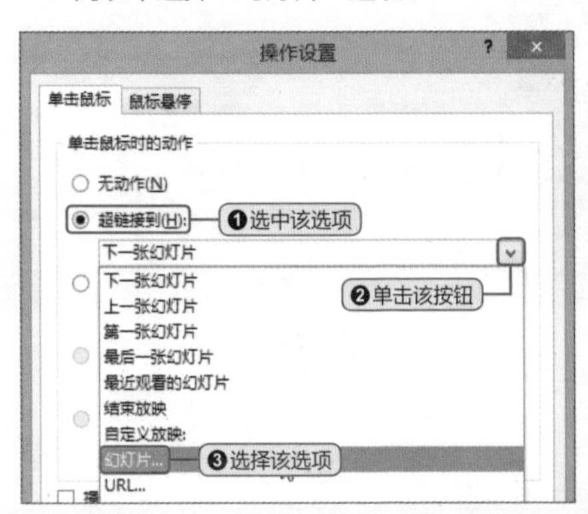

3 打开“超链接到幻灯片”对话框，在“幻灯片标题”列表框中选择“幻灯片2”选项，单击“确定”按钮即可。

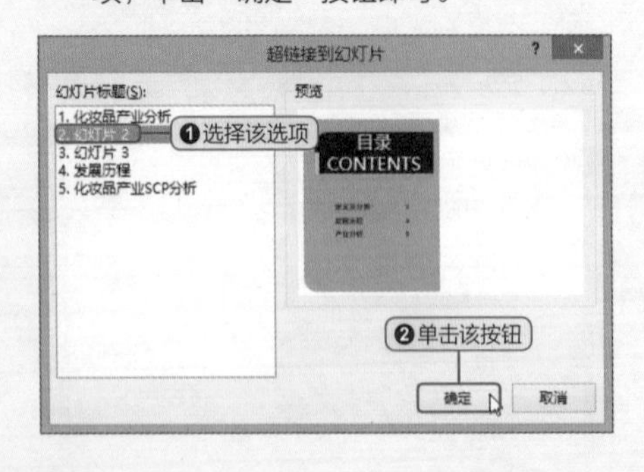

Hint “插入超链接”对话框

打开“插入超链接”对话框，选择“链接到”选区下的“本文档中的位置”选项，在“请选择文档中的位置：”列表框中选择需要链接到的幻灯片，单击“确定”按钮即可。

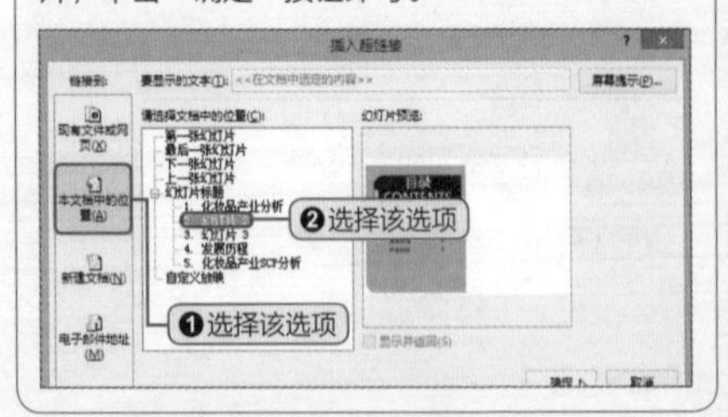

● Level ★★★

如何取消超链接?

对于不再使用的超链接，为了避免误导读者，影响演示文稿的准确性，可以将其删除，下面介绍删除超链接的操作。

1 对话框删除法。选中需要删除的超链接，单击“插入”选项卡中的“超链接”按钮。

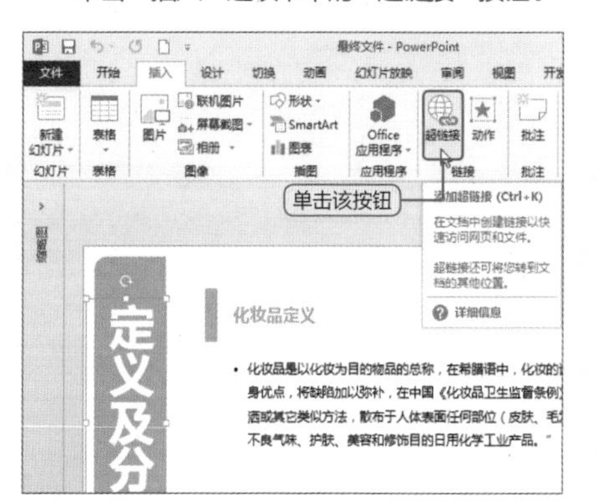

2 打开“编辑超链接”对话框，单击“地址”栏右侧的“删除链接”按钮即可。

3 右键快捷菜单删除法。在超链接处右击，从弹出的快捷菜单中选择“取消超链接”命令。

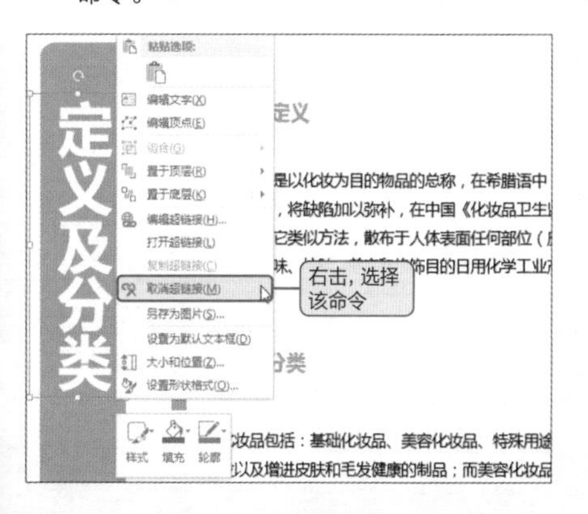

Hint 通过动作删除超链接

也可以选择需要删除的超链接，执行“插入>动作”命令，打开“操作设置”对话框，选中“无动作”单选按钮并确定即可。

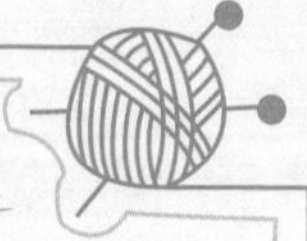

● Level ★★★

如何设置超链接的屏幕提示?

设置超链接后，用户若希望可以设置提示信息，告诉他人此处超链接的主要内容，可以为超链接设置屏幕提示信息，下面对其进行详细介绍。

1 选中超链接，单击“插入”选项卡中的“超链接”按钮。

2 打开“编辑超链接”对话框，单击“屏幕提示”按钮。

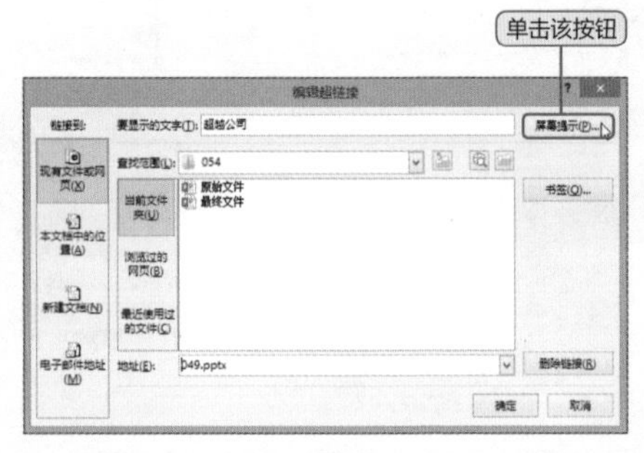

3 打开“设置超链接屏幕提示”对话框，输入提示文字，单击“确定”按钮。

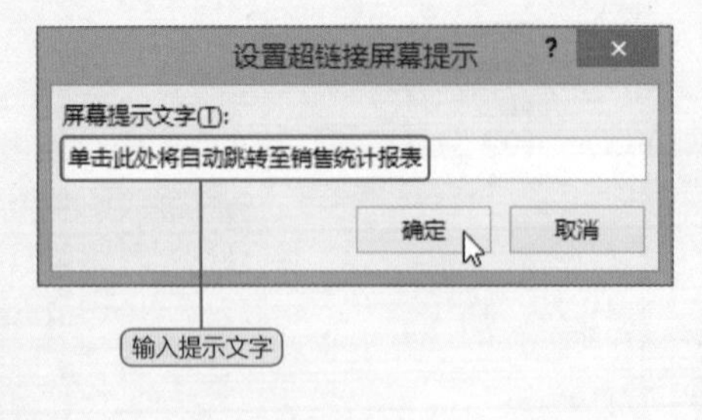

4 返回上一级对话框，单击“确定”按钮，放映幻灯片，光标移至超链接处时，会出现提示信息。

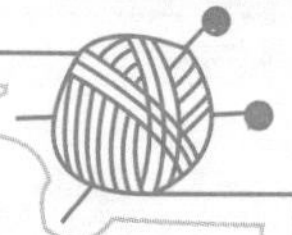

● Level ★★★

如何在幻灯片中应用动作按钮?

在播放幻灯片时，为了得到更加生动、形象的效果。用户可以为幻灯片添加一些动作按钮，下面介绍如何添加动作按钮。

1 打开演示文稿，单击“插入”选项卡中的“形状”按钮，从下拉列表中选择“动作按钮前进或下一项”按钮。

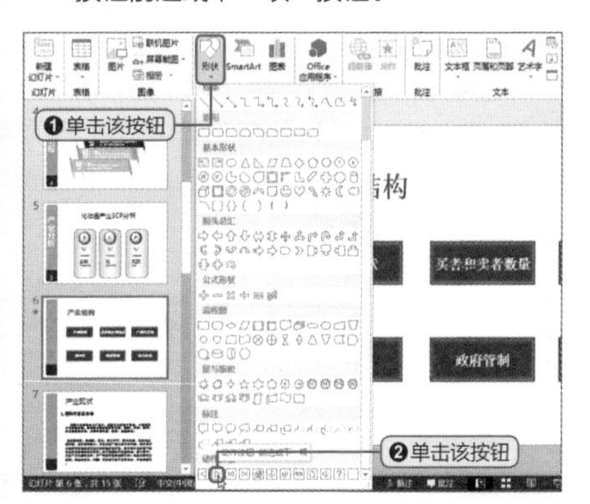

2 鼠标光标将变为十字形，按住左键不放，拖动鼠标画出合适大小的按钮，然后，释放鼠标左键即可。

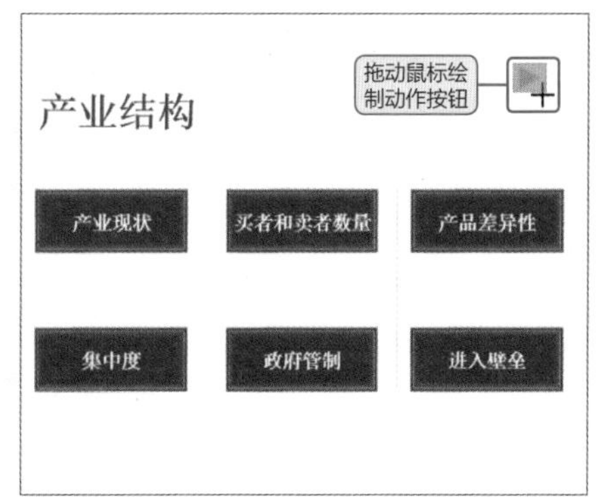

3 自动打开“操作设置”对话框，在默认的“单击鼠标”选项卡中，选中“超链接到”单选按钮，然后单击“确定”按钮。

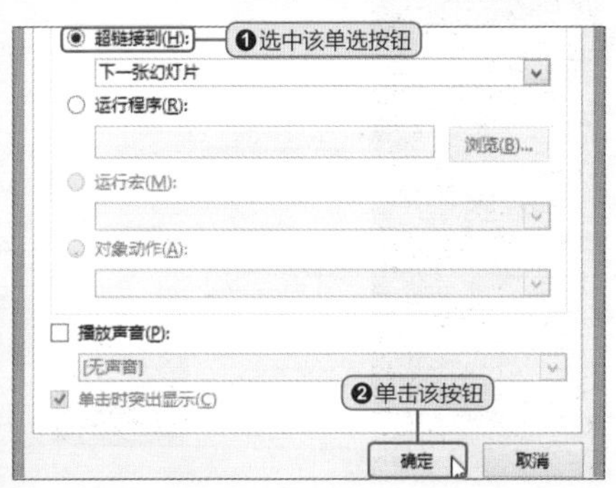

4 放映该幻灯片，当光标移动到该动作按钮时会显示为手指形状。单击该按钮，将自动切换至下一张幻灯片。

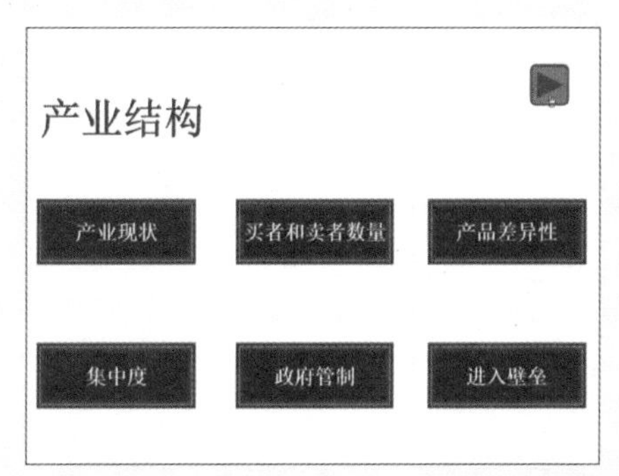

● Level ★★★

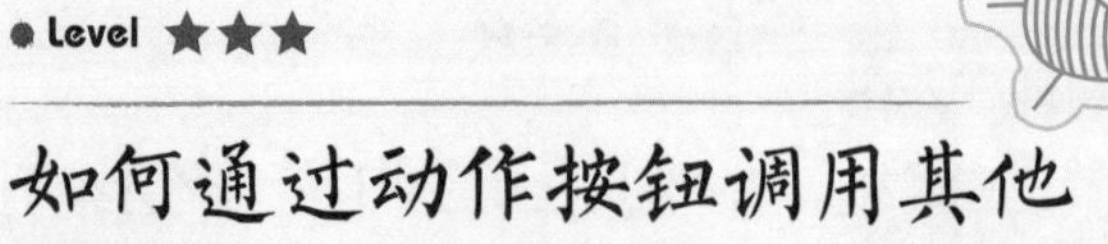

如何通过动作按钮调用其他程序？

在放映幻灯片的过程中，有时会需要调用其他应用程序，该怎样才能实现此功能呢？PowerPoint提供的动作按钮可以很好地帮助用户实现。

1 选择动作按钮并右击，从其快捷菜单中选择“编辑超链接”命令。

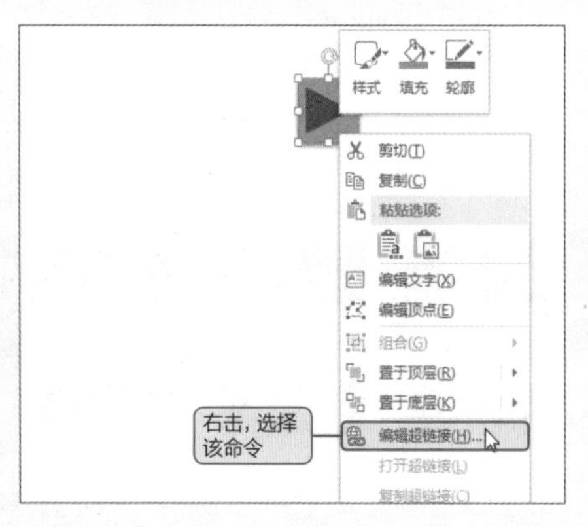

2 打开“操作设置”对话框，选中“运行程序”单选按钮，单击“浏览”按钮。

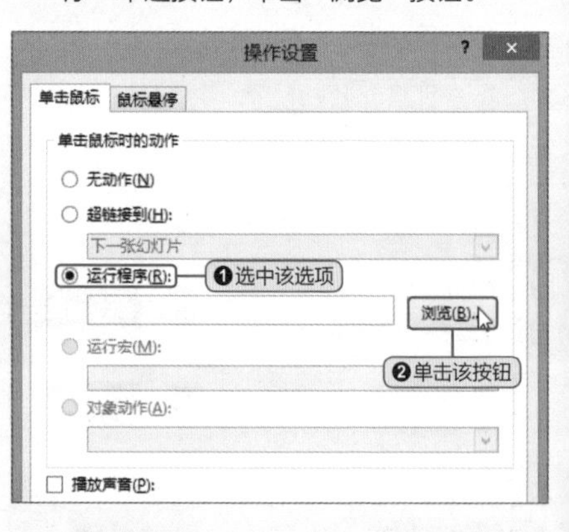

3 打开“选择一个要运行的程序”对话框，选中程序，单击“确定”按钮，返回“操作设置”对话框，单击“确定”按钮。

4 按F5键放映幻灯片，单击该动作按钮即可打开链接的程序，根据需要进行相应操作即可。

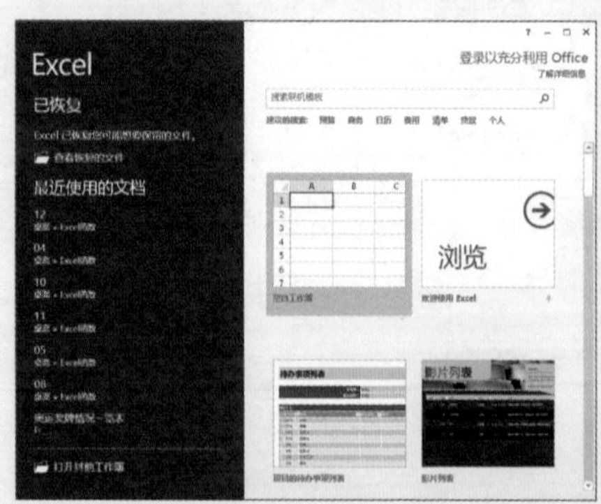

● Level ★★★

如何自定义放映幻灯片？

自定义放映是指在放映演示文稿过程中，可以指定放映演示文稿中几张特定的幻灯片，这些幻灯片可以是连续的，也可以是不连续的。

1 打开演示文稿，单击“幻灯片放映”选项卡中的“自定义幻灯片放映”按钮，从列表中选择“自定义放映”选项。

2 打开“自定义放映”对话框，单击“新建”按钮。

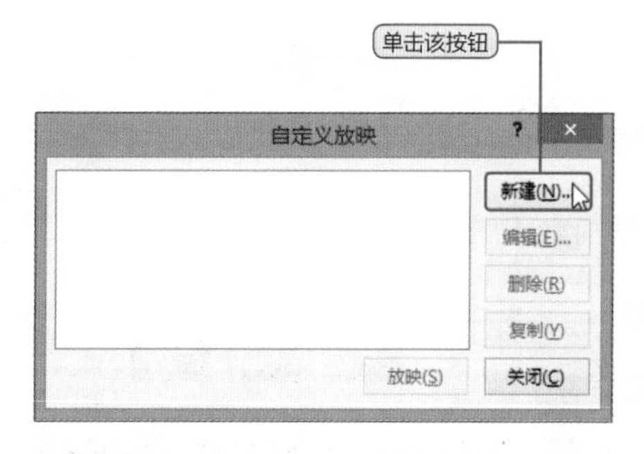

3 打开“定义自定义放映”对话框，在“幻灯片放映名称”右侧文本框中输入“春游”，从“在演示文稿中的幻灯片”列表中，选中想要放映的幻灯片，单击“添加”按钮，再单击“确定”按钮返回上一级对话框，单击“关闭”按钮即可。

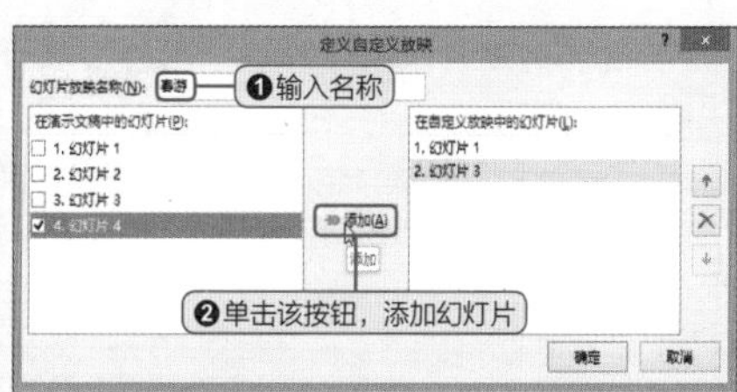

Hint 根据需要调整幻灯片顺序或将其删除

在“定义自定义放映”对话框中，从“在自定义放映中的幻灯片”列表中，选择需要删除的幻灯片，单击“删除”按钮可将其删除。若单击列表框右侧“上一个”或“下一个”按钮，可调整幻灯片的顺序。

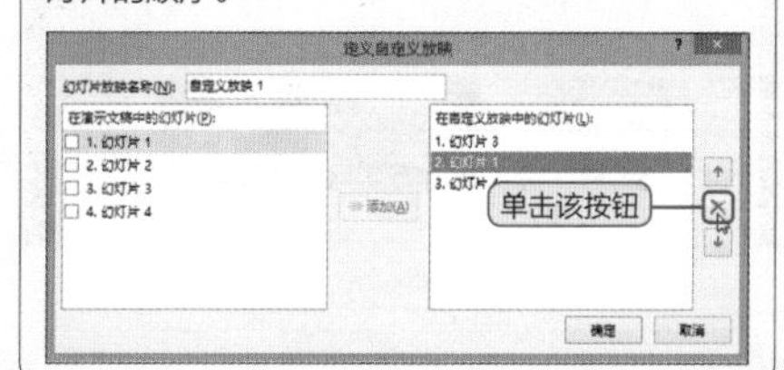

● Level ★★★

如何播放自定义幻灯片？

自定义放映幻灯片的目的是放映用户自定义的内容，和一般的放映操作有所区别，下面对其进行详细介绍。

1 打开演示文稿，切换到“幻灯片放映”选项卡。

2 单击“自定义幻灯片放映”按钮，从弹出的列表中选择“春游”选项。

3 自动播放自定义名称为“春游”的幻灯片。

Hint 删除自定义放映很简单

执行“幻灯片放映>自定义幻灯片放映>自定义放映”命令，在打开的对话框中，选中需删除的自定义放映，单击“删除”按钮即可。

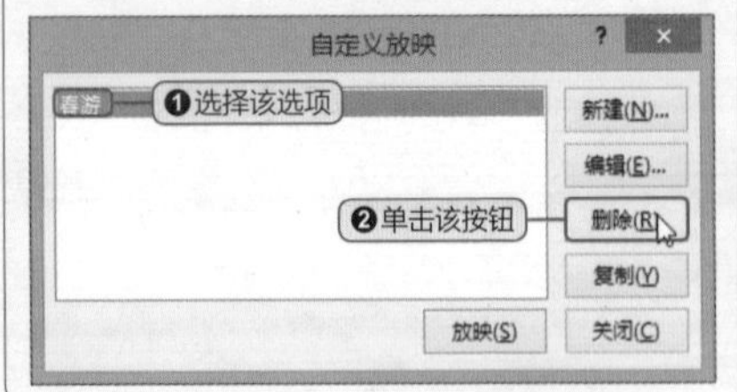

● Level ★★★

如何突出幻灯片中的重点内容？

在播放演示文稿的过程中，对于需要强调或阐明相互关系的地方，为了可以突出显示这些内容，用户可以为其添加标记，这就需要用到画笔和荧光笔功能。

1 打开演示文稿，按F5键播放幻灯片，右击，从弹出的快捷菜单中选择“指针选项>荧光”命令。

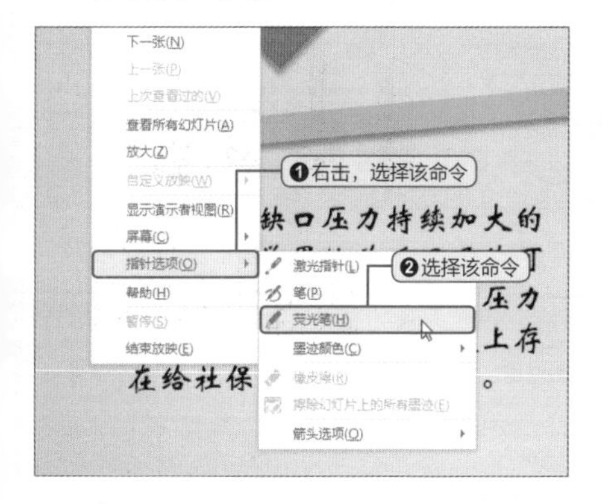

2 设置完成后，拖动鼠标即可在幻灯片上进行标记。

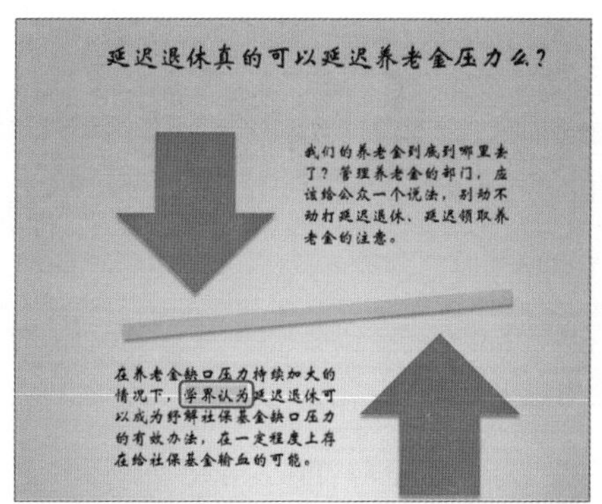

3 绘制完成后，按 Esc 键退出，将弹出一个对话框，询问用户是否保留墨迹注释，单击“保留”按钮则保留标记墨迹，若单击“放弃”按钮则清除标记墨迹。

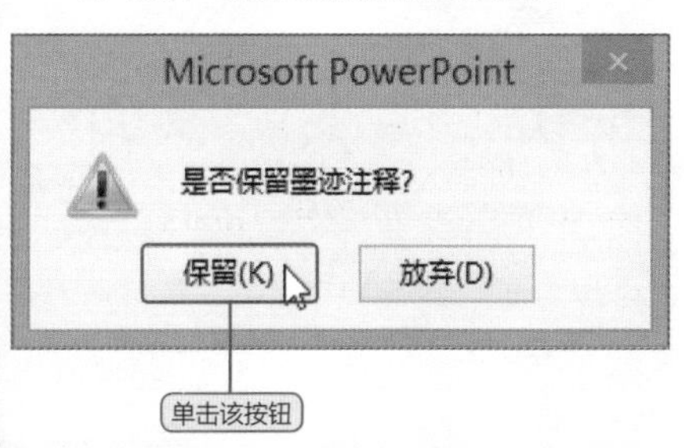

Hint 巧妙使用激光笔

若用户只希望突出显示某个地方，也可以采用激光笔突出显示，只需按住Ctrl键的同时，单击鼠标左键即可显示激光笔。

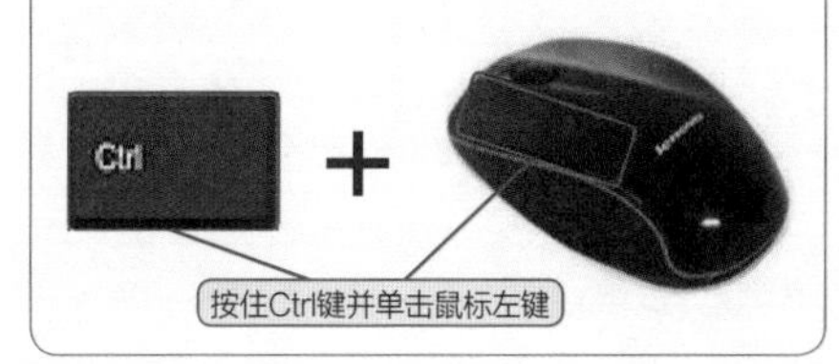

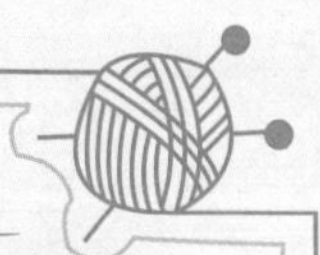

● Level ★★★

如何采用缩略图的形式放映？

你相信用一张幻灯片就可以实现多张图片的演示吗？不用怀疑，当然可以，下面就为大家详细介绍如何实现这一神奇的效果。

初始效果

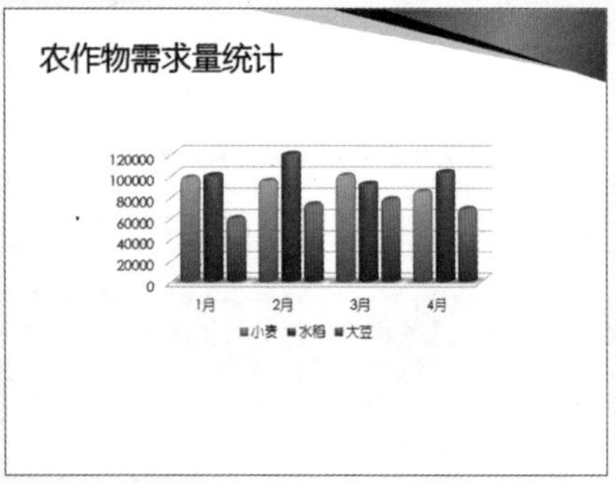

未插入缩略图效果

最终效果

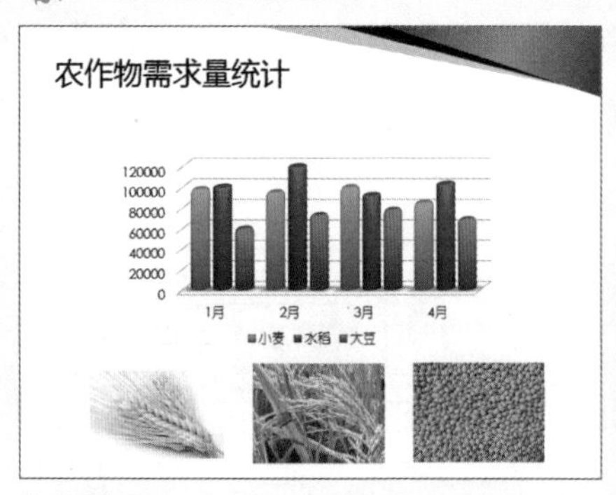

缩略图效果

1 打开演示文稿，单击“插入”选项卡中的“对象”按钮。

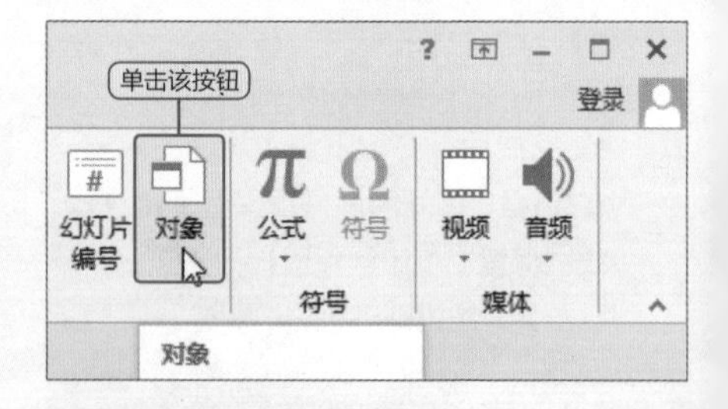

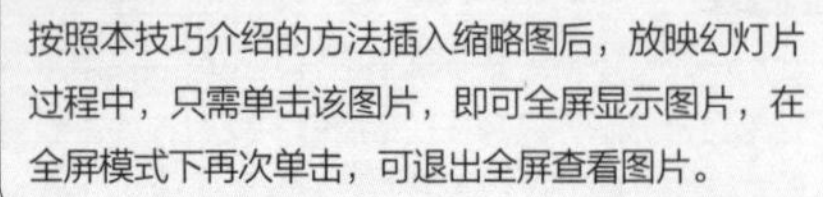

按照本技巧介绍的方法插入缩略图后，放映幻灯片过程中，只需单击该图片，即可全屏显示图片，在全屏模式下再次单击，可退出全屏查看图片。

2 打开“插入对象”对话框，从“对象类型”列表框中选择“Microsoft PowerPoint 97-2003演示文稿”，单击“确定”按钮。

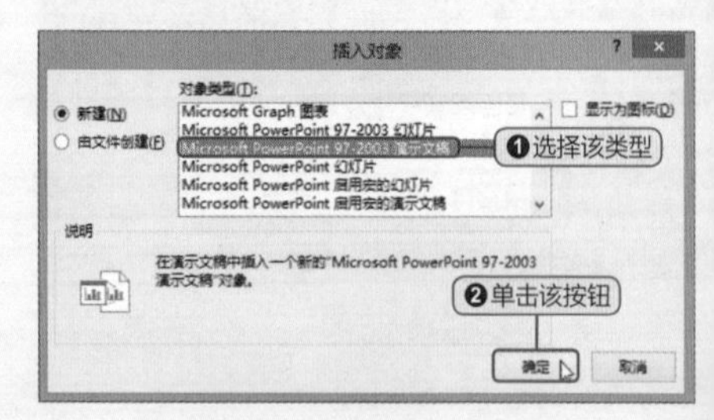

3 插入一个演示文稿对象，单击“插入”选项卡中的“图片”按钮。

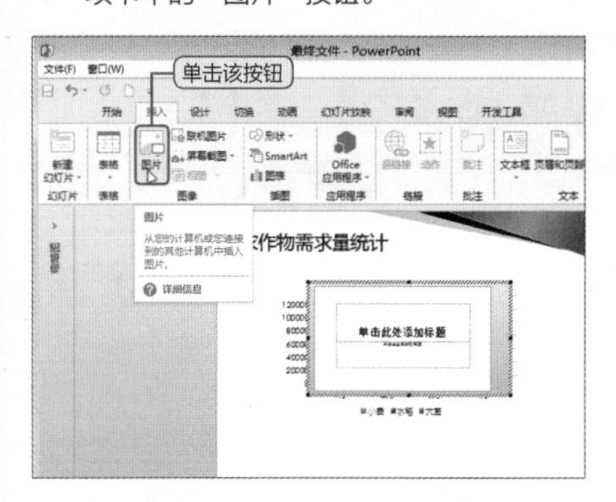

4 弹出“插入图片”对话框，选择需要的图片，单击“插入”按钮。

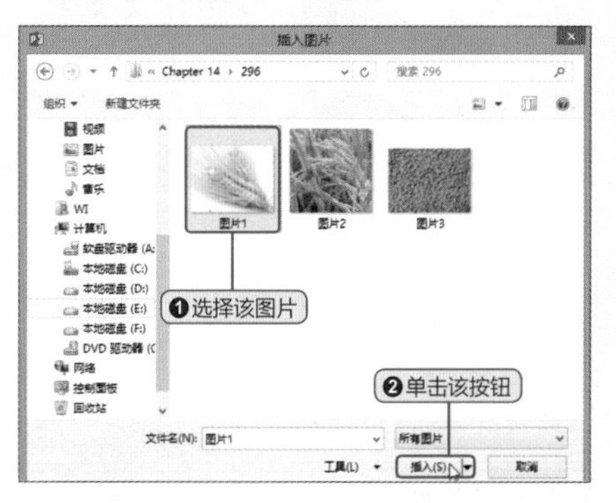

5 图片已插入到演示文稿对象中，适当调整图片大小并按F5键查看图片是否符合用户要求。

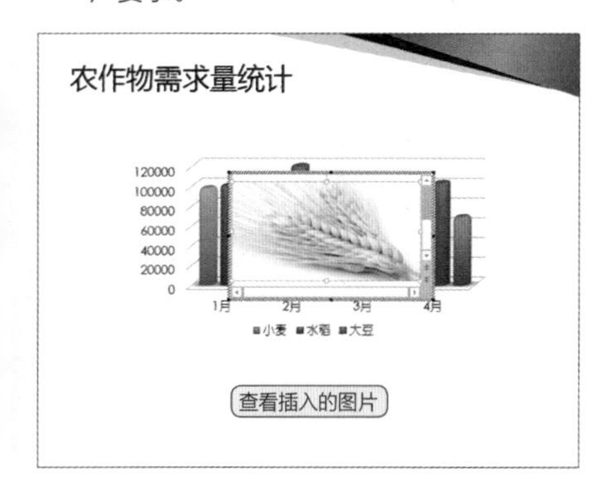

6 调整完成后，在演示文稿对象外任意处单击，退出编辑状态，并将其移至合适的位置。

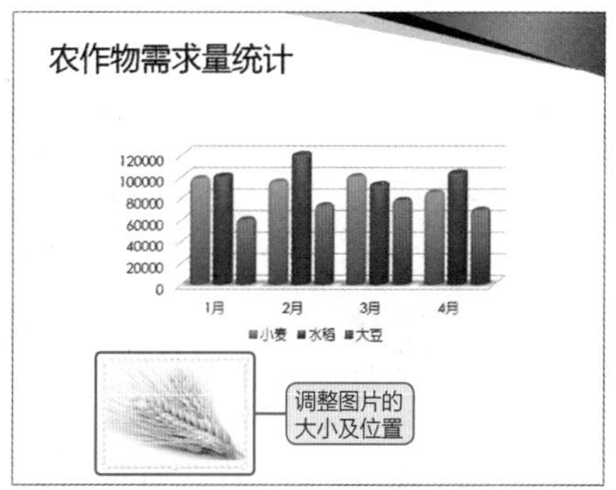

7 复制该对象到其他位置，双击需更改图片的对象进入编辑状态。选择图片后右击，从快捷菜单中选择“更改图片”命令。

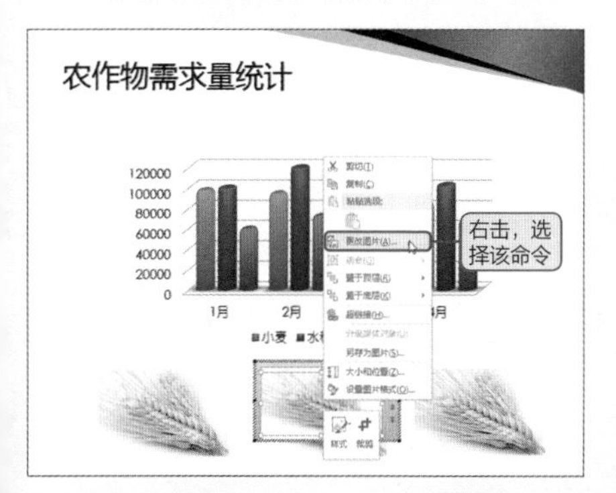

8 打开“插入图片”窗格，单击“浏览”按钮，在打开的对话框中选择合适的图片，然后单击“插入”按钮即可。

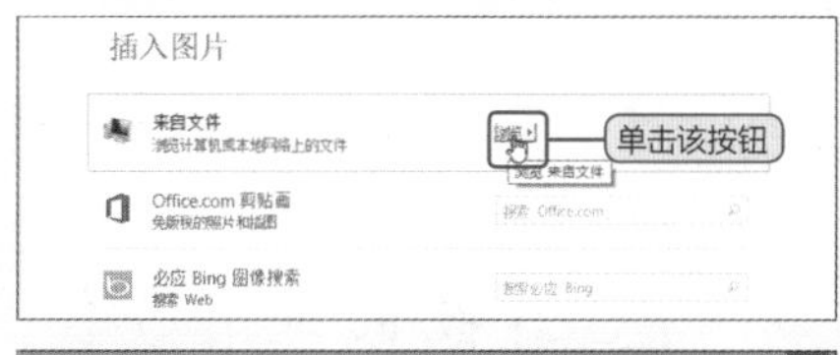

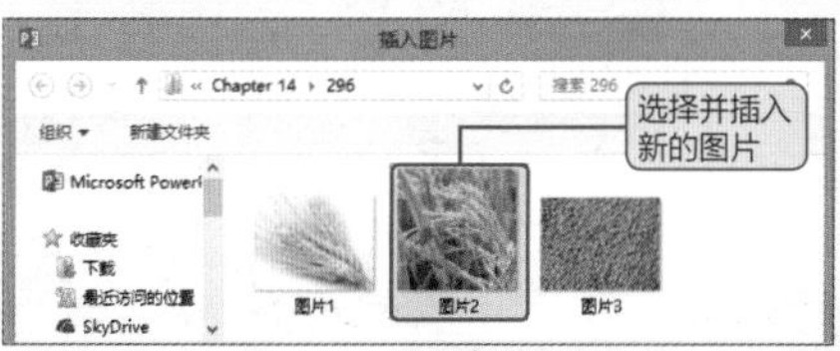

● Level ★★★

Question 197

如何改变画笔颜色？

默认画笔颜色为红色，但是如果演示文稿背景与画笔颜色相近，会使标记效果不明显，此时用户可以通过简单的设置改变画笔的颜色。

1 对话框更改法。单击“幻灯片放映”选项卡中的“设置幻灯片放映”按钮。

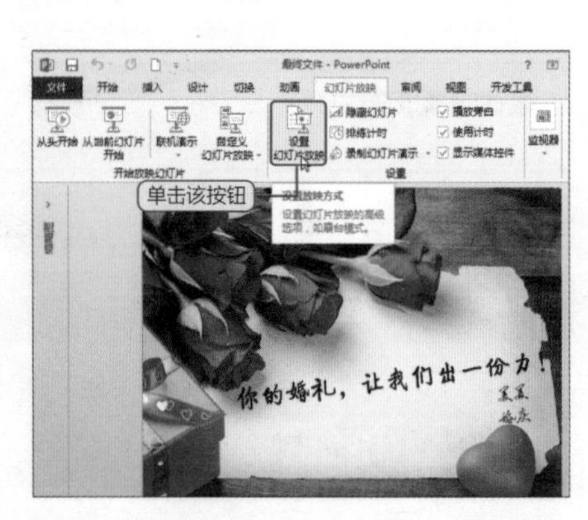

2 弹出“设置放映方式”对话框，在“放映选项”下单击“绘图笔颜色”选项右侧的下拉按钮，选择合适的颜色即可。

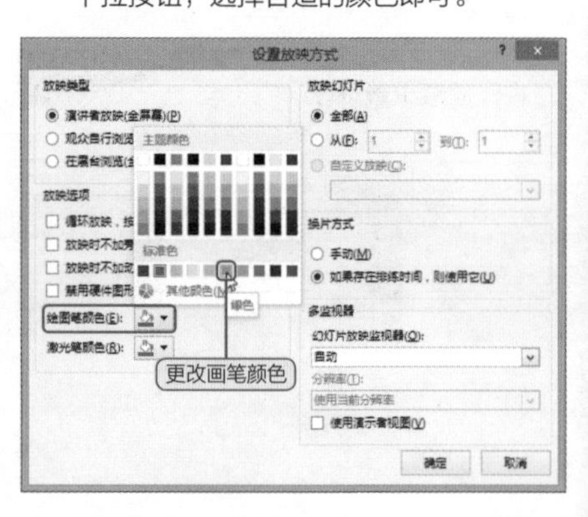

3 右键菜单更改法。放映幻灯片时，右击，从弹出的快捷菜单中选择“指针选项”命令，从级联菜单中选择“墨迹颜色”，再在列表中选择合适的颜色即可。

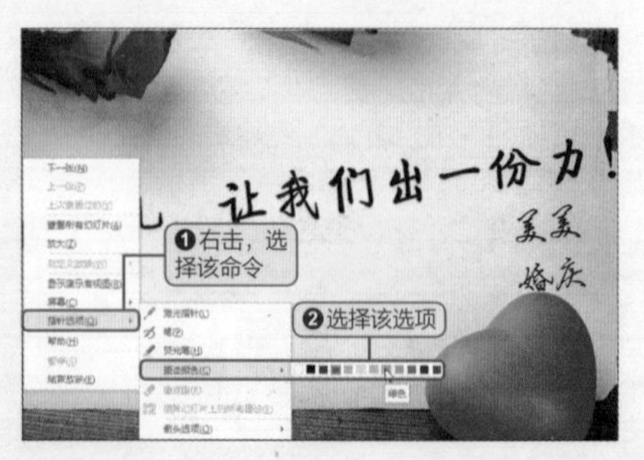

Hint 激光笔颜色也能改变

打开“设置放映方式”对话框，在“放映选项”下单击“激光笔颜色”选项右侧下拉按钮，选择合适的颜色即可。

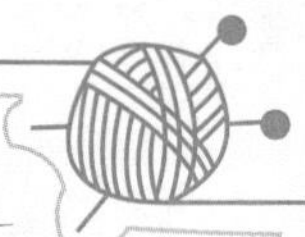

● Level ★★★

如何编辑墨迹？

在放映幻灯片时为重点内容作标记后，若用户对当前默认的墨迹颜色和线条不满意，还可以对其进行修改，也可以删除、隐藏和显示墨迹。

1 选择墨迹，右击，从弹出的快捷菜单中选择“设置墨迹格式”命令。

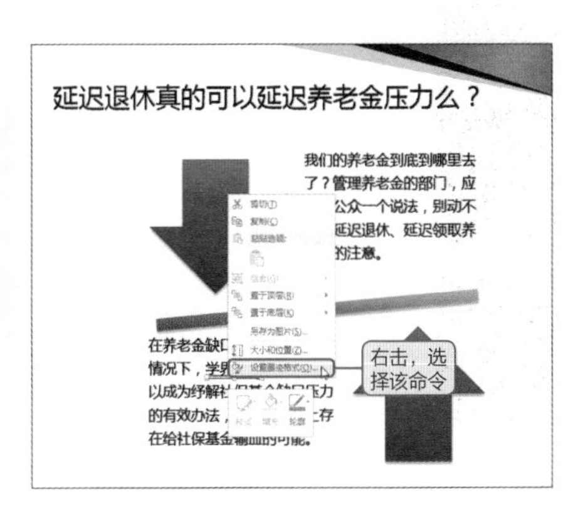

2 打开“设置墨迹格式”窗格，通过“颜色”和“宽度”选项，可对墨迹的颜色和宽度进行设置。

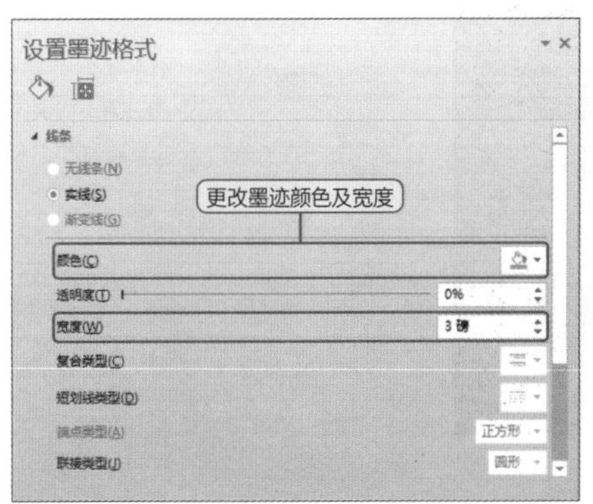

3 删除墨迹。选中墨迹，直接按下Delete键即可将其删除。

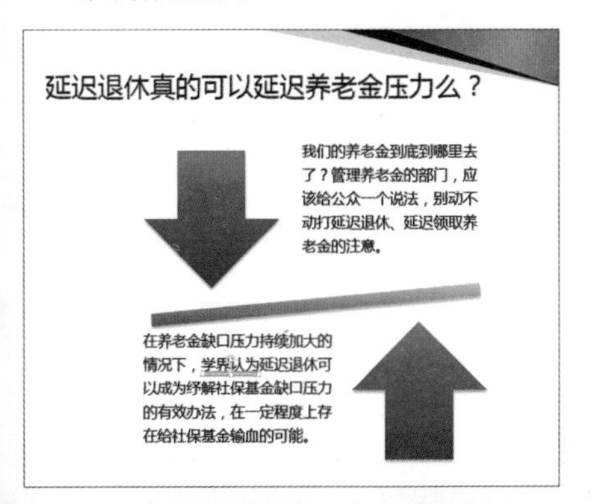

Hint 隐藏和显示墨迹

在放映模式下，右击，执行“屏幕>显示/隐藏墨迹标记”命令即可隐藏/显示墨迹。

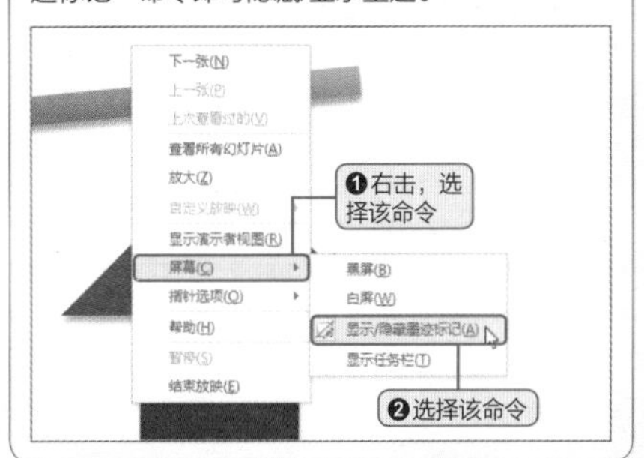

● Level ★★★

如何打包演示文稿?

演示文稿制作完成后，为了避免因其他电脑设备上没有安装PowerPoint 2013而导致不能进行正常放映的情况，可以将演示文稿及链接的各种媒体文件进行打包。

1 打开演示文稿，在“文件”菜单中选择“导出”命令。

2 选择“将演示文稿打包成CD”选项，然后单击右侧的“打包成CD”按钮。

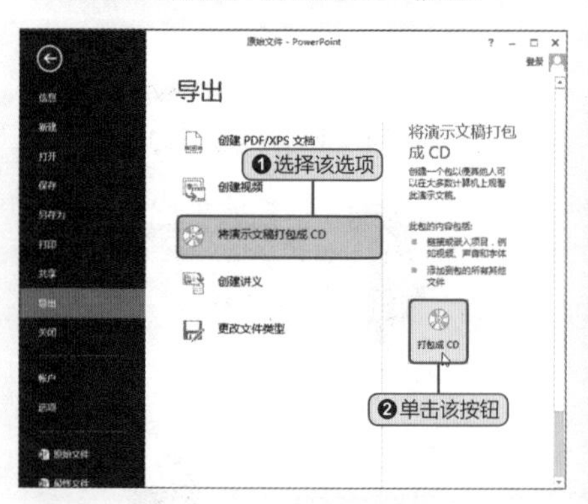

3 弹出“打包成CD”对话框，单击“添加”按钮。

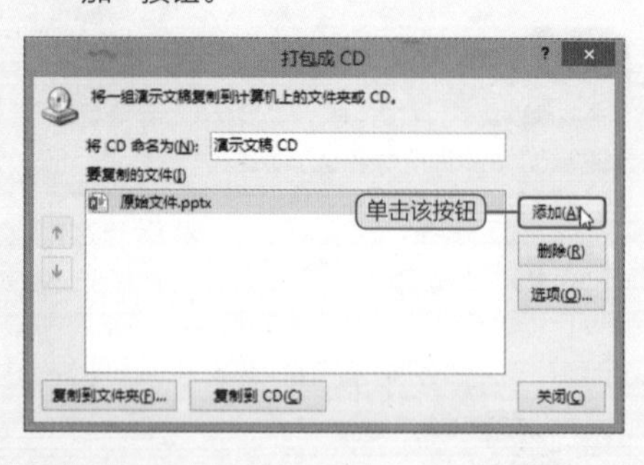

4 弹出“添加文件”对话框，选择01演示文稿，单击“添加”按钮。

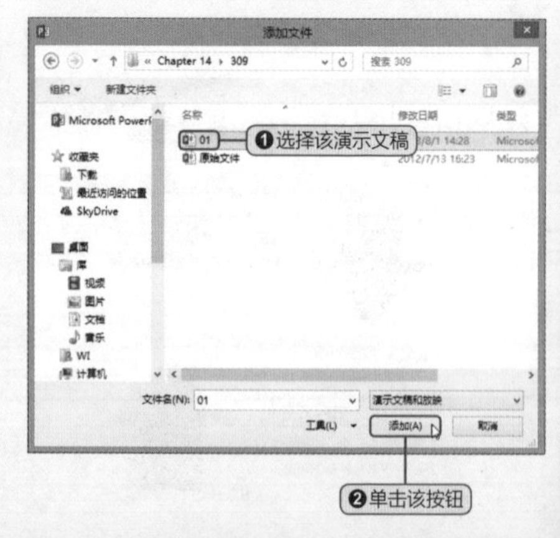

5 返回至“打包成CD”对话框，单击“选项”按钮，打开“选项”对话框，从中对演示文稿的打包进行设置，单击“确定”按钮，这里使用默认设置。

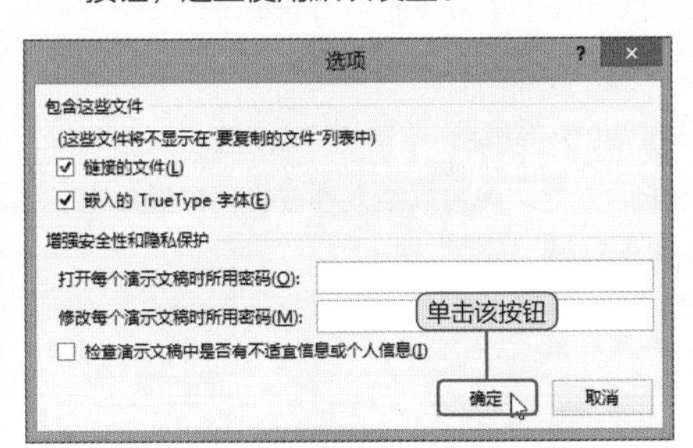

6 再次返回至“ 打包成 CD”对话框，单击“复制到文件夹”按钮。

7 弹出“复制到文件夹”对话框，输入文件夹名称“展览”，单击“浏览”按钮。

8 打开“选择位置”对话框，选择合适的位置，单击“选择”按钮。

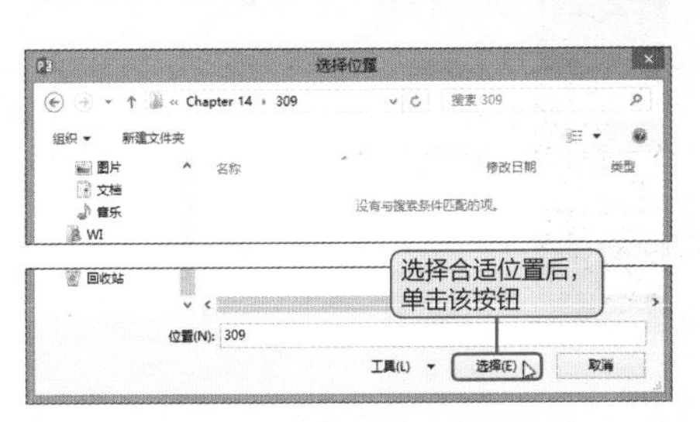

9 返回至“复制到文件夹”对话框，单击“确定”按钮，弹出提示对话框，单击“是”按钮，系统开始复制文件，并弹出“正在将文件复制到文件夹”对话框。

10 复制完成后，自动弹出“展览”文件夹，在该文件夹中可以看到系统保存了所有与演示文稿相关的内容。

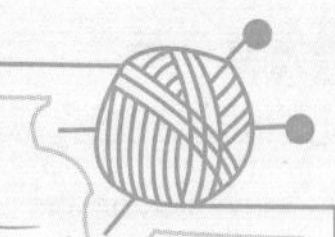

Question 200

● Level ★★★

如何通过互联网播放幻灯片？

PowerPoint 2013支持联机演示功能，该功能可以让您在网络联接的情况下，即使远在千里之外，也可以给同事或者客户播放幻灯片，下面对其进行详细介绍。

1 打开演示文稿，在“文件”菜单中选择“共享”命令。

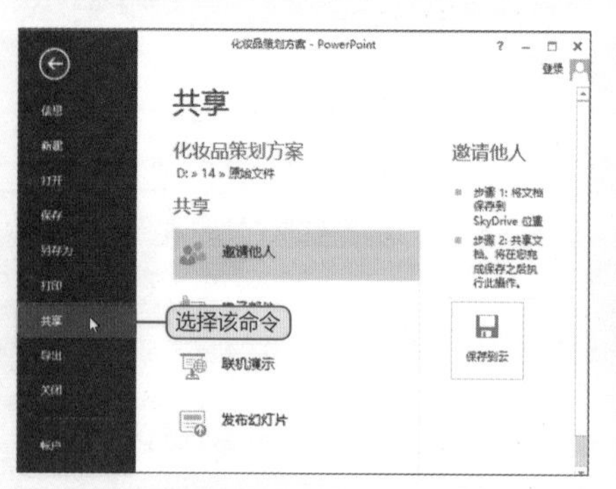

2 在“共享”选项下，选择“联机演示”选项，然后单击“联机演示”按钮。

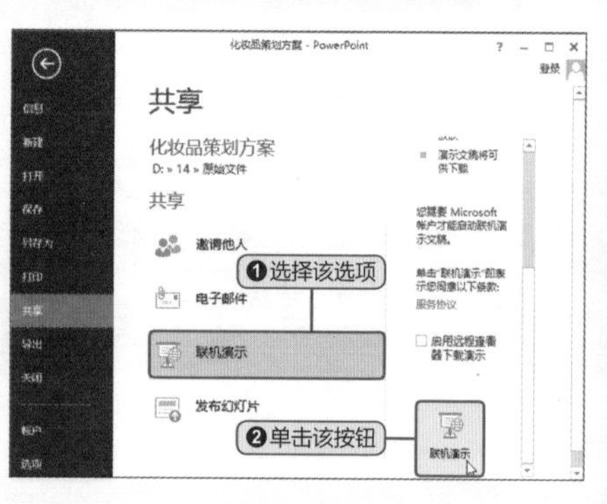

3 联机完成后，将会看到一个链接地址，将该链接地址复制并发送给客户，等客户将其打开后单击“启动演示文稿”按钮即可。

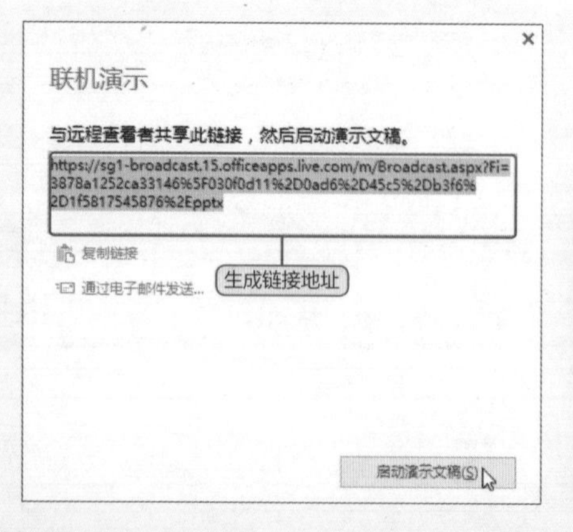

4 于此同时，处于千里之外的同事也能实时看到你对演示文稿的放映。

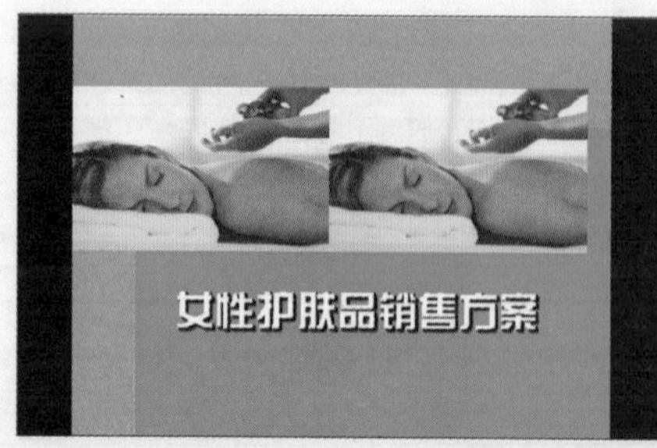

PPT快捷键及演讲时的重要事项

快捷键的使用能大大提高对软件的操作速度，提高工作效率，因此掌握常用的快捷键是非常有必要的。制作好的PPT是完成演讲的一部分，在具体的演讲过程中还有一些需要注意的重要事项，本部分将对其进行讲解。

附录 01 不可不知的 PPT 快捷键

定位文本时的快捷键

序号	快捷键	功能描述
01	向左键	向左移动一个字符
02	向右键	向右移动一个字符
03	向上键	向上移动一行
04	向下键	向下移动一行
05	Ctrl+向左键	向左移动一个字词
06	Ctrl+向右键	向右移动一个字词
07	Ctrl+向上键	向上移动一个段落
08	Ctrl+向下键	向下移动一个段落
09	End	移至行尾
10	Home	移至行首
11	Ctrl+End	移至文本框的末尾
12	Ctrl+Home	移至文本框的开头
13	Ctrl+Enter	移到下一标题或正文文本占位符。如果这是幻灯片上的最后一个占位符，则将插入一个与原始幻灯片版式相同的新幻灯片
14	Shift+F4	移动以便重复上一个“查找”操作
15	Enter	开始一个新段落

选择文本与对象的快捷键

序号	快捷键	功能描述
01	Shift+向右键	向右选择一个字符
02	Shift+向左键	向左选择一个字符
03	Ctrl+Shift+向右键	选择到词尾
04	Ctrl+Shift+向左键	选择到词首
05	Shift+向上键	选择上一行（当光标位于行的开头时）
06	Shift+向下键	选择下一行（当光标位于行的开头时）
07	Esc	选择一个对象（当已选定对象内部的文本时）

（续表）

序号	快捷键	功能描述
08	Enter	选择对象内的文本（已选定一个对象）
09	Ctrl+A	选择当前幻灯片中的所有对象，若目前是在“幻灯片浏览”视图中进行操作，则可以选择所有幻灯片
10	Backspace	向左删除一个字符
11	Ctrl+Backspace	向左删除一个字词
12	Delete	向右删除一个字符
13	Ctrl+Delete	向右删除一个字词
14	Ctrl+X	剪切选定的对象或文本
15	Ctrl+C	复制选定的对象或文本
16	Ctrl+V	粘贴剪切或复制的对象或文本
17	Ctrl+Z	撤销上一个操作
18	Ctrl+Y	恢复上一个操作
19	Ctrl+Shift+C	只复制格式
20	Ctrl+Shift+V	只粘贴格式
21	Ctrl+Alt+V	打开“选择性粘贴”对话框
22	Ctrl+G	组合形状、图片或艺术字对象
23	Ctrl+Shift+G	取消某个组的组合
24	Shift+F9	显示或隐藏网格
25	Alt+F9	显示或隐藏参考线

格式化文档时的快捷键

序号	快捷键	功能描述
01	Ctrl+Shift+F	打开“字体”对话框更改字体
02	Ctrl+Shift+>	增大字号
03	Ctrl+Shift+<	减小字号
04	Ctrl+T	打开“字体”对话框更改字符格式
05	Shift+F3	更改句子的字母大小写
06	Ctrl+B	应用加粗格式
07	Ctrl+U	应用下划线
08	Ctrl+I	应用倾斜格式

（续表）

序号	快捷键	功能描述
09	Ctrl+等号 (=)	应用下标格式（自动间距）
10	Ctrl+Shift+加号 (+)	应用上标格式（自动间距）
11	Ctrl+空格键	删除手动字符格式，如下标和上标
12	Ctrl+K	插入超链接
13	Ctrl+Shift+C	复制格式
14	Ctrl+Shift+V	粘贴格式
15	Ctrl+E	将段落居中
16	Ctrl+J	将段落两端对齐
17	Ctrl+L	将段落左对齐
18	Ctrl+R	将段落右对齐

在大纲模式下的快捷键

序号	快捷键	功能描述
01	Alt+Shift+向左键	提升段落级别
02	Alt+Shift+向右键	降低段落级别
03	Alt+Shift+向上键	上移所选段落
04	Alt+Shift+向下键	下移所选段落
05	Alt+Shift+1	显示 1 级标题
06	Alt+Shift+加号(+)	展开标题下的文本
07	Alt+Shift+减号(-)	折叠标题下的文本

在窗格间移动的快捷键

序号	快捷键	功能描述
01	F6	在普通视图中的窗格间顺时针移动
02	Shift+F6	在普通视图中的窗格间逆时针移动
03	Ctrl+Shift+Tab	在普通视图中的“大纲和幻灯片”窗格中的“幻灯片”选项卡与“大纲”选项卡之间进行切换

应用表格时的快捷键

序号	快捷键	功能描述
01	Tab	移至下一个单元格
02	Shift+Tab	移至前一个单元格
03	向下键	移至下一行
04	向上键	移至前一行
05	Ctrl+Tab	在单元格中插入一个制表符
06	Tab	在表格的底部添加一个新行
07	Shift+F10	显示快捷菜单

运行演示文稿时的快捷键

序号	快捷键	功能描述
01	F5	从头开始运行演示文稿
02	Page Down/向下键	执行下一个动画或前进到下一张幻灯片
03	Page Up/向上键	执行上一个动画或返回到上一张幻灯片
04	编号+Enter	转至第编号张幻灯片
05	B 或句号	显示空白的黑色幻灯片，或者从空白的黑色幻灯片返回到演示文稿
06	W 或逗号	显示空白的白色幻灯片，或者从空白的白色幻灯片返回到演示文稿
07	S	停止或重新启动自动演示文稿
08	Esc 或连字符	结束演示文稿
09	E	擦除屏幕上的注释
10	H	转到下一张隐藏的幻灯片
11	T	排练时设置新的排练时间
12	O	排练时使用原排练时间
13	M ′	排练时通过鼠标单击前进
14	R	重新录制幻灯片旁白和计时
15	A 或 =	显示或隐藏鼠标指针
16	Ctrl+P	将指针变为绘图笔
17	Ctrl+A	将指针变为箭头
18	Ctrl+E	将指针变为橡皮擦

（续表）

序号	快捷键	功能描述
⑲	Ctrl+M	显示或隐藏墨迹标记
⑳	Ctrl+H	立即隐藏指针和导航按钮
㉑	Ctrl+U	在 15 秒内隐藏指针和导航按钮
㉒	Ctrl+S	查看“所有幻灯片”对话框
㉓	Ctrl+T	查看计算机任务栏
㉔	Shift+F10	显示快捷菜单
㉕	Tab	转到幻灯片上的第一个或下一个超链接
㉖	Shift+Tab	转到幻灯片上的最后一个或上一个超链接
㉗	Enter	当选中一个超链接时，对所选的超链接执行“鼠标单击”操作
㉘	Alt+P	播放或暂停媒体
㉙	Alt+Q	停止媒体播放
㉚	Alt+U	静音
㉛	Alt+End	转到下一个书签
㉜	Alt+Home	转到上一个书签
㉝	Alt+向上键	提高音量
㉞	Alt+向下键	降低音量
㉟	Alt+Shift+向右键	向前搜寻
㊱	Alt+Shift+向左键	向后搜寻
㊲	Alt+Shift+Ctrl+向右键	向前微移
㊳	Alt+Shift+Ctrl+向左键	向后微移

附录02 演讲时至关重要的事项

① 了解并定位你的观众

大家都知道，一次成功的PPT演讲离不开精彩的演讲内容。那么这些内容从何而来呢？可以肯定地说，演讲内容是离不开观众的需求的。

在确定PPT内容之前首先了解这份PPT的“听众是谁”、“需求是什么”，再根据这两点来确定“相应对策”，即如何表达自己要表达的想法。如果不清楚听众的背景和需求，就无法整理出正确的表达方式和内容，自己的想法自然也不会被听众接纳，这样就不可能做出一份成功的PPT，因此，事先了解听众非常重要，只有做好这一步工作，才能为自己的PPT提供更好的、更完备的资料。

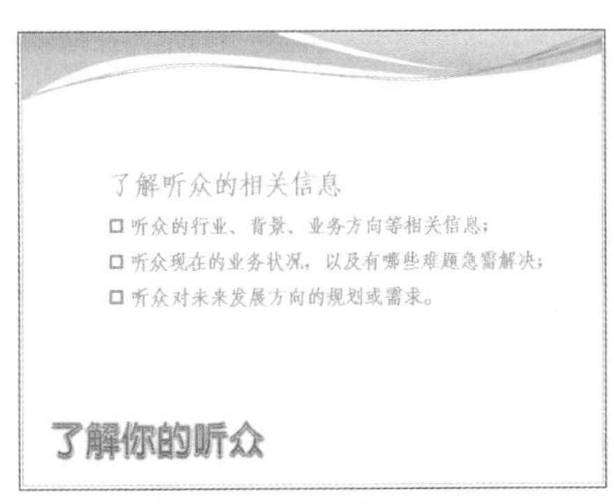

下面罗列了一些简单的问题，只要能够很好地作答就说明您对未来的听众是有所了解的。

① 听众是谁？他们来自什么行业？

② 演讲的目的是什么？是否为了启发听众？他们是否需要详细而实用的信息？他们是否希望获得更多的概念和理论，还是为了获得建议？

③ 您认为他们对您话题的背景知识了解多少？

④ 为什么要求您发言？他们对您的期望是什么？

⑤ 什么时候开始演讲？您有足够的时间准备吗？

⑥ 场地在哪里？尽可能找到场地的位置且与会务人员进行交流。

⑦ 如果有其他演讲者，演讲顺序是如何安排的？

俗话说：“知己知彼，百战不殆”，在了解了听众的客观情况之后，演讲者还要多了解一下大部分听众的性格和习惯，以此来确认讲解方式是否合乎他们的口味。例如了解一下他们是喜欢在数据中艰苦钻研，还是习惯在文字词海里穿梭呢？对于喜欢数据的听众，就多插入一些数据型的例子来说明你的观点，反之，如果把一堆数据型的资料讲解给那些喜欢文字理论的听众就糟糕了。根据这些，我们可以把听众的注意力抓得更牢！

② 优秀演讲者的神情表现

一个完美的PPT设计固然重要，但是这并不能决定演讲的效果是最佳的。决定现场效果好坏的还有第二个因素，即演讲者的态度表现，比如，现场眼神的交流、始终带有自信的表达、发自内心的微笑等，都是决定演示中成败的关键因素。

● 保持眼神交流

在演讲过程中，若演讲者自始至终盯着电脑或屏幕，只是匆匆一瞥听众，或总是看着天花板演讲，与听众没有一点交集，这样的话不仅听众没有兴趣听下去，演讲者也不能更快地进入状态。与听众进行眼神交流可集中听众的注意力，还可从听众的眼神、表情、神态中捕捉到听众对所演讲的内容持什么样的态度——赞同还是反对、有无兴趣等，利用这些反馈，演讲者可以很快地做出判断，调整说话的语气、语速以及演讲中的各种问题，使演讲更能吸引听众。

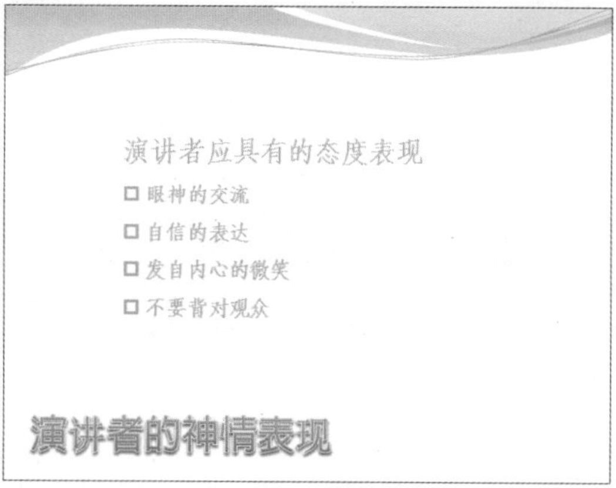

● 满怀自信、面带微笑

自信、微笑，这些因素更具有心理说服的力量。一个好的演讲者必须做到满怀自信、面带微笑。事实上，只要演讲者外在的形象跟听众预期的形象近似就可以了，但面带微笑却是必不可少的，微笑能拉近演讲者和听众的距离。听众是不会被没有自信的演讲者所吸引的，自信能够表达出演讲者坚定的态度，让听众采纳提案时有安全感，不会怀疑提案是否可行。

● 永远不要背对听众

无论出现任何情况，千万不要背对听众，一定记住要正面朝向听众，并且要看着听众，这不仅仅是一种礼貌，还是演讲者自信的一种表现。时刻与听众进行眼神交汇是没错的，但要切忌死盯着一个人看，那是不礼貌的行为。为了克服在演讲过程中的焦虑和紧张，演讲者在正式演讲前要做好充分的准备，反复演练。

只要能做到以上几点，这样的PPT演讲一定是成功的。让听众在自然、轻松的状态下以一种饱满的精神状态听完演讲吧！

3 优秀演讲者的肢体语言

在演讲过程中，肢体语言、眼神、表情等都可以对语言表达起到辅助作用。运用眼神交流，能给双方带来默契；表情具有同样作用。演讲者与听众进行眼神交流时， 听众却不一定会看着演讲者，这时演讲者一定很失望，此时肢体语言能解决这个问题，它能引导听众的视线、引起听众注意，使听众的注意力集中到演讲者身上。

肢体语言包含多种
□ 胸前与肩部之间是做手势的最佳位置；
□ 手势要与演讲的内容、氛围、表情相协调；
□ 手势要简单，切忌滥用；
演讲者的肢体语言

① 肢体语言又称身态语言，是使用身体运动或动作来代替或辅助讲话、眼神或其他交流方式进行交流的一种形式，属于副语言（paralanguage）的一种类型。肢体语言可以弥补语调、声音的不足，是对PPT演讲的有益补充，演讲者应加强对这方面的研究和应用。

② 在听众分心的时候，演讲者运用肢体语言可将听众的注意力重新拉回来，如用眼睛直视、靠近该听众等。饱满的精神状态、积极的全场眼神交流和恰当的手势是保持听众注意力，调动听众的积极性，营造演讲气氛的三大法宝。同时，对听众肢体语言的正确解读，也有利于将PPT的内容准确传达给听众。

③ 在演讲时，点头可以配合目光来嘉许听众，摇头则可用来表达否定或叹息。在听取听众发表的意见时，应把头和肩膀一起转向听众而不是直接扭头过去。演讲时头部和身体不应频繁晃动，以免造成不稳重的印象。

④ 手势是人的姿态中最重要的部分，而姿态是指说话时身体各个部位的样式和动作，即头态、身姿、脚距、臂势、手势等，具有传情达意的作用。例如走路昂首挺胸是骄傲、自豪的表现；见人时身体微微前倾，表示对人的谦虚和恭敬；步履稳健、潇洒、英姿勃发的人必定对生活充满自信和追求。反之，若垂头丧气，别人就知道这个人在生活中一定遭遇了挫折或失败。

因此，在演讲的过程中，手最好在肩部以上活动，这个区域称为上区手势。手在这一区域中活动，一般表示理想、希望、喜悦、祝贺等；手向内、向上，手心也向上，其动作幅度较大，大多用来表示积极肯定的、激昂慷慨的内容和感情。

4 优秀演讲者的答疑秘笈

PPT演讲的重点是和听众进行沟通、交流，那么在这个过程中，总会有一些疑问产生，那演讲者该如何解答观众的提问呢？下面将对演讲者在现场的答疑安排做简单介绍。

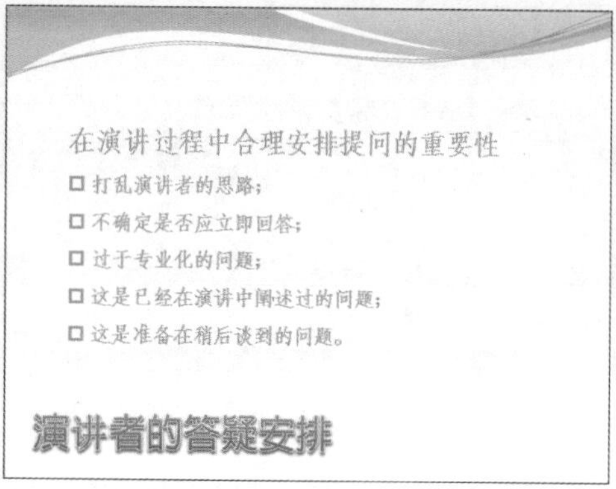

在演讲过程中合理安排提问的重要性
□ 打乱演讲者的思路；
□ 不确定是否应立即回答；
□ 过于专业化的问题；
□ 这是已经在演讲中阐述过的问题；
□ 这是准备在稍后谈到的问题。
演讲者的答疑安排

① 控制讲话速度。对于听众提出的问题，若感到紧张先不要急于讲话，而应集中精力听完提问，再从容应答。一般来说人们精神紧张的时候讲话速度会不自觉地加快，这样既不利于对方听清内容，还会给人一种慌张的感觉。同时，讲话速度过快时往往容易出错，甚至张口结舌，进而强化紧张情绪，导致思维混乱。当然，讲话速度过慢，缺乏激情，气氛沉闷，也会使人生厌。

② 不能频繁地使用口头禅，诸如“啊”、“是吧”、“怎么样”等。PPT已经讲解完毕，演讲者不免就放松了下来，说话也会变得随意，但作为演讲者要注意不能过多使用口头禅。

③ 面向全体听众答问。问题虽然是由个别听众提出的，但演讲者的回答却永远是面向全体听众的。答问的措辞、语气、目光都要迅速从提问者转向全体听众。大胆回应听众，听众的提问会带动其他听众的注意力，也会产生互动的效果。答问巧妙准确的话，听众对演讲者的关注度会更高，也会使演讲现场的气氛更加和谐。

④善于重复问题。听众并不一定都有在大庭广众之下讲话的经验，他们的提问对象只是演讲者，提问者可能声音太小或发音不准，从而导致其他听众听不清楚。如果听众只听到了演讲者的回答，却不清楚问题是什么，容易引起更多的疑惑。因此，答问之前，应先清晰、响亮地重复问题。

⑤给问题重新措辞。有时提问者的声音够大了，可是问题的表述太复杂或意思含混。这种情况下，演讲者不能简单地复述问题，而应在认真听取问题之后，根据提问者的意思重新措辞，使问题变得简短而且清晰。这样表述问题以后，还应问问提问者是不是这个意思。这个方法也可以用来防范别有用心的提问者，从而避免在演讲过程中与个别怀有敌意者发生正面冲突。

此外，回答问题时要结论在先，议论在后，先将自己的中心意思表达清晰，然后再作叙述和论证，否则，长篇大论会让人不得要领。

5 优秀演讲者的完美谢幕

主题是PPT的核心内容 ，是演讲者对PPT内容整理提炼后的总结，这就要求所有提案的表达都要围绕这一主题展开，它贯穿于整个PPT的演讲始终，它表达了演讲者的主要思想，是PPT演讲的精髓。

① PPT的演讲过程就是论证主题的过程，也许听众听不到主题的关键词，所以在开始、结尾时一定要注意点题，让听众一直围绕主题思考。PPT主题应该具有鲜明、积极向上的特点，主题的确定是以听众的需要和自身的能力为出发的。演讲者渴望传达自己的主张，当演讲内容高于听众的思想时，会使听众受益良多。

② 结尾和开头都是PPT的重要组成部分，它们之间常构成一种呼应的关系，也就是说要首尾照应。演讲稿的结尾没有固定的格式，或对演讲全文要点进行简明扼要的小结，或以号召性、鼓动性的话收束，或以诗文名言以及幽默俏皮的话结尾。

③ 从开场白到结束语。开场白是演讲中很重要的部分。好的开场白能够紧紧地抓住听众的注意力，为整场演讲的成功打下基础。常用的开场白有点明主题、交代背景、提出问题等方式。不论哪种开场白，目的都是使听众立即了解演讲主题、引入正文、引起思考等。简单的开场白也能为演讲者掌控现场做一个好的铺垫，让听众感受到演讲者负责的态度。

④PPT的结尾归纳总结。结尾是演讲内容的收束，它起着深化主题的作用。结尾的方式有归纳法、引文法、反问法等。归纳法是概括一篇演讲的中心思想，总结强调主要观点；引文法则是引用名言警句，升华主题、留下思考；反问法是以反问句引发听众思考和对演讲者观点的认同。此外，演讲稿的结尾应用感谢、展望等词语，使演讲自然结束。幽默的结尾方式可以让PPT在良好的气氛中结束，诙谐的语言可以让听众轻松开始、轻松结束。

切记，在PPT演讲结束的时候不要忘记再次回归主题，进行点题，不要让你的思想风暴过度扩散。最后总结观点时最好使用幽默的语言，不要害怕主题的重复强调，主要原则就是要给听众留下深刻的印象。

附录 03 协同办公的秘密

1 协同办公之Excel快捷键的应用

● Ctrl组合快捷键

序号	快捷键	功能描述
01	Ctrl+Shift+(	取消隐藏选定范围内所有隐藏的行
02	Ctrl+Shift+&	将外框应用于选定单元格
03	Ctrl+Shift_	从选定单元格删除外框
04	Ctrl+Shift+~	应用“常规”数字格式
05	Ctrl+Shift+$	应用带有两位小数的“货币”格式（负数放在括号中）
06	Ctrl+Shift+%	应用不带小数位的“百分比”格式
07	Ctrl+Shift+^	应用带有两位小数的科学计数格式
08	Ctrl+Shift+#	应用带有日、月和年的“日期”格式
09	Ctrl+Shift+@	应用带有小时和分钟以及 AM 或 PM 的“时间”格式
10	Ctrl+Shift+!	应用带有两位小数、千位分隔符和减号 (-)（用于负值）的“数值”格式
11	Ctrl+Shift+*	选择环绕活动单元格的当前区域（由空白行和空白列围起的数据区域）。在数据透视表中，它将选择整个数据透视表
12	Ctrl+Shift+:	输入当前时间
13	Ctrl+Shift+"	将值从活动单元格上方的单元格复制到单元格或编辑栏中
14	Ctrl+Shift+加号 (+)	显示用于插入空白单元格的“插入”对话框
15	Ctrl+减号 (-)	显示用于删除选定单元格的“删除”对话框
16	Ctrl+;	输入当前日期
17	Ctrl+`	在工作表中切换显示单元格值和公式
18	Ctrl+'	将公式从活动单元格上方的单元格复制到单元格或编辑栏中
19	Ctrl+1	显示“单元格格式”对话框
20	Ctrl+2	应用或取消加粗格式设置
21	Ctrl+3	应用或取消倾斜格式设置
22	Ctrl+4	应用或取消下划线
23	Ctrl+5	应用或取消删除线

（续表）

序号	快捷键	功能描述
24	Ctrl+6	在隐藏对象和显示对象之间切换
25	Ctrl+8	显示或隐藏大纲符号
26	Ctrl+9	隐藏选定的行
27	Ctrl+0	隐藏选定的列
28	Ctrl+A	选择整个工作表 如果工作表包含数据，则按 Ctrl+A 将选择当前区域。再次按 Ctrl+A 将选择整个工作表 当插入点位于公式中某个函数名称的右边时，则会显示“函数参数”对话框 当插入点位于公式中某个函数名称的右边时，按 Ctrl+Shift+A 将会插入参数名称和括号
29	Ctrl+B	应用或取消加粗格式设置
30	Ctrl+C	复制选定的单元格
31	Ctrl+D	使用“向下填充”命令将选定范围内最顶层单元格的内容和格式复制到下面的单元格中
32	Ctrl+F	显示“查找和替换”对话框，其中的“查找”选项卡处于显示状态 按 Shift+F5 也会显示此选项卡，而按 Shift+F4 则会重复上一次“查找”操作 按 Ctrl+Shift+F 将打开“设置单元格格式”对话框,其中的“字体”选项卡处于显示状态
33	Ctrl+G	显示“定位”对话框 按 F5 也会显示此对话框
34	Ctrl+H	显示“查找和替换”对话框，其中的“替换”选项卡处于显示状态
35	Ctrl+I	应用或取消倾斜格式设置
36	Ctrl+K	为新的超链接显示“插入超链接”对话框，或为选定的现有超链接显示“编辑超链接”对话框
37	Ctrl+L	显示“创建表”对话框
38	Ctrl+N	创建一个新的空白工作簿
39	Ctrl+O	显示“打开”对话框以打开或查找文件 按 Ctrl+Shift+O 可选择所有包含批注的单元格
40	Ctrl+P	在 Microsoft Office Backstage 视图中显示“打印”选项卡。按 Ctrl+Shift+P 将打开“设置单元格格式”对话框，其中的“字体”选项卡处于显示状态
41	Ctrl+R	使用“向右填充”命令将选定范围最左边单元格的内容和格式复制到右边的单元格中

（续表）

序号	快捷键	功能描述
42	Ctrl+S	使用其当前文件名、位置和文件格式保存活动文件
43	Ctrl+T	显示“创建表”对话框
44	Ctrl+U	应用或取消下划线 按 Ctrl+Shift+U 将在展开和折叠编辑栏之间切换
45	Ctrl+V	在插入点处插入剪贴板的内容，并替换任何所选内容。只有在剪切或复制了对象、文本或单元格内容之后，才能使用此快捷键。按 Ctrl+Alt+V 可显示“选择性粘贴”对话框。只有在剪切或复制了工作表或其他程序中的对象、文本或单元格内容后此快捷键才可用
46	Ctrl+W	关闭选定的工作簿窗口
47	Ctrl+X	剪切选定的单元格
48	Ctrl+Y	重复上一个命令或操作（如有可能）
49	Ctrl+Z	使用“撤销”命令来撤销上一个命令或删除最后键入的内容

● **功能键**

序号	按键	功能描述
01	F1	显示“Excel 帮助”任务窗格 按 Ctrl+F1 将显示或隐藏功能区 按 Alt+F1 可创建当前区域中数据的嵌入图表 按 Alt+Shift+F1 可插入新的工作表
02	F2	编辑活动单元格并将插入点放在单元格内容的结尾。如果禁止在单元格中进行编辑，它也会将插入点移到编辑栏中 按 Shift+F2 可添加或编辑单元格批注 在 Backstage 视图中，按 Ctrl+F2 可显示“打印”选项卡上的打印预览区域
03	F3	显示“粘贴名称”对话框。仅当工作簿中存在名称时才可用。 按 Shift+F3 将显示“插入函数”对话框
04	F4	重复上一个命令或操作（如有可能） 按 Ctrl+F4 可关闭选定的工作簿窗口 按 Alt+F4 可关闭 Excel
05	F5	显示“定位”对话框 按 Ctrl+F5 可恢复选定工作簿窗口的窗口大小
06	F6	在工作表、功能区、任务窗格和缩放控件之间切换。在已拆分的工作表中，在窗格和功能区区域之间切换时，按 F6 可包括已拆分的窗格

（续表）

序号	按键	功能描述
07	F6	按 Shift+F6 可以在工作表、缩放控件、任务窗格和功能区之间切换。如果打开了多个工作簿窗口，则按 Ctrl+F6 可切换到下一个工作簿窗口
08	F7	显示“拼写检查”对话框，以检查活动工作表或选定范围中的拼写 如果工作簿窗口未最大化，则按 Ctrl+F7 可对该窗口执行“移动”命令。使用箭头键移动窗口，并在完成时按 Enter，或按 Esc 取消
09	F8	打开或关闭扩展模式。在扩展模式中，“扩展选定区域”将出现在状态行中，并且按箭头键可扩展选定范围 通过按 Shift+F8，可以使用箭头键将非邻近单元格或区域添加到单元格的选定范围中 按 Alt+F8 可显示用于创建、运行、编辑或删除宏的“宏”对话框
10	F9	计算所有打开的工作簿中的所有工作表 按 Shift+F9 可计算活动工作表 按 Ctrl+Alt+F9 可计算所有打开的工作簿中的所有工作表，不管它们自上次计算以来是否已更改 如果按 Ctrl+Alt+Shift+F9，则会重新检查相关公式，然后计算所有打开的工作簿中的所有单元格，其中包括未标记为需要计算的单元格 按 Ctrl+F9 可将工作簿窗口最小化为图标
11	F10	打开或关闭按键提示（按 Alt 也能实现同样目的） 按 Shift+F10 可显示选定项目的快捷菜单 按Alt+Shift+F10可显示用于“错误检查”按钮菜单或消息 按 Ctrl+F10 可最大化或还原选定的工作簿窗口
12	F11	在单独的图表工作表中创建当前范围内数据的图表 按 Shift+F11 可插入一个新工作表 按 Alt+F11 可打开 Microsoft Visual Basic For Applications 编辑器，您可以在该编辑器中通过 Visual Basic for Applications (VBA) 来创建宏
13	F12	显示“另存为”对话框

2 协同办公之Word快捷键的应用

● Ctrl组合功能键

序号	快捷键	功能描述
01	Ctrl+F1	展开或折叠功能区
02	Ctrl+F2	执行“打印预览”命令

（续表）

序号	快捷键	功能描述
03	Ctrl+F3	剪切至“图文场”
04	Ctrl+F4	关闭窗口
05	Ctrl+F6	前往下一个窗口
06	Ctrl+F9	插入空域
07	Ctrl+F10	将文档窗口最大化
08	Ctrl+F11	锁定域
09	Ctrl+F12	执行“打开”命令
10	Ctrl+Enter	插入分页符
11	Ctrl+B	加粗字体
12	Ctrl+I	倾斜字体
13	Ctrl+U	为字体添加下划线
14	Ctrl+Q	删除段落格式
15	Ctrl+C	复制所选文本或对象
16	Ctrl+X	剪切所选文本或对象
17	Ctrl+V	粘贴文本或对象
18	Ctrl+Z	撤销上一操作
19	Ctrl+Y	重复上一操作
20	Ctrl+A	全选整片文档

Shift组合功能键

序号	快捷键	功能描述
01	Shift+F1	启动上下文相关“帮助”或展现格式
02	Shift+F2	复制文本
03	Shift+F3	更改字母大小写
04	Shift+F4	重复“查找”或“定位”操作
05	Shift+F5	移至最后一处更改
06	Shift+F6	转至上一个窗格或框架
07	Shift+F7	执行“同义词库”命令
08	Shift+F8	减少所选内容的大小

（续表）

序号	快捷键	功能描述
09	Shift+F9	在域代码及其结果间进行切换
10	Shift+F10	显示快捷菜单
11	Shift+F11	定位至前一个域
12	Shift+F12	执行“保存”命令
13	Shift+→	将选定范围扩展至右侧的一个字符
14	Shift+←	左侧的一个字符
15	Shift+↑	将选定范围扩展至上一行
16	Shift+↓	将选定范围扩展至下一行
17	Shift+ Home	将选定范围扩展至行首
18	Shift+ End	将选定范围扩展至行尾
19	Ctrl+Shift+↑	将选定范围扩展至段首
20	Ctrl+Shift+↓	将选定范围扩展至段尾
21	Shift+Page Up	将选定范围扩展至上一屏
22	Shift+Page Down	将选定范围扩展至下一屏
23	Shift+Tab	选定上一单元格的内容
24	Shift+ Enter	插入换行符

Alt组合功能键

序号	快捷键	功能描述
01	Alt+F1	前往下一个域
02	Alt+F3	创建新的“构建基块”
03	Alt+F4	退出 Word
04	Alt+F5	还原程序窗口大小
05	Alt+F6	从打开的对话框移回文档，适用于支持此行为的对话框
06	Alt+F7	查找下一个拼写错误或语法错误
07	Alt+F8	运行宏
08	Alt+F9	在所有的域代码及其结果间进行切换
09	Alt+F10	显示“选择和可见性”任务窗格
10	Alt+F11	显示 Microsoft Visual Basic 代码
11	Alt+←	返回查看过的帮助主题

（续表）

序号	快捷键	功能描述
⑫	Alt+→	前往查看过的帮助主题
⑬	Alt+Shift+ +	扩展标题下的文本
⑭	Alt+ Shift+ -	折叠标题下的文本
⑮	Alt+空格	显示程序控制菜单
⑯	Alt+Ctrl+F	插入脚注
⑰	Alt+Ctrl+E	插入尾注
⑱	Alt+Shift+O	标记目录项
⑲	Alt+Shift+I	标记引文目录项
⑳	Alt+Shift+X	标记索引项
㉑	Alt+Ctrl+M	插入批注
㉒	Alt+Ctrl+P	切换至页面视图
㉓	Alt+Ctrl+O	切换至大纲视图
㉔	Alt+Ctrl+N	切换至普通视图

附录 04 PPT 常见问题解答

Q 如何利用主题来制作演示文稿?

在制作演示文稿时，用户可以直接制作一个包含主题的演示文稿，这样就无需在创建演示文稿后再进行应用主题的操作，其操作步骤如下。

❶ 执行“文件 > 新建”命令，在右侧列表中选择“平面”选项。

❷ 在“平面”列表中选择合适的主题，单击“创建”按钮。

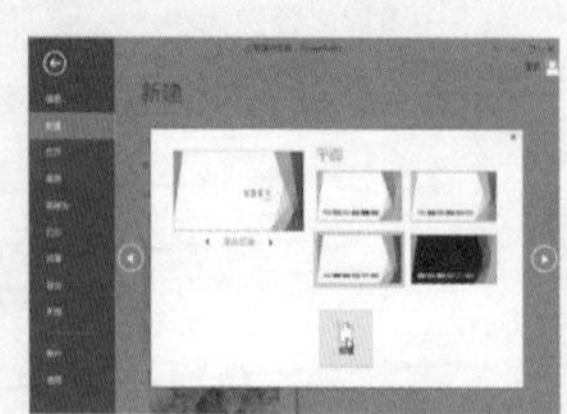

❸ 软件将创建一个主题为“平面”的演示文稿，并将其自动打开。

Q 如何根据已有的演示文稿来创建演示文稿？

在日常工作中，经常会反复用到一些格式大致相同的演示文稿，这时就可以根据已有的演示文稿进行创建，其具体操作过程如下。

01 执行“文件 > 新建”命令，在“可用的模板和主题”列表中选择“欢迎使用 PowerPoint”选项。

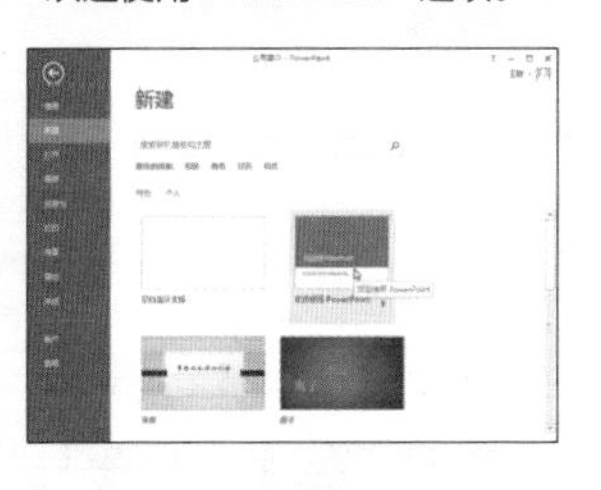

02 弹出“欢迎使用 PowerPoint”对话框，单击“创建”按钮。

03 随后即可创建一个根据“PowerPoint 2013 简介”演示文稿所创建的可修改的文档。

Q 如何打开演示文稿？

演示文稿制作完成并进行保存后，若需要查看、放映或对其进行修改，就必须打开演示文稿，打开演示文稿的操作步骤如下。

01 双击打开演示文稿。在“桌面”、“资源管理器”或“我的电脑”中找到需要的文档，在幻灯片图标上双击即可。

02 通过对话框打开演示文稿。执行“文件 > 打开”命令，在弹出的对话框中选择需要打开的演示文稿，然后单击“打开”按钮即可。

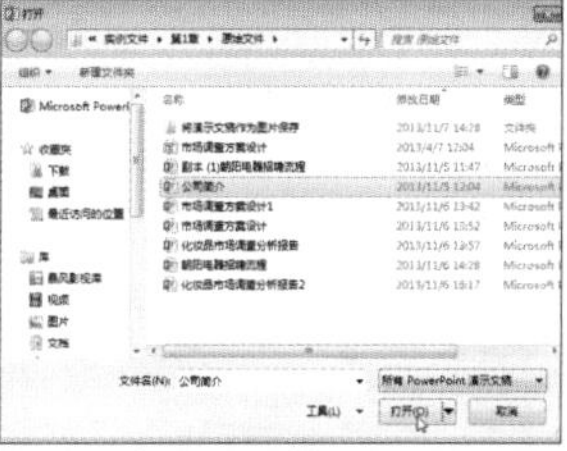

Q 如何取消对主题的应用？

如果用户希望可以重新开始设计演示文稿，为了使当前的配色和字体格式不影响用户的判断力，可以取消演示文稿当前主题的应用，将其还原为空白演示文稿，其操作步骤如下。

01 单击“设计”选项卡的“主题”选项组的“其他”按钮，从展开的列表中选择“Office 主题”选项。

02 即可取消对主题的应用，将其还原为空白演示文稿模式。

Q 如何将幻灯片设置为16：9宽屏显示?

用户可以按需设置幻灯片页面大小，如将其设置为16:9的宽屏显示，其操作步骤如下。

01 打开演示文稿，切换至“设计”选项卡，单击“自定义”按钮。

02 在“自定义”按钮中单击“幻灯片大小”选项的下拉按钮，从列表中选择宽屏(16:9)”。

03 设置完成后单击“确定”按钮，返回到编辑区后即可看到幻灯片的页面已经显示为16:9格式。

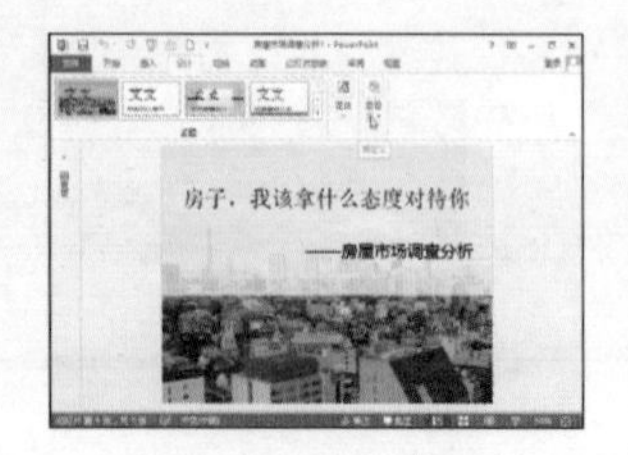

Q 如何快速选择幻灯片?

在对幻灯片中的对象进行操作之前，首先需要对所需要的幻灯片进行选择，其操作步骤如下。

01 选择单个幻灯片。在普通视图模式下，只需单击窗口左侧的幻灯片缩略图即可。

02 选择连续多个幻灯片。按住Shift键的同时，分别单击第一张和最后一张幻灯片即可。

03 选择不连续多个幻灯片。在按住Ctrl键的同时，依次单击所要选取的幻灯片即可。

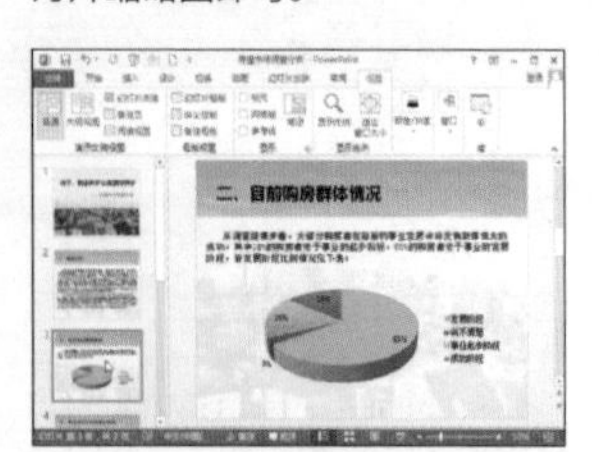

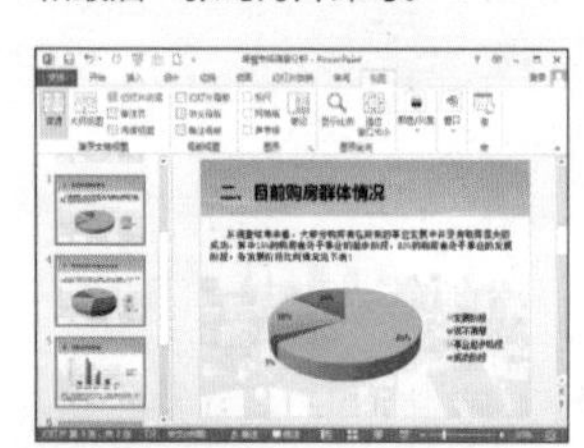

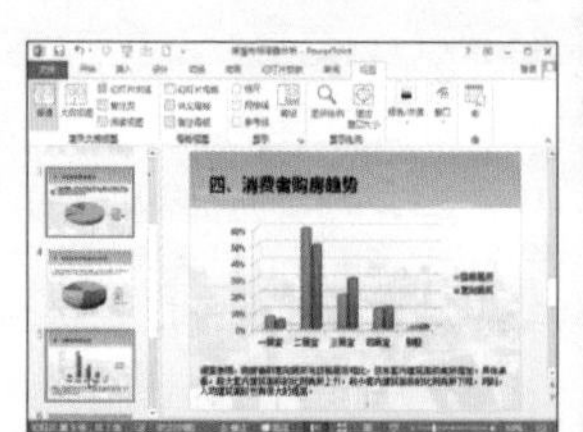

Q 如何使用Word文档制作新的幻灯片?

在制作演示文稿时，如果需要用到Word文件中的大量文字信息，就需要直接将已有的Word文档插入到演示文稿中，其操作步骤如下。

01 单击“开始”选项卡上的“新建幻灯片”下拉按钮，从列表中选择“幻灯片(从大纲)”选项。

02 打开“插入大纲”对话框，选择Word文档，单击“插入”按钮。

03 随后便可将Word文件制作成新的幻灯片。为使页面更加美观，用户需进行适当调整。

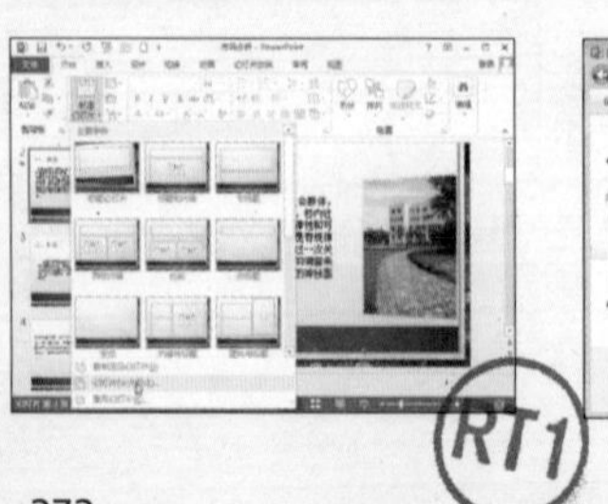